MISÈRE DES PETITS ÉTATS D'EUROPE DE L'EST

« Librairie européenne des idées »
Publiée avec le concours du Centre national des lettres

Heinrich Graetz
La Construction de l'Histoire juive.
Paris : Cerf, 1991.

André et Jean Sellier
Atlas des peuples d'Europe centrale.
Paris : La Découverte, 1991.

Bartolomé Bennassar
Histoire des Espagnols : VI-XXe siècles.
Paris : Robert Laffont (Collection « Bouquins »), 1992.

Dennis Bark et David Gress
Histoire de l'Allemagne depuis 1945.
Paris : Robert Laffont (Collection « Bouquins »), 1992.

Jan Amos Komensky (Comenius)
Le Labyrinthe du monde et la Paradis du cœur.
Paris : Desclée, 1992.

Henry Méchoulan
Les Juifs d'Espagne : Histoire d'une diaspora, 1492-1992.
Paris : Liana Lévi, 1992.

Klaus Schatz
La Primauté du Pape : son histoire, des origines à nos jours.
Paris : Cerf, 1992.

Charles Tilly
Contrainte et capital dans la formation de l'Europe : 990-1990.
Paris : Aubier-Flammarion, 1992.

Sous la direction d'Henri Giordan
Les Minorités en Europe : Droits linguistiques et droits de l'Homme.
Paris : Kimé, 1992.

Maurice de Gandillac
Genèses de la modernité.
Paris : Cerf, 1992.

J. H. Elliott
Olivares.
Paris : Robert Laffont (Collection « Bouquins »), 1992.

Charles Burney
Voyage musical dans l'Europe des Lumières.
Paris : Flammarion, 1992.

ISTVÁN BIBÓ

MISÈRE DES PETITS ÉTATS D'EUROPE DE L'EST

Traduit du hongrois
par György Kassai

Albin Michel

Domaine Europe centrale
dirigé par Ibolya Virág

Nous remercions Michel Prigent pour l'aide
qu'il nous a apportée
dans l'établissement définitif
de cette version française.

Édition originale hongroise.
A NÉMET HISZTÉRIA OKAI ÉS TÖRTÉNTE
A KELET-EURÓPAI KISÁLLAMOK LYÓMÓRÚSÁGÁ
ZSIDÓKÉRDÉS MAGYARORSZÁGON 1944 UTÁN
ELTORZULT MAGYAR ALKAT, ZSÁKUTCÁS MAGYAR TÖRTÉNELEM
© 1942-1949, Iztván Bibó Junior.

Première édition française :
L'Harmattan, 1986

Nouvelle édition revue et corrigée :
© Éditions Albin Michel S.A., 1993
22, rue Huyghens, 75014 Paris

ISBN 2-226-06346-3

LES RAISONS ET L'HISTOIRE
DE L'HYSTÉRIE ALLEMANDE

1. Le noyau du problème allemand

L'Allemagne, problème central de la paix

Le devenir de l'Allemagne est actuellement le plus grand problème historique de l'époque. Ceux qui en disposeront feignent de savoir parfaitement à quoi s'en tenir, mais l'opinion publique mondiale doute de l'excellence et de l'état d'avancement de leurs projets. Ce doute est vraisemblablement fondé. A ma connaissance, deux dispositions de ce projet ont été jusqu'à présent rendues publiques : la restauration d'une Autriche indépendante et le rattachement à la Pologne des territoires allemands de l'Est. Ces deux dispositions indiquent l'une et l'autre une parfaite méconnaissance du noyau du problème allemand. Or, le succès de la paix dépend à 70 % de la solution du problème allemand et à 30 % de celle des problèmes des petits pays qui s'étendent entre l'Allemagne et la Russie. En effet, l'entente entre les Anglo-Saxons et la Russie soviétique ne dépend ni de la socialisation du capitalisme, ni de l'embourgeoisement de la population soviétique, ni des Dardanelles, ni du pétrole du Proche-Orient, ni de l'Inde, ni de la Mandchourie, mais uniquement de l'avenir de l'Allemagne et des petits pays situés à l'est de ses frontières : demeureront-ils des foyers d'anarchie et des vestiges des régimes déchus ? Peut-être cette affirmation semble-t-elle trop péremptoire, trop étrange. Notre pensée politique est actuellement perturbée par une fausse conception des interdépendances : nous sommes portés à croire que les problèmes de l'Europe centrale et orientale ne constituent qu'une difficulté parmi d'autres, celles, par exemple, tout aussi complexes et délicates que posent les problèmes du Proche-Orient, de l'Extrême-Orient et de l'hémisphère occidental. Mais si on se souvient que les problèmes de l'Europe centrale et orientale diffèrent de ceux des autres régions par le simple fait que l'absence de consolidation y a provoqué deux guerres mondiales en moins de trente ans, on ne peut guère s'empêcher de penser qu'une troisième guerre mondiale, si elle a lieu, éclatera à cause de ces mêmes problèmes. Quant au devenir de l'Allemagne, il dépend entièrement de notre conception de sa responsabilité dans les maux dont souffre actuellement le monde.

*La légende de la bonne
et de la méchante Allemagne*

A cet égard, les mythes actuellement en cours s'agglomèrent autour de deux conceptions contradictoires. Selon la première, les Allemands sont, par leur nature, ou tout au moins par des réflexes très tôt acquis, violents, barbares, adorateurs du pouvoir, esclaves de leur instinct grégaire et d'une métaphysique nébuleuse ; ils n'ont jamais adopté la civilisation romaine ou chrétienne, et leur histoire d'Arminius à Hitler, en passant par Barberousse, Frédéric le Grand et Guillaume II, n'est qu'une suite d'agressions contre le reste de l'Europe. Dans leur vie politique, comme dans leur organisation sociale, ils souffrent d'une incapacité congénitale à se délivrer, par leurs propres moyens, de la domination qu'exercent sur eux des princes tyranniques, de grands propriétaires féodaux et des cliques militaristes ; leur philosophie, des mystiques allemands du Moyen Age à Rosenberg, en passant par Luther, Hegel, Nietzsche, Wagner et Treitschke, n'est qu'une révolte continue contre la clarté latine et l'humanisme chrétien. Leur niveau scientifique n'est dû qu'à leur assiduité sans le moindre apport de génie et ne les empêche pas de mettre leur savoir au service des intentions les plus meurtrières et les plus destructrices, lâchant sur le monde des monstres dangereux, tels la Réforme de Luther, le militarisme prussien, le culte du pouvoir de Guillaume ou le mythe hitlérien de la race et de la violence. Quelle que soit l'origine supposée de cette corruption fondamentale de la complexion allemande — que ce soit les propriétés raciales, la structure féodale de la société allemande, la violence des classes possédantes, le système éducatif réactionnaire et nationaliste — il est, de toute façon, évident qu'il est extrêmement dangereux d'offrir à un tel peuple la possibilité de développer ses mauvais penchants et de déclencher de nouvelles agressions. Tous les projets qui partent de l'hypothèse d'une corruption profondément enracinée cherchent à imposer aux Allemands des conditions de paix très dures et à leur accorder le moins d'autonomie possible. On parle alors d'une longue occupation, d'un contrôle efficace, d'une intervention dans le système éducatif allemand et même les plus modérés trouvent naturel de n'accorder aux Allemands la possibilité de gérer librement leurs affaires que le jour où l'Allemagne pourra fournir des gages montrant qu'elle s'est amendée, qu'elle a changé.

Pour d'autres, les Allemands seraient foncièrement bons et cultivés. C'est un peuple de poètes et de penseurs, pilier depuis un millénaire — avec les Français, les Anglais et les Italiens — de la civilisation européenne, citadelle de la science qui a fourni au monde Bach, Händel et Beethoven, Leibnitz et Kant, Goethe et Humboldt, les fondateurs du libéralisme et du socialisme : la révolution socialiste allemande, en préparation depuis le tournant du siècle, aurait été exemplaire pour toute l'Europe, si la première guerre mondiale n'avait pas brisé son élan et si le traité de Versailles ne l'avait pas acculée à une impasse. Seule la rigueur stupide et aveugle de ce traité a déformé les dispositions mentales des Allemands au point que désormais ceux-ci ont accepté passivement et continuent à tolérer la terreur de la minorité hitlérienne armée. Mais s'il en est vraiment ainsi, il suffirait, pour résoudre le problème allemand, d'un traité de paix clément et d'une assurance que les Allemands progressistes et démocratiques soient maîtres dans leur pays. Comme dans la plupart des schémas d'alternative, le problème est très mal posé. Les deux conceptions sont erronées.

*L'hystérie allemande
est-elle biologique ou historique ?*

La conception sur la corruption « biologique » des Allemands est d'une antihistoricité infantile. La série prétendument organique et continue qui va d'Arminius à Hitler n'est ni organique ni continue. Arminius n'était ni plus ni moins opposé à la civilisation que n'importe quel autre chef de tribu germanique, celte, slave, hun ou arabe vivant près des frontières de l'Empire romain. Les Allemands ne sont pas plus « nébuleux » que, par exemple, les Scandinaves qui pourtant n'ont pas la moindre intention de se révolter contre l'Europe. Il serait difficile de prétendre que la Réforme luthérienne, par ailleurs nullement nébuleuse, soit une révolte contre l'Europe, contre l'ordre latin, la discipline et la clarté latines, alors que la réforme de Calvin, beaucoup plus radicale, ne le serait pas. Certes, le calvinisme contient davantage d'éléments latins que le luthérianisme, mais cela n'explique pas pourquoi dans les pays du Nord tout comme dans l'Europe occidentale calviniste, la Réforme luthérienne a pu contribuer au renforcement de l'individualisme et par là à la préparation de la démocratie, alors qu'en même temps, elle était, en Allemagne, le précurseur de la barbarie, du paganisme, de l'esclavagisme et de l'adoration du pouvoir. On peut certes trouver, dans les ouvrages de Luther et de certains auteurs allemands du Moyen Age, des citations d'esprit hitlérien, mais il est hautement vraisemblable que de telles citations ne sont pas absentes dans la littérature ou dans le passé d'autres nations et un jour un « thésard » allemand ne manquera pas de les exhumer. Il est piquant de voir les nazis souscrire avec enthousiasme à la philosophie de la « continuité » allant d'Arminius à Hitler en passant par Luther, mais chez eux, la conception change de signe algébrique, car, à leurs yeux, l'histoire de l'Allemagne n'est que la lutte éternelle de la race nordique, supérieure et productrice de culture, contre le judaïsme oriental et le christianisme veule. Le défaut le plus grave de cette conception de l'histoire est que les Scandinaves et les Anglais, pourtant bien plus « nordiques » que les Allemands, ne veulent pas en entendre parler. Toutes ces « perspectives historiques » pèchent par leur volontarisme : elles ont été inventées après coup pour étayer l'interprétation d'un moment historique donné. Imaginons que la théorie de l'éternelle révolte des Allemands contre l'Europe ait été professée en 1750 — elle serait apparue alors comme un tissu d'absurdités. La diposition à l'hystérie politique était-elle, en 1792, en 1830 ou en 1848 plus forte chez les Allemands que chez les Français ? La réponse — négative — ne fait aucun doute. Ce qui est vrai, c'est que, naturellement, la complexion allemande, comme toute complexion nationale, a des constantes que l'on retrouve à différentes époques de l'histoire. Je ne prétends pas non plus que les Allemands n'ont pas un certain penchant à la brutalité, aux actions violentes, au dogmatisme et à la spéculation métaphysique. Il ne fait pas de doute que la déformation actuelle de l'évolution politique et de l'échelle des valeurs telles qu'elles existent en Allemagne s'enracinent profondément dans le passé et dans le caractère allemands et qu'un destin historique *semblable* n'aurait pas provoqué *les mêmes* réactions chez d'autres peuples. Mais on pourrait dire la même chose de tous les tournants — favorables ou défavorables — de toutes les histoires nationales. Or, il ne s'agit pas de savoir si la violence, l'entêtement, le dogmatisme et le penchant à une métaphysique nébuleuse sont des traits constants du caractère allemand, car ces traits sont partagés par d'autres peuples, il s'agit de savoir si le refus de participer à l'évolution européenne, l'incapacité à admettre les principes de base de la vie communautaire européenne et l'agressivité à l'égard des idéaux européens sont, chez eux, des traits constants. Autrement dit, l'attitude hystérique à l'égard de la communauté européenne est-elle immuable et immutable chez les Allemands ? C'est donc de cela qu'il s'agit aujourd'hui et affirmer à ce propos que nous sommes en présence d'un trait national constant ne serait crédible que si l'on ne considère que la période écoulée depuis 1871.

D'un autre côté, il serait naïf d'imaginer que si le déchaînement actuel des Allemands n'est pas dû à une complexion nationale, mais se ramène à des causes historiques décelables, il suffira de confier la direction de ce pays à des groupes jusqu'ici « opprimés » ou à des Allemands originaires de certaines régions. Cela tiendrait de la prestidigitation et évoquerait le chapeau du magicien dont il extrait le pigeon ou le lapin. Ce serait méconnaître la nature de l'hystérie collective que de penser que l'hitlérisme repose sur les « hitlériens », une espèce particulièrement maléfique d'individus. Tout calcul qui cherche à établir la proportion des hobereaux, des petits bourgeois, des Allemands du Nord ou des individus de race alpine parmi les Nazis et s'efforce d'en tirer des conclusions est un calcul vain. Ce n'est pas l'ensemble des hitlériens qui a permis à l'hitlérisme d'accéder au pouvoir, mais plutôt la paralysie des antihitlériens, la multitude de fausses situations et d'impasses qui ont fait que l'hitlérisme devienne la cause et le symbole de tous les Allemands. Il est donc inutile de se demander quel est le pourcentage des Nazis parmi les Allemands et comment séparer les « bons » Allemands des « méchants ». La question est de savoir quelle est l'origine, le point de départ de l'évolution pathologique de toute la vie communautaire allemande.

A cet égard, il est complètement erroné d'attribuer uniquement au traité de Versailles la déformation de la mentalité politique allemande. Certes, ce traité de paix a provoqué une crise énorme dans l'évolution politique de la nation allemande : sans lui, l'hitlérisme n'aurait jamais vu le jour sous sa forme actuelle. Mais il n'est pas moins incontestable que l'hitlérisme n'est pas né *uniquement* du traité de paix, que le militarisme prussien et le culte du pouvoir exercé par l'Empereur Guillaume sont des antécédents organiques du national-socialisme. L'erreur consiste à se demander si la déraison allemande commence avec Versailles, si elle a une raison *historique,* ou si, au contraire, elle prend sa source dans une *complexion* allemande, existant depuis toujours ou acquise de bonne heure.

Nous ne doutons pas de l'origine historique et non biologique de la mentalité politique allemande, seulement les antécédents historiques remontent à bien plus loin que Versailles. Or, la plupart des partisans de l'explication historique s'arrêtent au traité de Versailles. Par réaction, tous ceux qui se rappellent l'agressivité et le culte de la puissance dans l'Allemagne wilhelminienne dépassent Versailles de loin et ne s'arrêtent pas avant le bon vieil Arminius. Vansittart et Cie ont puisé dans l'Allemagne wilhelminienne leurs expériences directes concernant l'éternelle agressivité allemande. C'est en s'appuyant sur ses expériences personnelles provenant de la même époque que Brown déclare : « La folie de la puissance qui s'empare de l'Allemagne hitlérienne ne provient pas d'un sentiment d'infériorité, mais d'une complexion psychique paranoïde, d'une perception déformée et agrandie des forces réelles, puisqu'elle existait déjà dans la puissante Allemagne wilheiminienne qui n'avait jamais subi aucune humiliation semblable à celle du traité de Versailles. » Il s'ensuit que la folie de la puissance atteindra l'Allemagne chaque fois que les Allemands parviendront à un certain degré de puissance réelle. Il convient donc de les en empêcher.

La réponse juste à la question que nous nous posons est la suivante : la déformation de la mentalité politique allemande est d'origine *historique*, elle est due à des causes concrètes, à des antécédents historiques malheureux, et un tournant historique favorable peut y remédier. Les antécédents historiques malheureux ne commencent pas avec Versailles, mais plusieurs siècles avant. Le but du présent ouvrage est de décrire les antécédents historiques des perturbations survenues dans la mentalité politique allemande à partir de l'époque où ces antécédents ont pris un tournant dangereux, c'est-à-dire à partir des premières années du XIXe siècle.

Le primat du politique

Le raisonnement que nous suivrons par la suite s'oppose résolument à la conception qui voit dans cette guerre et, en général, dans les guerres, des conflits de forces et d'intérêts économiques et présente la guerre comme un effet secondaire de processus évolutifs économiques. Il est certain que des facteurs économiques peuvent influencer la durée, les péripéties, le déroulement et même l'issue de la guerre. Mais il s'agit là, en dernière analyse, de phénomènes connexes, plutôt que de causes premières. Ces peurs, ces incertitudes, ces passions qui mènent à la rupture de l'équilibre politique sont trop puissantes pour les imputer uniquement à des intérêts économiques capables de « susciter » un climat de guerre, de « financer » des mouvements et d' « ourdir » des « intrigues » politiques. Elles sont aussi trop agissantes pour qu'on puisse attribuer les événements politiques uniquement à des tendances économiques à longue échéance ou à des crises et à des dépressions économiques importantes. Le lieu commun suivant lequel la guerre est due à des conflits d'intérêts économiques possède à peu près la même valeur que l'affirmation selon laquelle cette guerre et les guerres en général sont les fruits du *péché*. Ce sont là, certes, des vérités partielles, mais les connaître ne suffit pas pour celui qui veut comprendre et remédier à l'ordre des choses. Il serait de la plus grande actualité de rechercher derrière les facteurs économiques trop souvent invoqués l'élément politique et ses effets sur la psychologie des masses, de la même façon que Karl Marx a pu dévoiler les facteurs économiques qui se dissimulaient derrière les faits politiques. En particulier, il conviendrait de montrer le processus douloureux et tumultueux de la naissance des nations modernes, processus qui depuis 1789 est devenu une cause chronique du chaos qui règne en Europe centrale et orientale, et, par là, de la rupture de l'équilibre européen. On s'étonnera sans doute de me voir attribuer à l'élément politique un effet capable parfois de déformer l'attitude psychique de peuples entiers, alors que l'on sait que, dans le monde entier, la majorité des gens est apolitique, voire anti-politique. Seulement, l'élément politique dont il est question ici n'est pas ce qui, dans l'esprit des gens, s'associe au mot « politicien » et envers lequel ils sont en effet, la plupart du temps, indifférents ou hostiles. L'élément politique est la cause de la « polis », de la communauté, sa situation et ses rapports à l'individu, ce qui ne manque pas de susciter l'intérêt de l'immense majorité des hommes et des femmes, en particulier depuis la fin du XVIIIe et le début du XIXe siècle, c'est-à-dire depuis l'apparition du sentiment communautaire moderne, depuis que le rapport à la communauté d'Etat, le fonctionnement de cette communauté, sa qualité et son prestige sont devenus en principe la cause commune et personnelle de tous. Cette démocratisation du rapport à la communauté, qui se manifeste dans les principes aussi bien que dans les sentiments, et qui ne signifie pas encore forcément « démocratie », a envahi toute l'Europe. D'où la situation bien connue des temps récents où les causes de la communauté nationale ont engendré les hystéries communautaires les plus diverses, hystéries qui ont eu un rôle décisif dans la rupture fatale de l'équilibre européen et parmi lesquelles celle de la nation allemande domine de loin toutes les autres, par sa gravité.

Il faut donc être au clair avec la physiologie des hystéries. Les lieux communs par lesquels on essaie d'approcher les phénomènes politiques critiques de notre époque oscillent entre deux extrêmes : ils s'inspirent soit d'un rationalisme naïf qui suppose l'existence d'intérêts et de calculs raisonnables derrière les mouvements politiques les plus insensés, soit d'un « émotionalisme » tout aussi naïf qui attribue en dernier lieu les changements politiques aux mouvements d'humeur imprévisibles des foules, dont l'analyse rationnelle serait d'avance vouée à l'échec. Encore une de ces alternatives inutiles qu'il convient de dépasser. La domination de la raison sur les émotions est une exigence à laquelle l'humanité ne peut pas renoncer au profit d'un élan irrationnel, au risque de compromettre toute son évolution. Mais le primat de la raison ne signifie pas que nous devons supposer l'existence d'intérêts rationnels là où les passions l'emportent, ni faire comme si ces dernières n'existaient pas, ni dire que dans une communauté réglée les passions ne devraient pas jouer. Les grands rationalistes ont toujours cherché à faire remonter les effets à des causes, même dans l'univers complexe des sentiments et des passions humaines. Nous entendons les suivre dans cette voie.

La nature des hystéries politiques

A partir de la fin du XVIIIe siècle, un tournant décisif et fatal s'est produit en Europe en ce qui concerne les changements dans les conceptions politiques. Le processus relativement lent de l'évolution fit alors place à un bouillonnement qui, aujourd'hui, menace, sur certains points, d'exploser. Les porteurs de la culture politique européenne, la monarchie et l'aristocratie perdirent leur prestige, tantôt subitement, tantôt progressivement, et, parallèlement à ce processus, on assista à une intensification et à une extension des sentiments communautaires. Ce qui introduisit un facteur nouveau et redoutable de l'évolution politique européenne : des états d'âme apparentés à des névroses et à des hystéries individuelles firent leur apparition dans la vie de nations entières et y acquirent une importance politique décisive. Pour désigner cet état d'âme, nous parlerons par la suite d' « hystérie politique » ou d' « hystérie communautaire ». En psychologie, le terme d'hystérie couvre des phénomènes assez divers et contestés, phénomènes que l'on peut envisager séparément, un à un, et donner à chacun le nom d'hystérie. Mais il ne serait pas recommandable d'appeler d'emblée hystérie communautaire toute réaction politique un peu violente et, d'une façon générale, de désigner ainsi une certaine intensité des sentiments et des passions politiques qui découle nécessairement de la démocratisation (qui est à ne pas confondre avec la démocratie) des sentiments communautaires. On aurait plus de raisons de considérer comme hystériques les états durables de peur collective qui, selon la description de Ferrero, s'emparent des masses à la suite de grands traumatismes historiques, tels que l'écroulement des prestiges politiques, révolutions, occupations étrangères, défaites militaires et qui se manifestent dans la crainte constante de conspirations, de révolutions, d'agressions, de coalitions, ainsi que dans la persécution d'adversaires politiques réels ou imaginaires. La grande hystérie communautaire se caractérise par la présence concomitante de ses symptômes spécifiques : la méconnaissance de la réalité par la communauté, son incapacité à résoudre les problèmes posés par la vie, l'incertitude ou l'hypertrophie de l'évaluation de soi-même, les réactions irréalistes et disproportionnées aux influences du monde environnant.

Il est impossible d'appliquer mécaniquement à la psychologie collective une terminologie qui ne s'est pas encore fixée dans la psychologie individuelle. Nous sommes encore loin de savoir exactement jusqu'où l'on peut aller dans cette application. Cependant, l'incertitude de la terminologie en psychologie individuelle ne rend pas seulement plus difficile la description de certains phénomènes analogues en psychologie collective, mais autorise aussi à une certaine liberté dans le maniement des analogies.

Je crois qu'il serait erroné de faire dériver les « troubles psychiques » de la communauté politique à partir de l'effet des troubles psychiques de l'individu et les considérer purement et simplement comme la somme de ces derniers, les attribuer à l'influence de certains individus au psychisme perturbé ou les ranger dans une sous-catégorie de l'hystérie collective. Je ne pense pas qu'il serait rentable d'analyser le psychisme de certains membres ou de certains dirigeants de communautés hystériques car, malgré l'intérêt indéniable d'un tel procédé, il n'est pas certain qu'il permette d'éclairer le phénomène d'hystérie collective. D'un autre côté, il convient également de se méfier de toute métaphysique communautaire qui impute à la communauté *elle-même* une sorte d'âme et, partant, des perturbations psychiques. L'hystérie communautaire est le résultat d'états d'âme *individuels*, mais ces derniers, pris isolément, ne sont pas forcément hystériques, car une hystérie communautaire se développe pendant plusieurs générations : ceux qui la déclenchent ne sont pas ceux qui se forment une fausse image de l'état réel de la communauté et les réactions hystériques de la communauté sont encore le fait d'autres personnes. Tous ces individus qui contribuent à déclencher les manifestations hystériques de la communauté, soit par leurs actions politiques, soit par leur adhésion à certaines doctrines politiques, ne sont pas forcément des politiciens professionnels et leur prise de position politique n'est qu'un des aspects de leur psychisme. Personnellement, ils peuvent être sympathiques et parfaitement sains d'esprit et leurs actions au nom ou en faveur de la communauté peuvent paraître, dans la conjoncture donnée, fort rationnelles, réalistes, ou, tout au moins, inévitables. Pourtant, la somme de ces manifestations non hystériques en elles-même engendre un rapport à la réalité, aux intérêts, aux tâches et à l'environnement de la communauté qui rappelle à plus d'un égard la situation et les réactions de l'individu hystérique. C'est pourquoi il serait vain et stérile d'imputer les hystéries collectives à des individus, à des groupes, à des classes sociales ou à des partisans de doctrines politiques ayant un psychisme détraqué, chercher à établir le pourcentage de ces individus dans les communautés hystériques et se demander comment les en éloigner. Bien sûr, l'hystérie collective sécrétera une espèce d'individus aveugles, bornés et obstinés qui seront les premiers à croire aux illusions stupides qui caractérisent l'hystérie et à les répandre ; elle engendrera un groupe de profiteurs de l'hystérie qui, surnageant à la surface des vagues soulevées par le courant hystérique, en vivront fort bien ; elle sécrétera aussi ses bourreaux et ses gangsters. Pour les raisons les plus diverses, les représentants de certaines régions ou de certains groupes seront plus nombreux que d'autres à assumer de tels rôles. Mais vouloir les isoler pour les éloigner de la communauté par la déportation ou par l'extermination ne contribuerait en rien à la solution du problème. En effet l'hystérie collective est un état qui atteint la communauté tout entière ; il serait donc vain d'éloigner ses supports visibles, si les conditions et les situations de base qui l'avaient engendrée restent intactes, si les problèmes traumatisants qui sont à l'origine des hystéries ne sont pas résolus et si la fausse situation qui constitue l'essence de l'hystérie demeure. On aurait beau exterminer tous les « méchants », les idées fausses et les réactions déplacées continueront à survivre chez de paisibles chefs de famille, chez des mères de dix enfants, chez des individus inoffensifs ou animés des meilleures intentions — et, au bout d'une génération, l'hystérie engendrera à nouveau ses déments, ses profiteurs et ses bourreaux.

Pour une symptomatologie des hystéries politiques

Le point de départ de l'hystérie politique est toujours *une expérience historique traumatisante* de la communauté. Il ne s'agit pas d'un traumatisme quelconque ; il faut que les membres de la communauté aient le sentiment que la solution des problèmes qui en découlent dépasse leurs capacités. De même que l'individu bien portant, la communauté qui gère bien ses forces (petites ou grandes) sortira de ces traumatismes renforcée, car, après avoir, en réalité, recherché les causes du malheur qui l'ont frappée, elle en tire les conséquences, supporte ce qu'elle reconnaît comme étant un fléau inévitable, assume la responsabilité de ce qu'elle qualifie comme étant de sa faute, cherche à obtenir satisfaction pour les torts qu'elle a subis, se résigne à ce qu'elle ne peut pas changer, renonce aux illusions irréalisables, se fixe et accomplit ses tâches. Une communauté équilibrée, même si elle manifeste des réactions quelquefois très violentes et fiévreuses, finit par *résoudre ses problèmes*, c'est-à-dire ne tombe pas dans l'hystérie, car l'hystérie représente précisément une échappatoire devant les problèmes ; c'est pourquoi les révolutions française et russe ne peuvent être entièrement considérées comme des hystéries, quelles que soient la violence des traumatismes qu'elles ont causés, la gravité des excès auxquels elles ont donné lieu dans l'évolution politique du pays, et même si, dans certains détails, elles ont eu des aspects hystériques. En effet, le problème communautaire qui constituait le noyau de ces deux révolutions, à savoir l'édification d'une vie communautaire sans règne personnel et celle d'une société sans classes, a été résolu par elles. La Révolution française qui, à bien considérer les choses, dura de 1789 au procès Dreyfus, était de type hystérique surtout dans sa première phase (1789-1814). En outre, les deux révolutions, mais surtout la révolution française, ont eu des comportements hystériques dans le domaine de la politique étrangère. Mais le théâtre classique d'hystéries envahissant l'ensemble de la vie politique et devenant pour ainsi dire chroniques est l'Europe centrale et l'Europe orientale.

Pourquoi une telle secousse est-elle suivie d'effets qu'une

communauté peut difficilement supporter ? Il peut y avoir plusieurs raisons à cela : le caractère inattendu et démesuré de la secousse, le sentiment que les souffrances qui en découlent sont imméritées, injustes ou disproportionnées, la gravité des problèmes qu'elle entraîne, l'immaturité de la communauté, ses trompeuses expériences historiques antérieures qui avaient fait naître de trop grands espoirs ou un optimisme mal fondé, etc. De tels cataclysmes entraînent une fixation, une paralysie de la pensée politique, des sentiments et des intentions de la communauté en question, au sein de laquelle le souvenir du traumatisme et les enseignements qu'elle en tire à tort ou à raison deviennent prédominants, ainsi d'ailleurs que le désir de ne jamais le voir se reproduire. Alors la pensée, les sentiments et l'activité de la communauté *se fixent* pathologiquement sur une interprétation d'un seul vécu. Dans cet état de fixation et de paralysie, les problèmes actuels deviennent insolubles, si, d'une façon ou d'une autre, ils sont en rapport avec le point sensible. Mais, tout comme l'individu, la communauté n'ose pas se l'avouer, elle se réfugie donc dans une pseudo-solution, dans une solution illusoire et s'invente une formule ou un compromis qui cherche à concilier l'inconciliable, en évitant soigneusement les forces qui, dans la réalité, s'opposent à la solution et qu'il faudrait combattre pour y parvenir. Dans ces situations, le pays agit comme s'il était uni, alors qu'il ne l'est pas, comme s'il était indépendant, alors qu'il ne l'est pas, comme s'il était démocratique, alors qu'il ne l'est pas, comme s'il vivait une révolution, alors qu'en réalité il croupit dans l'inactivité. Une communauté engluée dans cette fausse situation entretient avec la réalité un rapport de plus en plus faux ; pour résoudre ses problèmes elle ne part pas de ce qui existe et de ce qui est possible, mais de ce qu'elle s'imagine être ou de ce qu'elle voudrait devenir. Petit à petit, elle devient incapable de découvrir la cause de ses malheurs et de ses échecs dans l'echaînement normal des causes et des effets, et cherche des explications qui, tout en se révélant erronées devant l'instance de la raison et devant les faits, lui permettent de prolonger la fausse situation dans laquelle elle vit. Qu'une communauté vivant dans une fausse situation « refuse de regarder la réalité en face » ne signifie pas que cette réalité lui échappe, cela signifie que l'opinion publique ou dirigeante de cette communauté a élaboré un certain nombre de slogans qu'elle oppose aux faits désagréables. La vision du monde de l'hystérique est fermée et homogène ; elle explique tout, elle justifie tout, ses affirmations sont en parfaite harmonie avec ses prescriptions. C'est donc un système clos dont les éléments entretiennent entre eux un rapport parfaitement satisfaisant ; son seul défaut, c'est que ces éléments correspondent à une situation faussée au départ, au désir de la communauté et non pas à la réalité. Dans la vie des communautés, de telles situations fausses et de telles visions faussées du monde engendrent petit à petit une sélection à rebours, qui favorise les tenants des faux compromis, les conciliateurs de l'inconciliable, les faux réalistes dont le « réalisme » dissimule leur ruse, leur violence ou leur obstination ; cette sélection fait aussi émerger ceux qui, d'une façon ou d'une autre, font écho à l'hystérie de la communauté et réduit à l'inactivité les personnalités clairvoyantes, dont les cris d'alarme sont étouffés par le mur de l'autosatisfaction et d'une vision du monde hystérique et fermée. Dans les communautés hystériques, *la tendance à la fausse autoévaluation* se renforce sans cesse. Elles considèrent avec un respect inavoué les résultats obtenus par les communautés vigoureuses qui savent regarder leurs problèmes en face et acceptent en même temps avec empressement les hommages qui leur sont rendus, en général, à tort. On voit alors apparaître les symptômes bien connus de la méconnaissance de la réalité au profit de ses désirs : l'excès du pouvoir et le sentiment d'infériorité, la prétention aux privilèges, la baisse de la valeur des résultats réellement atteints, le respect immodéré des succès obtenus, la recherche excessive de réparations, la foi en la force magique de mots désignant des choses inexistantes, c'est-à-dire de la propagande. Plus les échecs sont nombreux à cet égard, moins la communauté sera capable d'en tirer les conclusions lui permettant d'améliorer sa situation. C'est ici qu'apparaît *la réaction faussée et démesurée* aux stimuli venant de l'environnement. Le psychisme hystérique cherche quelqu'un ou un groupe d'individus sur qui elle puisse faire retomber ses propres responsabilités dont elle-même cherche à se dégager ; elle peuple le monde de croquemitaines, de la même façon que l'homme primitif qui, incapable d'expliquer les fléaux naturels par ses propres moyens, leur impute des intentions et les attribue à des forces magiques ou à des esprits maléfiques. Le caractère insensé des explications magiques apparaît clairement pour tous ceux qui entrevoient les causes véritables de ces fléaux et ne partagent pas la crainte qui se dissimule derrière l'explication magique, mais le sujet souffrant est réfractaire à toute explication logique. L'individu et la communauté hystériques se comportent à cet égard exactement comme l'homme primitif, mais alors que celui-ci est *incapable* de comprendre les véritables causes, l'hystérie *ne veut pas* les comprendre. Le psychisme hystérique concentre petit à petit toutes ses énergies à inventer une contre-magie pour dominer les forces magiques, contre-magie qui doit lui permettre d'obtenir des satisfactions et de résoudre ainsi tous les problèmes en suspens de son existence. Il projette sur le monde environnant la vision irréelle qu'il s'est constituée, localise ses croquemitaines dans le monde réel et, à force d'agresser son entourage, parce que la peur et son état d'excitation le rendent violent, il finit par susciter effectivement les sentiments et les intentions hostiles dont il avait imaginé l'existence dans l'entourage. Si celui-ci lui donne une satisfaction quelconque, l'hystérique y voit la justification de sa conception du monde et tombe dans la démesure au moment même où il obtient satisfaction. Insatiable dans sa quête des réparations, il atteint un degré d'autosatisfaction et de mégalomanie tel que l'entourage ne peut qu'accepter le défi qu'il lui lance. Le combat s'engage, son issue n'est pas douteuse, quelles que soient la force physique des armées et les ressources matérielles de chacun des adversaires : l'individu ou la collectivité atteint d'hystérie n'est pas vaincu parce qu'il est physiquement inférieur à son environnement, mais parce qu'il entretient un faux rapport avec la réalité. Dans sa quête incessante des réparations, il perd petit à petit toutes les forces adjuvantes qu'il avait réussi à gagner à sa cause ou dont il avait pensé qu'elles étaient à ses côtés, tant que cette cause avait une réalité ou un bien-fondé quelconques. Bref, dans sa course éperdue, l'individu ou la collectivité hystérique se heurte à la dureté des faits, plus inexorables que les formules magiques ou les illusions. A ce heurt catastrophique succèdent soit un dégrisement et la guérison, soit, dans les cas les plus graves, une autre hystérie, pire que la première.

Les racines de l'hystérie allemande :
les cinq grandes impasses de l'histoire de l'Allemagne

C'est une telle série d'hystéries qui est responsable de la rupture de l'équilibre européen, survenue dans les temps récents. Le premier terme de la série fut *l'hystérie de la Révolution française en matière de politique étrangère*. Elle a commencé avec le grand traumatisme de l'écroulement de la monarchie française. La Révolution a eu son croquemitaine, son épouvantail diabolique, en la personne des émigrés et de la coalition contre-révolutionnaire des monarchies européennes. Elle céda ensuite à la crainte, en instaurant la Terreur, inventa, pour s'en défendre, la dictature révolutionnaire de Napoléon, véritable quadrature du cercle, qui trouva son apothéose dans les traités de paix d'Amiens et de Lunéville, mais qui tomba dans la démesure avec la politique agressive poursuivie entre 1801 et 1804. Il y eut ensuite la phantasmagorie de l'Empire européen, le déclin avec la campagne d'Espagne et la catastrophe en 1812. Un des dérivés de cette hystérie fut *l'hystérie prussienne* qui débuta avec la défaite d'Iéna, se poursuivit avec l'invention du croquemitaine diabolique, en l'occurrence « l'Erbfeind » (l'ennemi héréditaire), c'est-à-dire le Français, mit sur pied, à titre de défense, le militarisme prussien, obtint satisfaction dans les batailles de Sadova et de Sedan, tomba dans la démesure avec le traité de paix de Francfort, céda à la tentation de l'autosatisfaction et du faux romantisme dans l'Allemagne wilhelminienne et aboutit à la catastrophe en 1914. Le pendant de l'hystérie prussienne fut *l'hystérie de la peur chez les Français*, une hystérie qui n'était plus liée aux troubles intérieurs de la communauté, mais produisit ses effets sur le plan de la politique étrangère : elle débuta avec la défaite de 1870-1871, s'inventa le croquemitaine diabolique du militarisme prussien, mit sur pied, pour se défendre, le système d'alliances de l'Entente, obtint satisfaction en 1918, tomba dans la démesure à Versailles, se réfugia dans l'illusion de l'hégémonie française après 1919 et déboucha sur la catastrophe de 1940.

L'hystérie de l'Allemagne de Versailles est bien plus grave, plus profonde et d'un déroulement bien plus rapide que les précédentes. Elle tire son origine du traité de Versailles, ses croquemitaines sataniques sont la démocratie, le capitalisme, le communisme et, en dernière analyse, la juiverie qui tire les ficelles derrière les coulisses ; sa défense pathologique s'incarne dans l'idéologie et dans la révolution hitlériennes, elle obtient satisfaction avec l'Anschluss et les accords de Munich, tombe dans la démesure avec l'occupation de Prague, amorce son déclin avec la Deuxième Guerre mondiale et sa catastrophe finale se déroule actuellement sous nos yeux. L'hystérie guillaumienne et l'hystérie hitlérienne constituent une unité organique : la catastrophe de 1918-1919 marque la fin de la première et le début de la seconde.

Pour connaître l'hystérie allemande, il nous faut donc d'écrire d'abord le berceau de l'hystérie prusso-guillaumienne, c'est-à-dire la désagrégation du Saint Empire romain germanique en 1806 et la catastrophe prussienne qui en fut le corollaire. Toute hystérie a deux phases : la première est constituée par une situation critique avec menace d'impasse, situation que la communauté est incapable de maîtriser, qu'elle préfère contourner en adoptant une fausse solution, et la seconde qui est constituée précisément par l'impasse à laquelle conduit cette pseudo-solution et qui finit par aboutir à la catastrophe. Comme la série des hystéries allemandes débute par une catastrophe, elle-même issue d'une situation politique à impasse (mais nullement hystérique), l'anarchie qui marqua la fin du Saint Empire romain germanique, nous pouvons dire que l'histoire récente de l'Allemagne est une suite de cinq situations politiques à impasse. Ces situations sont les suivantes : le Saint Empire romain germanique, la Confédération germanique, l'Empire allemand de Guillaume, la République de Weimar et le Troisième Reich hitlérien. Que le Saint Empire romain germanique, la Confédération germanique et la République de Weimar ont été des impasses — c'est là un lieu commun.

Que le Troisième Reich hitlérien conçu sous le signe de l'élan et du dynamisme politique ait été porteur dès ses débuts de germes de catastrophes — cette affirmation est partagée aujourd'hui même par ceux qui, à l'époque, se sont bien gardés de l'énoncer. Mais peu nombreux sont ceux qui ont compris que l'Empire allemand de Guillaume, né sous le signe de l'unité et d'éclosion de la puissance allemande, était également caractérisé par la paralysie et la stagnation politiques. Dans ce qui suit, c'est surtout sur ce point que je me proposerai d'insister, convaincu que je suis que cette analyse permet, mieux que toute autre, d'atteindre les racines du mal et aussi de dissiper définitivement la légende de la bonne et de la mauvaise Allemagne.

2. L'impasse du Saint Empire romain germanique

*La principauté territoriale,
véritable boulet de l'histoire de l'Allemagne*

Depuis le milieu du IXe siècle, l'Etat germanique est une réalité dans la structure politique de l'Europe. C'est alors que se constitue, à la suite du traité de Verdun et sous le sceptre de Louis le Germanique, l'Empire franc d'Orient, territoire des tribus germaniques. Un siècle plus tard, après l'extinction de la branche germanique des Carolingiens, la nation allemande est une réalité vivante : unie sous la férule de Charlemagne, la noblesse des quatre tribus (franque, souabe, saxonne et bavaroise) se réunit spontanément pour élire un roi « allemand ». Au cours des siècles suivants, la Germanie, tout comme les autres pays de l'Europe occidentale, vit dans l'anarchie organisée de la vassalité, dont l'unité est maintenue, comme en France, par la continuité de la dynastie en ligne féminine et par le prestige du pouvoir royal. Mais alors que la royauté française finit par briser les grands seigneurs féodaux et par s'engager sur la voie qui mène à l'Etat moderne, en Germanie, grâce aux rois hantés par l'idée de la couronne impériale romaine, les grands seigneurs féodaux deviennent, sur leurs territoires, des souverains de plus en plus absolus et cherchent, à l'aube de l'ère moderne, à transformer leurs domaines en autant d' « Etats ». Ce système de la principauté territoriale représentait un véritable boulet pour l'évolution politique germanique. Cela signifiait que l'alliance de la monarchie et de la bourgeoisie, qui devait jouer un rôle décisif dans l'évolution politique de la France, était, même si elle pouvait se réaliser, incapable d'assumer un rôle analogue en Allemagne. En Germanie, depuis des temps immémoriaux, la sélection par la naissance a toujours été plus importante qu'en Europe occidentale et méditerranéenne, atomisée et rationalisée par l'Empire romain, et le système des principautés territoriales signifiait que le pays tout entier, groupé autour de grands seigneurs terriens devenus princes, s'était englué dans un ordre social hyperaristocratique. L'effet d'infériorisation oppressante que conféraient les privilèges de naissance un peu partout en Europe n'a été nulle part aussi constant, aussi profond et aussi inexorable qu'en Allemagne. Le système impliquait en outre une importante limitation des libertés : les pays à l'est de l'Allemagne, pourtant plus arriérés qu'elle, étaient bien mieux lotis à cet égard. En Allemagne, la « liberté germanique » était de plus en plus synonyme de liberté et de pouvoir absolu pour les grands seigneurs terriens devenus princes et il était hors de question que cette notion englobe la liberté du peuple.

*L'anarchie de l'Empire romain germanique
et la continuité de la nation allemande*

Cependant, l'anarchie du Saint Empire romain germanique et l'autonomie des princes territoriaux ne signifiaient nullement que la nation allemande eût cessé d'exister. Il est vrai que, selon une opinion très répandue, il ne pouvait être question de nation à l'époque du Saint Empire, puique l'idée nationale est un produit de la Révolution française. Mais la nation n'est pas née avec la Révolution française, celle-ci n'a fait que diffuser dans les masses les sentiments qui s'y rattachent. La nation elle-même, en tant qu'unité caractéristique de l'Europe, a un passé très long. Certaines d'entre elles commencèrent à se développer dès le Ve ou le VIe siècle de notre ère et la plupart étaient constituées au tournant du Xe et du XIe. Au cours des grandes effervescences des XVe-XVIe et des XIXe-XXe siècles, certaines nations plus petites, mais néanmoins importantes, se joignirent à celles qui existaient déjà. Il est vrai que pour justifier des rectifications de frontières injustifiables, on prétend quelquefois qu'en Europe, les frontières d'Etat et avec elles les cadres nationaux sont en perpétuelle mutation, et ce depuis un millénaire et demi, mutations qui ne seraient provoquées par rien d'autre que le jeu des forces au pouvoir. En réalité, malgré certains changements survenus dans les frontières d'Etat, les cadres nationaux sont, en Europe, d'une surprenante constance. Bien entendu, il ne faut pas entendre l'expression « cadres politiques » dans le sens de pouvoir d'Etat effectif, tel qu'on l'entend aujourd'hui. Certes, dès cette époque-là, la nation constituait un cadre politique : royaume ou pays. Mais, étant donné le pouvoir effectif exercé par une féodalité omniprésente, à mille têtes, le cadre national ne se manifestait que par des liens symboliques extrêmement ténus, ou par des titres. Cependant, le cas échéant, ces liens et ces titres représentaient une force redoutable et faisaient preuve d'une ténacité peu commune. S'il est vrai que le titre de roi n'est souvent qu'un titre, l'expression symbolique de l'unité politique, les cadres auxquels il fait référence sont des unités à l'intérieur desquelles s'accomplissent des échanges culturels et politiques constants et intensifs, qui sont fortement cimentées par la conscience qu'ont de leur mission la dynastie élue et la noblesse dirigeante, puis, de plus en plus, la conscience communautaire de l'intelligentsia et de la bourgeoisie. Au XVe siècle émergent déjà toutes les idées autour desquelles se cristallise le sentiment national : la nation dont le salut est la tâche communautaire la plus importante, le recensement et l'évaluation des particularités nationales, le refus de la domination étrangère, voire le prix attaché à la langue nationale. L'histoire européenne en témoigne : une fois que ces nations sont constituées, elles ne se désagrègent plus, uniquement en raison de la faiblesse du pouvoir central ou de l'autonomie acquise par certains pouvoirs locaux ou régionaux ; l'unité locale devenue autonome ne constitue une nation que si son séparatisme est alimenté par des vécus politiques intenses et durables, capables d'inspirer la conscience interne de la nouvelle unité et de renforcer son détachement de l'ancienne unité.

A cet égard, le territoire ancestral de la nation germanique a été affecté par la naissance de trois nouvelles nations : la hollandaise, la belge et la suisse. Par ailleurs, faute de vécus politiques intenses, l'autonomie des principautés territoriales n'a pas conduit à une désagrégation de l'Allemagne en plusieurs nations. C'est la Prusse qui est allée le plus loin dans cette voie, mais, pour des raisons diverses, le développement de l'Etat prussien a rejoint celui de l'Allemagne unie. Une telle évolution fut complètement absente en Autriche qui, pendant des siècles, fut le pays de l'Empereur, incarnation de l'unité allemande. Certes, l'Empereur germanique avait de moins en moins de pouvoir effectif, mais l'Empire germanique avait ses frontières, son chef, ses institutions, un droit valable sur tout son territoire, il existait une conscience collective et une langue allemande commune. Sans parler du fait que pour les villes libres, les principautés ecclésiastiques et de nombreuses principautés minuscules, l'appartenance à l'Empire germanique et la suzeraineté de l'Empereur représentaient une réalité politique qui leur assurait un certain rang, un certain prestige en Europe. Pendant longtemps, le morcellement de l'Etat germanique signifiait tout simplement que, dans cet Etat, le pouvoir central n'avait pas réussi à briser le pouvoir des grands seigneurs féodaux dans la même mesure qu'en France. Mais aux yeux du monde et des Allemands, l'Autriche, la Bavière, le Brandebourg ou le Palatinat étaient des provinces de l'Empire germanique au même titre que l'Ile-de-France, la Normandie, l'Anjou ou la Gascogne étaient des provinces du royaume de France. Institutionnellement, la réalité politique de l'Empire allemand ne fut reconnue que par le traité de Westphalie, mais ce traité n'avait pas supprimé les frontières de l'Empire germanique et avait laissé intacte la nation allemande, en tant que réalité psycho-politique, ce qui est le plus important. Nous sommes habitués à étudier l'histoire européenne à l'aide d'une carte et à attribuer beaucoup d'importance aux taches jaunes ou rouges qui marquent l'étendue des domaines des Habsbourg, des Hohenzollern, des Wittelsbach, etc., mais nous considérons le trait noir qui représente les frontières de l'Empire germanique comme la trace d'une tradition historique à peine respectable et disparue à juste titre après 1806. Or, rien n'est plus absurde que de sous-estimer la réalité psychologique de la nation allemande (réalité qui existe sans discontinuité depuis le début du Moyen Age) sous prétexte qu'elle ne s'appuyait pas sur un pouvoir politique unitaire. Si en tant que facteur politique efficient, l'Empire romain a pu survivre pendant un millénaire et demi à l'écroulement de l'Empire en tant qu'organisation de pouvoir, il n'y a pas lieu de s'étonner que la nation allemande, la monarchie allemande et l'idée de l'Empire allemand aient survécu sans encombre à la période de 150 ans qui sépare les traités de Westphalie de la renaissance du sentiment national moderne. En considérant l'importance énorme qu'ont revêtu les liens féodaux jusqu'à la Révolution française (liens que l'on serait tenté, aujourd'hui, de qualifier de symboliques), on appréciera à sa juste valeur le fait que les Empereurs de la maison des Habsbourg soient restés à la tête de l'Empire germanique, même après les traités de Westphalie.

Le grand choc de l'année 1806

La nation allemande aurait sans doute continué à vivre longtemps dans l'état atomisé du Saint Empire romain germanique. Le morcellement politique de l'Empire ne l'avait pas empêchée de parvenir au XVIIIe et jusqu'au milieu du XIXe siècle à des sommets culturels et intellectuels tels que nul à l'époque ne songeait à lui contester le titre de grande nation. Or, la pénible expérience de l'invasion napoléonienne éclaira d'une lumière crue la stagnation politique de l'Empire germanique, son impuissance et sa solitude, les impasses auxquelles elle conduisit. En 1792, l'Autriche et la Prusse avaient excité la colère de la France révolutionnaire. Ayant eu par la suite à affronter le déchaînement d'un peuple insurgé, puis la détermination napoléonienne, elles furent

31

contraintes de négocier et l'objet principal de la négociation était précisément l'anarchie allemande : elles cédèrent d'abord la Rhénanie à la France, puis elles se virent obligées d'accepter que l'Allemagne centrale et méridionale, morcelées en de petites principautés, soient placées sous la domination de la France, en formant la Confédération rhénane. La perte de la Rhénanie ne provoqua pas de réactions d'une violence élémentaire ; Schiller s'adressa avec résignation aux deux grandes nations en lutte pour l'hégémonie mondiale, c'est-à-dire la France et l'Angleterre ; l'idée ne lui vint même pas qu'il pût y avoir une troisième grande puissance européenne, la sienne. Mais après la bataille d'Austerlitz, avec la formation de la Confédération rhénane, la fin du Saint Empire romain germanique, la débâcle prussienne et la domination française, directe ou indirecte, sur la moitié de l'Allemagne, ce grand pays amorphe retomba, du jour au lendemain, dans un état de détresse et d'humiliation digne d'un petit pays. Alors, les têtes pensantes de la Germanie comprirent que pour être une grande nation, il ne suffisait pas d'être nombreux et d'obtenir des résultats importants dans le domaine culturel, il fallait encore disposer, *comme la France,* d'un pouvoir d'Etat fort et uni.

Les difficultés congénitales du nationalisme allemand

Cet enseignement tiré de la catastrophe de 1806 est en même temps une difficulté congénitale de l'idée nationale allemande.

Le sentiment national moderne est né de la démocratisation des sentiments qu'inspire la nation. Jusqu'en 1789, la noblesse fut le support conscient de la nation et elle exerça les responsabilités qui en découlent, avec la sûreté et le naturel que confère une pratique plusieurs fois séculaire. A partir de la fin du Moyen Age, l'intelligentsia, la classe bourgeoise, le Tiers Etat s'infiltrèrent de plus en plus massivement dans la nation. Avec la Révolution française, cette infiltration prit du jour au lendemain la forme d'une prise de possession triomphale. Cette expérience donna lieu à la naissance du sentiment national moderne. Tout en proclamant la liberté de l'*homme*, la démocratie révolutionnaire, comme toutes les démocraties, la réalisa toujours à l'intérieur d'une communauté donnée, celle-là même où elle avait pris le pouvoir. Autant dire qu'un tel événement, loin d'affaiblir les sentiments d'attachement à la communauté, les renforce, même là où — comme dans le cas de la Révolution russe — la révolution a été sciemment antinationaliste. Ce qui confère au sentiment national moderne sa force et son intensité, c'est qu'il est à la confluence de deux courants : d'une part, le Tiers Etat, le peuple prend possession d'un pays dominé par les rois et la noblesse, hérite de tout le prestige politique et historique dont ce pays est dépositaire et de toute sa conscience et de sa représentativité et, d'autre part, il l'entoure des sentiments chaleureux du bourgeois envers son entourage immédiat. Dans cette fusion, les sentiments du bourgeois sont les plus forts, ce qui est conforme à l'essence même de la démocratie car, en dernière analyse, la démocratie moderne signifie le triomphe du bourgeois, du créateur consciencieux sur l'aristocrate de représentation qui abuse de sa situation privilégiée. En Europe occidentale et en Europe du Nord, dans les pays exempts de troubles pathologiques ou de déformations morbides de la conscience politique, cette fusion de la démocratie et du nationalisme est une réalité toujours vivante. Mais pour la nation allemande, comme pour la nation italienne, la démocratisation des sentiments nationaux posa des problèmes différents de ceux soulevés par la prise du pouvoir par le peuple aux dépens des rois et des aristocrates. En Allemagne et en Italie, il ne s'agissait pas de s'emparer du cadre national, il fallait d'abord le créer. L'identité de la nation et du pouvoir d'Etat, chose naturelle en Europe occidentale, n'existait pas en Europe centrale. Il apparut avec évidence que ni les principautés territoriales allemandes et italiennes, petites ou grandes, ni le conglomérat appelé Empire des Habsbourg ne serviraient de cadres à de nouvelles nations : il n'y eut pas naissance d'un sentiment national autrichien, bavarois, prussien, sarde, etc., mais il y eut recrudescence du sentiment national allemand, italien, polonais, etc. Seulement les nations vivant sur ces territoires manquaient de ce dont les nations d'Europe occidentale disposaient de toute évidence : la réalité d'un cadre étatique, un appareil d'Etat, une culture politique homogène, une organisation économique constituée et rodée, une capitale, une élite intellectuelle, etc. Ainsi, dans ces pays, la constitution d'un cadre national moderne n'exigeait pas seulement la naissance de mouvements politiques et de démocratisation intérieure, elle aurait aussi exigé des remaniements territoriaux, des changements intéressant le système des Etats européens. Et c'est là un des facteurs qui permettent de comprendre la diminution du contenu démocratique des nationalismes d'Europe centrale. Certes, le contenu démocratique n'est pas inexistant — sans démocratisme, point de nationalisme — mais il est éclipsé par la cause du *cadre* national. Or, une telle situation place aux premiers rangs des éléments qui n'ont que peu de chose à voir avec la cause de l'évolution démocratique. La dynastie — et ce qui est pire, l'aristocratie — et l'armée, qui ont accepté de jouer un rôle dans la bataille politique pour l'unité nationale si vivement convoitée, acquièrent ainsi le droit et la possibilité de faire valoir leurs propres points de vue et de faire triompher leurs propres idéaux, même aux dépens des idéaux démocratiques. Il en résulta entre autres que parmi les deux composantes du sentiment national, la composante aristocratico-militaire, c'est-à-dire les sentiments agressifs de domination, prit le pas sur les sentiments bourgeois, civilisés, intimes et pacifiques. Voilà pourquoi il est vain et superficiel d'attribuer une importance particulière à la grande bourgeoisie capitaliste dans la naissance du nationalisme, aux intérêts des grands propriétaires aristocratiques et aux intrigues des cliques militaires dans la déformation dudit nationalisme. Impliqués dans des réseaux d'intérêts statiques, les individus et les groupes ne savent jamais créer ou adopter des idéologies bien construites ; ils ne font qu'exploiter les possibilités qui leur sont offertes. La grande bourgeoisie capitaliste ne fut que le premier bénéficiaire de la transformation démocratique ; quant aux grands propriétaires féodaux et aux représentants de l'esprit de caste des militaires, ils furent bénéficiaires de la situation difficile que connut la cause de l'Etat national et de l'unité nationale en Europe centrale et avant tout en Allemagne.

Cette évolution fatale fut aggravée en Allemagne par le grand choc de l'année 1806. Les épreuves que le pays eut à subir cette année-là étaient en elles-mêmes suffisantes pour développer, sans même qu'il y ait contamination d'idées démocratiques, de larges mouvements nationaux et xénophobes. L'exemple de la France convainquit les larges couches de la population de l'excellence d'un Etat national, fort et puissant, capable de prévenir de telles catastrophes. Il faut en rabattre de ce lieu commun, enseigné dans les écoles, selon lequel le « mérite » des guerres menées par la Révolution française et par Napoléon aurait été de répandre en Europe les idées démocratiques. Au contraire, ces campagnes portèrent un grave préjudice à la cause de la démocratie en Europe ; dans trois grands pays européens, en Allemagne, en Italie et en Espagne, la propagation des idées démocratiques demeura associée au souvenir d'une invasion étrangère et la naissance de la nation à celui de la résistance contre cette invasion. Il en résulta dans ces pays l'idée que le démocratisme et le nationalisme, quoique étroitement liés entre eux, peuvent, à l'occasion, *s'opposer* l'un à l'autre.

Les débuts du mouvement pour l'unité allemande et les possibilités de la maison des Habsbourg

L'exemple de la France et le choc de l'année 1806 suscitèrent en Allemagne le désir de voir la transformation démocratique s'opérer dans le pays et l'unité allemande se réaliser. Dans la première moitié du XIXe siècle, ces deux tendances demeurèrent connexes et parallèles, mais le souvenir de la grande humiliation de 1806 fit que l'accent affectif restait plus fort sur l'unité nationale que sur la transformation démocratique. Les énormes difficultés qui se dressaient sur le chemin de l'unité allemande, du fait du morcellement du pays en principautés territoriales, incitèrent ensuite le mouvement pour l'unité allemande à chercher des appuis parmi les forces non démocratiques. La première démarche accomplie dans ce sens fut plutôt encourageante : le mouvement pour l'unité allemande se tourna vers la dynastie allemande la plus forte et la plus prestigieuse et lui demanda de mettre dans la balance ses ressources militaires étatiques, ainsi que son prestige en Europe, pour réaliser la grande tâche de la réunification de la nation allemande.

Au début, il ne faisait pas de doute que ce rôle revenait à la maison des Habsbourg. Comme le disait Ernst-Maurice Arndt, poète de la guerre de libération contre Napoléon : « Liberté et Autriche ! Tel doit être notre mot d'ordre. Que l'Autriche règne ! »

La maison des Habsbourg était tout à fait qualifiée pour assumer ce rôle. Tout d'abord, et c'était très important à l'époque du congrès de Vienne, elle disposait de la légitimité à la fois juridique et dynastique. En 1815, le dernier Empereur du Saint Empire romain germanique était encore vivant, et il était à la tête de la maison des Habsbourg. Cinq siècles auparavant, le premier Habsbourg, descendant direct, en ligne féminine, des Carolingiens, accéda au trône allemand des Hohenstaufen, que ses successeurs occupèrent ensuite pendant quatre siècles, pratiquement sans interruption. Leur titre d'Empereur romain germanique était le seul symbole légitime et manifeste de l'unité nationale allemande, car l'autre institution légitime du droit public allemand, celle des principautés territoriales, se révéla être le plus grand obstacle à cette même unité.

La maison des Habsbourg disposait en outre d'un atout moral. Son Empire était l'une des monarchies les plus prestigieuses et les plus responsables de l'Europe, monarchie dont les traditions administratives et gouvernementales, passablement « paternalistes », mais profondément humanistes, s'étaient constituées au XVIIIe siècle, période particulièrement féconde et généreuse de l'Europe féodale, et ces traditions occupaient une place considérable parmi les grandes réalisations allemandes de ce siècle. N'oublions pas non plus que le meilleur code juridique allemand, et aussi européen, porte le nom d'Austriacus. Il convient également de faire remarquer que parmi les membres de la dynastie ayant occupé le trône allemand, rares étaient les souverains d'un caractère futile ou négligent ; comme le dit Marie-Thérèse : « Ils étaient tous de bons souverains, pieux, bons chrétiens, bons maris, bons pères, amis de leurs amis. » La fameuse ingratitude habsbourgeoise est due à une « dépersonnalisation », à un effacement de la personnalité du souverain plutôt qu'à un défaut moral quelconque. Peut-être aucune dynastie européenne ne s'était efforcée avec autant de zèle moral que la maison des Habsbourg de réaliser l'idéal du « prince chrétien », puis, les temps ayant changé, du « souverain éclairé », et, comme le montre l'exemple de Léopold II, le type moderne du « souverain constitutionnel » avait également fait son apparition dans la famille. On parle souvent de la médiocrité des Habsbourg, sans doute parce que deux périodes décisives de l'histoire de la dynastie furent marquées par le long règne de deux souverains aux capacités modestes, Léopold Ier et François II. Mais en ce qui concerne les vingt-deux Habsbourg qui avaient occupé le trône royal allemand, celui du Saint Empire et celui d'Autriche, les trois quarts d'entre eux étaient, de par leur moralité et leur intelligence, des personnes dignes de régner. Certes, les Habsbourg n'avaient pas produit des personnalités aussi brillantes que les Capet, mais après tout, ils étaient allemands et non pas français. L'affirmation selon laquelle la maison des Habsbourg et, en général, l'Autriche, représenterait une nuance latine à l'intérieur de la Germanie ne résiste pas à l'examen. Ils étaient européens, catholiques et, certains d'entre eux avaient, comme il arrive dans toutes les dynasties, une envergure internationale : songeons à Charles Quint, à Ferdinand Ier, à Charles VI ou à François II. Mais l'ensemble de la famille et ses personnages les plus représentatifs (Rodolphe de Habsbourg, Maximilien Ier, Ferdinand II, Marie-Thérèse et François-Joseph) étaient des Allemands, avec leurs qualités et leurs défauts : un sens du devoir très développé, une grande majesté qu'ils n'abandonnaient que dans le cercle le plus intime, beaucoup d'entêtement, une absence totale d'effusions sentimentales, mais beaucoup de bon sens, un manque total d'esprit brillant, mais beaucoup de bonhomie. Dieu les avait créés pour devenir Empereurs des *Allemands*.

La renaissance de l'unité allemande sous la souveraineté de la maison des Habsbourg aurait constitué un avantage énorme pour l'Europe. L'Allemagne unie, cette formation la plus inquiétante pour l'équilibre européen, mais aussi la plus inévitable des temps modernes, aurait hérité de la continuité, de la tradition et des responsabilités d'une des dynasties européennes les plus prestigieuses.

Placer l'Empire allemand sous la souveraineté des Habsbourg était une idée très répandue en 1815, au moment du Congrès de Vienne, parmi les partisans de l'unité allemande. Si en 1815, en ce grand moment du rétablissement des légitimités, l'Empereur François avait déclaré que son abdication de 1806, faite sous la contrainte, était nulle et non avenue, personne n'aurait contesté son titre légitime d'Empereur romain germanique et il aurait été du même coup le seul symbole légitime des aspirations allemandes à l'unité.

Mais l'Empereur François hésita à reprendre son titre d'Empereur allemand. Cette hésitation, et tout ce qu'elle recouvrait, eut une importance primordiale pour l'histoire du monde : elle devint même fatale, car c'est à partir de ce moment-là que l'évolution politique allemande commença à dévier.

Le faux pas de 1804 :
l'acceptation du titre d'Empereur d'Autriche

La réalisation de l'unité allemande sous la souveraineté de la maison des Habsbourg, qui avait traditionnellement vocation d'assumer une telle mission, fut empêchée par un processus historique malheureux : le rejet des Habsbourg hors de la plupart des territoires allemands. Un acte historique malheureux donna le coup de grâce à ce projet : il s'agit de la décision, par François, de prendre le titre d'Empereur d'Autriche.

Une des conséquences de la Réforme fut le refoulement vers l'Allemagne du Sud des territoires appartenant à l'Empire des Habsbourg. Ainsi, ces territoires furent mis en contact durable avec des pays situés hors de l'Allemagne. Pendant longtemps, on crut que ce contact ne serait ni durable ni constant. Les cadres politiques des différentes nations s'étaient nettement séparés dès le Moyen Age, les provinces autrichiennes, hongroises, bohémiennes et moraves ne constituaient qu'une union dynastique purement occasionnelle, « inter »-nationale, un peu comme les possessions siciliennes de la maison d'Aragon ou l'union entre l'Angleterre et le Hanovre, etc. Lorsque plus tard se constitua le noyau du futur Empire des Habsbourg, il était tout sauf un « Etat danubien » comme on se plaît à l'imaginer actuellement. Un de ses éléments constitutifs, la principauté autrichienne, dont le chef portait également la couronne impériale germanique, y avait intégré toutes ses provinces d'Italie et d'Europe occidentale du Saint Empire romain germanique. Le royaume de Bohême n'était qu'en partie pays danubien. Quant au royaume de Hongrie, considérablement rétréci à la suite de l'avance ottomane, il n'était qu'un avant-poste militaire de l'Empire germanique. Pendant longtemps, cette « union » n'avait connu aucune tendance unificatrice. Jusqu'au XVIIIe siècle, la maison des Habsbourg représentait sans conteste le prestige politique du pouvoir royal allemand qui possédait en même temps le titre d'Empereur romain. En Europe, le souverain appartenant à la maison des Habsbourg apparaissait tout simplement comme l' « Empereur » dont le pouvoir reposait sur ses possessions en Allemagne et en Italie et qui, accessoirement, était roi de Hongrie et de Bohême. Mais au XVIIIe siècle, la perte de la Silésie affaiblit sa position en Allemagne et pendant la guerre de succession d'Autriche, le grotesque de la situation apparut en plein jour : le pays de Marie-Thérèse, qui ne portait pas le titre d'Impératrice, n'avait même pas de nom : c'était un conglomérat de nations ou de fragments de nations, d'Autrichiens, de Hongrois, de Tchèques, de Lombards, de Belges, de Croates, avec des droits publics, des langues, des administrations et des consciences différents. L'envers de la médaille n'est pas moins grotesque : l'époux de Marie-Thérèse, cet aristocrate français devenu prince italien, avait, lui, le titre d'Empereur — on l'avait élu à cause de son épouse — mais ne possédait pas le moindre territoire en Allemagne, manifestant ainsi devant le monde entier que le titre d'Empereur romain germanique s'était vidé de son sens. Ainsi, à partir du milieu du XVIIIe siècle, on vit surgir une tendance visant à unifier les Etats danubiens des Habsbourg au sein d'un royaume et à leur communiquer une conscience nationale autrichienne. Mais cet objectif demeura lié, même chez Joseph II, au renforcement des positions des Habsbourg en Allemagne et à l'insistance sur le caractère allemand de l'Empire des Habsbourg. Cette tendance ne devait disparaître que sous le règne de François II qui, par un acte historique particulièrement malheureux, prit, en 1804, le titre d'Empereur d'Autriche. Ferrero montre bien que cet acte s'intègre dans la série des créations arbitraires d'Etats qui avait débuté sous la Révolution française avec la création des Etats cisalpins, helvétiques, bataves, et fut poursuivie, paradoxalement, par la monarchie la plus ancienne et la plus conservatrice d'Europe : l'acceptation du titre d'Empereur d'Autriche par un souverain de la dynastie des Habsbourg signifiait en effet que l'Empereur romain germanique se révoltait contre lui-même. Ferrero croit trouver la clé de la politique intérieure de François II dans son éducation italienne : dans la suite, nous voudrions indiquer également les conséquences lointaines pour l'évolution politique de l'Europe de cette politique indifférente à la cause de l'unité allemande. En effet, le fait de prendre le titre d'Empereur d'Autriche eut pour conséquence logique d'abdiquer, deux ans plus tard, le titre d'Empereur romain germanique. Ce qui signifiait en clair que le chef de la dynastie des Habsbourg avait renoncé à sa position d'Empereur romain germanique, symbole de l'unité allemande, pour se rabaisser au rang d'un prince territorial germanique, un parmi d'autres. Alors que pour l'Empereur romain germanique et pour la nation allemande il aurait été d'une importance énorme de voir liquider ou tout au moins affaiblir le système des principautés territoriales, l'Empereur d'Autriche devint l'égal des autres princes territoriaux, du roi de Prusse jusqu'au gouverneur de la province de Hesse-Hambourg. La maison des Habsbourg s'engagea ainsi sur une pente raide qu'elle devait descendre en moins d'un siècle : aujourd'hui, le prétendant au trône des Habsbourg ne se donne plus le titre d'Empereur d'Autriche (en effet, un Empire de sept millions d'habitants aurait quelque chose de comique), mais celui de « Landesfürst », c'est-à-dire prince territorial.

Anticipation de la déchéance des Habsbourg

Au moment de prendre le titre d'Empereur d'Autriche, François II et ses conseillers pensaient sans doute ne rien faire d'autre que de nommer une réalité existante et de changer sur la façade une inscription qui de toute évidence ne correspondait plus aux faits et ne pouvait que ridiculiser le porteur du titre d'Empereur romain germanique. En réalité, ce changement de titre infligea à cette vieille monarchie européenne une blessure mortelle. En abandonnant le mot « germanique », la maison des Habsbourg jeta aux orties un drapeau qui, au cours des siècles à venir, aurait revêtu une importance considérable et aurait rassemblé tous les Allemands autour de cette dynastie. Avec l'exploitation de cette immense possibilité, le problème du détachement des provinces *non germaniques* de la maison des Habsbourg se serait résolu sans douleur. Mais le titre d'Empereur d'Autriche conférait aux Habsbourg l'illusion de régner sur un Empire territorialement homogène, susceptible d'adopter avec le temps la conscience autrichienne. Comparée à cet espoir vain, l'hégémonie des Habsbourg sur l'Allemagne paraissait un engagement pénible et illusoire qui, de plus, aurait dressé les princes allemands contre la maison des Habsbourg. En 1815, le règne sur l'Autriche lui paraissant une position ferme à ne pas abandonner, l'Empereur François ne voulait pas, en prenant le titre d'Empereur germanique, renouveler une souveraineté qui, pensait-il, ne pouvait plus être que nominale.

En réalité, c'est à partir de cette décision, à première vue réaliste, que commence la déchéance rapide de l'Empire des Habsbourg. En vain cet Empire était-il devenu grâce, précisément, aux résolutions du Congrès de Vienne, maître d'un territoire d'un seul tenant, en vain possédait-il une armée prestigieuse et, à certains égards, glorieuse, en vain son poids politique était-il plus considérable que jamais, l'équilibre intérieur de l'Empire était ébranlé, son âme semblait l'avoir abandonné. Sa politique allemande est statique et ne peut dépasser la solution de fortune d'ailleurs transitoire, et de plus en plus abhorrée, qu'était la Confédération germanique. En Italie, l'Empire doit assister, impuissant, à la montée de la haine contre le « corps étranger » qu'il était aux yeux des Italiens à un moment où il n'était plus, à proprement parler, un Etat allemand. En 1848, les événements d'Allemagne, d'Italie et de Hongrie montrent clairement qu'en Europe centrale les frontières d'Etat ne coïncident pas avec les frontières nationales, et aucun mouvement national ne s'identifie au sort de l'Autriche. C'est à cette menace de disparition et à la peur qu'elle engendre que riposte l'Autriche en 1849, en instaurant en Hongrie et en Italie un régime d'oppression cruelle, véritable tache sur l'histoire de l'Autriche, si attachée à la douceur et à la mansuétude. (Cette réaction irraisonnée à la peur réapparaîtra encore une fois dans l'histoire de la dynastie des Habsbourg en 1914, à la veille de la déchéance finale.)

Entre 1849 et 1866, François-Joseph tente une dernière fois l'impossible : rester à la tête de tous les Allemands tout en conservant l'Empire multinational « autrichien ». Mais il doit constater à ses dépens la justesse de la phrase biblique : « Celui qui veut conserver sa vie la perd. » En 1866, l'Empire des Habsbourg doit se retirer à la fois d'Allemagne et d'Italie, pays sur lesquels l'Empire romain germanique exerça son pouvoir pendant 900 ans et au moment même où il cesse d'être *allemand* et *italien*, au moment donc où il ne peut être qu'autrichien et rien d'autre, il doit céder au séparatisme hongrois et devenir, en 1867, *Autriche-Hongrie*. Il suffit de jeter un regard sur les cartes de 1792, de 1815 et de 1867 pour mesurer le rétrécissement rapide de la sphère du pouvoir des Habsbourg depuis qu'ils renoncèrent au titre d'Empereur romain germanique et prirent celui d'Empereur d'Autriche. Le tragique de ce processus apparaît dans toute son ampleur si l'on considère les projets actuels de restauration d'une monarchie danubienne. Le descendant des Empereurs romains germaniques, Rodolphe de Habsbourg, successeur de Rodolphe, de Maximilien, de Marie-Thérèse et de Joseph II, est chargé de faire échouer l'union de l'Allemagne et de l'Autriche, et de construire à l'est un rempart sûr contre le Reich allemand. Pour y parvenir, il aspire à régner sur 6 à 7 millions d'Autrichiens et sur deux fois autant de Hongrois. Il envisage d'englober dans son Empire la Bohême et la

Slovaquie, mais personne ne lui a fait de promesses à ce sujet. Il n'a pas renoncé à ses prétentions sur la Croatie et sur la Slovénie, mais il sait qu'il n'est pas recommandé d'en parler. Pour réaliser ses projets, il est obligé de jouer sur la corde nationaliste à la fois auprès des Autrichiens, des Hongrois et des Tchèques. Ces manœuvres laissent froid l'auteur de ces lignes mais, vue par les Habsbourg, cette situation ne manque pas d'être humiliante. Il est peu vraisemblable que les Habsbourg aient encore un rôle à jouer en Europe, mais parmi tous les rôles imaginables, celui du souverain d'une telle monarchie danubienne serait sans doute le plus pitoyable.

Excursus sur la monarchie européenne

Il peut paraître étrange de faire couler tant d'encre et d'exprimer tant de regrets au sujet d'une question depuis longtemps dépassée, celle de l'unité allemande qui, au lieu de se réaliser sous la souveraineté des Hohenzollern, aurait pu s'accomplir sous celle des Habsbourg. Où sont les Habsbourg ? Où sont les Hohenzollern ? pourrait-on demander, et en quoi l'issue de leur rivalité concerne-t-elle le sort actuel du monde ? Hélas ! elle ne le concerne que trop ! Rappelons d'emblée que la monarchie européenne est l'institution la plus importante du passé européen et que les dynasties ont une part décisive dans la formation des nations européennes, dans celle de leur caractère et de leur politique. Il faut dire ensuite que dans la crise européenne actuelle, l'effondrement de la monarchie représente un problème central, car rien ne l'a remplacée en Europe centrale et orientale. Déclarer la guerre à la monarchie européenne fut sans doute l'un des actes les plus courageux de la révolution démocratique européenne, mais nous sommes obligés de constater qu'elle ne l'a pas encore tout à fait gagnée. Nous avons bon espoir de liquider et de remplacer la monarchie et ses corollaires, mais pour le faire nous devons connaître son rôle et ses fonctions historiques et mesurer le vide qu'elle a laissé.

La monarchie européenne, telle qu'elle existait au moment de la Révolution française, était le résultat d'un processus de plus de deux mille ans. Comme le dit Ferrero, cette institution s'enracine fortement dans les traditions politiques de l'Empire romain d'Auguste qui, lui-même, continuait l'idée de la République romaine. C'est cette tradition et le christianisme du Moyen Age qui ont transformé la domination des chefs de tribu germaniques, aventuriers sans scrupules et despotes brutaux, en une mission humaine, réglée par le code des droits et des devoirs, des rôles et des fonctions, par l'éthique de la vocation et par les règles de la convention. Grâce à cette transformation, la monarchie européenne n'était plus un règne personnel brutal à la fin du Moyen Age et au cours des siècles de l'ère moderne, mais une forme plus ou moins spiritualisée et « spiritualisable » du règne personnel. Si aujourd'hui, en Europe occidentale, des présidents de la République ou des rois occupent des positions-clés et en tirent un usage salutaire sans jamais penser à en abuser pour leur profit personnel, c'est parce que depuis des siècles il existe en Europe une forme de domination en vertu de laquelle le pouvoir illimité s'est transformé en un rôle conventionnel, l'exercice brutal du pouvoir en une fonction de représentation solennelle, et, au lieu de régner sur la vie ou la mort des sujets, les souverains ne font qu'occuper des positions-clés centralisant fonctions et attributions. Une éducation spéciale a abouti à l'élaboration d'une espèce d'hommes qui, dès leur enfance, sont élevés en vue d'exercer un pouvoir impersonnel. Du « prince chrétien » en passant par le « souverain éclairé » et la « monarchie constitutionnelle », un droit chemin conduit au chef d'Etat moderne et impersonnel. La position, les attributions et la vocation actuelles de la République française ne prennent pas leur origine dans la position de Robespierre, du Directoire ou de Napoléon, mais dans celle de Louis XVIII et de Louis-Philippe et ce n'est pas un hasard si les auteurs de la Constitution française de 1875 — la première depuis la Révolution à donner une stabilité politique à la France — étaient des monarchistes. Les pays qui ne disposent pas de cet avantage ne connaissent pas non plus le type d'homme d'Etat impersonnel (c'est le cas des Etats-Unis d'Amérique). Mais dans le fait qu'aux Etats-Unis un appareil démocratique sophistiqué exerce un contrôle rigoureux sur un chef d'Etat disposant par ailleurs d'un pouvoir personnel très étendu, et qu'en Russie un chef d'Etat disposant d'un pouvoir personnel encore plus étendu n'utilise son pouvoir qu'à exécuter un projet de réforme sociale fixé à l'avance, on retrouve l'action lointaine de l'idéal monarchique européen, aussi étrange que cela puisse paraître. Bien entendu, il n'est pas question de prétendre qu'il n'existe pas de démocratie sans chef d'Etat impersonnel, mais le chef d'Etat impersonnel est l'un des meilleurs régulateurs de l'appareil d'Etat démocratique. Personne n'est plus apte que lui à conduire une société plus ou moins habituée au règne personnel vers un idéal démocratique d'organisation politique où les représentants du pouvoir politique ne règnent pas sur le reste de la population, mais où ce sont les lois, les principes, les plans qui règnent sur ceux qui détiennent les leviers de commande de l'appareil d'Etat.

Avec de telles prémisses, nous sommes en mesure de mieux juger, et de condamner, l'idéal falsifié de la monarchie, issu de l'une des traditions les plus douteuses de la Révolution française : la foi romantique en un dirigeant politique génial. A travers la personne de Napoléon, ce faux romantisme a engendré une fausse image de la monarchie européenne ou, si l'on préfère, l'image *d'un faux monarque* pour qui le pouvoir n'est pas une mission ou un système de rôles, mais une entreprise romantique, héroïque, spectaculaire et individuelle. Au lieu d'être un progrès par rapport aux rois dégénérés de l'Ancien Régime qui régnaient « par la grâce de Dieu », en vertu d'une « impuissance héréditaire », cette conception représente une régression de la pire espèce : le pouvoir personnel spiritualisé de la monarchie traditionnelle est supplanté, une fois de plus, par un pouvoir personnel total et brutal. Heureusement pour l'Europe, cette conception n'effleura pas les dynasties européennes qui continuèrent à jouer le rôle de souverains corrects, scrupuleux, allant même plus loin dans cette voie que leurs prédécesseurs. Ce n'est que vers la fin du XIXe siècle qu'apparaît sur la scène l'un des personnages les plus grotesques et en même temps le plus nuisible de l'évolution politique européenne, Guillaume II, né « faux monarque » qui, tout en étant donc souverain de naissance, avait au sujet de son rôle des fantasmes romantiques. Il appartenait à une dynastie de parvenus, une dynastie de princes territoriaux de second rang. Jamais un tel personnage n'aurait surgi dans la maison des Habsbourg, la famille des Empereurs romains.

Dès lors, il paraît peut-être moins absurde d'attribuer une importance fatale à l'évolution politique allemande au fait que l'unité allemande, ce concept d'une importance décisive pour l'histoire européenne moderne, se réalisa non pas sous la souveraineté de la maison des Habsbourg, qui avait vocation à assumer ce rôle, mais sous celle de la maison des Hohenzollern, une famille de princes territoriaux allemands, qui n'était même pas parmi les plus prestigieuses. A l'échelle allemande, comme à l'échelle européenne, la maison des Habsbourg représentait l'idéal du souverain impersonnel car, mis à part quelques brèves interruptions, elle était depuis cinq cents ans porteuse de la dignité la plus symbolique du système des Etats européens, du titre d'Empereur romain germanique. Il fallait rester digne de ce rang, du poids historique, du prestige et des possibilités potentielles qu'il représentait, même si aucun pouvoir effectif ne s'y associait plus. En revanche, les princes territoriaux allemands, grands féodaux et grands seigneurs terriens, disposaient d'un pouvoir personnel bien plus étendu que les monarques européens en général. Ainsi, au moment même où la liquidation du pouvoir personnel était la tâche la plus importante de tous les peuples européens, l'Allemagne, ce pays qui avait, plus que tout autre, besoin de balayer le système du pouvoir personnel, s'y enfonçait plus que jamais.

3. L'impasse de la Confédération germanique

Les défauts congénitaux de la Confédération germanique

La restauration de l'Empire romain germanique ayant échoué en 1815, il ne restait à la nation allemande qu'une seule institution politique légitime : la principauté territoriale. En vain le baron Stein écrivait-il : « Je n'ai qu'une patrie qui a pour nom : Allemagne. En cette période de grands élans, les dynasties me sont indifférentes » ; l'armée, l'administration, les peuples étaient dévoués aux dynasties que Stein lui-même était obligé de servir et d'inciter à la guerre pour achever la défaite de Napoléon. Au Congrès de Vienne, ce furent les dynasties qui disposèrent du sort de l'Allemagne : il leur appartenait donc de fixer le degré d'unité allemande qu'elles voulaient bien lui accorder. Or, ce qu'elles souhaitaient avant tout, c'était de maintenir intacte voire de renforcer l'institution de la principauté territoriale. Elles savaient néanmoins qu'après 1813, cette grande année historique, il convenait de donner une forme quelconque à l'ensemble de l'Allemagne. C'est la lutte de ces deux tendances qui donna naissance en 1815 à la Confédération germanique.

Ferrero qualifie cette formation politique d'imparfaite, mais il ajoute que dans les circonstances données, cette solution n'était pas la pire et, du point de vue de l'équilibre européen, elle était acceptable. Sans aucun doute, c'est la Confédération germanique qui mit fin à l'anarchie allemande. L'Allemagne cessa d'être un no man's land, des centaines de petites principautés cessèrent d'exister en Allemagne du Sud et en Allemagne centrale, et la Confédération se dota d'une organisation plus solide et plus cohérente que ne l'avait été le Saint Empire romain germanique. Mais ces avantages, déjà largement insuffisants pour faire triompher l'unité allemande, étaient contrebalancés par d'énormes inconvénients qui empêchaient toute évolution saine.

Nous avons déjà signalé le premier de ces inconvénients. La Confédération germanique n'avait pas de chef visible. L'inanité du pouvoir de l'Empereur « romain » germanique avait été, certes, un objet de moquerie ; malgré tout, cet empereur était en même temps roi germanique, symbole qui, à l'occasion, aurait pu servir de support à des desseins très importants. L'absence d'un chef visible dans une société habituée au règne personnel, comme l'était la société allemande, constituait une très grave lacune.

L'autre inconvénient procède du premier. Ne pas renouveler le titre d'Empereur romain et germanique signifiait que la

Confédération germanique donnait sa bénédiction à l'œuvre de Napoléon, à la suppression du Saint Empire en 1806 et, plus précisément, à l'autonomie des princes territoriaux allemands qui, ayant cessé formellement d'être assujettis à une unité étatique supérieure, se contentaient désormais de se constituer entre eux spontanément en une Confédération. Princes électeurs et margraves devinrent ainsi rois et grands ducs. L'objection selon laquelle il s'agit d'un pur changement nominal et que l'indépendance des princes territoriaux était déjà effective au sein du Saint Empire n'est pas recevable. Le changement de dénomination et l'accession à une souveraineté pleine et entière des princes territoriaux signifiaient que ces derniers, naguère seigneurs terriens aux pouvoirs illimités plutôt que véritables dynasties, avaient pris les allures et épousé les prétentions des grandes dynasties européennes, en les exagérant par endroits, justement parce que, à l'exception des Habsbourg et quelques autres maisons, ils n'étaient pas de grandes dynasties. On n'insistera jamais assez sur l'évolution malheureuse de la politique allemande : le pouvoir des grands seigneurs féodaux ne fut point brisé par un souverain centralisateur, ils devinrent eux-mêmes souverains sur leurs territoires respectifs. En conséquence de quoi, la plupart des dynasties allemandes ont conservé les caractéristiques des seigneurs terriens qui dans les grandes dynasties européennes avaient été sublimées depuis longtemps par l'éthique de la mission de la monarchie chrétienne.

Le troisième grand inconvénient du règlement de la cause allemande de 1815 fut d'avoir accordé une juridiction particulière aux innombrables familles princières issues du Saint Empire. Celles-ci, tout en ayant cessé d'exister en tant que souverains (il s'agit des familles dites « médiatisées »), sauvegardèrent le pouvoir et les attributs juridiques des grands seigneurs. Ainsi, non seulement l'Allemagne se vit « dotée » d'une multitude de familles à mentalité de grand seigneur, devenues *dynasties,* mais en plus, la parole donnée par ces dynasties et la Constitution de la Confédération germanique garantissaient à d'*autres familles* des privilèges féodaux qui, dans le reste de l'Europe, étaient en voie de liquidation en tant que principaux obstacles au progrès social. Ainsi, même si elle a mis fin à l'anarchie du Saint Empire romain germanique, la Confédération germanique représentait pourtant une impasse pour l'unité allemande, puisqu'elle conféra et consolida la légitimité (garantie par la monarchie européenne) des principautés territoriales, principal obstacle à l'unité allemande. La Confédération fut une transition, mais qui ne fit que renforcer le désir de créer un Etat allemand fort et uni. Ce n'est pas par hasard si à la même époque naquit la philosophie hégélienne qui donna l'idée de l'*Etat* une dimension métaphysique. Il est vrai que Hegel avait élaboré sa théorie pour défendre l'Etat prussien, principauté territoriale sur la défensive. Mais l'écho qu'il suscita exprimait l'aspiration à un *Etat allemand* uni, encore inexistant ou plutôt n'existant que sous forme de postulat, sur le plan métaphysique.

Le grand échec de 1848

En 1848, il devint clair pour tous que la Confédération germanique n'était ni viable ni capable de promouvoir l'unité allemande. Cette prise de conscience déclencha des événements et des mouvements politiques. 1848 fut en Allemagne l'année des révolutions au cours desquelles la bourgeoisie libérale et l'intelligentsia, principaux moteurs des bouleversements, obtinrent, quelquefois assez facilement, des résultats encourageants et prometteurs. Mais lorsque, au lendemain de ces révolutions locales, la question d'une politique pour l'ensemble de l'Allemagne fut mise en avant, qu'un Parlement allemand central fut élu et que le populaire archiduc Jean fut élu Régent de l'Empire allemand, le problème central de la répartition territoriale des Allemands apparut au grand jour : le fait malheureux que l'Etat autrichien, historiquement et juridiquement appelé à diriger, abritait une population aux trois quarts non allemande. D'une part, les Allemands n'étaient pas assez mûrs pour liquider les dynasties et d'autre part, l'existence de ces dernières était incompatible avec le rôle dirigeant de l'Empire autrichien dans le futur Empire allemand uni. Il s'ensuivit un compromis, la solution dite « de la petite

Allemagne » qui, renonçant à la « grande Allemagne » comprenant tous les Allemands y compris ceux d'Autriche, se contentait d'une unité allemande partielle, sous la direction de la Prusse, sans l'Autriche et sans les Allemands d'Autriche. Cette solution bâtarde devait avoir une influence décisive et fatale pour l'évolution ultérieure de la politique allemande.

En 1848, le Parlement central allemand s'efforça de traiter et de résoudre ce problème. Mais au cours de la discussion, l'absence d'un centre politique allemand se fit lourdement sentir. Le Parlement central et le gouvernement central nommé par le Régent entendaient diriger un Empire sans soldats, sans fonctionnaires et sans sujets ; ils siégeaient dans une ville qui n'était la capitale d'aucun pays. Nul n'obéissait à ce gouvernement et plus tard, élu Empereur d'Allemagne dans l'esprit de la solution de la « petite Allemagne », le roi de Prusse refusa la couronne impériale en la désignant d'un nom qui bafouait à la fois la dignité des Allemands et l'idée de la souveraineté populaire. Enfin, après avoir erré d'une ville à une autre, le premier Parlement de la nation allemande fut purement et simplement fermé par le gouvernement d'un Etat allemand de second rang. 1848 demeura dans la mémoire de la nation allemande une année folle, et dans celle des partisans de l'unité allemande, l'année de la honte. Bien que de nombreuses constitutions votées cette année-là se fussent révélées durables, ce fut une année catastrophique pour l'évolution politique de la nation allemande. Catastrophique car, pour la première fois, la fausse idée de *l'impossibilité de résoudre le problème de l'unité* allemande fut confirmée par l'expérience. En réalité, le problème de l'unité allemande n'était insoluble que *dans la mesure où les principautés territoriales étaient sauvegardées*. Mais, d'un autre côté, comme depuis la suppression du Saint Empire romain germanique, la principauté territoriale était la seule institution traditionnelle en Allemagne, l'unité allemande était devenue synonyme de chaos révolutionnaire. Si, en Europe, les forces de la tradition cédaient de plus en plus à celles de la démocratie, en Allemagne, aucune évolution de ce genre ne se produisait, à l'exception peut-être de quelques concessions apparentes. Il semblait donc que la réalisation d'un Etat national, unitaire et démocratique, tâche que s'étaient fixée les meilleurs Allemands et que la plupart des nations européennes avaient déjà entreprise, après quelques difficultés initiales, représentait pour la nation allemande des difficultés insurmontables, en raison de la ténacité des forces qui s'y opposaient. Vaincre leur résistance eût représenté une tâche surhumaine.

Les débuts du mythe allemand

Arrivée à ce point critique, la nation allemande, au lieu de se fixer des objectifs réalistes et viser des résultats tangibles, se mit à envisager des solutions apparentes, à recourir à des clichés, à des symboles et à des phantasmagories politiques. De même que l'absence d'un Etat en 1806 avait été une expérience oppressante qui devait engendrer la métaphysique de l'Etat hégélien, de même Wagner et Nietzsche étaient des personnalités caractéristiques de la vie culturelle allemande d'après 1848. Non que les événements de cette année-là aient fondamentalement modifé leur art et leur philosophie — c'étaient des hommes déjà mûrs —, mais sans le fiasco de 1848 ils n'auraient jamais été appelés à jouer le rôle qu'ils assumèrent plus tard dans la formation de la nouvelle échelle de valeurs de la nation allemande. Seule une communauté incapable de résoudre les problèmes que l'histoire lui pose, et qui n'a pas osé affronter les forces qui s'opposent à leur solution, a besoin d'une vision du monde qui peuple la vie de puissances surnaturelles invincibles, et, face à elles, d'êtres mythiques prodigieux ou de surhommes. Et comme pour résoudre leurs problèmes présents, l'Histoire ne met à la disposition des communautés que *des hommes*, les êtres prodigieux des mythes germaniques ne pouvaient peupler que le passé et les surhommes étaient destinés au monde de demain. Etant donné cet état d'esprit et la disposition de tout un peuple à accepter des pseudo-solutions plutôt que d'affronter les véritables problèmes, on vit surgir une force, insuffisante pour résoudre le problème de l'unité allemande, mais suffisante pour être porteuse d'une pseudo-solution. Cette force était *le militarisme prussien*.

C'est dans cette situation historique qu'émergea Bismarck, le plus grand faux réaliste de l'histoire européenne.

Le militarisme prussien

Aujourd'hui, les Prussiens font l'objet d'un mythe et d'une réputation d'épouvante.

Le *mythe prussien,* dont le représentant le plus connu est Spengler, cherche à accréditer l'idée du Prussien, homme supérieur, créateur, inébranlablement européen et aristocratique. L'Europe a besoin de ce type d'hommes, elle a besoin du plus grand nombre possible de « Prussiens ».

Les glorificateurs modérés du prussianisme estiment également que l'âme prussienne est surtout caractérisée par le sens du devoir et parlent du fonctionnaire prussien en termes dithyrambiques, comme si, en dehors de la Prusse, il n'existait pas en Europe d'administration honnête.

Quant à cette *réputation d'épouvante,* elle est l'œuvre des Français. Selon ce conte, la démence allemande des temps modernes tire son origine de l' « infection » prussienne et l'adoration de la puissance et de la violence qu'on trouve chez les Allemands procède de l'esprit des cliques féodales et militaires prussiennes.

Mais on chercherait en vain l'essence du militarisme prussien dans l'armée prussienne elle-même ou dans l'esprit du peuple prussien. D'une façon générale, il serait absurde de chercher les racines d'un militarisme, quel qu'il soit, dans la brutalité « naturelle » du peuple, ou dans ses cliques militaires. Il serait difficile de montrer la différence essentielle entre la brutalité naturelle des Allemands et celle des Suédois, entre l'esprit militariste d'un Hindenbourg et celui d'un Lord Kitchener. Le militarisme est un *phénomène social* et ce qui rend une société militariste, ce n'est pas l'idée que se font ses soldats d'eux-mêmes et de la guerre, c'est la façon dont la société conçoit l'armée. Aujourd'hui en Europe, il n'existe pas de société qui soit militariste de par sa structure, comme l'étaient celle de Sparte ou celle des Cosaques dont l'économie se serait effondrée sans la guerre et sans la situation privilégiée que celle-ci leur assurait. La société allemande ne l'est pas davantage — ou tout au moins, on n'a pas réussi à la rendre intégralement telle.

Certes, la principale préoccupation des officiers prussiens était la guerre — mais n'en est-il pas ainsi de toutes les armées du continent européen ? Certes, l'armée prussienne avait une prédilection pour la raideur et la rigueur ; c'était peut-être là une particularité raciale, une tradition historique, le reflet d'une structure sociale — mais de tels faits n'engendrent ni militarisme ni guerres.

Les méthodes de domination rigides et implacables de l'aristocratie prussienne pouvaient constituer un obstacle sérieux à l'évolution démocratique des provinces de l'est de l'Allemagne, mais d'autres pays appliquent également de telles méthodes sans pour cela adopter le militarisme. Pour qu'une société de type européen, basée sur le travail, considère l'armée non pas comme un mal nécessaire ou comme une charge onéreuse, mais comme un instrument de prestige et pour que, nécessaire ou non, cette armée lui inspire un enthousiasme permanent, il faut que cette société ait connu les expériences historiques du désarmement, de l'humiliation due à l'inexistence de son armée. Telle était précisément la situation qu'avait connue la Prusse entre 1806 et 1813 ; Ferrero a été bien inspiré de dater de cette époque-là la naissance du militarisme prussien. L'adoration du « roi-caporal » pour l'armée et les guerres dévastatrices de Frédéric le Grand avaient joué un rôle moins important. A leur époque, on pouvait tout au plus parler d'« allures » prussiennes, mais non d'une hystérie prussienne qui, après 1806, s'empara des âmes. De Frédéric Guillaume Ier et de Frédéric le Grand, le peuple allemand n'avait gardé que le souvenir des dévastations opérées par leurs armées. Ce n'est que dans la griserie générale de 1813 et des années suivantes que l'armée prussienne, ressuscitée et défilant dans les rues, devint à nouveau le symbole de la libération, des libertés rétablies et de l'unité allemande. L'évolution en dents de scie (périodes d'exaltation suivies d'échecs cuisants) incita les couches dirigeantes prussiennes, d'une maturité politique insuffisante, à surestimer leurs propres capacités et leur propre valeur et les Allemands à mythifier les qualités prussiennes, à y voir un idéal à atteindre.

*Le rôle de la Prusse en Allemagne
et le complexe de l'ennemi héréditaire*

Si ce rôle du « principe prussien » dans l'échelle des valeurs de la nation allemande n'apparut dans sa plénitude qu'à la fin du XIXe siècle, le militarisme prussien, le culte de l'armée prussienne avaient commencé bien plus tôt à influencer le cours des événements politiques. La peur, le sentiment d'incertitude, le désir d'obtenir des réparations, les passions communautaires profondément enracinées dans les couches dirigeantes de l'Etat prussien, avaient fait que cet Etat — le seul en Europe — maintenait le système du service militaire obligatoire après 1815. De ce fait, la Prusse obtint, dans la vie allemande, un poids hors de proportion avec l'importance de sa population. Ajoutons que la Prusse qui, à la fin du XVIIIe siècle, comptait autant de sujets polonais que de sujets allemands, était devenue, à l'issue du Congrès de Vienne et grâce à l'indifférence de l'Empereur François II vis-à-vis de son rôle en Allemagne, le plus grand des Etats allemands, le Congrès lui ayant attribué la Rhénanie allemande en compensation de la perte des territoires polonais cédés à la Russie. L'effet conjugué de ces deux facteurs — le service militaire obligatoire et l'agrandissement du territoire de la Prusse — permettait d'envisager le rôle dirigeant de l'Etat prussien en Allemagne, alors même que la maison des Habsbourg semblait infiniment plus qualifiée à assumer cette mission. Mais tous les soldats de la Prusse et tous les avantages dont elle jouissait à l'intérieur de l'Allemagne auraient été insuffisants pour faire de cette idée une réalité, sans le fiasco de 1848. Celui-ci créa les conditions préalables de la politique et du succès de Bismarck. Au cours de la première partie de sa carrière politique, avant de devenir, malgré lui, l'artisan de l'unité allemande, Bismarck avait mis toute son énergie à montrer l'inanité fatale des expériences historiques de 1848 : l'insolubilité du problème de l'unité allemande à cause de l'invincibilité du système des principautés territoriales. Chemin faisant, il s'était employé à préserver les principautés territoriales et plus précisément la maison royale de Prusse contre les dangers qui les menaçaient de la part des partisans de l'unité allemande, dangers parmi lesquels l'assujettissement éventuel à la maison des Habsbourg figurait en premier lieu. Pour le conjurer, il mobilisa toutes les ressources de la Prusse et réussit en 1866 dans son entreprise. Mais tout cela n'aurait pas encore été suffisant, pour faire de la Prusse l'incarnation de l'unité allemande, sans le concours d'un facteur psychologique : le traumatisme de l'année 1806, la grande expérience de l'humiliation de l'Allemagne, avait été ressenti plus profondément par la Prusse que par l'Autriche. Ainsi, la Prusse avait intégralement fait sien le désir de revanche qui animait les Allemands.

Ce fut en 1806 que naquit en Prusse et dans les petits Etats allemands le complexe de l'ennemi héréditaire, l'idée que la France est l'ennemi éternel des Allemands et que son but unique depuis des siècles est d'empêcher l'unité allemande afin de barrer la route de la grandeur à la nation allemande. Mais, chose étrange, avant 1806, les peuples concernés ignoraient tout de cet « antagonisme fatal », alors que l'opposition traditionnelle entre la France et l'Angleterre était beaucoup mieux perçue. Après 1806, la notion d'ennemi héréditaire était à peu près inconnue en Autriche, puissant représentant traditionnel des Allemands, ainsi d'ailleurs qu'en France ; c'étaient avant tout la Prusse et la « Petite » Allemagne qui s'employaient à la répandre. Certes, pendant mille ans, l'équilibre européen reposait sur celui qui existait entre la France et l'Allemagne et le conflit de ses deux puissances avait donné lieu à d'innombrables guerres entre Allemands et Français, entre Habsbourg et Bourbons, mais ni les deux peuples ni les deux dynasties n'avaient connu la thèse de la « haine fatale ». Pendant les guerres napoléoniennes, l'Autriche, dont Napoléon n'avait jamais réussi à briser la force, éprouvait à l'égard des Français des sentiments hostiles, mais qui ne dépassaient jamais en intensité l'aversion qu'une grande puissance sûre d'elle-même peut nourrir à l'égard de son ennemi du moment. Après la fin des guerres napoléoniennes, ce sentiment devait se dissiper graduellement. Les Français ignoraient également la thèse de l'ennemi héréditaire ; bien entendu, la diplomatie française voyait d'un œil favorable le déplacement vers le sud-est de l'Empire germanique et travaillait contre la constitution d'un Empire fort à ses frontières orientales. Mais l'élite française des années 1806 considérait l'Allemagne avec sympathie et on ne pouvait parler, à cette époque, de sentiments antiallemands ou antiprussiens en France. Ces sentiments ne devaient apparaître qu'en 1870-1871. J'ignore ce que faisaient alors les Allemands sur le territoire français et en quoi leurs agissements différaient du comportement des envahisseurs, mais qu'ils aient agi pour la guerre ou pour la paix, leurs actions étaient motivées par la quête de la revanche. Etre vaincu par un tel adversaire comporte sans doute des épreuves physiques et morales épouvantables. C'est ce qui engendra le choc et la prussophobie des Français qui, en 1918, devait provoquer une réaction tout aussi fatale.

1871 ayant été l'année de la grande revanche des Prussiens et de l'ensemble des Allemands humiliés en 1806, l'Etat prussien et le pouvoir militaire prussien devinrent aux yeux des Allemands l'incarnation de la cause de l'unité allemande.

La véritable politique de la Prusse

Mais le résultat obtenu dépassa les objectifs initiaux de la politique prussienne. Celle-ci et Bismarck lui-même avaient toujours visé à fonder, indépendamment de l'unité allemande, une puissance protestante en Allemagne du Nord, réunissant ainsi la partie occidentale et la partie orientale du territoire prussien. Avant 1866, la Prusse avait proposé à plusieurs reprises la division de l'Allemagne en deux : une Allemagne du Nord sous la direction de la Prusse et une Allemagne du Sud sous celle de l'Autriche. Ce fut précisément la maison des Habsbourg, incarnation de l'unité allemande, qui refusa cette proposition, parce qu'elle ne pouvait pas faire autrement. La guerre prusso-autrichienne de 1866 aboutit à une telle diminution du prestige autrichien que non seulement l'Allemagne du Nord passa entièrement sous la souveraineté de la Prusse, mais un certain vide s'étant créé en Allemagne du Sud, la Prusse, moitié par crainte de la France, moitié sous la pression du mouvement pour l'unité allemande, s'empressa de le combler en étendant sa zone d'influence sur certaines provinces méridionales. Après la victoire de 1870/71, la Prusse ne pouvait pas ne pas adhérer à l'idée de la création d'un nouvel Empire allemand. Cependant, aux yeux de la Prusse, il ne s'agissait pas encore de l'Allemagne unie, mais d'une Prusse agrandie au-delà de toute espérance. Bismark savait parfaitement qu'en 1871, la politique prussienne avait réalisé ses objectifs non pas à 100, mais à 150 %, que la Prusse n'avait plus rien à conquérir, mais qu'elle devait s'employer à consolider son acquis. Il n'était pas question, pour la politique des Hohenzollern, de parachever l'unité allemande, autrement dit, d'incorporer dans l'Empire les territoires autrichiens habités par une population germanophone. Une telle idée était inconcevable du point de vue dynastique, car sa réalisation eût comporté soit l'assujettissement de l'Empereur d'Autriche à l'Empire allemand, soit la perte, par la dynastie catholique autrichienne et au profit de la Prusse, des territoires autrichiens traditionnellement catholiques. Que pour le pouvoir royal prussien l'important n'était pas la réalisation de l'unité allemande, le dernier rôle joué par la maison des Hohenzollern sur la scène de la politique allemande l'illustre avec éclat : en 1918, Guillaume II avait tenté d'abdiquer son titre d'Empereur d'Allemagne tout en conservant celui de roi de Prusse. On ne voit dans ce geste qu'une preuve de l'esprit borné de Guillaume II en général, alors qu'en réalité, il éclaire un fait historique : pour la politique prussienne, l'Empire d'Allemagne n'était qu'une ambition tout à fait accessoire, une sorte de décor dont, en cas de danger, on pouvait se délester.

Ainsi, 1871 marqua non pas le succès du mouvement démocratique et national de l'unité allemande, mais celui de la politique prussienne. D'autre part, la génération qui avait encore conservé le souvenir du fiasco de 1848 renonça alors à la liquidation rapide des principautés territoriales et se résigna à accepter le succès *partiel* des aspirations à l'unité allemande. Comment ce succès partiel se transforme-t-il par la suite en une catastrophe totale ? Telle est la question à laquelle nous chercherons à répondre dans les chapitres suivants.

4. Troisième impasse : l'Empire allemand

Le grand malentendu de 1871

On nous a appris à l'école qu'en 1848 les forces démocratiques allemandes avaient été incapables de réaliser l'unité allemande, que celle-ci s'était accomplie en 1871, sous la conduite de la maison royale de Prusse et qu'entre cette date et 1914, l'histoire de l'Europe continentale s'était caractérisée par l'accroissement de la puissance de l'Allemagne unie. Telle était la façon des contemporains de voir les choses, et nous continuons à partager leurs vues. Or, ce malentendu fatal est à l'origine de tous les maux qui apparurent par la suite en Allemagne et en Europe. Ce qui se passa en 1871, ce n'était pas la réalisation de l'unité allemande, c'était tout autre chose. Tous les événements qui, en 1866, en 1871 et en 1879, tournaient en apparence autour de la réalisation de l'unité allemande, n'étaient en fait que des compromis mis sur pied par la dynastie, dirigés contre l'unité nationale allemande et *contre l'évolution* démocratique de l'Allemagne. En 1866, ce furent les petites principautés d'Allemagne du Nord qui se soumirent à la direction militaire et politique de la Prusse, en 1871, les grandes provinces de l'Allemagne du Sud rejoignirent ce système militaire et politique, encore que leur adhésion eût été moins étroite que celle des Etats du Nord, et en 1879, avec la conclusion de la double alliance, la maison des Habsbourg, la dernière instance qui aurait pu représenter l'unité allemande complète, si, depuis 1804, elle n'en avait pas été empêchée, se résigna à approuver cette série de compromis.

Qu'il fût uniquement question de compromis, ce n'était pas là un secret pour les contemporains. Ce qui était moins clair, c'était de savoir *entre qui* et *contre qui* ces compromis étaient dirigés. On pensait en général que la création de l'Empire allemand, comme celle de la plupart des pays européens au cours de l'ère moderne, était le résultat d'un compromis entre la monarchie et la démocratie nationale. C'était là une erreur grossière. Dans le cas de l'Allemagne, le compromis n'avait pas été conclu entre les éléments monarchiques et les éléments démocratiques, mais par les éléments dynastiques et aristocratiques entre eux ; quelques concessions à la démocratie étant venues s'y ajouter ultérieurement. L'organisation politique de l'Allemagne « nouvelle » et « unie » avançait sur les rails posés en 1815 par la Confédération germanique, ce cimetière de l'unité allemande et de l'évolution démocratique, avec la différence que ce qui avait semblé provisoire en 1815 devint définitif en 1871.

Le nouvel Empire allemand qui, vu de l'extérieur, était l'expression de l'unité allemande, signifiait en réalité que la Prusse, et par son truchement l'Empire, garantissait le maintien de l'institution des principautés territoriales, c'est-à-dire du plus grand obstacle à l'unité allemande et à l'évolution démocratique en Allemagne. La dynastie prussienne, le représentant le plus virulent des principautés territoriales et de leurs privilèges, se trouva du même coup auréolé du prestige dû au réalisateur de l'unité allemande, ce qui eut pour conséquence d'intégrer tout ce système réactionnaire dans la nouvelle Allemagne. Certes, par rapport à 1815, trois faits nouveaux étaient à noter : le titre d'Empereur, l'armée allemande et le Parlement de l'Empire, organe démocratique de l'opinion publique ; mais l'Empereur voyait son pouvoir limité — en tant qu'Empereur et non en tant que roi de Prusse ! — et le Parlement, ballotté par les forces dynastiques réelles et les forces militaires, en avait encore moins. Cette situation ne manqua pas de renforcer considérablement le culte de l'armée allemande, culte fondé sur la réminiscence des hauts faits de l'armée prussienne en 1815, et parmi les trois institutions que nous venons d'énumérer, l'armée était la seule à incarner une réalité au lieu de se contenter d'un simple titre. Juridiquement, comme dans la réalité, le souverain de l'Empire n'était ni l'Empereur ni le peuple, mais l'ensemble des princes groupés au sein du Conseil de l'Empire. Bien que cette souveraineté-là ne se manifestât pas trop à l'extérieur, elle n'en était pas moins *réelle :* les sujets du roi de Wurtemberg ou du prince de Schaumburg Lippe en subissaient les conséquences beaucoup plus qu'ils ne ressentaient les effets du pouvoir de l'Empereur ou du Parlement.

Ainsi, l'évolution fatale (parce que opposée à celle du reste de l'Europe) de la politique allemande se poursuivait : l'institution de la principauté territoriale se consolida et devint un obstacle incontournable. Mais ce fait était passé inaperçu au milieu de l'exultation générale qui accompagnait la restauration de titre d'Empereur germanique, la naissance d'une représentation du peuple allemand et les victoires de l'armée allemande. Prétendre, dans ces circonstances, que l'unité allemande n'existait pas, et que l'évolution démocratique avait encore moins de chance de s'accomplir qu'à l'époque de la Confédération germanique, c'était désavouer les victimes de deux guerres sanglantes et mettre en question la légitimité de vingt-cinq dynasties ainsi que celle de l'Empereur. Inutile de chercher, pour expliquer ce grand malentendu, les intérêts et les intrigues de tel ou tel groupe, les grands malentendus historiques (bien qu'ils servent toujours les intérêts de quelqu'un ou de quelques-uns) sont beaucoup trop profonds pour qu'on puisse les susciter sciemment. En Allemagne, le prestige démesuré de la naissance et le système des principautés territoriales avaient enfermé la société dans une structure hyper-aristocratique que le mouvement démocratique allemand avait beaucoup plus de mal à liquider que n'en avait eu par exemple le mouvement unitaire italien à régler le compte des petites principautés issues des tyrannies déracinées de la Renaissance. En Allemagne, les princes et le peuple, Bismarck et les démocrates étaient également heureux de voir se réaliser l'unité allemande — souhaitée par chacun, à sa manière — sans conflit sanglant, quittes à laisser aux générations à venir le soin de parfaire l'œuvre accomplie. Ils ne se doutaient pas du cadeau empoisonné qu'ils faisaient ainsi à leur descendance. En réalité, l'unité allemande était l'une des pseudo-solutions qui, pour maîtriser une situation à impasses, cherchent à concilier l'inconciliable, empêchant ainsi toute évolution saine et aboutissant inévitablement à une impasse encore plus catastrophique.

L'impasse du statut territorial allemand

La nouvelle unité allemande signifiait avant tout l'impasse du statut territorial de l'Allemagne. L'unité aurait dû assurer des frontières stables à un Empire dont le territoire — Bohême et Prusse orientale mises à part — coïncidait avec le territoire occupé par les Allemands et, en gros, avec celui habité par les germanophones, au lieu de respecter les frontières purement arbitraires, issues des tractations et des échanges entre les dynasties, ou plus exactement entre les seigneurs terriens devenus souverains. Au lieu de cela, l'Allemagne unie eut pour cadre le territoire de l'Empire guillaumien, avec, à l'intérieur, les frontières tortueuses de petits Etats formant des enclaves et, vers l'extérieur, une frontière d'Etat tout à fait arbitraire, due à des événements ponctuels : à l'Est, la frontière avec la Pologne avait été fixée par le partage de la Pologne, au Sud, celle avec l'Autriche était le résultat des tractations avec ce pays et, à l'Ouest, la frontière avec la France résultait de la guerre franco-prussienne, trop bien réussie. En ce qui concerne les points les plus essentiels, cette frontière n'était ni historique ni linguistique. Il était difficile d'expliquer aux Allemands pourquoi Poznan était « en Allemagne » et Innsbruck à l'étranger et, inversement, aux Austro-Allemands, pourquoi Ternopol était en Autriche et Passau, Cologne ou Hambourg à l'étranger. Ainsi, l'Allemagne demeura ce qu'elle avait toujours été : une communauté qui n'a pas trouvé ses cadres territoriaux définitifs.

La fausse situation de la maison des Hohenzollern

L'incertitude de la position européenne de la dynastie prussienne aggravait encore l'impasse de l'évolution politique. Nous avons déjà fait allusion au rôle joué par les dynsties dans la formation des nations : en Europe, la France occupe toujours la place qu'elle occupait sous les Bourbons, alors que l'Allemagne, au lieu d'hériter de la continuité et de la position solide des Habsbourg, perpétue la position incertaine, et nouvellement constituée, des Hohenzollern. Vieille famille puritaine, la dynastie allemande des Hohenzollern possédait de solides traditions morales, mais elle n'était pas à la hauteur du rôle que l'Histoire lui destina après 1871 : n'oublions pas qu'au début du XVIIIe siècle, elle vivait encore la vie de roitelets de province au pouvoir absolu et qu'un siècle et demi plus tard, elle devait occuper la place des Empereurs romains germaniques à partir de Berlin, ville que ni sa position géographique ni son entourage social ne prédestinaient à cette dignité.

Il suffit de lire *Bismarck* d'Emile Ludwig et notamment les chapitres consacrés aux antécédents de la proclamation de l'Empire allemand à Versailles, pour se convaincre que la maison royale prussienne, « simple » et « puritaine », ne disposait ni des formes ni de la tradition pour assumer avec succès son nouveau rôle. Ce n'est donc pas par hasard — encore que ce ne fût pas par nécessité — si dans cette situation le régime prussien, faisant écho à la réédition falsifiée par Napoléon de la monarchie européenne, ressuscita, pour la première fois depuis Napoléon, *le faux monarque*, en la personne de Guillaume II. Par faux monarque, il faut entendre le souverain qui « pose », qui conçoit son rôle de façon grandiloquente et romantique. Ces personnalités mal équilibrées sont tôt ou tard rejetées aussi bien par les monarques traditionnels que par les démocrates ; c'est ainsi que le conseil de famille de la maison des Habsbourg écarta l'excentrique qu'était Rodolphe II, que la démocratie britannique fit abdiquer Edouard VIII à cause de ses originalités. Mais l'Allemagne n'était ni une monarchie historique solidement implantée ni une démocratie achevée. Il est possible malgré tout que, las des gestes prétentieux de Guillaume II, le peuple allemand aurait tôt ou tard essayé de se débarrasser de ce personnage, mais avant même qu'une telle tentative ait pu avoir lieu, Guillaume II, par ses télégrammes, ses déclarations, ses croisières et ses parades sur un cheval blanc, réussit à obtenir que la crise de sa politique étrangère précédât celle de sa politique intérieure.

L'impasse de la maison des Habsbourg

L'impasse de la maison des Habsbourg était encore plus catastrophique que la « fausse situation » de la maison des Hohenzollern : elle vit toute une organisation étatique, tout un appareil militaire et administratif, se vider de son sens et devenir inutile. Ce qui, après le compromis austro-hongrois de 1867, restait de l'Autriche, c'était une formation géographique aux contours étranges, en demi-lune, dépourvue de centre, dont la population était composée de Dalmates, d'Italiens, de Slovènes, d'Autrichiens, d'Allemands de Bohême, de Tchèques, de Polonais, de Ruthènes de Galicie et de Roumains de la Bukovine. Une telle hétérogénéité politique, historique et linguistique est sans précédent et aucune de ces nationalités ne voulait reconnaître de lien de communauté avec l'Autriche. Dans la construction austro-hongroise, la situation la plus absurde était précisément celle des Austro-Allemands qui, en principe, devaient y jouer un rôle central et qui d'ailleurs avaient donné leur nom à la monarchie ; en effet, à l'exception des Italiens et des Serbes, toutes les autres minorités auraient pu trouver un intérêt quelconque à maintenir les cadres de cet Empire. Mais quelle était la place des Austro-Allemands dans un pays où les quatre cinquièmes de la population étaient des non-Allemands, dont la moitié ne voulait même pas porter le nom d'Autrichiens. Pour atténuer cette situation absurde, la propagande allemande inventa la thèse du rôle dirigeant des peuples germaniques sur les petits peuples d'Europe de l'Est. Or, cette thèse était faussée à la base : les Habsbourg n'avaient représenté l'hégémonie allemande que tant que l'Empire romain germanique possédait une réalité quelconque. Cet Empire ayant cessé d'exister, l'armée et l'administration communes avaient perdu leurs racines, et, pour les questions internes, les Hongrois en Hongrie et les Polonais en Galicie étaient parfaitement maîtres chez eux à tel point que toute intervention austro-allemande au sujet des plaintes des deux millions d'Allemands vivant sur le territoire de la Hongrie était repoussée en tant qu'ingérence dans les affaires intérieures du pays. L'hégémonie allemande étant inexistante à l'intérieur de la monarchie, il fallait trouver un lieu où elle pouvait s'exercer et c'est cette nécessité qui donna naissance à la thèse sur la « mission balkanique » de la monarchie des Habsbourg. Selon cette thèse, les Habsbourg devaient chercher dans les Balkans la possibilité d'étendre leur domination, au lieu de s'efforcer, comme ils l'avaient fait pendant des siècles, de soumettre des territoires allemands ou italiens situés à l'écart du bassin danubien. Or, cette thèse repose sur une totale méconnaissance de la situation historique, du caractère germano-romain de la maison des Habsbourg. Où un Empereur allemand chercherait-il la possibilité d'étendre son pouvoir sinon en Allemagne et un Empereur romain, sinon en Italie ? La théorie de l'hégémonie balkanique était, en réalité, un succédané inventé pour un peuple brillant ; il était insuffisant pour insuffler une vie nouvelle à une monarchie devenue caduque, mais suffisant pour entraîner la monarchie et avec elle toute l'Europe dans une catastrophe meurtrière. En réalité, la monarchie austro-hongroise avait trop de conflits intérieurs à résoudre pour gaspiller son énergie à réaliser une politique étrangère d'expansion. Cependant, plus la paralysie de la monarchie se développait à cause de l'accumulation de ses conflits internes insolubles, plus le sentiment de l'inutilité et du déracinement s'emparait de la couche des aristocrates, des militaires et des fonctionnaires, dépositaires d'excellentes traditions morales, qui était la seule à s'identifier avec cet Etat en voie de pourrissement. Or, incapable de se résigner à cette décomposition, en raison précisément de ses grandes traditions morales, cette couche se réfugia dans une psychose de la peur. C'est ainsi que l'attachement au passé se transforma en une cécité vis-à-vis des faits, que le sentiment de la dignité aboutit à une politique de prestige et le courage moral à la témérité et au mépris de la mort. Il serait, certes, exagéré d'affirmer que l'ultimatum adressé en 1914 à la Serbie ait contenu des conditions d'une dureté sans précédent. Mais il a été rédigé en des termes difficilement acceptables. De plus, la diplomatie de la Monarchie s'empressa d'interpréter la réponse de la Serbie — qui acceptait 90 % de l'ultimatum — comme un refus. Il n'est pas difficile aux connaisseurs de l'âme humaine de reconnaître dans ce comportement les procédés caractéristiques d'un psychisme qui, par crainte de son propre anéantissement, affirme à tout prix son existence, quitte à provoquer une catastrophe.

Comme le disait si justement un homme d'Etat autrichien : « Il nous fallait périr et c'est nous-mêmes qui avons choisi le moyen le plus horrible de notre anéantissement. »

*L'impasse de la politique étrangère
des puissances centrales*

La rupture de l'équilibre interne des deux grandes dynasties allemandes et l'impasse de l'unité allemande conduisirent à la catastrophe la politique étrangère des puissances centrales. Cette politique étrangère liait les destins des deux dynasties rivales, celle des Habsbourg et celle des Hohenzollern. En effet, il avait fallu compenser le résultat essentiel des compromis dynastiques de 1866 et de 1871, à savoir la mutilation de l'unité allemande et le fait que les Austro-Allemands se trouvaient artificiellement coupés de l'Empire allemand. La Double Alliance de 1879 était destinée à trouver dans la politique étrangère un dérivatif au problème non réglé de l'unité allemande. Au cours des négociations et des échanges de documents qui avaient précédé la conclusion de ce traité, il apparut clairement que le souci principal des deux parties était d'offrir à leurs opinions publiques respectives une consolation quelconque, un « os à ronger ». C'est ainsi qu'à la place de la réalité modeste, mais solide de l'unité allemande, la nation allemande dut se contenter de cet acte diplomatique qui, lui dit-on, comblait définitivement les lacunes de l'unité allemande. C'est pourquoi il est vain de se demander ce qui serait advenu si l'Autriche-Hongrie avait cherché l'amitié de la France et il est tout aussi vain de vouloir ressusciter cette formation étatique, dans l'espoir qu'elle se tournerait vers la France. A cause de ses propres Austro-Allemands, la monarchie des Habsbourg ne pouvait pas orienter sa politique étrangère vers la France et contre l'Allemagne.

La fiction de « l'unité allemande sur le plan de la diplomatie », incarnée par la Double Alliance, était complétée par celle de la « mission » allemande dans les pays danubiens et balkaniques que la diplomatie allemande cherchait à promouvoir, ne serait-ce que pour offrir une compensation à l'Autriche évincée des territoires de l'Empire. Ces fausses situations et ces slogans mensongers déclenchèrent en Allemagne de nombreuses campagnes de presse. A défaut de pouvoir aborder les vrais problèmes de l'Allemagne, de l'achèvement de l'unité allemande, de l'union austro-allemande ou de la liquidation des principautés territoriales, la presse se gargarisa de belles phrases sur la mission allemande dans le monde, sur l'hégémonie du peuple allemand sur tel ou tel territoire, sur l'expansion coloniale de l'Allemagne, etc.

C'est ainsi que les deux puissances centrales qui, dans l'immédiat, n'avaient aucune revendication territoriale à satisfaire, donc aucune conquête à entreprendre, furent obligées dans leur diplomatie de tenir compte des aspirations nationales et d'entreprendre une politique étrangère de grande envergure, mais qui, dépourvue de boussole, oscillait sans cesse entre le point de vue des dynasties et celui des nations. Le code d'honneur du système dynastique autorisait la guerre pour régler certaines questions litigieuses d'une portée limitée, mais s'opposait au déchaînement des passions nationalistes en vue de réaliser des conquêtes territoriales. De son côté, le code d'honneur international des démocraties, en voie de formation, reconnaissait le bien-fondé de la guerre contre les tyrans et les envahisseurs. Or, la politique étrangère des puissances centrales n'observait pas ce minimum de correction, ni du point de vue dynastique ni du point de vue national et démocratique. Du point de vue dynastique, les deux monarchies allemandes renièrent les principes fondamentaux de leur politique étrangère, pourtant couronnée de succès : en mettant en avant la mission des Allemands dans le monde, les Hohenzollern renoncèrent à l'amitié de la Grande-Bretagne et aux bonnes relations traditionnelles entre la Prusse et l'Angleterre. De leur côté, en renforçant leur action dans les Balkans et surtout à propos de la Bosnie, les Habsbourg transformèrent en une lutte à mort leur rivalité traditionnelle avec la Russie, rivalité reposant sur un accord tacite en vertu duquel les deux parties suivaient attentivement la désagrégation de la Turquie, mais s'abstenaient d'opérer des conquêtes dans les Balkans. En raison de l'impasse de l'unité allemande, les deux puissances centrales étaient liées pour la vie comme pour la mort, ce qui aboutit à la détérioration des bonnes relations anglo-prussiennes et russo-prussiennes. Contrairement aux espoirs de Bismarck, l'alliance des deux puissances centrales, loin d'être bénéfique aux deux parties contractantes, permit aux tensions de l'une d'aggraver la situation de l'autre. C'est ainsi qu'elles furent entraînées dans une guerre inutile pour la politique dynastique et impropre à réaliser aucun objectif national, la réalisation du seul véritable objectif national, l'incorporation des Austro-Allemands dans l'Allemagne unie, ayant été rendue impossible par le compromis entre les Habsbourg et les Hohenzollern. On voit à quel point la concurrence commerciale anglo-allemande ou la rivalité des flottes anglaise et allemande avaient joué un rôle secondaire dans le déclenchement de la première guerre mondiale. Seul le mythe, courant en Europe centrale, de la perfide et mercantile Albion avait pu accréditer l'idée que la Grande-Bretagne ait pu s'engager dans une guerre européenne pour vaincre la concurrence des produits industriels allemands. En matière d'expansion maritime ou coloniale ou en ce qui concerne la « poussée vers l'Est », le litige anglo-allemand avait moins d'importance que, par exemple, l'antagonisme entre la France et l'Angleterre, et en ce qui concerne la concurrence industrielle, elle était bien plus exacerbée entre l'Angleterre et les Etats-Unis qu'entre l'Angleterre et l'Allemagne, or cette concurrence n'a jamais engendré de guerre et vraisemblablement n'en provoquera jamais. En revanche, certains gestes de Guillaume II agaçaient la diplomatie anglaise plus que n'importe quelle concurrence industrielle ou maritime. Or, la personnalité de Guillaume II était en relation profonde et étroite avec l'impasse de la vie politique allemande et avec les nébuleuses campagnes de presse que celle-ci inspirait et qui laissaient entendre que l'Allemagne avait des prétentions à une hégémonie mondiale et qu'elle entendait y parvenir en recourant à la voie militaire et diplomatique ; ce qui, *à l'époque,* était faux. Cette politique de grande envergure n'était que l'exutoire d'une tension

67

interne. Les vues, courantes en Europe centrale, sur la prétendue « maladresse » de la politique étrangère des puissances centrales et sur l'incompétence des Allemands, peu raffinés en matière de diplomatie, sont très superficielles. (Chose étrange : à l'époque de Frédéric le Grand, de Kaunitz, de Metternich ou de Bismarck, nul ne s'était avisé de cette « maladresse » !) La vérité, c'est que quiconque entretient de fausses relations avec les faits mènera une politique intérieure et une politique étrangère « maladroites », malgré toutes les ruses qu'il aura déployées.

Il ressort clairement de ce qui précède que la première guerre mondiale est née des problèmes de la nation allemande, plus exactement de la politique étrangère irréaliste et déséquilibrée que les deux puissances allemandes étaient obligées de pratiquer en raison de l'impasse de l'unité allemande. En affirmant cela, nous ne voulons pas apporter de l'eau au moulin de ceux qui rejettent sur ces deux puissances *la responsabilité* de la première guerre mondiale. Nous ne faisons que *constater* un fait.

L'impasse de l'évolution politique allemande et les débuts du nationalisme antidémocratique

L'impasse à laquelle aboutirent en 1871 l'unité allemande et l'évolution politique de l'Allemagne devint la source des plus graves perturbations qu'ait connues l'évolution politique interne en Allemagne. L'immobilisme issu du compromis entre l'organisation dynastique de l'Etat, l'organisation sociale fondée sur l'aristocratie et les sentiments nationaux démocratiques se transforma en une étreinte mortelle qui finit par les étouffer. L'asphyxie fut totale en 1933, lorsqu'il apparut avec éclat que ni les forces dynastiques, ni les forces aristocratiques, ni les forces démocratiques ne pouvaient s'opposer sérieusement au terrible retour de la barbarie. Pour l'instant, au lendemain de la victoire de 1871, on vit le principe dynastique se teinter de démagogie, le principe aristocratique adhérer à la phraséologie du nationalisme agressif et le principe démocratique, qui considérait à juste titre le fiasco de 1848 comme un événement passager, fut gagné par la confusion générale. En effet, après 1871, la cause de l'unité allemande complète et de la démocratie totale s'opposait à une pseudo-unité et à une pseudo-démocratie à impasses, mais existantes et visibles. Cette situation mit fin à la conjonction des forces idéalistes et des forces réalistes, condition préalable du développement de tout mouvement progressiste. Les réalistes rejoignirent le camp des partisans de la nouvelle Allemagne unie, en affirmant qu'il s'agissait de perfectionner l'existant ; quant aux idéalistes, ils s'enlisèrent dans le marécage du dogmatisme et se réfugièrent dans des thèses fantaisistes. Le pire dans tout cela, c'était que dans cette première période d'incertitude de l'unité allemande, il arriva aux deux composantes du mouvement pour les libertés, le démocratisme et le nationalisme, ce qui arrive toujours dans des situations semblables : elles se retrouvèrent dans deux camps antagonistes.

Autant les partisans fanatiques de l'unité allemande complète haïssaient les petites principautés et les Habsbourg, obstacles à l'adhésion des Austro-Allemands à l'Empire, autant ils admiraient la puissante construction de l'Allemagne guillaumienne. (Voir à ce sujet : *Mein Kampf* d'Hitler.) D'elle seule, ils attendaient la réalisation de leur objectif. Ceux qui prétendaient que, pour y parvenir, il fallait liquider tout le compromis guillaumien, passaient à leurs yeux pour des sacrilèges, puisqu'ils s'en prenaient à la seule réalité visible de l'unité. Telle était, à plus forte raison, l'opinion des nationalistes austro-allemands qui ne connaissaient pas les ambiguïtés internes de l'Allemagne guillaumienne et la contemplaient de l'extérieur comme une sorte de paradis, de terre promise.

C'est cette situation qui engendra, comme cela se passe dans la plupart des cas, le nationalisme antidémocratique, ce monstre redoutable de l'évolution politique des temps récents. Indéfectiblement libéral jusqu'en 1866, le mouvement autrichien pour la Grande Allemagne glissa de plus en plus vers l'antidémocratisme au cours des décennies qui suivirent son exclusion de l'Empire allemand. Découvrir pourquoi ce mouvement devint antisémite exigerait une investigation approfondie dans le domaine de l'histoire des idées.

Qu'il nous suffise pour l'instant de constater que le

mouvement « raisonnait » sans tenir compte de l'enchaînement des causes et des effets, car il souffrait d'un mal dont les véritables causes lui étaient dissimulées derrière le paravent des causes historiques trompeuses.

Les débuts du culte allemand du pouvoir et l'extension de la métaphysique politique allemande

C'est de l'impasse de l'unité allemande que naquit le culte du pouvoir tel qu'il est pratiqué en Allemagne dans les temps modernes, et qui joua un rôle décisif dans l'émergence du nationalisme antidémocratique dont nous venons de parler. Comment s'opéra cette genèse ? Le grand malentendu de 1871 consistait à croire que l'unité allemande était *accomplie*. Cette illusion fut aggravée par une expérience historique trompeuse, à savoir que l'unité que les forces démocratiques allemandes n'avaient pu réaliser en 1848 avait été l'œuvre des efforts militaires du plus grand Etat allemand. Selon l'expression de Bismarck, il fallait faire l'unité allemande « par le sang et par le fer ». Dans la bouche de ce grand réaliste, réfractaire à tous les mythes, y compris à celui du pouvoir, cette phrase était un simple slogan destiné à faire taire les démocrates et les nationalistes, ennemis de ses conceptions à la prussienne. Mais la génération suivante, fascinée par le succès de Bismarck, souffrait profondément de ce qu'elle ne remarquait même pas : l'unité allemande *ne s'était pas accomplie,* ni par le sang ni par le fer. Ce malaise engendra la mythologie de la violence qui, à l'instar de celle de la Révolution, attribuait aux moyens de coercition un effet magico-mythique et les préférait, en toutes circonstances, aux méthodes pacifiques et à l'esprit de conciliation.

Victimes de cette aberration, historiens, journalistes et politiciens allemands de l'époque se livrèrent à un exercice qui eût été impensable à l'époque d'autres Prussiens, comme Frédéric le Grand, Kant, Humboldt, voire Bismarck. Cet exercice consistait à condamner par principe et de façon dogmatique les méthodes humanitaires et l'esprit d'entente, et à apprécier les événements et les personnalités politiques en fonction de l'usage qu'ils faisaient des moyens de coercition que le pouvoir mettait à leur disposition. Subjugués par la « leçon » trompeuse de 1871, ils pensaient que, si les efforts militaires de l'Etat et de la dynastie prussiens avaient créé l'unité allemande de 1871, la poursuite de ces mêmes efforts serait nécessaire pour parachever cette unité. Or, ce projet était absurde, car il aurait comporté la suppression de l'institution des principautés territoriales et aboli le compromis entre les Habsbourg et les Hohenzollern, sur lesquels reposait tout l'édifice bismarckien. A cette absurdité s'ajouta le pénible contraste vécu par tout Allemand attaché à la cause de la communauté nationale : l'Allemand, qui dans ses propos et aux yeux du monde se présentait comme sujet de la nation la plus puissante de l'Europe, était, chez lui, pieds et poings liés, livré à la merci et à l'arbitraire de roitelets ou de laquais princiers.

Pour comprendre la formation historique de l'hystérie allemande, nous ne devons jamais perdre de vue cette impuissance interne de l'Allemagne guillaumienne. En effet, jusqu'ici, tous ceux qui attribuaient l'hystérie allemande aux traumatismes de l'histoire ne voyaient pas plus loin que le traité de Versailles, en deçà duquel ils ne percevaient qu'une Allemagne forte et puissante. Ils estimaient donc que, puisque l'Allemagne guillaumienne n'avait eu à subir aucune humiliation comparable au traité de Versailles, et que, à l'apogée de sa gloire, elle se comportait en impérialiste adorateur du pouvoir, il fallait bien que le culte de la violence soit un trait « ancestral » de la complexion allemande. C'est pour justifier cette thèse que Vansittart remonte jusqu'à Arminius pour retrouver la violence et l'esprit d'agression jusque dans l'Antiquité germanique, mais le vécu qui lui inspira cette conviction fut celui de l'Allemagne guillaumienne.

C'est en se fondant sur des expériences personnelles analogues que Brown démontre l'existence de la folie du pouvoir dans la puissante Allemagne guillaumienne. Il en tire la conclusion que, loin de dériver d'un sentiment d'infériorité, cette folie provient d'une complexion psychique paranoïde, d'une hypertrophie de la conscience que l'on a de ses propres forces. Il s'ensuit que la folie du pouvoir apparaîtra chez les Allemands chaque fois qu'ils auront atteint un certain degré de puissance réelle.

Toute cette conception repose sur une erreur fondamentale : ni ces observateurs ni les Allemands de l'époque ne s'étaient rendu compte de la faiblesse de l'Allemagne guillaumienne, communauté impuissante et politiquement paralysée. Certains esprits clairvoyants ne s'y trompaient pas, mais leurs écrits demeuraient sans écho, car ils ne partageaient pas le malentendu de 1871 généralement admis par l'Allemagne et par le monde. Le culte du pouvoir et la violence des Allemands n'est que l'envers de la médaille. Cette impuissance et cette paralysie fondamentales *peuvent* s'accompagner d'un penchant naturel à la violence, mais il existe dans le monde de nombreux peuples qui sont, dans ce sens, aussi violents et même plus violents que les Allemands. Etre violent par nature est une chose — adopter le culte de la violence comme base d'un programme politique et comme principe de valeur en est une autre. Cette dernière attitude est toujours un signe de faiblesse.

Un jeune Allemand m'a dit un jour que « la Grande-Bretagne était la plus grande puissance du monde, car elle pouvait transgresser le droit international si elle voulait » En vain m'efforçai-je de lui expliquer que si, d'aventure, il arrivait à la Grande-Bretagne d'agir de cette façon, ce n'était certainement pas de bon gré et elle n'y voyait pas une preuve de sa puissance. Voilà en quoi l'impérialisme allemand diffère de celui des peuples sains, et avant tout, de celui des Anglais.

Un peuple sain, *s'il* est impérialiste, s'emploie à user de son pouvoir à bon escient et avec efficacité. Il sait distinguer entre ce qui peut être obtenu par la force et ce qui ne peut pas l'être. En revanche, l'impérialisme allemand, le sentiment qu'ont les Allemands de leur propre puissance, est le prototype de ce que la psychologie appelle « surcompensation de la faiblesse ». Plus ils se sentaient envahis par le malaise de ne pas *pouvoir* résoudre les problèmes en suspens de leur vie nationale, plus ils pratiquaient un culte magique du pouvoir, et plus ils étaient enclins à des démonstrations de force gratuites. L'autosatisfaction allemande bien connue, l'insistance éternelle sur l'excellence des choses allemandes (« bei uns ») relèvent du même complexe. Incapables de régner chez eux, ils prétendent diriger les autres, incapables de démêler leurs propres problèmes, ils entendent donner des leçons à tous, incapables de remédier à leurs propres maux, ils affirment pouvoir guérir le monde entier. (« An deutsches Wesen soll die ganze Welt genesen. »)

Un des corollaires de cet état d'esprit est l'emploi dans la vie politique et dans les écrits politiques d'une phraséologie métaphysique extrêmement confuse. Le penchant des Allemands à la spéculation métaphysique est peut-être une donnée raciale ou, tout au moins, elle est inhérente à la complexion nationale. Mais une spéculation métaphysique confuse et utilisée mal à propos est le résultat d'une perturbation concrète, d'un faux rapport envers les faits. En ruminant et en théorisant leurs propres problèmes, ils s'égarent dans des vétilles qu'ils prennent pour de graves problèmes métaphysiques alors qu'ils traitent par le mépris les problèmes énormes qui déterminent toute leur vie politique et sociale.

C'est ainsi que naquit le penchant des Allemands à mythifier leurs affaires et à désigner par de grands mots les faits les plus simples de l'existence. L'euphémisme est la chose la mieux partagée au monde, notamment dans le langage politique. Mais employer à cet effet une terminologie scientifique, voire métaphysique — c'est là une spécialité allemande. Or, les lois de la dénomination veulent que, paradoxalement, si un changement de dénomination ne diminue en rien la gravité d'un fait, certaines choses insignifiantes se gonflent d'importance par le simple fait de recevoir un nom pompeux. La guerre ne se justifiera pas davantage si j'appelle l'ennemi « Artfremd » (ennemi de l'espèce), mais la voie ferrée Berlin-Bagdad aurait soulevé moins de passions, si au lieu de la baptiser « Drang nach Osten », on lui avait tout simplement donné le nom de voie ferrée.

Voici un fait, en apparence peut-être insignifiant, mais pourtant caractéristique, du piétinement sur place de l'Allemagne guillaumienne : selon les paroles du Deutschlandslied (l'hymne national allemand), l'Allemagne est au-dessus de tout dans le monde. Dans la suite de l'hymne, cette affirmation est développée trois fois. Représentons-nous maintenant l'Allemand enthousiaste en train de chanter son hymne national : sans doute, éprouve-t-il de l'exaltation, il s'élève vers des sphères supérieures — le compositeur Haydn y est sûrement pour quelque chose —, mais après avoir chanté à tue-tête, il n'a pas la moindre idée de ce qui découle de tout cela pour lui-même, de ce qu'il a à faire dans le monde. Pensons aux paroles de *La Marseillaise* et nous verrons tout de suite la différence.

*Les possibilités avortées
de la révolution démocratique allemande*

Avant 1914, la seule issue permettant de sortir de cette impasse était la perspective de voir une révolution démocratique, avec la participation de tous les Allemands, balayer les deux grandes et les nombreuses petites dynasties qui barraient la route à la réalisation de l'unité allemande et de constituer une Allemagne unie et démocratique.

Une telle révolution aurait pu ouvrir la voie à une évolution plus libre non seulement des Allemands, mais aussi des petits peuples d'Europe de l'Est. Malgré les grandes difficultés qu'aurait rencontrées une telle révolution, les signes avant-coureurs encourageants ne manquaient pas. Malgré la précarité de sa situation au milieu des puissants de la politique et de la société allemandes, le Parlement allemand était devenu porte-parole de cette revendication. Mais le succès de l'Allemagne guillaumienne ayant dérouté les libéraux modérés (les méthodes de gouvernement de Bismarck reposaient précisément sur cette confusion), le rôle de détonateur, assumé au milieu du xixe siècle par la bourgeoisie libérale et par les sciences politiques allemandes, appartenait désormais aux ouvriers sociaux-démocrates et à la sociologie allemande. Il a fallu un certain temps pour comprendre que la voie de la réalisation des objectifs nationaux du peuple allemand passait par l'extrême gauche, car celle-ci comprenait au début des éléments qualifiés d'antinationaux, mais impressionnés par l'Allemagne guillaumienne. Cependant, au tournant du siècle, s'était développé un large mouvement démocratique dont il faut se garder de sous-estimer la signification, l'honnêteté et les perspectives.

De nos jours, il est de bon ton d'attribuer la faillite, en 1933, de la social-démocratie et de la démocratie allemandes à l'esprit sectaire et bureaucratique du Parti social-démocrate allemand ou à d'autres raisons tout aussi futiles. Ces affirmations sont un peu légères : la paralysie de la République de Weimar s'explique par d'autres raisons qui, avant 1918, ne jouaient pas ou jouaient peu. Avant 1918, la social-démocratie allemande était un mouvement courageux, dynamique, capable d'affronter les tâches nationales, démocratiques et sociales qui l'attendaient. Etait-elle bureaucrate ou sectaire ? Probablement, puisqu'elle était allemande. Malgré tout, au tournant du siècle, tout espoir était permis de voir la révolution socialiste allemande représenter une étape aussi importante dans l'évolution démocratique européenne que les révolutions des puritains néerlandais et anglais aux XVIe-XVIIe siècles et les révolutions françaises du XVIIIe-XIXe siècle. Tôt ou tard, le mouvement révolutionnaire allemand se serait heurté aux protestations de l'Empereur et, de par sa personnalité, Guillaume II aurait été parfaitement désigné pour interpréter une version sinon tragique, tout au moins tragi-comique du rôle de Charles Stuart ou de Louis XVI : le peuple allemand insurgé aurait pris conscience de sa force en renversant son Empereur, avant de prendre possession de son pays. Mais ces événements n'eurent pas lieu. Avant même que l'évolution de politique intérieure fût arrivée à maturité, la catastrophe se produisit dans le domaine étranger et la paix qui s'ensuivit prit un tournant tel que la cause de la démocratie allemande se trouva définitivement dans l'impasse.

5. Quatrième impasse : les républiques allemandes

a) *L'impasse de la République de Weimar*
*Les possibilités de l'évolution intérieure
allemande en 1918*

La débâcle de l'Empire guillaumien qui suivit la première guerre mondiale ouvrit aux Européens d'immenses perspectives, mais creusa aussi de grands abîmes. Se bouchant les yeux devant la réalité, les Européens virent ces perspectives disparaître tandis que l'abîme les engloutissait.

En ce qui concerne l'évolution de la politique intérieure, une perspective s'ouvrit avec la chute définitive des principautés territoriales, institutions qui avaient occupé la place de la monarchie sans adopter entièrement ses traditions spirituelles. En 1918, le bouleversement de l'Allemagne, ce n'était pas tellement la chute de l'Empereur, mais plutôt la disparition des roitelets de Prusse, de Bavière, de Saxe, etc. Jusqu'au prince Schwarzburg-Sondershausen.

Ainsi fut éliminé le plus grand obstacle à l'évolution politique de l'Allemagne, obstacle qui avait entravé non seulement la transformation démocratique et l'unité allemande, mais avait été aussi la cause principale des troubles que l'Allemagne avait connus en matière de politique intérieure et extérieure et aussi, de la première guerre mondiale.

L'Allemagne avait désormais la possibilité de rattraper le retard qu'elle avait accumulé depuis le début du XIXe siècle par rapport au reste de l'Europe et surtout de l'Europe occidentale, sur le plan de l'évolution démocratique.

Mais cette perspective recelait aussi des dangers considérables. 1918 vit également la fin de toute espèce de monarchie à l'est du Rhin, qu'il s'agisse d'une vieille monarchie centrale, comme celle de Russie, de principautés territoriales comme en Allemagne, ou d'une formation de transition entre les deux, comme en Autriche-Hongrie. Du jour au lendemain on assiste à la fin du prestige politique sur lequel reposait la structure politique de ces territoires et, du même coup, de la coexistence européenne. Ce vide redoutable devint fatal du fait que, sauf en ce qui concerne la Russie, le coup décisif qui avait été porté aux monarchies l'avait été non par un mouvement démocratique et révolutionnaire, mais à la suite d'une défaite militaire. Certes, le vide ainsi créé offrit comme sur un plateau l'occasion aux divers mouvements démocratiques de triompher ; leur triomphe fut sans lendemain, car les forces démocratiques n'avaient pas eu le temps d'acquérir un nouveau prestige politique uniquement grâce au renversement des anciens. Jusqu'à nos jours, ces pays sont caractérisés par l'absence d'un prestige politique stable.

L'évolution démocratique allemande n'échappa pas à cette fatalité, bien que dans ce pays, le mouvement socialiste et démocratique eût bénéficié d'un prestige plus considérable qu'ailleurs. Néanmoins ce mouvement ne pouvait pas inscrire à son actif le renversement par ses propres forces de la monarchie allemande. Sa seule chance était d'acquérir malgré tout un prestige politique lui permettant de réaliser une unité allemande complète, s'étendant également à l'Autriche. Mais il n'y parvint pas.

Les possibilités de l'équilibre européen en 1918

La débâcle de 1918 ouvrit de vastes perspectives au réaménagement de l'Europe centrale et orientale. La guerre perdue avait balayé les deux grandes dynasties allemandes, en même temps d'ailleurs que la dynastie russe. Dans cette situation particulièrement favorable, tout était réuni pour résoudre enfin le problème de l'unité allemande, ainsi que celui des territoires de l'Europe centrale et orientale, au sujet desquels, en raison des « règlements » du passé, régnait la plus grande confusion. En vertu du principe de la liberté reconnue aux peuples à disposer d'eux-mêmes, les artisans de la paix de 1919 étaient en mesure de régler les problèmes en suspens de l'Europe et avaient, à juste titre, adopté celui des frontières ethniques. Ce qui, dans le cas de l'Allemagne, signifiait la cession de certains territoires à la France et à la Pologne, mais en même temps, le rattachement de l'Autriche germanophone pour laquelle, après la chute des Habsbourg, l'indépendance n'était plus qu'un vain mot.

L'Allemagne aurait agrandi son territoire et serait pourtant devenue inoffensive, car la monarchie des Habsbourg, qui avait maintenu le bassin danubien sous influence allemande, a cessé d'exister. Libérés, les Polonais, les Tchèques, les Hongrois et les Slaves du Sud auraient pu sans difficultés constituer un bloc capable de résister aux éventuelles tentatives d'expansion de l'Allemagne vers l'Est, tentatives que la réalisation de l'unité allemande aurait d'ailleurs rendues peu probables. Une telle paix aurait été en même temps une excellente cure de désintoxication du militarisme prussien et du culte allemand car elle aurait montré que la cause de l'unité allemande *n'est pas* une question de pouvoir et d'efforts militaires. Elle aurait bien auguré de l'évolution démocratique allemande et aurait répandu dans toute l'Allemagne la mentalité d'une poignée d'esprits sarcastiques de la République de Weimar : « Dieu merci, nous n'avons pas gagné la guerre ! »

Il n'en a rien été. Pour qu'il en fût ainsi, il aurait fallu que la démocratie allemande conclût une paix raisonnable avec les démocraties occidentales. Pour la première fois au cours de l'histoire, un traité de paix susceptible de déterminer la structure politique et le statut territorial de l'Allemagne se négociait avec un appareil et des méthodes purement démocratiques et la démocratie échoua dans cette première entreprise.

L'art de conclure la paix

On se plaît aujourd'hui à répéter que le traité de Versailles, loin d'être d'une rigueur insupportable, faisait, au contraire, preuve d'une grande clémence en ne réprimant pas durement la mégalomanie allemande, facilitant ainsi l'arrivée d'Hitler au pouvoir et le déchaînement des instincts agressifs des Allemands contre le reste du monde.

Cette affirmation est fondamentalement erronée. Elle contient néanmoins une part de vérité sur la clémence du traité qui n'était ni rigoureux ni cynique, comme le prétendaient les Allemands. Son défaut principal n'était ni une trop grande rigueur ni une clémence excessive, mais son incapacité à régler la question qui avait déclenché la première guerre mondiale : la constitution définitive du cadre politique de l'unité allemande. Les auteurs du traité ne firent pas la moindre tentative dans ce sens, car ils n'étaient nullement conscients du problème. Tout traité de paix a tendance à mettre un point final à un processus quelconque mais les auteurs du traité de Versailles n'avaient apparemment jamais eu de telles intentions. L'Europe féodale, elle, possédait l'art de faire la paix, l'Europe démocratique l'avait oublié. Jusqu'en 1789 et de 1818 à 1914, la monarchie et l'aristocratie s'étaient chargées d'assurer les contacts entre les nations. Leur culture politique, qui s'enracinait dans la doctrine chrétienne sur l'Etat et dans le droit naturel des temps modernes, avait mis au point les formes raffinées de la diplomatie européenne et une technique permettant, par l'organisation de la paix, de maintenir un système européen équilibré. Tout cela est magistralement décrit dans les œuvres de Ferrero, notamment dans *Aventure* et dans *Reconstruction*. Ces formes et ces techniques impliquaient entre autres la conception de la guerre sans passion, en vigueur au XVIIIe siècle, conception selon laquelle la guerre n'était ni une catastrophe ni un saut dans l'inconnu, mais un simple moyen de résoudre certains problèmes politiques ; il convenait de la mener avec le moins de passion possible jusqu'au moment où l'un des belligérants se montrerait prêt à céder, auquel cas il serait interdit à l'autre d'aggraver ses revendications, même si la fortune des armes lui était favorable.

C'est ici qu'il convient de mentionner le système des compensations territoriales qui, aujourd'hui, passe peut-être pour cynique, mais qui, en réalité, était un procédé hautement civilisé : l'échange de territoires permettant la plupart du temps d'éviter la guerre. L'idée dominante du système reste valable de nos jours : il faut surveiller et réglementer toute modification territoriale intervenue en Europe. Au XVIIIe siècle, la guerre respectait des règles et cherchait à épargner matériel et vies humaines. On s'efforçait de limiter les opérations militaires à l'armée, aux dépôts de munitions et aux champs de bataille, et de ne pas entraver les contacts sociaux et scientifiques entre pays ennemis. Ces règles de la coexistence internationale tombèrent en désuétude avec l'intervention massive, dans la politique étrangère, des nouvelles forces du nationalisme démocratique. Non pas que les sentiments communautaires, exaltés par la démocratie, eussent contenu une charge d'agressivité plus lourde à l'égard des communautés voisines. Au contraire, le nationalisme démocratique qui, de par son essence, signifiait la prise de possession, dans l'enthousiasme, de sa propre communauté, était plutôt disposé à respecter les frontières des communautés voisines et les visées de conquête des dynasties lui étaient étrangères. Victoire du mode de vie bourgeois sur le mode de vie seigneurial, la démocratie était incapable de considérer l'envoi à la boucherie de milliers de soldats comme un moyen de régler des problèmes litigieux. Pour elle, la guerre était nécessairement un crime dont il convenait de sanctionner les fauteurs. Seules étaient légitimes les guerres défensives des victimes d'une agression ou celles des peuples insurgés contre leurs tyrans. Il n'en reste pas moins vrai qu'avec cette conception, la guerre elle-même s'intégrait dans les sentiments communautaires de haute tenue morale qui caractérisent si bien la démocratie. Mais, malgré la moralisation de la guerre, les passions atteignirent de tels sommets que guerres et traités de paix sans passions, style XVIIIe siècle, devinrent inconcevables.

En effet, il devient impossible de mener la guerre dans un esprit de détachement dès l'instant que les sentiments qui s'y attachent sont partagés par des masses, malheureusement, participantes. Issu des craintes de la Révolution française, le service militaire obligatoire traduisit en termes concrets pour une multitude de citoyens que la guerre moderne est celle du peuple insurgé contre des tyrans ou des agresseurs. Mais sa répercussion sur la vie de tous les jours se modifie du tout au tout. Pendant mille ans, l'Europe avait supporté la guerre, comme les vachers de Jenner supportaient la vérole : son organisme s'y était adapté. La guerre représentait une épreuve pour les soldats et pour ceux qui se trouvaient sur les théâtres des opérations, mais ne touchait en rien la vie quotidienne de la majorité de la population.

Depuis 1792, l'Europe connaît un autre type de guerre, celle que se livrent des paysans, des artisans, des commerçants et des employés arrachés à leurs occupations pacifiques et qui, telle une épidémie meurtrière, attaque toute l'organisation de la société dont elle bouleverse la vie et qu'elle secoue jusque dans ses fondements.

Si seulement la guerre du peuple insurgé contre le tyran ou l'agresseur était restée ce qu'elle avait été! Même après l'instauration du service militaire obligatoire, la démocratie, pacifique par nature, ne devenait agressive que par crainte. Mais l'Europe, dépourvue de pouvoir central, était en proie, pour cette raison même, à des peurs qui engendraient des guerres périodiques; pour pouvoir conduire ces dernières, il fallait susciter auprès du peuple insurgé le sentiment d'une menace d'agression. Autrement dit, les politiciens de chacun des belligérants devaient communiquer aux masses leurs propres craintes plus ou moins justifiées. D'où la croyance que la démocratisation de la guerre signifie que la guerre, limitée autrefois aux souverains, s'étend désormais aux nations.

Le premier événement réel ayant confirmé cette horrible hypothèse fut la dévastation opérée en Allemagne par les armées révolutionnaires et napoléoniennes. Elle devait engendrer chez les Allemands le complexe de l'ennemi héréditaire. Mais ses maux auraient pu à la rigueur être imputés à Napoléon, le tyran. La guerre franco-prussienne de 1870-1871 fut la première où les masses participantes, d'un côté comme de l'autre, furent animées par des sentiments nationaux et démocratiques. Après le décret sur la levée en masse, le peuple français se battait pour repousser les envahisseurs au service de la tyrannie des Hohenzollern, et les Allemands, brûlant du désir de réaliser l'unité nationale, étaient persuadés que Napoléon III ou *son substitut, le peuple français,* voulaient l'en empêcher. L'idée que tout un peuple voisin puisse *se substituer* à un tyran oppresseur fut le point de départ de la fatale conception sur *les guerres d'extermination entre les peuples,* phénomène atavique inconnu en Europe depuis des siècles.

Parallèlement à ce processus se poursuivit jusqu'à nos jours une brutalisation désespérante de la pratique guerrière

81

européenne. Ici, l'excès ne se manifeste pas seulement en Europe centrale et orientale, il atteint également le monde anglo-saxon, où nous ne voyons surgir aucune force susceptible de la contrebalancer.

La guerre réglementée et modérée du XVIIIe siècle ainsi que les traditions morales des armées européennes étaient des inventions continentales; le monde anglo-saxon, lui, qui ne connaissait pas l'armée permanente, a toujours été enclin à voir dans la guerre celle des peuples et non celle des souverains. De nos jours, cette conception anglo-saxonne, le service militaire obligatoire issu du romantisme de la Révolution française, la détérioration de la morale communautaire en Europe centrale et occidentale agissent de concert pour rendre la guerre de plus en plus impitoyable. Le matérialisme militaire le plus borné triomphe au cours de la première et encore plus de la deuxième guerre mondiale. Il est déprimant d'entendre des déclarations selon lesquelles tel ou tel monument « ne vaut pas la vie d'un soldat » : une guerre qui respecte les règles et qui est au service d'objectifs nobles implique toujours que des soldats risquent leur vie pour un idéal. C'est là un investissement moral qui, à longue échéance, se révèle « rentable » même en ce qui concerne les vies humaines épargnées. Ce qui ne signifie pas que la guerre ne puisse pas dépasser en brutalité tout ce qu'on a vu jusqu'à présent et ne puisse dégénérer en génocide. Les vagues de terreur, de haine, de souffrances et de quête de réparations que soulève une telle guerre submergent la technique traditionnelle, dépourvue de passions, avec laquelle la monarchie et l'aristocratie négociaient les traités de paix.

Si nous faisons confiance au pouvoir de la démocratie d'intervenir dans les questions de guerre et de paix, mieux que ne l'avaient fait la monarchie et l'aristocratie, nous devons néanmoins admettre que, pour l'observateur d'aujourd'hui, l'organisation démocratique des pays belligérants suscite des inquiétudes en ce qui concerne les répercussions psychologiques du conflit. La démocratie a beau condamner plus énergiquement la guerre que ne le font la monarchie et l'aristocratie, c'est en vain qu'elle se prononce en théorie pour la paix mondiale si elle est incapable de terminer les guerres *concrètes* d'une façon telle qu'elles ne puissent plus en engendrer de nouvelles. Or, il est extrêmement difficile de créer un climat de confiance, d'entente, voire de résignation, alors que la propagande de masse nous a rejetés pendant des années, que nos adversaires nous avaient agressés pour nous anéantir. C'est la raison pour laquelle les hommes d'Etat des démocraties victorieuses ont rarement le pouvoir et la générosité de faire confiance aux vaincus, ce qui serait pourtant la condition préalable de toute négociation de paix. Au contraire, en matière de politique intérieure, ces hommes d'Etat doivent s'efforcer avant tout de satisfaire leurs électeurs et d'assouvir leur haine contre l'adversaire d'hier. Or, une telle exigence compromet nécessairement le règlement des questions litigieuses, ce qui est, malgré tout, l'objectif principal de toute négociation de paix. En ce qui concerne les vaincus, leur organisation démocratique ne fera que susciter de la méfiance envers la versatilité de leur opinion publique ; et aucune de leurs promesses ne sera acceptée sans de sérieuses garanties concrètes dont le contrôle permanent empêchera, à son tour, de classer le contentieux. La paix de Francfort, conclue en mai 1871 entre la France et la Prusse, fut la première, depuis Napoléon, à ne pas tenir compte des traditions européennes des traités de paix et à faire prévaloir le point de vue des revendications « nationales ». Quant au traité de Versailles, l'apaisement ne s'y manifestait même pas dans les formes extérieures des négociations. Ce fut le triomphe de la mesquinerie.

La peur de la France et le climat de Versailles

Tout ceci fut aggravé par la peur qu'éprouvait la nation française depuis qu'en 1870-71 elle avait été victime de la quête de satisfaction de la nation allemande, elle-même atteinte d'un grave complexe d'angoisse. A Versailles, la France eut enfin l'occasion de prendre sa revanche et ce désir était d'autant plus vif et d'autant plus fatal que la satisfaction obtenue en 1918 ne mit pas fin pour autant à la grande peur de 1870. En effet, en raison de la natalité supérieure de la nation allemande, la France ne pouvait pas être sûre que le grand traumatisme de 1871 — rester seule face à des

Allemands numériquement supérieurs — ne se reproduirait pas. Pendant la guerre de 1914-1918 et malgré la bravoure de l'armée française, les immenses efforts et la terrible saignée de la nation française avaient été juste suffisants pour contenir — avec l'aide des Anglais — une Allemagne se battant sur deux fronts. Cette grande peur porta à son paroxysme le désir de vengeance des démocraties de l'Europe occidentale et exaspéra la passion avec laquelle elles se mirent, en 1918, à établir les responsabilités dans le déclenchement de la première guerre mondiale.

Abasourdie par quatre années de carnage et de destructions matérielles, l'humanité avait perdu toute capacité de jugement objectif. Devant l'immensité des maux qui s'étaient abattus sur le monde, les hommes avaient tendance à les attribuer à des puissances maléfiques tout aussi implacables : la doctrine religieuse sur le pouvoir du Satan sur cette terre obtint, dans ce siècle d'incroyance, un crédit qu'elle n'avait jamais eu durant deux mille ans de christianisme. D'un autre côté, l'idée d'une conspiration satanique avait été répandue par un marxisme de pacotille. Marchands de canons, politiciens corrompus, dictateurs et généraux sanguinaires, spéculateurs au cœur endurci, Juifs assoiffés d'hégémonie mondiale, loges maçonniques ourdissant des projets d'assassinats massifs, réactionnaires sadiques, révolutionnaires se délectant de la destruction du vieux monde, voilà quelques-uns des croquemitaines qui, depuis 1918, peuplent l'imagination politique de l'homme blanc.

En présence de tant d'explications d'inspiration satanique, il ne se trouvait guère d'esprits non prévenus pour admettre que ces personnages diaboliques n'étaient que des figurants dans le grand drame de l'Histoire et que, par ailleurs, la peur, les fanfaronnades, le faux romantisme, la quête démesurée des réparations, le besoin de s'affirmer et le mépris des conventions pouvaient délencher une catastrophe incomparablement plus terrifiante que celle que nous valaient *toutes les forces maléfiques réunies*. Dans cette atmosphère de peur, d'incompréhension et d'irréalité, il était question de tout, sauf du bon sens traditionnel des traités de paix européens, du rétablissement de l'équilibre européen. L'idée que l'Allemagne vaincue puisse sortir de la guerre en augmentant son territoire, en conservant son armée et en ne subissant aucun « châtiment », paraissait alors le summum de l'absurdité.

Il y eut aussi d'autres facteurs aggravants : les innombrables maladresses commises au cours de la conférence de Paris par des démocraties peu rompues à la technique des négociations de paix, une paperasserie démesurée, le rôle tantôt décisif, tantôt effacé et subalterne des experts, la gêne causée par la revendication d'une diplomatie ouverte, en l'occurrence inapplicable, et par toutes les formules hypocrites échafaudées avec peine pour exprimer le compromis entre des intérêts réels et des slogans naïfs. C'est dans cette situation que devait être élaborée la paix par trois vieillards qui ne se comprenaient pas et ne comprenaient pas davantage le problème qui se posait à eux et qui, tout en y travaillant, avaient à tenir compte des humeurs changeantes de leurs opinions publiques respectives.

Il n'est pas étonnant que, dans ces conditions, le traité de Versailles ait marqué, selon l'expression de Ferrero, « le début de la plus grande peur qui ait jamais tourmenté l'humanité ». Il sema les mauvaises graines dont devait éclore le monstre le plus horrible que la peur ait jamais engendré : je veux parler de l'hitlérisme.

Une première « mauvaise graine » : la paix imposée

Un premier défaut congénital du traité de Versailles fut d'avoir imposé la paix, au lieu de la négocier, comme l'aurait exigé le bon sens le plus élémentaire. Si les Allemands étaient tenus à l'écart des tractations, c'est en partie parce que, même sans eux, il était déjà difficile de surmonter les contradictions entre principes et slogans, entre chimères et intérêts. Néanmoins, les Allemands sont toujours convaincus que leur exclusion était due au sadisme des vainqueurs, à leur désir d'infliger à l'Allemagne une humiliation exemplaire. Ils furent confirmés dans cette opinion par quelques grandes scènes théâtrales inspirées par l'esprit de revanche et par la quête des réparations, ainsi que par de nombreux coups d'épingle qui, transformés dans les mémoires, ne tardèrent pas à apparaître comme autant d'humiliations. S'y ajouta le fait absurde que les négociations, dans la mesure où elles avaient lieu, se déroulaient exclusivement par écrit, et durèrent près d'un an, période pendant laquelle l'Allemagne était maintenue sous blocus. Le peu d'esprit de conciliation qui avait subsisté fin 1918 s'évanouit pendant ce laps de temps, mais, grâce à la démocratie, on eut tout le loisir d'introduire dans le traité les revendications les plus mesquines y compris celles des fabricants français de champagne qui avaient fixé des conditions particulières pour conclure la paix avec les Allemands.

*Une seconde « mauvaise graine » :
la notion de crime de guerre*

Le traité de Versailles rejeta sur l'Allemagne la responsabilité de la guerre. Au début, la recherche des criminels de guerre n'avait pas visé l'ensemble du peuple allemand, seulement les traîneurs de sabres, l'Empereur, les junkers féodaux et les généraux militaristes. Mais à mesure que s'alourdissaient les charges absurdes des démocraties belligérantes, c'est-à-dire des masses d'agriculteurs, artisans, commerçants, employés obligées d'abandonner leurs activités, et de leurs familles restées à l'arrière, s'exacerbait la volonté des démocraties de rechercher les criminels de guerre dont le compte devenait de plus en plus lourd. A l'heure du règlement, il n'était plus question d'inscrire ce débit sur le compte du régime impérial déchu, donc non solvable ; c'est au peuple allemand qu'on présenta la note, juste au moment où il s'engageait sur la voie de la démocratie. Pour établir la culpabilité du peuple allemand, on inventa la formule « démocratique », selon laquelle ce peuple, même si dans son ensemble il n'avait pas souhaité la guerre, était tenu pour responsable d'avoir toléré un régime qui l'y avait entraîné, ainsi que toute l'Europe.

On n'a pas fini d'analyser le terrible choc psychologique que cette thèse et son application au peuple allemand provoquèrent, ni ses effets néfastes sur l'évolution démocratique de l'Allemagne. Selon toute vraisemblance, les Allemands auraient accepté l'idée que la responsabilité de la guerre incombait au régime belliciste de Guillaume II. Mais les rendre responsables parce qu'ils ne s'étaient pas débarrassés de ce régime, cette idée-là, qui paraît peut-être naturelle aux citoyens ayant grandi dans une démocratie, était complètement incongrue à leurs yeux : ils n'étaient pas encore démocrates. On ne peut exiger d'un peuple de prévenir la guerre en écartant ses fauteurs du pouvoir que si ce peuple a déjà eu l'expérience des révolutions ayant abouti à la chute de « souverains par la grâce de Dieu ». Pour une société conservatrice et aristocratique, placée sous le règne personnel d'un souverain, la guerre, même si elle sait qu'elle est le fait de rois et de ministres, n'est pas une question de décision humaine, ou la conséquence d'une faute ou d'un manquement, mais un fléau naturel, assimilable à l'inondation ou à la grêle.

En 1918-19, les Allemands étaient ahuris de voir le monde entier exiger des sanctions contre eux. Ils ressemblaient à un Rip van Winkle, éveillé de son sommeil, qui, après s'être endormi près d'une tasse de café au lait dans un salon louis-philippard, se retrouve au milieu d'une foule déchaînée qui veut le lyncher. Les Allemands avaient fait des efforts désespérés et gaspillé des tonnes de papier pour démontrer que Poincaré ou Iswolski étaient tout aussi responsables, sinon plus, de la guerre que l'Empereur Guillaume ou le comte Berchtold. Mais, si on y regarde de plus près, on s'aperçoit que toute la question des responsabilités de guerre leur paraissait parfaitement absurde, et, par ricochet, l'idéologie démocratique au nom de laquelle ces responsabilités avaient été établies était compromise à leurs yeux. Vu de nos jours, et je ne crois pas que les contemporains clairvoyants ne partageaient pas cette opinion, il est patent que l'établissement des responsabilités dans le déclenchement de la guerre n'était pas une force, mais une faiblesse du traité de paix de Versailles. A mesure que s'apaisaient les passions soulevées par la première guerre mondiale et qu'apparaissait la complexité de ses raisons, les vainqueurs eux-mêmes étaient de moins en moins convaincus que l'Allemagne avait été « à l'origine » de la guerre, et qu'elle en était « responsable ». Mais un tel raisonnement affaiblissait la validité juridique du traité de paix, dont de nombreuses dispositions reposaient sur l'établissement de la culpabilité allemande. Ainsi, le traité de paix n'apparaissait plus aux yeux des vaincus comme un fait historique accompli — ce qui est le propre de tout traité de paix bien réussi — mais comme un procès perdu dont il fallait demander la révision en recueillant de nouvelles preuves.

Une troisième « mauvaise graine » : les réparations

Les dispositions sur les réparations, et surtout la non-détermination, pendant des années, de leur montant total, constituèrent un fait lourd de conséquences. Je ne crois pas que le paiement des réparations ait joué un rôle décisif dans l'inflation et dans la débâcle économique allemandes. Mais, alors que la fixation d'une rançon raisonnable aurait provoqué chez les Allemands la volonté de se débarrasser le plus vite possible de cette charge, le montant élevé et jamais définitif des réparations les persuada qu'ils devraient travailler pendant des dizaines d'années non pour eux-mêmes, mais pour les vainqueurs. C'est cet état d'âme qui devait provoquer leur catastrophique politique économique, en vertu de laquelle, dans la conscience allemande, inflation et réparations devaient être inséparablement liées. Un Occidental ne peut même pas imaginer la distance qui sépare une économie frappée par une inflation de type allemand de l'économie normale d'un pays européen. Des millions de bourgeois et de petits-bourgeois se virent ruinés, et virent leurs biens, leur épargne, leurs revenus réduits à néant. Est-il étonnant que dans ces conditions, ils aient mis tant de zèle à chercher des boucs émissaires ? Ils finirent par les trouver en la personne des bénéficiaires, réels ou imaginaires, de la guerre ou de l'inflation : les vainqueurs à l'étranger, les spéculateurs et les Juifs, en Allemagne.

Une quatrième « mauvaise graine » : le désarmement

Un autre danger que recelait le traité de Versailles résidait dans le désarmement unilatéral. Je ne peux que répéter ce que j'ai déclaré plus haut : une société travailleuse, comme la société allemande, ne vouera à sa propre armée un culte maladif que sous l'influence d'événements très particuliers : il faut qu'elle ait souffert d'être désarmée et livrée à la merci du premier venu. Le militarisme allemand ne veut pas dire que l'Allemand « aime la bagarre » plus, par exemple, que l'Anglais. Il signifie que la vue d'un défilé militaire le remplit d'exaltation et qu'il accuse de haute trahison les partis qui, au Parlement, votent contre le budget militaire. Un tel état d'esprit ne peut se développer que dans les communautés dont la mémoire collective associe l'état de désarmement à l'expérience de misères inoubliables. Considérer la défaite militaire comme le plus grand mal qui puisse frapper une nation, c'est posséder une mentalité particulière et les Allemands, dans leur volonté de masquer leur défaite, ont tendance à l'attribuer à des causes internes, aux forces destructrices, à la dégénérescence de l'esprit militaire. Voilà pourquoi il serait erroné de faire dériver le militarisme de l'Allemagne actuelle du militarisme prussien. Certes, ses formes extérieures et sa phraséologie dénotent un certain héritage prussien, mais en ce qui concerne son essence, la déchéance politique et la confusion idéologique nées autour du désarmement auraient suffi en elles-mêmes à le provoquer. Il faut même préciser que les Prussiens, déjà atteints par une forme plus bénigne du militarisme, furent moins réceptifs au militarisme hitlérien que le reste de la population allemande. Les Prussiens sont peut-être plus brutaux que les Autrichiens, et depuis l'Anschluss ils ont eu suffisamment d'occasions d'étaler leur brutalité, mais en ce qui concerne le renversement des valeurs morales qui caractérise l'hitlérisme, ils n'en sont pas plus concernés que les autres. Le militarisme hitlérien n'est pas seulement l'affaire de Prussiens féodaux, de Poméraniens brutaux, ou de Brandesbourgeois prétentieux, mais aussi, et au moins autant, de Saxons industrialisés, de Thuringiens idylliques, de Hanséats conservateurs, de Rhénans francisés, de Wurtembergeois démocratiques, de Bavarois catholiques, de Tyroliens épris de liberté et même — *horribile dictu* — d'Autrichiens joviaux. Bref, tous ceux qui ont vécu et ressenti le désarmement et l'humiliation des années 1918-19.

*Une cinquième « mauvaise graine » :
l'interdiction du rattachement de l'Autriche*

Le dernier danger, peut-être le plus grave, du traité de Versailles résidait dans ses dispositions territoriales. Le mal ne venait pas des territoires arrachés à l'Allemagne, mais de ceux qui ne lui ont pas été attribués. Les modifications territoriales décidées à Versailles, si elles n'ont pas toujours été heureuses, résultaient — contrairement à ce qui se passait ailleurs et autrefois — d'un travail consciencieux et approfondi. J'aurai l'occasion d'y revenir à propos des frontières ethniques. Il est vrai que, pendant vingt ans, Dantzig et le corridor polonais étaient considérés comme des points critiques, foyers virtuels d'une nouvelle guerre mondiale et les événements de 1939 semblaient donner raison à cette opinion. Mais quand on pense que le corridor était habité par une population à majorité polonaise où le règne des chevaliers allemands n'avait reposé que sur une conquête superficielle, qu'il avait appartenu, avec d'autres territoires et pendant plus de trois cents ans, à la Pologne et n'avait été rattaché à la Prusse qu'à la suite du partage de la Pologne, nous ne pouvons pas éviter de nous demander s'il était vraiment une des causes majeures de la deuxième guerre mondiale.

La vérité, c'est que le détachement du corridor et, à plus forte raison, de Poznan, de l'Allemagne n'a pas été une affaire allemande et un sujet de grief pour l'Allemagne, mais une affaire prussienne et un sujet de grief pour la Prusse. C'est à ce propos que nous en arrivons, au défaut le plus grave du traité de Versailles, à l'interdiction de prononcer l'Anschluss, le rattachement de l'Autriche à l'Allemagne.

Les auteurs du traité de paix, comme l'Europe tout entière, influencés par l'œuvre bismarckienne pensaient que l'Allemagne moderne était une Prusse agrandie et que l'Autriche formait une nation à part. Mais l'interdiction du rattachement de l'Autriche signifiait que l'Allemagne allait rester dans les cadres territoriaux parfaitement accidentels de l'Allemagne guillaumienne, ce qui, après la chute des Habsbourg et des Hohenzollern, n'avait plus aucun sens. Les limites territoriales de l'Allemagne avaient donné lieu à une théorie confuse et métaphysique des Allemands « peuples-sans-frontières. » L'absence de frontières, au sens propre et figuré du terme, est, en effet, un inconvénient grave à la fois pour l'individu et pour la communauté, car elle entraîne la paralysie des forces créatrices. En 1918, l'Allemagne avait surtout besoin de retrouver ses frontières historiques et linguistiques nettement délimitées. Les possessions des différents Etats allemands situés au-delà de ces frontières, comme Poznan et le corridor, ex-possessions prussiennes, auraient alors perdu tout leur intérêt, de même d'ailleurs que les ex-possessions autrichiennes, la Bukovine ou la Dalmatie. Mais dans la situation créée à l'issue du traité de Versailles, l'Allemagne maintenait non seulement sa prétention à l'unité allemande complète, mais aussi ses revendications concernant les provinces polonaises, anciens territoires de l'Empire prusso-allemand de Guillaume.

Si donc la deuxième guerre mondiale a bien éclaté à cause du conflit germano-polonais, sa vraie source résidait pourtant dans le fait que l'Anschluss et le droit des Sudètes à l'autodétermination s'étaient réalisés non pas en 1918, à l'aube d'une nouvelle ère de paix, mais vingt ans plus tard, à la suite des efforts impérialistes hautement néfastes de tous les Allemands. Dans ces conditions, l'action entreprise dépassa nécessairement les limites d'une action politique normale.

Versailles et le sentiment d'infériorité des Allemands

Nous avons montré que dès avant 1914, les Allemands étaient atteints d'une sorte d'hystérie politique. Cette hystérie s'enracinait dans le contraste insupportable entre les apparences extérieures de la grandeur et l'impuissance de la société allemande à l'intérieur. Il en résulta un sentiment d'incertitude auquel il fallait remédier. Le traité de paix de Versailles révéla au monde la défaite, les faiblesses matérielles et morales des Allemands, ce qui poussa ces derniers vers des extrêmes opposés : le sentiment d'infériorité et la folie de la puissance. Né avec Versailles, le sentiment d'infériorité allemand imprègne les manifestations les plus vigoureuses de leurs efforts impérialistes. Que penser de leur fameuse « Englandlied » où il est dit que les Allemands ne toléreront jamais que les Anglais se moquent de leur puissance ! Je ne pense pas qu'aucune marche anglaise contienne de telles paroles. Je n'oublierai jamais cet Allemand par ailleurs intelligent qui m'a dit un jour : « Ça doit être terrible d'appartenir à un petit peuple, d'être, par exemple, Suisse. » Cette remarque vaut d'être examinée de près. Dire que c'est une absurdité ne nous avancera pas beaucoup. Ce qu'il faut se demander, c'est ce qui incite un homme intelligent à proférer de telles absurdités. Sans doute une autre pensée se dissimule dans le fond de son cœur : « Ce serait terrible s'il s'avérait que la nation à laquelle j'appartiens n'est pas grande. » Ce qui n'a plus rien d'absurde car s'il devait apparaître un jour que la nation allemande qui, pendant mille ans, était une grande nation européenne, n'est plus une grande nation, ce serait réellement un événement bouleversant. Le pire traitement des hystériques consiste à leur asséner des jugements moraux et à les traiter en êtres inférieurs. L'hystérique vit dans un monde à part au nom duquel il peut toujours se justifier, sa condamnation morale ne sert qu'à rendre encore plus hermétique son univers clos.

Aucun jugement moral ne peut rien contre la vision hystérique du monde. Pour maîtriser l'hystérie, il faut lui opposer les faits les plus simples et les plus brutaux, exactement comme, pour apaiser une femme hystérique, le meilleur moyen est de lui jeter un seau d'eau froide à la figure. En 1918, il aurait fallu laisser les Allemands seuls, face au fait simple et brutal de leur défaite militaire, leur infliger une rançon élevée, mais fixe, et ensuite leur offrir la possibilité d'évoluer politiquement, de profiter de la disparition des dynasties allemandes. Malheureusement, les démocraties victorieuses éprouvèrent une irrésistible envie de moraliser : au lieu de se contenter de leur victoire et de fixer une rançon, elles tinrent à inclure dans le traité de paix une clause sur la culpabilité de l'Allemagne qu'il fallait argumenter et qu'on pouvait aussi réfuter ; à décréter le désarmement qu'il fallait contrôler et qu'on pouvait aussi déjouer, à demander des réparations qui pouvaient faire l'objet de marchandages, et enfin à interdire l'Anschluss, interdiction qu'il fallait motiver, alors qu'elle était injustifiable. Même objectif et inattaquable, le traité de paix, conçu en termes de responsabilité morale, aurait aggravé l'hystérie allemande, à plus forte raison dans sa forme réelle, avec son hypocrisie et ses mesquineries.

Force nous est donc de constater, au risque de paraître dépassé — notamment à la lumière des horribles informations qui nous parviennent de Buchenwald et de Mauthausen —, que c'était bien Versailles qui avait transformé l'hystérie politique allemande en rejet conscient de l'échelle européenne des valeurs. Versailles a convaincu les Allemands — y compris les non-hitlériens — que dans la vie internationale, il suffit d'une guerre victorieuse pour pouvoir se poser en justicier et porter des jugements moraux ; il s'ensuit donc logiquement que si les Allemands veulent se débarrasser du poids écrasant de la condamnation morale et entendent à leur tour juger d'autres peuples, il leur suffira de gagner la prochaine guerre.

L'effet le plus immédiat du traité de Versailles fut que les Allemands étaient incapables de profiter des deux immenses possibilités qui s'offraient à eux avec la disparition des dynasties allemandes : celle de parachever l'unité allemande et celle de réaliser la démocratie parfaite. Les deux causes se trouvaient dans une impasse, et ce qui était bien pire, elles s'opposaient désormais l'une à l'autre.

L'impasse de la politique étrangère de l'Allemagne de Weimar

Après la débâcle de 1918, le seul objectif possible d'une politique étrangère allemande raisonnable consistait à réaliser l'unité politique complète de la nation et à régler ainsi définitivement le statut territorial de l'Allemagne, en respectant le principe ethnique et en appliquant le droit des populations à l'autodétermination. Or, le traité de Versailles empêcha la réalisation de tels projets. Il transforma, du coup, cette ambition simple et nullement agressive en un fantasme de désir irréalisable, et le simple fait d'en parler était qualifié d'incitation à l'agression. Dans une telle situation, les Allemands furent incapables de mener une politique étrangère rectiligne, équilibrée, exempte de bouleversements. Sa propre dignité, son poids et sa place en Europe étant devenus problématiques, l'Allemagne poursuivit une politique typiquement extravertie dont les prises de positions étaient déterminées non par des objectifs et des programmes internes, mais par le rapport de l'Allemagne à l'Europe, à l'étranger, à d'autres pays. Toute action politique allemande servait soit à se justifier soit à s'affirmer, à illustrer son empressement à s'intégrer dans l'Europe ou, au contraire, à souligner son opposition à tout prix. L'Allemagne devait donc mener sa politique étrangère dans une situation où l'état d'esprit de la population et la charge insupportable que faisait peser sur elle le traité de Versailles commandaient impérieusement de remédier aux préjudices militaires et territoriaux subis et ce, dans une Europe où le seul fait d'évoquer ces préjudices passait pour une preuve de la responsabilité allemande dans la guerre et de la renaissance de son esprit militariste. Dans cette impasse, la seule issue, bien modeste, le seul sentier praticable fut trouvé par *Stresemann ;* selon lui, il fallait d'abord ressusciter la confiance des Allemands en eux-mêmes, puis la confiance du monde dans les Allemands et ensuite, liquider tous les méfaits du traité de Versailles. Depuis, les spécialistes du « croquemitaine allemand » ont découvert que Stresemann n'était pas mieux qu'Hitler, mais savait mieux dissimuler son cannibalisme allemand. La publication posthume de sa correspondance montre que les objectifs lointains de sa politique visaient la levée des dispositions sur le désarmement, l'Anschluss et les modifications des frontières avec la Tchécoslovaquie et la Pologne. Bien entendu, accuser Stresemann d'avoir été un prédécesseur d'Hitler, c'est faire preuve d'un aveuglement peu ordinaire, et d'une méconnaissance totale des causes de la crise allemande et européenne. Relisons sans œillères le pacte sur la Rhénanie qui constitue le noyau du traité de Locarno. Ne dit-il pas que les Allemands considèrent le traité de Versailles comme un diktat, mais acceptent à titre définitif certaines de ses dispositions, comme le tracé des frontières occidentales de l'Allemagne ou la démilitarisation de la Rhénanie ? Cela implique qu'ils cherchent à obtenir des modifications sur tous les autres points. Ce n'était donc pas la peine d'attendre la mort de Stresemann et la publication de sa correspondance : le pacte sur la Rhénanie indique clairement que le signataire allemand avait l'intention d'obtenir la suppression des dispositions sur le désarmement de l'Allemagne, de réaliser l'Anschluss et de modifier les frontières germano-tchécoslovaques et germano-polonaises. Pourtant, celui qui pense sérieusement que Stresemann aurait occupé la zone démilitarisée de la Rhénanie, soumis les Tchèques et les Polonais, visé la domination de la race allemande sur les autres races et foulé aux pieds les principes moraux et juridiques de la coexistence européenne, comme l'a fait Hitler, celui-là mérite de vivre dans l'Europe des Hitlériens. Après la mort de Stresemann, son « sentier étroit » devint impraticable et la crise de confiance européenne éclata autour du problème du désarmement. Le droit de l'Allemagne au réarmement, son égalité à cet égard avec les autres pays, faisait partie intégrante du complexe allemand de la confiance en soi. Il était donc évident que le premier gouvernement allemand qui obtiendrait ces objectifs disposerait d'un atout décisif en matière de politique intérieure. Il eût été d'une prudence élémentaire de réserver cet atout à un gouvernement allemand d'esprit européen. On ne l'a pas fait et quelles que soient les découvertes que l'on fera à propos des circonstances de l'accession d'Hitler au pouvoir, je reste persuadé qu'Hitler n'aurait pas réussi sans la faillite de la conférence sur le désarmement. Car c'est cet échec-là qui conféra toute sa crédibilité au slogan hitlérien, selon lequel il est impossible d'atteindre, par des méthodes européennes, l'objectif principal de toute politique allemande, la réhabilitation de l'*image* de l'Allemagne.

L'impasse de l'évolution démocratique de l'Allemagne

L'impasse de la situation de la nation allemande en Europe engendra celle de l'évolution démocratique interne de l'Allemagne. Le mouvement démocratique allemand qui, jusqu'en 1918, avait poursuivi son chemin vers la transformation démocratique et socialiste, subit, après cette date, un choc terrible. Le passé et le prestige de la social-démocratie allemande avaient suffi pour écarter toute autre solution que l'abdication des dynasties et la proclamation de la République allemande. Mais après l'écroulement des anciens prestiges politiques, les forces démocratiques allemandes ne furent pas en mesure d'en forger de nouveaux. Bien entendu, il ne pouvait être question de remplir le vide ainsi créé par la restauration des principautés territoriales. Malgré sa ténacité, cette institution était dépassée en Allemagne. Par contre, le règne personnel, un des vestiges les plus dangereux de la principauté territoriale, pouvait fort bien refaire surface. L'absence ou l'insuffisance d'efforts et d'expériences démocratiques antérieures fit que l'Allemagne n'avait pas eu l'occasion d'apprendre la leçon essentielle de la démocratie, la science du pouvoir et de l'obéissance sans règne et sans pouvoir personnel. Après 1918, l'Allemagne pensait au fond d'elle-même que personne ne régnait, personne ne lui commandait et personne n'y dirigeait personne. C'est pourquoi, à la première occasion, elle accorda sa préférence à Hindenbourg, plutôt qu'à un démocrate et, par la suite, elle adopta avec une facilité déconcertante l'idée romantique et passablement absurde selon laquelle un dirigeant charismatique proclamé génial pouvait remédier à tous ses maux. Dans ces conditions, il n'y a pas lieu de s'étonner des différences de la République de Weimar. L'atmosphère de Versailles signifiait avant tout que la transformation politique intérieure s'était accomplie dans l'indifférence générale, sans son cortège habituel d'événements bouleversants et traumatisants, le traumatisme du traité de Versailles éclipsant tout le reste. Les démocraties occidentales firent preuve, ici, d'une étonnante absence de solidarité à l'égard de la nouvelle démocratie allemande : aux yeux de l'opinion publique allemande, la perte du prestige européen de l'Allemagne et de sa place au milieu des nations européennes s'associait à la naissance de la démocratie. D'où la redoutable paralysie du socialisme allemand, entre 1918 et 1930. La scission du socialisme s'accomplit dans la lourde atmosphère d'après 1918, les deux branches qui en étaient issues devant faire preuve d'une égale impuissance. Certes, la détermination des socialistes est variable dans tous les pays mais en Allemagne, le communisme devint équivalent de socialisme de catastrophe et la social-démocratie de socialisme de la paralysie. Entre 1918 et 1930, le Parti social-démocrate allemand resta au pouvoir presque sans interruption, mais, en dehors de quelques institutions, il ne put rien créer de remarquable ni dans le domaine de la démocratisation de la société allemande ni dans celui de l'édification socialiste ; obligé qu'il était de se justifier constamment devant une opinion publique pathologique, pleine de griefs et obnubilée par les revendications nationales. Souvent accaparé par des problèmes étrangers à ces revendications, le Parti social-démocrate devint petit à petit la « bête noire » des mouvements nationalistes et membre, à leurs yeux, d'un complot démocratique international dirigé contre l'Allemagne. Ce n'est pas un hasard si le peu d'atténuation que l'on a pu obtenir aussi bien auprès des Allemands qu'auprès de l'Entente, dans le lourd climat d'après Versailles, fut l'œuvre non de la social-démocratie, mais d'un politicien de droite, Stresemann. Mais lorsqu'en 1930, l'hitlérisme mit en avant l'hégémonie, la suprématie et les revendications des Allemands, la situation des partis désireux de traiter ces questions avec une modération digne d'esprits européens, et avant tout celle du Parti social-démocrate, devint intenable. Les partis du centre n'osèrent plus gouverner avec les sociaux-démocrates, au sein d'une même coalition. Il s'ensuivit la constitution d'un gouvernement sans socialistes, celui de Brüning, puis la politique de Hindenbourg, dirigée contre les socialistes et qui réduisit à l'impuissance les forces et l'appareil politique démocratiques. Ce blocage atteignit son point culminant avec le spectacle grotesque d'électeurs sociaux-démocrates votant pour Hindenbourg. Il est vrai que, quoi qu'ils eussent fait, ils auraient favorisé l'accession d'Hitler au pouvoir. Il est donc inutile d'attribuer la faillite de la démocratie de Weimar au dogmatisme des démocrates allemands, au centralisme excessif du Parti social-démocrate, à un système électoral trop abstrait et trop mécanique, à l'instinct grégaire des Allemands, etc. Ce ne sont pas là des causes, mais des effets. Inexpérimentée, écrasée par le poids de l'Histoire, la démocratie allemande ne pouvait être que doctrinaire, « mécanique » et timorée.

Les débuts de l'antisémitisme pathologique des Allemands

L'atmosphère de la République de Weimar est également responsable de l'antisémitisme pathologique des Allemands de l'ère moderne. Pour des raisons à la fois sociales et psychologiques, l'antisémitisme avait toujours été plus fort en Allemagne que dans d'autres pays. L'âme allemande et l'âme juive présentent certaines convergences (les deux sont absolues, perpétuellement en quête de réparations), et certaines divergences (naïveté allemande opposée à l'esprit spéculatif juif, irrationalisme allemand et rationalisme juif) qui agissent toutes dans le sens d'une exacerbation de leurs conflits éventuels. Mais en Allemagne, comme ailleurs, seul un groupuscule d'illuminés pensaient sérieusement que les Juifs étaient à l'origine de tous les maux possibles de la terre et jouaient par là le rôle central dans une vision pathologique du monde. Seulement, après 1918, les histoires d'épouvante colportées par ce groupuscule trouvèrent dans l'âme allemande une résonance particulière. D'abord, à cause de l'attitude des Juifs allemands vis-à-vis des facteurs paralysant la vie politique et les mentalités publiques, et avant tout, vis-à-vis de la démocratie, de la vie internationale et de la crise économique. Sans aucun doute, les Juifs partageaient l'opinion des autres Allemands sur le traité de paix de Versailles et, dans leur existence quotidienne, ils souffraient autant que les Allemands de la crise économique. (L'enrichissement des spéculateurs, parmi lesquels les Juifs auraient été particulièrement bien représentés, n'est qu'un aspect éphémère de la vie économique.) Mais leur réaction psychologique différait de celle des Allemands. Pour la majorité d'entre eux, et de par leur situation historique, la démocratie et l'intensification des relations internationales représentaient la seule solution possible, et aucun traité de paix, fût-il un monument de bêtise, ne pouvait modifier sensiblement leur rapport à la démocratie et à l'internationalisme. Malgré leur opinion sur le traité de Versailles, opinion qu'ils partageaient avec leurs concitoyens allemands, ils se sentaient dans leur élément dans l'atmosphère de la démocratie et des relations internationales intenses qui s'était instaurée après 1919, et ne partageaient pas les réticences des Allemands à son égard. De la même façon, la majorité des Juifs, même s'ils avaient beaucoup souffert et beaucoup perdu pendant la crise économique, possédaient une souplesse psychologique — acquise au cours de l'Histoire — suffisante pour s'y adapter : la crise n'était pas pour eux, comme pour la majorité des bourgeois et des petits-bourgeois allemands, un cataclysme national. Si nous y ajoutons la tendance des Juifs à considérer avec une certaine incompréhension et avec une certaine supériorité les attaches sentimentales des autres, leur penchant à tout expliquer par des arguments rationnels, à tout réévaluer dans l'esprit le plus moderne, nous pouvons nous faire une idée de l'irritation qu'ils suscitaient auprès des classes moyennes et de la petite bourgeoisie allemandes, qui se sentaient acculées au pied du mur et qui cherchèrent pendant deux décennies ceux qui avaient dérobé leur argent pendant l'inflation et foulé aux pieds leur honneur national à la suite du traité de paix de Versailles. Le rôle joué dans le socialisme par une partie des Juifs autorisait les Allemands à les associer au mouton noir du marxisme. Une autre partie des Juifs avait joué un rôle dans la période capitaliste, ce qui permit de discréditer le socialisme et en même temps de diriger les sentiments des masses socialistes contre les Juifs. Les contradictions de telles positions ne gênaient pas outre mesure les esprits adonnés à la recherche non pas de la vérité, mais des coupables. A cet égard, tout un peuple était disposé à attribuer à une conspiration satanique (idée familière à un marxisme vulgaire) les malheurs complexes qui s'étaient abattus sur un monde plongé dans la confusion la plus totale ; il s'empara donc avec empressement des épouvantails d'un antisémitisme jusque-là isolé, qui correspondaient si bien à ses propres fantasmes sataniques et à ses expériences personnelles irritantes. Satan était donc trouvé — il ne restait plus qu'à attendre le Messie. Celui-ci ne tarda pas à arriver.

b) *L'impasse de la République d'Autriche*
L'Autriche est-elle une nation indépendante
ou le nœud de la crise allemande ?

Dans l'opinion publique des Alliés, l'idée prédomine suivant laquelle l'Autriche et les Autrichiens font partie des petites nations subjuguées par l'Allemagne hitlérienne, au même titre que les Tchèques, les Polonais, les Norvégiens, les Hollandais, les Belges, les Yougoslaves ou les Grecs. Cette opinion publique trouve naturel qu'après la chute de l'hitlérisme l'Autriche, comme les autres nations soumises, retrouve son indépendance. En effet, l'équation paraît simple : l'Etat autrichien a existé, donc il existe une nation autrichienne indépendante et qui souhaite de l'être.

C'est faire peu de cas du fait qu'entre 1918 et 1934 il a fallu toute une batterie de traités internationaux, de règlements et de privilèges politiques et économiques pour empêcher l'Autriche de prononcer son rattachement à l'Allemagne. Aujourd'hui encore, les différents groupes politiques autrichiens vivant en Autriche ou en émigration sont incapables de se mettre d'accord sur leur désir de rétablir l'indépendance de leur pays.

Ce qui n'a rien d'étonnant, quand on connaît les racines historiques de la crise allemande. L'Autriche n'est pas une nation indépendante, mais une des nombreuses principautés territoriales allemandes qui, tout en ayant acquis un certain degré d'indépendance politique, n'avaient jamais cessé de faire partie intégrante de la nation allemande. Parmi elles, seules la Hollande, la Belgique et la Suisse avaient eu des expériences historiques suffisamment fortes pour se détacher de l'Allemagne et constituer des nations indépendantes. Les autres principautés avaient peut-être développé une conscience régionale — celle-ci était particulièrement forte en Prusse et en Bavière — mais qui fut insuffisante pour contrecarrer le sentiment national. Quant aux Autrichiens, malgré leur forte conscience régionale, ils étaient encore plus allemands que les Prussiens ou les Bavarois car, en dépit de la signification politique forte et durable de la principauté autrichienne constituée autour de Vienne, et plus tard, la longue et quelquefois glorieuse histoire de l'Empire autrichien, son plus grand titre de gloire fut précisément d' « héberger » l'Empereur allemand, d'être à l'Allemagne ce qu'avait été l'Ile-de-France pour la France, c'est-à-dire son centre politique.

Mais l'Autriche n'est pas seulement un membre très important du corps politique allemand, elle est aussi la victime principale de la fièvre politique allemande. A l'époque de la gestation de l'unité allemande — entre 1806 et 1866 — les vagues du sentiment national allemand y avaient atteint des hauteurs bien plus considérables que dans d'autres Etats allemands. L'exclusion, après 1866 et à la suite de la politique « du sang et du fer », de l'Autriche de l'Allemagne avait paralysé la vie politique des Allemands d'Autriche qui comprenaient de moins en moins pourquoi, étant donné l'existence d'une Allemagne unie, ils devaient vivre dans l'Empire multinational des Habsbourg. Une des manifestations de cette paralysie était la pratique politique veule et sans conviction, le « fortwursteln », une politique « au jour le jour » que connut l'Autriche entre 1866 et 1918. On en parle, aujourd'hui, comme d'une variante de la fameuse « bonhomie » autrichienne, alors qu'il s'agit d'un phénomène d'époque qui n'a rien à voir avec le caractère national autrichien. L'Autriche qui, du XVe siècle jusqu'en 1866, avait été le centre politique des Allemands, présentait un tout autre aspect.

La « bonhomie » d'après 1866 avait son revers, difficile à intégrer dans l'idée que l'on se fait généralement du caractère autrichien, et qui est l'apparition de manifestations politiques excentriques et hystériques. Même si cela peut paraître étrange en Europe occidentale, en Europe centrale chacun sait que le berceau de l'hitlérisme n'était pas la Prusse féodale, violente et militariste, mais l'Autriche aimable, tempérée et « latine ».

Ce n'est pas un hasard si Hitler lui-même est autrichien et si c'est en Autriche que se développa le mouvement antisémite de la Grande Allemagne dont Hitler et l'hitlérisme reçurent des impulsions décisives. Cet état morbide, polarisé, je dirais même schizophrénique de la vie politique autrichienne se perpétua après 1918. Bien que l'Empire des

Habsbourg se fût désagrégé, stipuler dans le traité de paix, puis dans le pacte économique avec l'Autriche l'indépendance *obligatoire* de ce pays était, pour les Allemands d'Autriche, aussi insensé et absurde que l'avait été la création de la Monarchie austro-hongroise. Les deux dispositions signifiaient pour eux l'exclusion, sans raison apparente, du corps politique allemand dont ils avaient fait partie jusqu'en 1866. On assista alors au retour d'une tension entre une pratique politique « bonhomme », tiède, « au jour le jour » et une hystérie politique latente. Qu'est-ce qui explique le fait — généralement ignoré en Europe occidentale, mais qui passe pour un lieu commun en Europe centrale — que l'hystérie du nazisme est bien plus forte en Autriche que, par exemple, en Bavière ? Il serait difficile d'affirmer que la Bavière est plus catholique et plus européenne que n'est l'Autriche ou qu'elle possède des antidotes plus forts contre la barbarie et le nihilisme. L'explication est pourtant simple : l'hitlérisme a réussi à s'identifier à la cause de l'unité allemande ; or, l'appartenance à l'Allemagne est en Bavière une chose allant de soi, donc dépourvue d'intérêt, alors que pour l'Autriche elle constitue un problème central et brûlant. Tout cela serait impensable s'il existait une nation autrichienne à part.

Non seulement l'Autriche ne constitue pas une nation à part, mais elle est le noyau de la crise allemande. L'évolution politique allemande a pris une tournure fatale et s'est trouvée acculée à une impasse au moment où le souverain autrichien ne voulut, puis ne sut pas se mettre à la tête du mouvement pour l'unité allemande : si, en 1871, l'unité allemande provoqua une grave tension interne, puis externe, c'était parce qu'elle résultait d'un compromis qui excluait l'Autriche pour longtemps. Le principal tort du règlement européen de 1918 était d'interdire à l'Autriche de s'unir à l'Allemagne même lorsque l'évolution interne de cette dernière ne s'y opposait plus. Aussi, lorsqu'en 1938 cette union devint enfin une réalité, elle fut accompagnée de l'explosion de forces pathogènes accumulées qui secoua et continue à secouer le monde entier.

*Les facteurs de la résistance autrichienne
entre 1934 et 1938*

Ainsi, jusqu'en 1866, l'Autriche avait fait partie intégrante de l'Allemagne sur le plan juridique, politique et sentimental. Entre 1866 et 1918, puis entre 1918 et 1934, aucune expérience historique ne vint susciter son désir d'indépendance nationale. L'existence d'une nation autrichienne et sa volonté de défendre son indépendance contre l'Allemagne elle-même, en cas de besoin, ne se manifestèrent qu'entre 1934 et 1938, durant la période qui séparait l'assassinat de Dollfuss de l'Anschluss. Période certainement trop courte pour donner naissance à une nation. Encore s'agit-il de savoir si la résistance opposée à l'Allemagne hitlérienne était bien celle d'une nation? Tout semble indiquer que non. L'élément le plus fort de cette résistance était le Parti social-chrétien, appuyé par l'Eglise catholique. Avant 1933, ce parti, sans se prononcer en faveur du rattachement à une Allemagne à majorité protestante, ne prit pas non plus position contre l'Anschluss. Sa résistance commença à se manifester au moment où l'Allemagne se tourna vers la mythologie païenne et se mit à persécuter l'Eglise.

Cette résistance rappelle donc à plus d'un égard celle, moins efficace, du Parti du Centre en Allemagne. Mais en Autriche, elle bénéficiait de l'existence d'un Etat indépendant et d'un sentiment de sécurité dû à la position dominante plusieurs fois séculaire de l'Eglise catholique.

Un autre facteur de la résistance, le légitimisme (mouvement des partisans du retour des Habsbourg) ne disposait d'aucune base populaire ; il n'était soutenu que par des aristocrates, par des anciens combattants et par quelques vieillards nostalgiques. Il ne reprit quelque vigueur qu'au moment où la résistance antihitlérienne voulut opposer au mot d'ordre de l'unité allemande une perspective plus alléchante qu'une République sociale-chrétienne. Le troisième facteur de la résistance, la Heimwehr, était un étrange amalgame de troupes franches — constituées en 1918 à l'occasion du conflit au sujet de la fixation de la frontière austro-yougoslave — de l'union fasciste des anciens combattants et de l'armée privée d'un aristocrate ambitieux, le prince Stahremberg, ancien compagnon d'Hitler.

La Heimwehr eut sa période de splendeur aux débuts de l'hitlérisme en Allemagne. Durant sa phase ascendante, elle avait été considérée comme le pendant autrichien du mouvement hitlérien. Mais au fur et à mesure que l'hitlérisme s'affirmait comme incarnation du mouvement pour l'unité allemande, la cohésion de la Heimwehr s'affaiblissait. Un mot d'esprit autrichien éclaire assez bien sa situation à la veille de l'Anschluss : Au cours d'un défilé, un Heimwehr s'adresse à son voisin en ces termes : « Les Nazis avec qui nous marchons dans le même rang savent-ils que nous sommes tous les deux communistes ? »

Le dernier facteur, que j'aurais dû nommer en premier lieu s'il avait eu la possibilité de participer à la résistance antihitlérienne, était le mouvement des ouvriers socialistes autrichiens. Mais jusqu'à l'avènement de l'hitlérisme, ce mouvement était favorable à l'Anschluss et ne suspendit son point de vue que *provisoirement* pour la durée de l'hitlérisme.

Ainsi, dans la période allant de 1934 à 1938, la résistance *ne fut pas* celle d'*une nation* autrichienne à part. L'assassinat de Dollfuss n'était pas, en lui-même, un événement susceptible de déclencher un mouvement national, car ni les partisans de la Grande Allemagne ni les socialistes qui, à eux deux, formaient la majorité des Autrichiens, ne pouvaient voir en la personne du malheureux chancelier un héros national ou un martyr. On s'est souvent perdu en conjectures sur la tentative d'élargissement de la résistance anti-allemande, autrement dit, à propos d'une éventuelle collaboration entre Dollfuss et les socialistes. Certes, Dollfuss aurait pu observer à l'égard de ces derniers une attitude plus raisonnable et plus humaine. Pourtant, même s'il l'avait voulu, il n'aurait jamais pu coopérer avec eux. Pour l'hystérie allemande, la socialdémocratie internationale était un ramassis de traîtres à la nation allemande et cette image gagna rapidement l'Autriche. Ni Dollfuss ni Brüning n'auraient donc pu constituer une coalition avec les socialistes, pour la simple raison que l'Autriche n'était pas une nation indépendante, qu'elle était partie intégrante de la nation allemande et participait, à ce titre, à l'hystérie allemande.

Même au plus fort de la résistance, aucun responsable autrichien n'aurait risqué de dresser la nation autrichienne dans son ensemble contre la nation allemande, car cela lui aurait coûté son portefeuille ministériel. La résistance ne parlait que de la vocation particulière de l'Autriche au sein de l'unité allemande et de la nécessité de maintenir son indépendance pour mieux accomplir cette mission. En quoi consistait la vocation « spéciale » de l'Autriche ? Selon de nombreux Autrichiens il lui appartenait de rassembler les Allemands d'esprit européen en attendant que retombe la fièvre hitlérienne. Il s'agissait donc d'un rôle de conservation et donc, d'une indépendance provisoire et conditionnelle. L'alliance avec des puissances étrangères contre l'Allemagne eût été inconcevable. Si, en 1938, les Alliés avaient déclenché une guerre pour empêcher l'Anschluss, ils auraient pu compter sur de nombreux alliés, mais certainement pas sur les Autrichiens.

Les événements d'après 1938 pourraient-ils constituer le point de départ d'une nation autrichienne autonome ? Il serait difficile de le dire aujourd'hui. L'Anschluss s'est accompli par la violence, l'Autriche a beaucoup souffert des manières supérieures des maîtres d'école hitlériens et surtout de l'aventure la plus catastrophique de l'histoire allemande, aventure dans laquelle elle fut entraînée dix-huit mois après l'Anschluss. Pendant la guerre, les Alliés lui ont réservé un traitement quelque peu privilégié, et l'Autriche conserve l'espoir de continuer à en bénéficier. Tout cela suffit peut-être pour qu'une certaine distance s'établisse entre les Autrichiens et le reste des Allemands. Il se peut, également, qu'un référendum avec une question du type : « Voulez-vous partager l'énorme responsabilité de l'Allemagne vaincue dans les crimes de guerre ? » se prononce pour l'autonomie de l'Autriche, mais seulement à une faible majorité. De toute façon, on ne constitue pas une nation avec des refus, surtout si ceux-ci ne s'appuient pas toujours sur des raisons nobles. Il est peu probable que l'Autriche, soit par hystérie politique, soit par volonté de se réhabiliter, suive un chemin différent de celui de l'évolution politique allemande. La jeunesse sera, comme avant, favorable à l'unité allemande, et son action sera décisive en Autriche.

6. Cinquième impasse : le Troisième Reich d'Hitler

Qu'est-ce que le fascisme ?

L'hitlérisme, tel que nous l'avons décrit, est un phénomène unique : c'est le résultat final de l'évolution politique allemande, la conséquence de secousses historiques concrètes. Il appartient en même temps à la classe des formations politico-sociales que l'on désigne généralement par le nom de fascisme. N'est-il donc pas superflu de parler des antécédents psychologiques de l'hitlérisme, des secousses qui l'ont engendré, alors que l'on connaît les conditions sociales et économiques qui génèrent le fascisme ?

Certes, le fascisme a ses conditions préalables *typiques*, mais parmi celles-ci les facteurs psychologiques sont de loin les plus importants. Toute explication qui veut les ignorer est d'un vide désespérant. L'explication la plus généralement admise consiste à affirmer que le fascisme est l'organisation de défense des classes féodales, capitalistes et militaires, bref des classes supérieures réactionnaires, contre le progrès démocratique et plus particulièrement contre la révolution socialiste.

Il est sans doute exact que tout fascisme adhère dans une certaine mesure à ces valeurs, les approuve ou les soutient par des actions. Mais nous sommes loin de pouvoir les considérer comme la cause première du fascisme. Il faut être bien naïf pour penser que l'argent, les intrigues ou les campagnes d'excitation puissent à eux seuls provoquer un mouvement de masse. Ils peuvent, certes, contribuer à l'organiser, l'argent peut permettre à certains mouvements de traverser sans encombre des périodes difficiles et dangereuses, mais ils ne sont pas indispensables pour la genèse d'un mouvement de masse dont aucune intrigue, aucune action d'aucun groupe ne pourra ensuite empêcher le développement. Les groupes féodaux, capitalistes et militaristes qui contribuèrent à promouvoir des tyrannies fascistes à différentes époques de l'histoire, par exemple, en France, lors du Premier et du Second Empire, ont pu jouer ce rôle sans avoir cherché, ou sans avoir réussi à créer des mouvements de masse fascistes. Ce qui leur importait, ce n'était pas l'empressement des foules à constituer un mouvement de masse, mais leur empressement à *obéir*. Que celui-ci prenne les allures d'un *mouvement de masse* les incommode plutôt qu'il ne les sert. L'alliance entre le fascisme d'une part, les forces féodales, capitalistes et militaristes de l'autre, a toujours été un compromis au sens le plus strict du terme, compromis à propos duquel chacun des partenaires, en l'occurrence la réaction et le fascisme, essaie de se servir de l'autre sans abandonner pour autant ses propres méthodes, ses propres intérêts et ses propres objectifs, même s'ils sont en contradiction avec ceux du partenaire.

C'est pourquoi, tôt ou tard, le compromis entre la réaction et le fascisme se termine par un échec. Il n'est donc pas suffisant de voir dans le fascisme un instrument, ou une manifestation de la réaction.

Une autre explication schématique, celle qui voit dans le fascisme la révolution de la *petite bourgeoisie,* nous paraît tout aussi courte. Ce cliché est un des sous-produits du marxisme vulgaire, pour lequel toute explication attribue nécessairement à une classe sociale le rôle de support et de principal bénéficiaire de la révolution. Quel que soit le nombre des petits-bourgeois parmi les fascistes, il est évident que voir dans la petite bourgeoisie le principal support du fascisme est une interprétation « après coup », « tirée par les cheveux ». Pendant cent ans, l'Europe avait trouvé naturel que la révolution bourgeoise soit suivie d'une révolution prolétarienne et jusqu'en 1930, nul n'a eu l'idée de poser une phase révolutionnaire intermédiaire, celle de la révolution des petits-bourgeois. On voit d'ailleurs mal en quoi l'ambition à l'hégémonie mondiale, la volonté de remporter des succès militaires et de subjuguer d'autres peuples serviraient les intérêts de la petite bourgeoisie en tant que classe sans parler du fait que les petites bourgeoisies française ou anglaise, socialement bien plus fortes que la petite bourgeoisie allemande, n'ont jamais été protagonistes de cette prétendue phase révolutionnaire intermédiaire.

En face des explications qui voient dans le fascisme un phénomène purement social, nous trouvons celles, tout aussi étriquées, qui l'envisagent en tant que courant moral, crise de l'échelle des valeurs, incarnation d'une conception morale, différente de la conception européenne. Certes, ces jugements de valeur caractérisent le fascisme mieux que les classes sociales sur lesquelles il s'appuie. Mais ce serait le surestimer que de le considérer comme une pure échelle de valeurs reposant sur des principes particuliers, sans commune mesure avec d'autres échelles de valeurs.

On dit aussi que le fascisme représente des valeurs primitives, tribales, militantes, héroïques, etc. qui s'opposeraient aux valeurs chrétiennes, humanitaires ou socialistes basées sur le respect, sur l'humanisme et sur la liberté. Mais ce serait une erreur monumentale que de croire à l'existence, même latente, dans l'histoire européenne, d'une échelle de valeurs « militante » ou « héroïque » s'opposant à celle fondée sur l'humanisme et la liberté. Un tel ordre fondé sur les valeurs militaires, tribales, et surtout sur les privilèges de naissance, existait bien chez les jeunes peuples barbares du continent européen. Mais au cours des deux mille ans de son activité, le christianisme a réussi à sublimer les vertus tribales de ces peuples, transformant l'obéissance inconditionnelle en autodiscipline responsable, le fanatisme aveugle en esprit de sacrifice librement consenti et l'orgueil racial en sentiment communautaire. La survivance, en Allemagne, de cet ordre de valeurs tribal et des privilèges de naissance, était en rapport étroit avec la structure hyperaristocratique qui avait conduit aux principautés territoriales, puis à la désagrégation du corps politique allemand, aux difficultés de l'unité allemande, aux solutions de compromis auxquelles celle-ci a donné lieu, et enfin à la crise actuelle de la politique allemande.

Il est indiscutable que, sur plusieurs points, l'hitlérisme se nourrit de réminiscences de cet ordre de valeurs tribales et de ces privilèges de naissance. Malgré tout, il faut insister avec force sur le fait que le fascisme n'a pas d'idée morale fondamentale ou centrale[1]. La conception fasciste des

---

1. Au début des années 30, un congrès international du fascisme, réuni en Suisse, s'efforça de clarifier l'idée philosophique fondamentale du fascisme. Il apparut rapidement que cette question était hautement gênante. Selon le principe bien connu de *l'obscurum per obscurius,* les fascistes italiens proposèrent

valeurs ne se fonde pas sur un ordre moral indépendant, militant ou héroïque, mais dérive de certaines valeurs chrériennes, nationales et démocratiques et cherche, en dernière analyse, à résoudre certains problèmes sociaux et moraux actuels de l'humanité occidentale — la renaissance du goût de l'héroïsme, du prestige collectif et de l'esprit communautaire — par des chimères absurdes et excentriques telles que le mythe de la violence, le principe du « chef » (Führer) et le racisme.

Il est parfaitement vain de mettre en accusation les systèmes philosophiques auxquels ces idées dénaturées ont été empruntées. Incontestablement, pour oser formuler les élucubrations qui constituent la base idéologique du fascisme, il a fallu pouvoir recourir au faux romantisme qui, dans la seconde moitié du XIXe siècle, avait engendré le culte du héros, de la force, de la puissance, de la volonté, de l'action et de l'élan vital que l'on retrouve également parmi les éléments de grands systèmes philosophiques. Néanmoins, dès le début du XXe siècle, toutes ces idées étaient considérées comme des chimères, comme les illusions d'une philosophie à bon marché. Gardons-nous d'imiter les Allemands et d'échafauder une fausse histoire des idées qui attribuerait à des pensées philosophiques ou à des fragments d'idéologie des effets qu'ils n'ont jamais eus. Les catastrophes ne sont jamais provoquées par des idées, mais par des affects qui les imprègnent. Quelle que soit l'importance des formules philosophiques, elles n'expliquent pas à elles seules pourquoi, parmi toutes les morales qui s'offrent à eux, l'individu ou la communauté choisissent précisément celles qui les conduisent à la catastrophe.

Expliquer le fascisme tout simplement par le gangstérisme, par la révolte de l'homme hors la loi, ne nous mènerait pas loin. Il est vraisemblable que gangsters et assimilés sont très nombreux, notamment, dans les actions concrètes menées par le fascisme, mais cela signifie seulement que les

---

l'idée romaine dont les fascistes norvégiens et, d'une façon générale, germaniques, ne savaient pas quoi faire. Remarquons que cette même question n'embarrasserait ni la morale chrétienne, ni la morale libérale humanitaire, ni même la morale socialiste.

gangsters ne ratent pas les excellentes occasions que le fascisme leur fournit. Cependant, l'alliance d'individus hors la loi n'a jamais joué un rôle décisif dans la création du fascisme. L'essence du fascisme consiste précisément à troubler l'univers et l'échelle de valeurs des gens honnêtes. Pour qu'un hors-la-loi puisse avoir voix au chapitre, il faut que la loi elle-même ait été précédemment ébranlée et ce résultat ne peut être obtenu par aucune action, fût-elle très bien organisée, des hors-la-loi eux-mêmes. Le plus grand ennemi de la loi n'est pas le hors-la-loi ; c'est l'ensemble des situations fausses et confuses qui font qu'une loi devient mauvaise, caduque ou hypocrite. La difficulté de situer le fascisme apparaît clairement dans les étranges manœuvres du conservatisme et du radicalisme européens qui, dans cette question, se renvoient la balle depuis toujours, manœuvres dont les effets se manifestent encore dans l'actuelle tension entre les Anglo-Saxons et l'Union soviétique. Les partisans de la tradition européenne considèrent le fascisme comme une tentative de destruction des valeurs qui leur sont chères et insistent sur les traits communs entre fascisme et communisme. De l'autre côté, les partisans du progrès considèrent le fascisme comme une pseudo-révolution de mercenaires, soutenue par les forces obscures de la réaction et de la féodalité. Autrement dit, la droite attribue le fascisme à l'extrême gauche et la gauche à l'extrême droite.

Tout cela n'est pas l'effet du hasard, mais découle de la nature même du fascisme. Celui-ci, tout en flattant les sentiments traditionnels, foule aux pieds les traditions européennes. Tout en s'appuyant sur les forces réactionnaires, il en détruit le prestige social. Tout en mobilisant les sentiments démocratiques des masses, il conduit ces dernières à l'impasse. Tout en suscitant des révolutions, il ne résout rien. Comment définir le noyau idéologique du fascisme, autrement que par des traits négatifs ? Le fascisme n'est pas un ordre autonome de valeurs, il n'est même pas une antithèse, au sens hégélien du terme, il est l'un des produits de la crise provoquée par la révolution européenne. C'est pourquoi on y retrouve, déformés, tous les éléments de la révolution démocratique en même temps que ceux de la réaction contre cette révolution. Ce que ces éléments ont en commun, c'est l'hystérie politique qui les a engendrés à partir du chaos dans lequel avaient été plongées ces dernières temps, dans certains pays européens, les valeurs sociales du christianisme et de l'humanisme. Ce qui distingue le fascisme des grands courants qui ont déterminé l'évolution sociale et politique de l'Europe, c'est son caractère *monstrueux*.

En quoi consiste sa monstruosité ? Pour assurer une évolution politique harmonieuse, rectiligne, de la communauté européenne, il suffit que la cause de la communauté coïncide avec celle de la liberté. Il faut qu'au moment où, à la suite d'une secousse révolutionnaire, l'individu se délivre de l'oppression des forces sociales qui règnent sur lui « par la grâce de Dieu », sa libération soit aussi celle de toute la communauté, qu'elle lui apporte son enrichissement matériel et spirituel.

Or, tel ne fut pas le cas dans de nombreux pays, notamment en Europe centrale et orientale. Au contraire, dans la vie de ces nations, l'effondrement des puissances politiques et sociales d'oppression s'accompagna d'une catastrophe pour toute la communauté nationale. Le fascisme existe en germe partout où, à la suite d'un cataclysme ou d'une illusion, la cause de la nation se sépare de celle de la liberté, où une secousse historique quelconque engendre la crainte convulsionnaire de voir la liberté menacer la cause de la nation. Mais pour que le fascisme puisse donner toute sa mesure, il faut encore que l'évolution sociale et culturelle du pays atteigne un degré tel que la démocratisation complète et massive des sentiments communautaires, la révolution démocratique, paraisse imminente.

L'angoisse obsessionnelle qui s'empare alors d'une telle communauté fait jaillir une idée absurde : obtenir que les forces massives qui, dans les pays européens ayant connu une évolution harmonieuse, soutiennent, du fait de la révolution démocratique, la cause de la nation et de la liberté, s'alignent *uniquement* derrière *la cause de la nation* et *non* derrière *celle de la liberté*. Aussi paradoxal que cela puisse paraître, le fascisme n'existe que là où les masses sont animées de sentiments démocratiques. Sans antécédents démocratiques, sans l'exemple de la démocratie, sans aucune

111

tentative de l'instaurer, sans fiasco éventuel, il ne peut y avoir de fascisme. Ainsi, le rapport du fascisme à la démocratie n'est pas purement négatif, le fascisme ne se dresse pas contre la démocratie, le fascisme est la déformation de certaines manifestations de la crise de l'évolution démocratique, un produit de la déformation de l'évolution démocratique.

Ainsi s'explique notre affirmation selon laquelle le fascisme n'est pas un simple instrument de la réaction. Réaction et fascisme sont organiquement liés, non parce qu'ils éprouvent une certaine attirance l'un pour l'autre, mais parce que la peur qui est à l'origine du fascisme favorise les forces politiques et sociales du passé, dont la destruction intégrale, disent les fascistes, conduirait à la catastrophe. Cette thèse représente un encouragement pour l'aristocratie et les groupes militaires : elle les incite à rejoindre les masses dévoyées par le fascisme dont l'action ne se dirige plus contre eux, mais contre un ennemi extérieur. Toutefois, une grande partie de l'aristocratie se tient à l'écart du fascisme, comme elle s'est tenue à l'écart de la révolution démocratique et, en fin de compte, le fascisme ruine le prestige des forces historiques exactement comme l'a fait la révolution démocratique. Aristocrates et militaires ne font qu'assister au processus de fascisation, sans avoir la capacité ni de le hâter ni de le freiner.

A l'arrière-plan social du fascisme nous trouvons pêle-mêle, et dans une totale confusion, toutes les forces réunies par la peur obsessionnelle et par les fausses idées qu'elle engendre. Y figurent, à côté des aristocrates et des formations militaires attachés avant tout au maitien d'un régime fondé sur l'autorité, les couches d'intellectuels nationalistes, certaines couches de la bourgeoisie et de la petite bourgeoisie prêtes à sacrifier la liberté pour l'ordre, et les éléments du prolétariat qui préfèrent renoncer à la liberté pour assurer le triomphe des idées socialistes, et accordent la priorité à l'exaltation du sentiment national sur la dignité humaine. Le paradoxe qui consiste à vouloir mobiliser les masses démocratiques uniquement en faveur de la cause de la nation, à l'exclusion de la cause de la liberté, explique toutes les contradictions et toutes les monstruosités du fascisme. Le despote absolu qui s'appuie sur le mouvement des masses, l'absurdité d'un populisme qui méprise les foules, la quadrature du cercle que représente le nationalisme antidémocratique, l'aberration d'une révolution antilibertaire et la guerre d'extermination que mènent les peuples les uns contre les autres — voilà quelques-unes de ces monstrueuses contradictions.

Il apparaît désormais clairement que, quels que soient les traits communs aux divers fascismes, on ne peut les comprendre sans connaître les secousses concrètes, génératrices de peur qui sont à la racine de chacun d'eux. Il n'a donc pas été inutile, pour expliquer le fascisme allemand et l'hitlérisme, de remonter le cours des événements historiques jusqu'aux guerres napoléoniennes.

L'hitlérisme et Versailles

Le choc déterminant pour la puissance du national-socialisme allemand a été incontestablement le traité de paix de Versailles. Nous devons, à notre vif regret, contredire une fois de plus l'opinion courante selon laquelle ce traité a été à la fois mauvais et trop clément, les Allemands ayant démontré, avant le traité et indépendamment de lui, l'existence, chez eux, d'un instinct d'agression et d'une volonté de puissance profondément enracinés et à peine surmontables. Nous nous sommes déjà exprimés sur la légende du culte ancestral du pouvoir chez les Allemands. Si ce culte est, en effet, antérieur à l'hitlérisme, il ne remonte toutefois pas jusqu'à la préhistoire des peuples germaniques, seulement jusqu'au milieu du XIXe siècle, jusqu'à la crise de l'unité allemande. Mais le culte du pouvoir qui caractérisait l'Empire guillaumien n'était pas prédestiné à se développer naturellement après la défaite consécutive à la première guerre mondiale. Au contraire, cette défaite aurait pu se révéler être une excellente cure de désintoxication : une guerre perdue réussit en effet là où toutes les guerres victorieuses ont échoué, en éliminant le principal obstacle de l'unité politique allemande et du développement démocratique de l'Allemagne, à savoir la poussière de dynasties et de

113

principautés territoriales. Si la défaite de 1918 n'a pas servi de cure de désintoxication, mais a, au contraire, aggravé le culte de la puissance — c'est là précisément par la faute du traité de Versailles.

Non parce qu'il se montrait trop rigoureux à l'égard des Allemands, mais parce qu'il comportait une condamnation morale au nom de principes que la communauté politique allemande n'était pas assez mûre pour accepter et que les vainqueurs eux-mêmes n'appliquaient pas. La réaction de la communauté politique allemande entraîna la crise de l'échelle des valeurs européennes au nom desquelles les accusations contre l'Allemagne avaient été formulées.

Sur ce point, les contradictions internes de l'âme hystérique se manifestent avec une acuité particulière. D'une part, elle se tourna rageusement contre le système de valeurs au nom duquel elle avait été blâmée et condamnée, mais d'autre part, elle y demeura plus que jamais attachée, puisqu'elle visait à obtenir satisfaction devant l'instance même qui lui avait infligé cette humiliation.

Tous les dogmes destructeurs de l'hitlérisme procèdent du désir de contredire, sous une forme ambivalente, le monde environnant. D'une part, l'hitlérisme veut la réhabilitation morale des Allemands, mais d'autre part, il se soustrait à ses responsabilités, en valorisant ce dont l'Allemagne a été accusée à tort ou à raison. La nation allemande n'ayant pas été traitée à Versailles sur un pied d'égalité, l'hitlérisme ne cesse de réclamer l'égalité du peuple allemand et la réhabilitation de son honneur, mais en même temps il érige en loi l'inégalité des peuples et place les Allemands au-dessus de toutes les nations.

Le peuple allemand ayant été tenu responsable de la première guerre mondiale, Hitler ne cesse d'affirmer et de démontrer que la guerre a été voulue et suscitée par l'autre camp, mais en même temps, il voit dans la guerre la foi fondamentale de la vie des nations et l'instrument principal de leur épanouissement. Le peuple allemand ayant été contraint de payer des réparations et de contribuer au bien-être économique des vainqueurs, l'hitlérisme insiste sur l'effet ruineux des réparations pour l'Europe et pour l'Allemagne, mais proclame que les nations plus faibles que la nation allemande ne sont que de simples instruments du bien-être et de la prospérité du peuple allemand.

Le peuple allemand ayant été désarmé à Versailles, de peur que sa force militaire ne serve à déclencher une nouvelle guerre de conquête, l'hitlérisme ne cesse d'affirmer le désir de paix des Allemands, et la nécessité de disposer d'une armée uniquement pour sauver son honneur, mais en même temps il poursuit une politique qui justifie les pires craintes au sujet de l'armée allemande. Les vainqueurs ayant refusé à l'Allemagne la possibilité d'user de son droit à l'autodétermination, dont les principes avaient été arrêtés par les puissances alliées, et de son droit de constituer son empire comme il l'entend, l'hitlérisme ne cesse de revendiquer pour tous les Allemands le droit de disposer d'eux-mêmes et de la terre allemande, mais il dénie en même temps ce droit à toutes les autres nations. L'opinion publique occidentale ayant mis en doute la valeur des actions allemandes notamment en matière politique, l'hitlérisme ne cesse d'exalter les performances allemandes dans tous les domaines, mais en même temps, ayant déclaré que, par ses particularités raciales, le peuple allemand était supérieur à tous les autres peuples, il considère que son éventuelle infériorité dans un domaine particulier est sans importance. L'opinion publique occidentale ayant mis en doute l'esprit européen du peuple allemand, l'hitlérisme fait des efforts désespérés pour se faire admettre comme représentant de la cause européenne, mais abroge en même temps toutes les lois réglementant la coexistence entre Etats et individus européens pour les remplacer par la loi unique de la suprématie raciale.

Cela dit, quelle réponse l'hitlérisme a-t-il fourni aux questions brûlantes qui préoccupent l'ensemble des Allemands et que la démocratie de Weimar n'a pas su résoudre ?

Disons tout d'abord que les calculs cherchant à établir la proportion des Hitlériens par rapport à l'ensemble de la population allemande nous paraissent futiles. Pour tout Allemand qui s'intéresse tant soit peu à l'histoire de son pays après 1918, l'hitlérisme dit nécessairement quelque chose. Pour tout non-hitlérien, fût-il de l'espèce la plus cultivée, la plus raffinée, fût-il même juif, l'hitlérisme n'est pas un vain mot. D'où la redoutable impuissance des Allemands de conception européenne et démocratique, face à l'agitation hitlérienne : l'hitlérisme en appelle à des sentiments qui ne peuvent leur être indifférents. Il ne s'agit donc pas de connaître le pourcentage des Hitlériens parmi les Allemands, mais d'admettre que l'hitlérisme a pu poser les questions en suspens de la communauté allemande de façon radicale, forçant même l'adhésion de ceux qui, par ailleurs, refusaient sa philosophie. Autrement dit, dans toutes les questions où l'hitlérisme vise à réhabiliter les Allemands du point de vue des valeurs européennes, plus de 90 % des Allemands sont hitlériens. Mais dans tous les domaines où l'hitlérisme prétend rompre avec la hiérarchie européenne des valeurs, plus de 90 % des Allemands continuent à le refuser.

L'écrasante majorité des Allemands étaient hitlériens lorsqu'il s'agissait des dispositions militaires du traité de Versailles, ou du rattachement à l'Allemagne des territoires habités par les Sudètes, mais, sauf une infime minorité, les Allemands sont toujours anti-hitlériens dans la question de l'extermination des femmes et des enfants juifs. Le malheur, c'est que, dans cette conjoncture politique, un parti et une idéologie cannibales se sont présentés comme étant les seuls à pouvoir régler les questions en suspens de la politique intérieure et extérieure. D'un autre côté, la contradiction de l'hitlérisme, invoquant et refusant à la fois la hiérarchie européenne des valeurs, a brisé l'unité de l'idéologie hitlérienne et provoqué sa chute grâce à l'intervention de puissances extérieures. Cette cassure et cette chute, nous pouvons en observer les modalités dans trois domaines où l'hitlérisme s'était attaqué à la hiérachie des valeurs présidant à la coexistence socio-politique européenne et qui sont : le domaine de la coopération internationale, celui de la démocratie et celui du socialisme.

*Le piège des idées : droit à l'autodétermination
et culte de la puissance*

Parce que le peuple allemand avait subi les conséquences de leur application défectueuse et hypocrite, l'hitlérisme a renié les principes fondamentaux de la coexistence européenne, tels que la liberté, l'égalité et l'autodétermination des nations. Il pratiqua donc une politique étangère fondée sur l'exploitation maximale des rapports de pouvoir, sur la non-observation des traités imposés ou librement consentis et sur le recours à la violence. Ces procédés lui valurent des succès stupéfiants. Il se révéla que l'Allemagne hitlérienne pouvait, sans encourir aucun risque de sanction, transgresser toutes les dispositions du traité de Versailles, que l'Allemagne de Weimar avait vainement cherché à alléger. Il se révéla aussi qu'elle pouvait provoquer des modifications territoriales dont la République de Weimar n'aurait même pas osé rêver. Pourquoi ? J'ai entendu dire que les Allemands « avaient appris l'art de la politique et de la diplomatie ». D'autres s'empressèrent de découvrir les complices des Allemands dans le camp adverse, la cinquième colonne, le chamberlainisme, les intrigues antibolcheviques des capitalistes, etc. Nombreux furent, même parmi ses ennemis mortels, ceux qui prétendaient que Hitler était un génie politique. D'autres insistent sur le retard des Occidentaux en matière de préparatifs militaires et attribuent les succès des Allemands à leur avance dans ce domaine.

Ces affirmations contiennent peut-être chacune une part de vérité, mais dans leur ensemble, elles ne touchent pas le fond du problème. La cause profonde des succès de la politique étrangère d'Hitler réside simplement dans sa conformité, jusqu'à un certain point, aux données et aux faits réels ainsi qu'aux principes fondamentaux de l'échelle européenne des valeurs. En affirmant que la majorité des Allemands voulait être rattachée à l'Allemagne, Hitler ne faisait qu'établir un constat et la satisfaction de cette revendication découlait du principe même de la liberté, de l'égalité et de l'autodétermination des peuples. Si, entre 1935 et 1938, les actions de l'Allemagne en politique étrangère

117

obtinrent des succès étonnants, c'était surtout parce qu'on ne pouvait pas déclarer la guerre à l'Allemagne pour avoir réalisé unilatéralement l'égalité en matière de réarmement, événement que chacun avait prévu dans un délai plus ou moins long et on ne pouvait pas non plus déclencher une guerre mondiale parce que sept millions d'Austro-Allemands et trois millions d'Allemands de Bohême avaient été rattachés à l'Allemagne non à la suite d'un référendum, mais d'une intervention violente. Ceux qui pensent qu'on aurait dû, dès 1935-1936, au printemps ou au plus tard en automne 1938, arrêter par les armes les actions agressives d'Hitler ont tort. Il est impossible d'entraîner dans une guerre des pays démocratiques sans leur fournir des justifications morales. Or, ces guerres-là n'auraient pu se justifier devant la morale que si les puissances occidentales s'étaient déclarées prêtes à accorder à une Allemagne d'esprit européen tout ce qu'elles avaient refusé à l'Allemagne hitlérienne, et ce, en respectant les formes démocratiques, c'est-à-dire en organisant des référendums. Certes, une telle déclaration aurait discrédité le traitement réservé à la République de Weimar avant Hitler, mais il n'aurait pas été trop tard de la faire en 1938. A son défaut, la position morale des puissances occidentales dans une guerre déclenchée en 1938 aurait été bien plus faible que celle des Allemands. Certes, les accords de Munich furent catastrophiques. Mais cela ne change rien au fait que c'est grâce à Munich que les Alliés acquirent la suprématie morale sur l'Allemagne. L'Anschluss et Munich démontrèrent aux yeux du monde entier que les puissances occidentales ne s'opposaient pas à l'unité de la nation allemande.

C'est donc ici que se produisit le tournant du drame de l'hystérie allemande, incarnée en l'occurrence par l'hitlérisme et aussi la détérioration de la situation de l'Allemagne en Europe. En effet, la majorité des Allemands attendaient d'Hitler qu'il obtienne, aux yeux de l'Europe et au nom de ses valeurs, réparation des torts qu'ils avaient subis et qui étaient en même temps des atteintes à l'ordre européen des valeurs. Ils avaient espéré qu'Hitler pourrait obtenir gain de cause sans faire la guerre. Mais, malgré ses déclarations fracassantes, Hitler *ne croyait pas et ne remarquait pas — parce qu'il ne croyait pas à l'échelle européenne des valeurs —* que ses succès en matière de politique étrangère étaient dus à la force décisive des principes internationaux de la liberté, de l'égalité et de l'autodétermination. Au contraire, il était convaincu qu'il avait remporté ses succès grâce à la violence, au mépris des conventions assurant la coexistence européenne et qu'il avait obtenu l'Autriche et le pays des Sudètes parce qu'il avait eu recours à la politique du fait accompli plutôt qu'au référendum.

Après Munich, la nation allemande croyait que, ses revendications ayant été satisfaites, Hitler ne « bougerait » plus ; cela aurait été également conforme à la logique des faits et aux exigences d'un véritable ordre européen des valeurs. Or, suivant les lois éternelles de l'hystérie, la politique allemande incarnée par l'hitlérisme poursuivit sa quête de succès obtenus par la force, quitte à renier les valeurs européennes. Quelques mois après Munich, Hitler formula de nouvelles revendications territoriales contre la Tchécoslovaquie. C'était déjà trop. L'occupation de Prague en mars 1939 dépassa les limites de l'honnêteté et la guerre en septembre 1939, celles des possibilités d'Hitler.

L'occupation de Prague ruina les positions morales de l'Allemagne et le déclenchement de la guerre annihila les espoirs que la majorité des Allemands avaient placés en Hitler. Le mouvement et son chef qui avaient promis la réhabilitation morale de l'Allemagne firent plus que tous les autres pour la discréditer et pour justifier les souffrances imméritées que leur pays avait dû subir par le passé.

*Le piège des idées :
la démocratie et le principe du Führer*

Un autre domaine à propos duquel l'hitlérisme se trouva en contradiction avec le système européen des valeurs fut celui de la *démocratie* et du *règne personnel*. Depuis un millénaire et demi, l'évolution politique de l'Europe s'achemine vers la suppression du règne personnel, la spiritualisation du pouvoir, la démocratie et l'autogestion. Petit à petit, le peuple tout entier demande à être guidé non par les méthodes traditionnelles des dynasties et des souverains, mais par des méthodes qui tiennent compte de ses propres besoins et de ses propres souhaits. Mais l'effondrement trop brutal d'un règne personnel traditionnel peut facilement conduire à la dégénérescence de ce souhait essentiellement démocratique : désemparée, la communauté instaure alors une dictature personnelle. C'est ce qui arriva en Allemagne.

Le principe hitlérien du Führer résolut la tension entre le désir du peuple d'être conduit par les méthodes démocratiques et son pénible sentiment d'être abandonné. La réponse proposée sembla satisfaisante à tous égards. Le règne personnel dynastique était bien mort, et n'était-il pas supplanté par un régime moderne d'inspiration populaire, par le règne personnel d'un Guide incarnant les aspirations les plus profondes de son peuple, expression plus authentique de la volonté populaire que ne le furent les dirigeants de la République de Weimar, inconnus du peuple et que celui-ci supporta dans l'indifférence ? Nous voici devant une nouvelle contradiction caractéristique de la vision hystérique du monde : l'opposition entre réalité et phantasmagorie. Si Hitler a pu parvenir au pouvoir, c'est parce qu'il était la personnification même de l'hystérie allemande et aussi parce qu'il avait promis de redresser les griefs de la nation allemande contre les puissances occidentales.

Le peuple allemand ne voulait pas d'une dictature. Il aspirait à un régime politique susceptible d'exprimer et d'assumer les vœux de toute la communauté, fût-il dictatorial. Bref, sa volonté était entièrement conforme au principe fondamental de la démocratie, mais la mentalité politique absurde dans laquelle il baignait lui fit admettre l'idée d'une dictature unipersonnelle, capable de le satisfaire. Aussi paradoxal que cela puisse paraître, ce dictateur, qui n'avait pour la démocratie (et les démocraties) que mépris et sarcasmes, contribua, plus que n'importe quel autre, à entraîner dans la vie politique la masse des indifférents et des ignorants dont l'abstention avait pesé si lourd sur la République de Weimar. Aussi funeste que fût sa première action, la démocratie commence malgré tout avec la mobilisation de cette masse-là.

Le peuple allemand accepta le Führer, mais accueillit avec une répulsion de plus en plus profonde son cortège de mesures législatives : la limitation de plus en plus brutale des libertés, l'abolition de plus en plus totale de la vie privée, les délations et les innombrables mini-Führer qui, au nom du Parti, des SS et des SA, envahissaient tous les secteurs de la vie quotidienne.

Aussi paradoxal que cela puisse paraître, l'hitlérisme a démontré au peuple allemand, par la force de l'expérience vécue, que pour un peuple européen, le pouvoir personnel illimité et l'absence de toute spiritualisation du pouvoir sont tout simplement insupportables. Quelles qu'aient été les pertes infligées par l'hitlérisme aux forces démocratiques allemandes, celui-ci a créé une des conditions préalables de toute démocratie : le dégoût engendré par les excès du pouvoir personnel chez un peuple qui, jusque-là, n'avait été que trop loyal à son égard.

Le piège des idées : égalité et racisme

Une troisième prise de position décisive de l'hitlérisme à l'égard du système des valeurs européennes fut l'importance accordée aux théories racistes. Alors que l'évolution de la société européenne allait vers l'abandon de toute croyance en la forme magique de la sélection par la naissance, et, d'une façon générale, vers la suppression des privilèges qui s'y attachent, l'hitlérisme assura en Allemagne au mythe des origines et aux recherches généalogiques une importance inconnue même à l'apogée de la féodalité aristocratique. Mais ici encore, le paradoxe consiste dans le triomphe à long terme des éléments « européens » de l'hitlérisme. En Allemagne, la sélection par la naissance pesait plus lourdement sur l'évolution de la société que dans les autres pays européens. On retrouve ce principe jusque dans la préhistoire des peuples germaniques, dans l'organisation sociale des Germains établis sur les ruines de l'Empire romain, à l'époque de la migration des peuples. Cette organisation sociale, basée sur les prérogatives de naissance, mais travaillée, « moralisée » par le christianisme, était devenue un facteur très important et apprécié de l'évolution européenne. Cependant, à l'époque contemporaine, on s'achemina de plus en plus vers sa liquidation totale, mais, cette évolution se heurta en Allemagne à des difficultés plus grandes qu'ailleurs. Or, l'hitlérisme mit fin à ce système, en déniant toute importance aux différences sociales et de naissance à l'intérieur de la nation allemande et, en même temps, en auréolant d'un prestige sans précédent le privilège d'être né *allemand*. Hitler dit un jour que n'importe quel balayeur de rues allemand valait plus que n'importe quel aristocrate d'un autre pays — et ce n'était pas là une phrase vide. Les balayeurs de rues allemands avaient précisément besoin d'une telle valorisation car contrairement à leurs collègues anglais ou français, ils n'étaient pas suffisamment imprégnés du sentiment de leur propre dignité humaine.

Il faut se garder de sous-estimer l'importance des creusets sociaux qu'étaient les camps de travail hitlériens. Ils illustrent l'étroitesse de la conception selon laquelle l'hitlérisme était une organisation de défense camouflée des classes dirigeantes allemandes. Si j'appartenais à une classe dirigeante, je ne voudrais sûrement pas d'un système de protection instaurant le service du travail obligatoire d'où les jeunes comtesses reviennent les mains gelées. Nous touchons ici à la troisième grande contradiction de l'hitlérisme. Ce qui importait aux balayeurs de rues allemands, ce n'était pas de se sentir *supérieurs* aux comtes anglais, mais d'être *égaux* aux comptes et aux P.-D.G. allemands.

Les masses allemandes devaient apprendre à leurs dépens que, si elles avaient peut-être obtenu le droit de boire la bière à la même table que les chefs de bureau, elles avaient à pâtir du renforcement de la discipline et de l'autorité. Si les ouvriers ne gagnaient rien à être désignés par le vocable « Gefolgsmann » (préposé), de souche purement germanique, le capitaliste, lui, retirait de nombreux avantages du fait d'être devenu « Betriebsführer », directeur d'entreprise, « petit Führer ».

Non, l'hitlérisme n'est pas un système de défense camouflé, destiné à protéger les classes dirigeantes allemandes. Mais, il n'est pas non plus un régime socialiste au sens européen du terme. Du socialisme, il n'a retenu que l'organisation et la discipline des masses, à l'exclusion (en raison de son mépris pour la foule et de son adoration pour la puissance) de tout ce qui concerne l'égalité et la libération sociales. Il n'en reste pas moins qu'il a éloigné le plus grand obstacle qui se dressait sur la voie du socialisme, le prestige attaché aux privilèges de la naissance et de la fortune. Si le racisme allemand a péri dans la catastrophe à laquelle l'hitlérisme avait conduit le peuple allemand, le fardeau oppressant des privilèges de naissance, déjà supprimé par le racisme, disparut avec lui.

Bilan de l'hitlérisme

Voilà donc le tableau de l'hystérie hitlérienne, dans toute sa dimension, avec la catastrophe qu'elle a entraînée à l'intérieur comme à l'extérieur de l'Allemagne. Elle s'est opposée avec acharnement aux trois tendances principales de l'évolution européenne : au renforcement de l'unité internationale, par le droit à l'autodétermination, à la démocratie qui met fin à une organisation sociale basée sur les privilèges de naissance.

Ces principes ayant été appliqués à l'Allemagne d'une façon incomplète, contradictoire et hypocrite, celle-ci a voulu construire un monde où ils n'aient plus cours. Mais il est impossible de remplacer, de dénaturer les principes fondamentaux de l'évolution européenne, ni de les détourner de leur destination originelle. La référence à une véritable autodétermination, à la démocratie et au socialisme que les dirigeants hitlériens, aveuglés par le mythe de la race et de la puissance, considéraient comme faisant partie de leur tactique, se révéla être un piège fatal. L'hitlérisme était fort et remportait des succès tant qu'il *représentait* l'autodétermination, la démocratie et le socialisme. Une fois qu'il s'est débarrassé de ses idées, parce qu'elles avaient fini de servir la tactique hitlérienne, l'hitlérisme s'est trouvé idéologiquement désarmé. Ce que l'histoire en retiendra, c'est, en dehors de ses éléments réellement démocratiques, socialistes et en rapport avec l'autodétermination, le fait d'avoir pour la première fois fixé avec netteté les cadres de la nation allemande, d'avoir démontré aux Allemands, par la force de l'expérience, que le règne personnel est intolérable, d'avoir illustré à leurs yeux la caducité des privilèges de naissance.

Bien entendu, il n'est pas question d'inscrire tout cela *à l'actif* de l'hitlérisme, et encore moins de considérer celui-ci comme une étape possible de l'évolution démocratique. On ne peut reconnaître aucun « mérite » à un régime dont le faux romantisme a intoxiqué toute une génération, qui a inculqué le culte de fausses valeurs à la jeunesse de toute une nation et plongé tout un continent dans la terreur et dans la ruine. Incalculables sont les dommages causés à l'Europe par l'hitlérisme. Mais cela n'empêche pas la réalisation, par son truchement, de processus sociaux et psychologiques profonds et inéluctables, plus forts que toutes les propagandes et toutes les idées éphémères.

7. Récapitulation

Dans cet essai, nous nous sommes efforcés d'illustrer la thèse selon laquelle l'effroyable hystérie allemande s'enracine non dans la complexion psychologique, mais dans l'histoire des Allemands. Nous avons cherché à décrire les deux facteurs historiques, l'institution des principautés territoriales et la prédominance assurée à la sélection par la naissance, qui avaient rendu extrêmement difficile la solution du problème allemand dans les temps modernes.

Nous avons montré que l'acceptation, en 1804, du titre d'Empereur d'Autriche avait privé l'évolution politique allemande d'un facteur de consolidation de la plus haute importance : l'Empereur légitime des Habsbourg.

Nous avons montré qu'en moins de deux cents ans, l'Allemagne avait connu cinq régimes politiques successifs qui étaient autant de fixations de situations absurdes et qui ne pouvaient en aucun cas réaliser un véritable équilibre social et politique. Pour compenser l'instabilité intérieure du pays, on a érigé en principe intangible un compromis ou un préalable politiques. L'évolution qui va du Saint Empire romain germanique au Troisième Reich hitlérien, en passant par la Confédération germanique, l'Empire guillaumien et la République de Weimar, conduit du Néant au Néant.

« L'anarchie au repos » du Saint Empire, pour reprendre une expression de Ferrero, l'impuissance réactionnaire de la Confédération germanique et la démocratie paralysée de la République de Weimar sont notoires. J'ai essayé de montrer que l'Allemagne guillaumienne et le Troisième Reich hitlérien, malgré leurs fausses apparences de dynamisme, font partie de la série d'impasses dues à des compromis et à des préalables absurdes qui jalonnent l'évolution politique allemande des temps modernes. Mais le fait que l'hystérie allemande s'explique par des raisons historiques, et nullement par la complexion psychique du peuple, n'empêche pas que, sous l'effet de cataclysmes successifs et de situations à impasses, nous devions désormais parler d'une certaine déformation du caractère allemand.

Au cours des deux guerres mondiales, des centaines de milliers d'Allemands ont eu l'expérience de leur force et de leur faiblesse ; victorieux, ils ne sont pas prestigieux, en quête de justice, ils sont haïs pour leurs injustices, remarquables dans tous les domaines, ils ne sont pas respectés, modèles d'organisation, ils manquent de solidité. Toutes ces expériences ont implanté chez l'Allemand moyen des tendances ambivalentes au culte du pouvoir et à la quête des réparations, et lui ont communiqué le sentiment de porter un fardeau psychologique dont il devra un jour se débarrasser.

Mais toutes les issues ne sont pas condamnées. Le caractère allemand n'est pas irrémédiablement déformé. Les causes des différentes impasses allemandes n'existent pratiquement plus. L'atomisation politique, le système des principautés territoriales, les structures sociales hyperaristocratiques appartiennent au passé ou ont disparu dans le cataclysme provoqué par l'hystérie allemande, avec, d'ailleurs, tous les facteurs qui auraient pu promouvoir une évolution politique interne. Aujourd'hui, la renaissance politique de l'Allemagne dépend de la clairvoyance, du calme et de la sagesse du monde environnant.

Le mal allemand n'est ni organique ni incurable. C'est une convulsion qui atteint toute une communauté et dont le traitement constitue la plus grande tâche de l'Europe de demain.

1942-1944.

MISÈRE DES PETITS ÉTATS D'EUROPE DE L'EST

1. La formation des nations européennes et du nationalisme moderne

La formation des nations est l'un des processus les plus importants qu'ait connus l'Europe, la communauté politique européenne, et celle des *nations modernes* revêt une signification particulière. En effet, leur formation est assurée par de puissants mouvements de masse animés de sentiments nationalistes. Contrairement à une idée très répandue, nation et nationalisme ne sont pas nés avec la Révolution française et d'une façon générale, l'idée de la nation n'est pas liée à celle de la révolution bourgeoise. Tout ce qu'on peut affirmer, c'est qu'au cours de ces révolutions, les mouvements politiques visant la constitution de nations étaient des *mouvements de masse* et que les *sentiments* qui s'attachent à l'idée de la nation étaient désormais *partagés par les foules*. Cette transformation s'opéra sans heurt chez certains, avec une soudaineté explosive chez d'autres, et entraîna une série de catastrophes chez d'autres encore. Le processus conduisit à l'enrichissement matériel et spirituel des uns, à l'appauvrissement matériel et à l'avilissement moral des autres; certaines nations virent même leur évolution aboutir à une impasse. Dans la suite, nous nous proposons d'examiner de près ce processus de formation des nations modernes.

Entité caractéristique de l'Europe, la nation est le résultat d'une évolution de près de quinze siècles. Des observateurs superficiels ont cru pouvoir conclure qu'en Europe, les frontières d'Etat et les cadres nationaux sont, depuis mille cinq cents ans, en perpétuelle mutation et que cette mutation est due uniquement aux rapports de force du moment, qu'elle est dépourvue de tout élément constant et de toute loi interne. De telles affirmations perdent de vue la remarquable permanence des cadres nationaux qui, en dehors de quelques périodes critiques (V^e et VIe ; X^e, XVe et XVIe ; XIXe et XXe siècle) et malgré les changements de frontières et des situations territoriales confuses engendrées par les rapports féodaux, sont demeurés inchangés. Une fois constituées, les nations ne meurent pas uniquement à cause de l'affaiblissement d'un pouvoir central ou parce que certaines régions parviennent à conquérir leur autonomie. Une unité locale autonome ne devient nation que si son autonomie s'accompagne d'événements politiques marquants et durables, capables de lui communiquer le sentiment de sa singularité et de forcer le respect de son entourage extérieur.

La formation des nations européennes commence aux Ve-VIe siècles après Jésus-Christ, avec les royaumes germaniques ayant partagé entre eux, et sous la direction de dynasties prestigieuses, l'héritage de l'Empire romain et qui, après quelques guerres de conquête et certains remaniements territoriaux ont pris les formes des grandes unités de l'ex-Empire romain : le royaume des Francs, celles de la Gaule antique, celui des Goths occidentaux, celles de l'Hispania, celui des Anglo-Saxons, celle de la Britannia et celui des Lombards, celle de l'Italie. Après, la désagrégation de l'Empire des Carolingiens ayant réuni sous son spectre toute l'Europe occidentale, on assiste à la naissance de l'Empire franc d'Occident, puis, au IXe siècle, à celle de l'Empire germanique auquel se joignent au Nord les trois Etats scandinaves et à l'Est, trois Etats catholiques : la Pologne, la Hongrie et la Bohême. C'est donc avec un petit nombre de nations que l'Europe occidentale aborde la deuxième partie du Moyen Age. Sur les territoires de la chrétienté orientale les cadres nationaux sont plus flous : sous la conduite de la dynastie des Rurik, la Russie réalise son unité aux IXe-Xe siècles. L'Empire byzantin assure la continuité gréco-romaine, mais, sur le territoire des Balkans, à l'instar des royautés occidentales, entre le VIIIe et le XIe siècle, les royautés des jeunes nations bulgare, serbe et croate, et un peu plus tard, les principautés roumaines danubiennes ainsi que le grand duché de Lituanie.

En 1414, au concile de Constance, les cinq nations dirigeantes de l'Europe occidentale, l'italienne, la française, l'anglaise, l'allemande et l'espagnole, se présentent comme des *entités* politiques fixes et reconnues. C'est alors que commence le processus de séparation des cadres nationaux de l'Ouest et du Centre de l'Europe ; alors que les royaumes de *France,* d'*Angleterre* et d'*Espagne* deviennent des réalités tangibles, les principautés et républiques *italiennes* et *allemandes* sont plutôt symboliques et de plus en plus invisibles. D'autres petites nations européennes se constituent à la même époque : les événements politiques (finement analysés par Huizinga), se déroulant sur certains territoires du duc de Bourgogne situés entre la France et l'Allemagne ainsi que la grande expérience historique des guerres d'indépendance des Pays-Bas, donnent naissance aux nations *hollandaise et belge*. Amorcée plus tôt, la séparation de la *Suisse* d'avec l'Empire germanique s'achève à cette époque, et, à la suite de la désagrégation politique de l'*Italie,* on assiste à des tentatives de création d'Etats nationaux sur le territoire de la glorieuse République de Venise et sur celui du royaume de Sicile. Toujours à cette même époque s'accomplit l'unification de la péninsule ibérique, puis sa division entre nation *espagnole* et nation *portugaise,* séparation dans laquelle les conquêtes coloniales d'outre-mer ont certainement joué. Une première personnalité nationaliste et populaire surgit avec *Jeanne d'Arc* dont l'action comporte les principaux éléments de l'idéologie nationaliste : la communauté nationale, la prise en compte des caractéristiques nationales, le refus de la domination étrangère, voire l'appréciation positive de la langue nationale. Cependant, l'unité nationale n'est pas encore un facteur constituant de la nation. Ortega a raison de souligner que dans l'Europe de l'ère moderne, les Etats ne sont pas unilingues à cause de l'homogénéité linguistique des peuples, ils le sont parce qu'un cadre étatique et national déjà existant ou l'hégémonie politique, culturelle ou numérique d'un autre peuple *impose* une même langue à tous. C'est un fait que, actuellement encore, de nombreuses frontières linguistiques conservent la trace de frontières politiques disparues : pensons aux frontières entre français et flamand, entre français et catalan, entre danois et norvégien, entre norvégien et suédois, etc.

Même si *les frontières des nations européennes* ainsi constituées *au Moyen Age* subissent périodiquement des modifications, l'ensemble des cadres nationaux reste à peu près fixe. Les structures politiques fondées sur des liens féodaux ou familiaux, et qui pourraient de ce fait concurrencer les entités nationales, se révèlent trop fragiles ; malgré leur durée quelquefois considérable, elles disparaissent sans laisser de traces, sans modifier les frontières entre les grandes unités. C'est ainsi que naissent et disparaissent les liens anglo-normands, puis franco-anglais, ceux entre Aragon et Sicile, les liens hispano-napolitains, hispano-milanais, hispano-néerlandais puis austro-néerlandais et anglo-hanovriens, la relation presque millénaire entre la Savoie et le Piémont et surtout le lien germano-italien, qui avait pris corps dans le Saint Empire romain germanique. Chacune de ces unions a laissé des souvenirs, mais n'a pas modifié sensiblement les frontières entre les nations concernées.

Entre le XVe et le XVIIe siècle, on assiste en Europe occidentale à l'émergence de *l'Etat moderne*. Longtemps symbolique, le pouvoir central prend en main la vie politique de la nation, et l'intelligentsia de l'appareil d'Etat ainsi que la bourgeoisie des villes acquièrent de plus en plus une conscience nationale. C'est alors que survient la *Révolution française* dont l'une des conséquences les plus importantes sera l'intensification et la démocratisation des sentiments communautaires et la naissance du patriotisme moderne. C'est ce qui explique l'affirmation, par ailleurs superficielle, selon laquelle le nationalisme européen est né avec la Révolution française. Comme nous l'avons déjà dit, ni la nation en tant que fait ni *le sentiment* qui s'y attache ne datent de 1789, leur naissance remonte à plusieurs siècles, sinon à un millénaire. Tout ce qu'on peut dire, c'est que, jusqu'en 1789, *la noblesse* a été le seul support conscient de cette forme communautaire ; pendant la Révolution française, la pénétration de l'intelligentsia et de la bourgeoisie, donc du *Tiers Etat,* dans les cadres nationaux, processus en cours depuis la fin du Moyen Age, prit du jour au lendemain la forme d'une prise de possession triomphale, donnant ainsi naissance au sentiment national moderne. Bien qu'elle se prononce en faveur de la liberté de *l'homme* en général, la démocratie révolutionnaire, comme toute démocratie, réalise cette liberté à l'intérieur d'une communauté *donnée* et cette expérience, loin d'affaiblir les sentiments des démocrates à l'égard de cette communauté, les renforce et les intensifie. La force, la grande intensité des sentiments communautaires démocratiques sont dues à la conjonction de deux sentiments : d'une part, le Tiers Etat, le peuple, « tout le monde » prend possession du pays des rois et de l'aristocratie, et hérite ainsi du prestige et de la conscience quelquefois provocatrice que ces derniers lui ont transmis au cours des temps ; en même temps, les nouveaux possédants entourent leur nouvelle possession de toute la chaleur et de toute l'intimité que ressent le bourgeois à l'égard de ses propres communautés étroites. Dans cette fusion, les sentiments des bourgeois se sont révélés les plus forts, ce qui est conforme à l'essence même de la démocratie car, en dernière analyse, la démocratie moderne signifie la victoire du mode de vie du travailleur et du créateur sur celui de l'aristocrate qui se contente d'exercer son pouvoir et se complaît dans ses fonctions de représentation. En Europe occidentale et septentrionale où la conscience politique n'a eu à subir ni troubles ni déformations pathologiques, ce lien de la démocratie et du nationalisme est toujours une réalité vivante.

2. La rupture du statut territorial en Europe centrale et orientale et la formation du nationalisme linguistique

Lorsque, à la fin du XVIIIe siècle, le nationalisme démocratique moderne explose et revendique sa place en Europe occidentale et septentrionale, il ne fait pas de doute que le cadre dont le peuple veut s'emparer ne peut être que national et coïncider avec *les frontières d'Etat déjà existantes* en France, en Grande-Bretagne, en Espagne, au Portugal, en Belgique, en Hollande, etc. Mais il n'en est pas de même en Europe centrale et orientale. En Allemagne et en Italie, la formation politique du Saint Empire romain germanique a perturbé l'évolution politique et en Europe orientale, l'invasion de l'Empire ottoman a brisé les cadres nationaux sans pouvoir les remplacer par un autre, plus solide et définitif. Ces deux facteurs ont contribué à la formation d'un Empire qui devait gravement compromettre la constitution des Etats nationaux dans cette région. Cet Empire était celui des Habsbourg.

Au moment de son émergence, l'Empire des Habsbourg était une confédération dynastique *ad hoc*, dont les liens internes rappelaient ceux qui existaient entre l'Aragon et la Sicile ou entre l'Angleterre et le Hanovre. C'était tout, sauf un « *Etat danubien* » comme on se plaît à l'imaginer maintenant. L'un de ses éléments constitutifs, *l'Empire germanique*, refoulé à la suite de la Réforme dans les provinces de l'Allemagne du Sud, y avait apporté ses possessions d'Italie et d'Europe occidentale ; un autre, *le royaume de Bohême*, n'était que faiblement danubien ; quant au *royaume de Hongrie*, considérablement réduit à la suite de l'invasion ottomane, ce n'était qu'une avant-garde orientale de l'Empire germanique. Aucun effort sérieux d'unification ne s'est manifesté dans ce conglomérat. Jusqu'au milieu du XVIIIe siècle, le chef de la maison des Habsbourg représente incontestablement le poids politique du *pouvoir royal allemand* et porte le titre d'Empereur romain. L' « Empereur » domine une grande partie de l'Allemagne et de l'Italie ; il est aussi roi de Bohême et de Hongrie. Mais au cours des guerres de Religion, l'Empereur se voit de plus en plus refoulé du territoire allemand, et en même temps, se renforce dans ses positions en Italie. Il s'étend aussi entre autres (et non avant tout) dans le bassin danubien où il réussit à reprendre aux Turcs le territoire de l'ancien royaume de Hongrie. Au cours du XVIIIe siècle, ses positions continuent à s'affaiblir en Allemagne et pendant la guerre de Succession d'Autriche, on assiste à une situation parfaitement grotesque ; l'Empire de Marie-Thérèse, qui ne porte pas le titre d'Impératrice, *n'a même pas de nom*, c'est un ensemble de nations ou de fragments de nations : Hongrois, Tchèques, Lombards, Belges, Croates y cohabitent avec des droits, des langues, des administrations et des consciences nationales différents.

C'est seulement dans la seconde moitié du XVIIIe siècle que se manifeste la volonté d'insuffler une conscience nationale vaguement « autrichienne » aux territoires danubiens des Habsbourg. Mais avant même que cette conscience nationale autrichienne ait pu devenir une réalité, le nationalisme démocratique moderne, issu de la Révolution française, fait son apparition dans cette région et crée une nouvelle situation.

Résurrection des vieilles nations

La première question que les mouvements nationaux, ressuscités dans une forme moderne et démocratique, avaient à résoudre, était celle du *cadre national* dont ils prétendaient s'emparer. Le nationalisme démocratique moderne n'était ni capable ni — et pour cause ! — désireux de déployer ses efforts et d'investir ses affects dans les unités étatiques existantes (Empire des Habsbourg, petits Etats allemands et italiens, Empire ottoman) ; il s'intéressait avant tout aux cadres qui, comme l'Empire germanique, l'Italie unie, les royaumes de Pologne, de Bohême, de Hongrie, etc., étaient encore présents par leurs institutions ou dans les souvenirs, sous formes de symboles, cadres qui, malgré leur état anarchique, malgré leur caractère régional, représentaient des moteurs politiques plus puissants que les organisations en place, mais faiblement implantées, du pouvoir d'Etat existant. L'Empire ottoman avait été incapable de constituer une nouvelle structure nationale englobant les peuples balkaniques, d'une part parce que son occupation avait un caractère purement militaire et que les Turcs se comportaient uniquement en conquérants, d'autre part parce que, culturellement, ils étaient étrangers à ces peuples. Quant à l'Empire des Habsbourg, c'était, comme nous l'avons dit, un conglomérat *ad hoc* qui, tout en ayant affaibli les nations qui le constituaient, était incapable de les fondre en une seule. La conscience « autrichienne » apparue au tournant du XVIII⁰ et du XIX⁰ siècle, ne manquait pas de tonalités intimes et humanistes, mais elle ne possédait de racines communautaires un peu profondes que dans les provinces héréditaires allemandes, où elle évoquait moins des sentiments nationaux au sens européen du terme que des attaches de type provincial, semblables à celles qui s'étaient développées dans tous les petits Etats allemands. Cet « esprit de clocher » ne pouvait guère engendrer une nation nouvelle, d'autant que le principal titre de gloire de ces provinces héréditaires germanophones était de fournir depuis cinq siècles et demi des Empereurs et des rois à l'Empire *germanique;* elles étaient un peu pour les souverains allemands ce qu'était l'Ile-de-France pour les souverains français. Quant aux autres petits Etats allemands, faute d'avoir connu des expériences politiques décisives, faute d'avoir acquis un prestige quelconque à l'étranger, ils ne pouvaient, comme la Hollande, la Belgique ou la Suisse, prétendre à se constituer en nations. En ce qui concerne les petits Etats italiens, ils étaient, au XIX⁰ siècle, dans un tel état de faiblesse, voire de décrépitude, qu'ils auraient été incapables d'opposer leur séparatisme à l'idée de l'unité italienne. Ainsi, dans tous les secteurs, les anciens cadres nationaux s'imposaient : il n'y eut pas de flambées nationalistes autrichienne, bavaroise, sarde ou napolitaine, mais on assista à une recrudescence du sentiment national allemand, italien, polonais, hongrois ou tchèque.

*Les difficultés de la renaissance
et la pensée populiste*

Mais tous ces nationalismes ne devaient remporter qu'une victoire à la Pyrrhus. Les nouveaux mouvements nationalistes contraints de consacrer leurs meilleures énergies à détruire les cadres existants et à reconstituer leurs anciens cadres ne tardèrent pas à s'apercevoir que personne n'avait accompli à leur place et pour leur bénéfice la tâche qui consistait à jeter les bases d'une organisation étatique et nationale moderne, alors que dans le reste de l'Europe, ce travail avait été exécuté au cours du XVII⁰ et du XVIII⁰ siècle.

Ils n'avaient pas de capitale, ne disposaient pas d'un appareil d'Etat achevé, n'avaient pas d'organisation économique autonome, pas de culture politique homogène, pas d'élite nationale rompue aux pratiques de la direction. Certes, l'Empire des Habsbourg et les autres Etats disposaient de tout cela, mais ceux-là n'étaient animés que de pâles sentiments dynastiques ou de patriotismes régionaux sans force. Face à ces formations vidées de leur substance, mais disposant de tous les instruments du pouvoir, les nouveaux mouvements nationalistes devaient faire preuve de leur enracinement et de leur viabilité. Aussi devaient-ils faire appel à l'appui du *peuple* qui, simple représentant de la dynamique de *l'ascension* sociale en Europe occidentale, devint en Europe centrale et orientale le support de *particularités nationales distinctives* (ce qu'exprime le mot allemand « Volk »), et qui, mieux que les couches dirigeantes cosmopolites, sauvegardait les « vrais » critères de la nation : la langue, les coutumes, etc. Ainsi, « populaire » n'est pas la traduction exacte de « völkisch » et le nationalisme linguistique devait donner le coup de grâce au statut territorial, déjà très instable, de cette partie de l'Europe.

Le *nationalisme linguistique* est un phénomène typique de l'Europe centrale et occidentale. Conformément aux théories nationalistes élaborées surtout en Europe centrale et orientale, on entend de plus en plus souvent en Europe occidentale que la naissance d'une nation est due à l'union de personnes parlant une même langue et décidées à fonder un Etat. Mais les choses ne se passent pas ainsi dans la réalité. L'idée moderne de la nation est un concept politique par excellence : son point de départ est un cadre étatique dont un peuple, animé de sentiments démocratiques et nationaux, veut s'emparer et qu'il entend sauvegarder. Mais alors qu'au XIXe siècle ces tendances ne débordaient pas les cadres étatiques historiques et cherchaient uniquement à se débarrasser des organisations étatiques sans racines qui les coiffaient (tels que l'Empire ottoman ou l'Empire des Habsbourg), depuis l'apparition du nationalisme linguistique, toutes les nations évaluent leur propre situation en fonction des rapports de force linguistiques : les nations qui avaient, près de leurs frontières, des communautés parlant leur langue formulèrent des programmes prévoyant leur rattachement et celles qui avaient sur leurs territoires des populations parlant une langue différente de la langue nationale se prononcèrent pour un Etat national unilingue. Les deux tendances visaient un même but : remédier aux incertitudes politiques à l'aide de considérations ethniques.

Ce qui signifie pas que la communauté de langue soit suffisante pour faire une nation; qu'il suffise de parler un même dialecte pour constituer une nation à part. La nation est une entité politique. La plupart des peuples d'Europe centrale et orientale, les Polonais, les Hongrois, les Tchèques, les Grecs, les Roumains, les Bulgares, les Croates, les Lituaniens ont disposé, pendant de longs siècles, d'Etats ou d'organisations quasi étatiques : ils avaient chacun leur conscience politique. Les quelques nations qui, à première vue, semblent s'être constituées sur des bases linguistiques, tels les Slovaques, les Lettons, les Estoniens, les Albanais, sont devenues nations non pas par décision d'individus parlant une même langue, mais à la suite d'événements et de processus historiques précis. Ainsi, la conscience nationale slovaque s'est forgée au cours de toute une série d'expériences historiques : résistance politico-culturelle contre le nationalisme linguistique hongrois, séparation d'avec la Hongrie et rattachement à la Tchécoslovaquie, formation d'une Slovaquie indépendante, rétablissement de la Tchécoslovaquie. Il est intéressant de noter que le fait d'avoir appartenu à plusieurs communautés étatiques a également joué dans la constitution de certaines petites nations ouest-européennes, comme la nation finlandaise ou norvégienne. Ainsi, ce sont les expériences historiques de cette sorte qui forment une nation. Les partisans des grandes unités est-européennes ont donc raison d'affirmer que la langue en elle-même n'est pas facteur constitutif et que seule l'Histoire est capable de forger des nations. Mais ce fait ne plaide pas forcément en faveur de leur thèse car, d'un autre côté, il n'est pas moins vrai que dans les conditions particulières de l'Europe centrale et orientale, la communauté linguistique était devenue facteur politique et historique et aussi, dans certains cas, facteur déterminant la naissance de nouvelles nations.

La prédominance du nationalisme linguistique a assoupli les frontières nationales en Europe centrale et orientale. Alors qu'en Europe occidentale et septentrionale, le statu quo historique a permis de maintenir la séparation des nations, en Europe centrale et orientale, les nations ressuscitées avaient vu leurs frontières soit complètement effacées par les vicissitudes historiques (c'était le cas dans les Balkans) soit si elles se sont maintenues jusqu'à ces derniers temps (c'était le cas de la Pologne, de la Hongrie et de la Bohême) leur force cohésive s'affaiblir considérablement. Dans cette situation, l'inconvénient majeur de ces frontières *n'était pas* leurs sinuosités ou leur non-conformité à des exigences géographiques ou économiques, mais le fait que, la plupart des nations concernées possédant une mémoire historique, celle-ci avait investi des territoires autres et en général plus étendus que ceux qu'elles habitaient. Ici, comme ailleurs, le sentiment national n'est pas seulement un lien entre des groupes humains, il signifie aussi l'attachement de groupes à des localités, à des villes saintes, à des régions porteuses de souvenirs historiques. Ces sentiments étaient particulièrement forts chez les minorités nationales vivant sur des territoires d'un seul tenant et parlant la langue d'un de leurs voisins. Leurs mouvements populaires dont les tendances allaient à l'encontre des traditions historiques et des cadres que celles-ci avaient fixés, cherchaient également et avec la même intensité à conquérir des villes. Ainsi, les nations « ressuscitées » de cette région eurent rapidement des différends frontaliers avec leurs voisins. Cette situation fut à l'origine d'un grand nombre de guerres et de catastrophes et il en résulta une aggravation des incertitudes territoriales. Telle est la principale source des hystéries politiques des nations d'Europe centrale et orientale.

3. L'effondrement des trois Etats historiques d'Europe orientale

La catastrophe des trois pays historiques de l'Europe orientale, à savoir la Pologne, la Hongrie et la Bohême, mérite une place à part, car leur effondrement joue dans la faillite du système des Etats européens un rôle bien plus important qu'il ne le paraît à première vue. Par ailleurs, le manque d'équilibre qui caractérise la conscience politique de ces pays illustre mieux que n'importe quel exemple les causes et la nature des maux dont souffre toute l'Europe centrale et orientale.

Ce serait rendre un mauvais service à la vérité que de désigner la fin de la monarchie des Habsbourg comme cause principale de la situation confuse qui règne actuellement en Europe orientale et sud-orientale. Bien au contraire, *la monarchie* était responsable de ce désordre. Son effondrement ne mérite pas que l'on s'y arrête longtemps, car ce conglomérat d'Etats hétérogènes et dépourvu de toute cohésion interne n'aurait pu, en aucun cas, être un facteur de stabilisation dans cette région. En revanche, il convient de parler des racines, bien plus profondes, des trois Etats historiques, Pologne, Hongrie et Bohême, plus ou moins absorbés par la monarchie des Habsbourg, mais resurgis après sa disparition. Contrairement à la monarchie des Habsbourg, ces trois nations étaient bien réelles et bien vivantes mais incapables d'assumer leur rôle d'autrefois. Leur déséquilibre intérieur avait une part décisive dans l'écroulement du système d'Etat européen à la veille de la Seconde Guerre mondiale : *la Hongrie* représentait une brèche dans la construction défensive anti-allemande échafaudée par la France après 1918, *la Tchécoslovaquie,* qui faisait partie de ce système, fut éliminée sans coup férir en 1938, quant à *la Pologne,* elle représentait le point fixe archimédéen à partir duquel l'impérialisme allemand réussit, pour une brève période, à enfoncer un coin entre l'Est et l'Ouest pourtant décidés à le combattre et à déchaîner sur le monde les horreurs de la Deuxième Guerre mondiale.

Les difficultés des trois Etats historiques avaient commencé à la fin du XVIIIe siècle. Elles ramènent, en dernière analyse, aux obstacles qui, dans ces régions, se dressaient sur le chemin de la formation et de la stabilisation des nations.

Le problème polonais

Le royaume de Pologne comportait une partie *polonaise* et une partie *lituanienne,* cette dernière annexée en vertu d'une union personnelle, avec une couche dirigeante presque entièrement polonisée et une population à moitié *lituanienne* et à moitié *russe, de religion orthodoxe.* A l'époque moderne, la Russie en pleine ascension exerçait sur cette population un attrait de plus en plus fort. De son côté, l'expansion germanique avait pris pour cible la Prusse occidentale, province du royaume de Pologne, mais sa revendication était bien moins fondée sur le plan historico-ethnique que celle de la Russie. La pression russo-prussienne et l'anarchie intérieure de la Pologne allaient aboutir à un démembrement du royaume, lorsque se présenta sur la scène l'Autriche hybride qui n'avait aucune revendication territoriale sérieuse à formuler. Le premier partage de la Pologne déclencha dans ce pays un vaste mouvement démocratique dont les patriotes polonais espéraient la renaissance du royaume. En effet, ce mouvement aboutit à de profondes réformes en matière de politique et d'éducation, et atteignit son point culminant avec la constitution de 1791 qui suscita un vif écho en Europe. Cependant, la Révolution française déplaça le centre de gravité de la politique européenne, et les effets conjoints de l'anarchie polonaise, de la situation générale en Europe et de l'intervention autrichienne aboutirent à un *partage de la Pologne tout entière.*

Avec le troisième partage, la Russie obtint la presque totalité des territoires russo-lituaniens, quant à ceux habités par une population purement polonaise, ils furent attribués à la Prusse et à l'Autriche. Dans cette situation, la Pologne aurait dû se concilier les bonnes grâces d'une Russie respectueuse des territoires habités par les Polonais et chercher à reconstituer sa vie nationale en se dressant contre les deux puissances germaniques. Or, anéantis, les Polonais attribuaient le partage de leur pays à la seule violence, incapables qu'ils étaient de faire la distinction entre *nécessités historiques* et *violence* gratuite. Ils ne renoncèrent donc pas un instant à l'illusion de la Grande Pologne ; c'est pourquoi ils se joignirent à Napoléon. Cependant, leur désenchantement fut total en 1812, au moment de l'invasion par Napoléon du grand duché de Lituanie qui, contrairement à leurs prédictions, ne déclencha pas l'insurrection nationale polonaise. L'opération ne fit qu'aggraver la méfiance de la Russie, consciente désormais du *danger* venant des territoires qu'elle n'avait pas occupés.

Il s'ensuivit en 1815 un *quatrième partage* de la Pologne qui attribua à la Russie une grande partie des *territoires habités par les Polonais*. Désormais, *toutes* les trois puissances ayant participé au partage de la Pologne avaient également *intérêt* à s'opposer à la création d'un Etat polonais, même sur les territoires habités uniquement par des Polonais, création qu'aucune grande puissance n'avait la possibilité d'imposer. Il fallut attendre cent ans pour que l'effondrement simultané de la Russie tsariste et des puissances centrales permît la renaissance de la Pologne.

Une fois de plus, la Pologne aurait dû se contenter des territoires purement *polonais* et renoncer aux grandes étendues de l'Est où vivaient encore de grands propriétaires polonais, mais dont la population ne l'était pas. La ligne appelée « Curzon » tenait compte de cette situation. Mais la Pologne en 1920 ne résista pas à la tentation de franchir cette ligne et d'essayer de profiter des difficultés de la Russie soviétique. A la suite de quoi, la paix de Riga lui attribua *une minorité russo-ukrainienne, forte de six millions de personnes*. Ce fait devait jouer un rôle très important dans l'abandon, par la Pologne, de toute idée démocratique : méfiante à l'égard des sentiments de sa population et instruite par les expériences catastrophiques de son histoire, elle n'eut pas l'audace nécessaire pour inaugurer dans les territoires habités par les minorités une politique généreuse de concessions démocratiques.

Pendant qu'elle se réjouissait d'avoir, grâce à la paix de Riga, retrouvé ou presque ses anciennes frontières, la Pologne oubliait que l'action qui lui avait permis d'obtenir ce résultat fut accomplie à un moment où les dangers les plus graves menaçaient le nouvel Etat soviétique. Il s'ensuivit que la politique soviétique considéra désormais la Pologne comme le tremplin d'une éventuelle *agression* du monde capitaliste. Vingt ans plus tard, en 1939, alors que l'agression allemande menaçait de nouveau l'existence de la Pologne, celle-ci sombra pour la troisième fois à cause de sa *méfiance envers la Russie*.

Au lendemain de la Deuxième Guerre mondiale, la Pologne avait, une fois de plus, le sentiment que l'*Europe* avait des dettes *à son égard*. Elle accueillit la proposition de la Russie sur le rétablissement de la « ligne Curzon » non comme la seule solution possible à ses problèmes, mais comme un *grave préjudice* auquel il fallait chercher des compensations. Or, au même moment historique, les puissances qui dirigeaient l'Europe estimaient que cette demande de compensation était justifiée. Elles attribuèrent donc à la Pologne *toute la Silésie et la moitié de la Poméranie,* l'autorisant par la même occasion à expulser les populations allemandes de ces territoires. Il est impossible de prévoir les conséquences de cette décision, mais on peut d'ores et déjà craindre qu'elle n'engendre *une grave crise de conscience européenne* et qu'un jour la Pologne elle-même ne comprenne qu'*elle aurait gagné à obtenir de plus modestes compensations*.

Le problème de la Hongrie historique

Le point de départ du problème hongrois est le même que celui du problème polonais. La Hongrie occupait un territoire habité par des populations parlant des langues diverses. Ces populations se divisaient en deux groupes : celles des *territoires du Nord* avaient partagé le sort des Hongrois et tout semblait indiquer qu'elles pourraient participer à un Etat hongrois multilingue, mais doué d'une même conscience historique. En revanche, dans la conscience des populations allogènes établies *dans le Sud* du pays, l'importance de l'Etat hongrois avait diminué à la suite de la longue occupation turque ; elles attendaient protection et libération *non de l'Etat hongrois*, mais *de l'Empire des Habsbourg* qui, entre-temps, avait absorbé la Hongrie. Lorsque, après l'expulsion des Turcs, ces populations réintégrèrent l'Etat hongrois, elles étaient devenues à peu près indifférentes à son égard. *Elles se tournèrent avec* d'autant plus de *ferveur* vers les nouveaux Etats balkaniques, peuplés de Slaves. Les partisans hongrois du mouvement démocratique et national avaient imaginé que la liberté démocratique allait créer l'unité nationale à l'intérieur de la Hongrie historique. Mais cet espoir se révéla illustoire, car en 1848, alors que la nation hongroise entreprenait avec fougue la conquête de son indépendance vis-à-vis des Habsbourg, elle se trouva confrontée aux nationalités allogènes de son pays, *aux Croates, aux Serbes et aux Roumains* dont elle ne voulait pas reconnaître les tendances séparatistes. Ainsi, la Hongrie, engagée dans la lutte pour sa libération, eut à combattre à la fois *les puissances européennes de la réaction* et *le mécontentement de ses propres nationalités*. Il en résulta la catastrophe de 1849.

De cette dernière, la conscience politique de la nation hongroise garda essentiellement deux souvenirs : celui d'*une Europe l'ayant abandonnée dans sa lutte pour son indépendance,* et celui *des nationalités allogènes, prêtes à utiliser la liberté démocratique pour se détacher de la Hongrie*. La première de ces conclusions amena la Hongrie à signer le compromis austro-hongrois de 1867, c'est-à-dire à renoncer à son indépendance complète en échange de la sauvegarde de son territoire historique. La seconde conclusion amorça une évolution au cours de laquelle la Hongrie s'éloigna de plus en plus des idéaux démocratiques, car, à la suite de la catastrophe de 1848-1849, les Hongrois craignaient que l'acceptation des principes démocratiques n'entraînât la perte des territoires habités par les nationalités allogènes. Si les partisans de la Hongrie historique avaient su tirer les leçons de l'Histoire, ils se seraient efforcés de maintenir les frontières septentrionales du pays, tout en se résignant à l'hostilité ou à l'indifférence de la population de ses provinces méridionales. Or, ils pratiquèrent une politique à œillères et s'imaginaient qu'en empêchant les langues des populations allogènes de devenir langues officielles de l'administration, ils assureraient la sauvegarde et la survie de la Hongrie historique. Le résultat d'une telle politique fut la *répudiation par les populations slovaques et russes du Nord de la Hongrie* de l'idée du maintien de la Hongrie historique — quant aux populations allogènes du Sud, elles acquirent une conscience nationale à part.

C'est dans cette situation que survint la débâcle militaire de 1918, et il apparut bientôt que la liquidation de la Hongrie historique était désormais inévitable. Mais cette liquidation s'accomplit dans des conditions épouvantables, à la hâte : on détacha de la Hongrie *non seulement des territoires habités par des populations allogènes,* mais aussi des *provinces purement hongroises* d'une étendue considérable. La conséquence d'une telle décision fut d'une part une série de crises de politique intérieure qui aboutirent à la prise du pouvoir par les forces les plus réactionnaires et les plus conservatrices du pays et d'autre part, un *amalgame,* dans les esprits, entre territoires peuplés d'*allogènes* et, par conséquent, détachés à juste titre de la Hongrie, et *territoires* habités par *des hungarophones* dont le rattachement aux pays voisins constituait une *injustice :* l'opinion publique *considéra globalement la mutilation de la Hongrie comme l'effet de la violence la plus brutale et de l'hypocrisie des vainqueurs.* La politique irrédentiste fut incapable de renoncer à *l'illusion de la « Grande Hongrie historique »* et se persuada de plus en plus que *l'Europe lui devait la réparation d'une grave injustice.* Aussi, après 1938, la Hongrie se sentait-elle délivrée de toutes ses obligations européennes et lorsque la possibilité lui fut offerte de modifier son statut territorial, elle ne se contenta pas de revendiquer (et d'obtenir) les territoires peuplés d'hungarophones, mais continua à courir après l'illusion de la Grande Hongrie historique, ce qui la conduisit directement à la catastrophe de 1944. *Ainsi, l'illusion de la Grande Hongrie historique s'est définitivement dissipée,* mais à l'heure actuelle, la Hongrie doit envisager l'éventualité d'un règlement qui, une fois de plus, ne respectera pas *ses frontières ethniques.* Aura-t-elle assez de sagesse pour le supporter ? C'est là une question d'une importance vitale et la réponse dépend de son évolution démocratique.

La Bohême historique et la Tchécoslovaquie

Le problème du troisième royaume historique d'Europe de l'Est, celui de la Bohême, trouve également son origine dans la non-coïncidence entre frontières linguistiques et frontières historiques. Unité géographiquement bien délimitée, la Bohême historique était habitée, vers le milieu du Moyen Age, par une population aux deux tiers tchèque et à un tiers allemande, les Allemands occupant les territoires limitrophes avec l'Allemagne. La population allemande avait sa conscience d'*Allemands* de Bohême et la population tchèque sa conscience de *Tchèques* de Bohême; Allemands et Tchèques considérant la Bohême *comme leur* pays. Les conflits entre les deux populations étaient tantôt aigus (comme, par exemple, à l'époque de la guerre des Hussites), tantôt estompés. Les Allemands regardaient vers l'Empire germanique et les Tchèques menaient une politique orientée vers l'Est, mais ces grandes lignes directrices étaient souvent oubliées au milieu de la multitude de conflits d'intérêts si caractéristiques du Moyen Age. Après l'accession des Habsbourg au trône d'Empereur, l'orientation allemande l'emporta et, à l'issue de la guerre de Trente Ans, l'indépendance même de la Bohême devint problématique. Mais *son cadre étatique demeura,* comme d'ailleurs la conscience nationale de ses populations tchèque et allemande. Au tournant du XVIIIe et du XIXe siècle, la conscience tchèque comme la conscience allemande s'incarnèrent dans de larges mouvements de masse antagonistes, les deux revendiquant toujours la Bohême historique. C'est au cours des querelles linguistiques de plus en plus exacerbées que les deux parties abandonnèrent ce cadre de référence; les Tchèques cherchant protection auprès du mouvement de solidarité des peuples slaves et les Allemands parmi les adeptes de la Grande Allemagne. C'est au nom de l'idéologie panslaviste que la politique et la culture tchèques s'intéressèrent de plus en plus aux Slovaques établis dans le Nord de la Hongrie qui, de leur côté, en se détournant de plus en plus de la Hongrie historique, amorcèrent leur orientation vers la Bohême. Des légions tchécoslovaques furent constituées durant la Première

Guerre mondiale et, à la fin de cette guerre, on assista à la création d'un Etat tchécoslovaque indépendant.

Grâce à la débâcle allemande, la Tchécoslovaquie réussit à sauvegarder l'unité de la Bohême habitée pourtant par une population mixte. A l'Est, elle obtint les territoires de la Hongrie historique peuplés de Slovaques et annexa, au nom de l'unité géographique du pays, des territoires assez étendus habités par une population magyare. Ainsi, le nouvel Etat s'était fondé sur des principes hétéroclites : celui de la continuité à la fois historique *et* ethnique en ce qui concerne les territoires habités par des Tchèques, celui de la continuité *historique* sans lien ethnique en ce qui concerne les territoires habités par les Allemands, celui des liens *ethniques* sans liens historiques en ce qui concerne les territoires habités par les Slovaques ; quant aux territoires peuplés de Hongrois, il n'y est question *ni* de liens historiques *ni* de liens ethniques.

Dans cette situation, les partisans de la nation tchécoslovaque élaborèrent deux bases idéologiques pour le futur Etat tchécoslovaque : *la démocratie* et *le principe de l'inviolabilité des frontières fixées par le traité de Versailles*. En ce qui concerne la démocratie, le jeune Etat tchécoslovaque possédait des avantages considérables sur ses voisins est-européens, non seulement parce que la société tchèque était bien plus évoluée, plus industrialisée et plus bourgeoise que les sociétés polonaise ou hongroise, mais aussi parce qu'elle pouvait se permettre plus d'optimisme que les deux autres. En effet, à la suite de la série de catastrophes que la Pologne eut à subir au XVIIIe siècle et la Hongrie au XIXe siècle, la confiance de ces deux pays en la démocratie s'était affaiblie, alors que les Tchèques qui avaient eu à mener, au cours du XIXe siècle, de rudes batailles politiques à l'intérieur de l'Empire des Habsbourg, n'avaient jamais été déçus dans leurs espoirs politiques. C'est cet optimisme qui leur communiqua l'élan nécessaire pour la construction démocratique de leur pays, devenu, entre 1918 et 1938, une véritable oasis au milieu des divers régimes fascistes et absolutistes.

Les Tchèques ont donc raison d'affirmer que la condition des Allemands ou des Hongrois dans l'Etat tchécoslovaque n'a jamais été insupportable. Mais le principe ethnique étant prédominant non seulement dans le nom, mais aussi dans les structures du nouvel Etat, celui-ci apparut de plus en plus étranger aux Allemands des provinces historiques, sans parler des Hongrois dont le rattachement avait été parfaitement arbitraire. Certes, ces populations n'avaient pas à se plaindre, mais elles ne voyaient pas bien ce qu'elles faisaient dans un pays fondé sur les retrouvailles des frères slaves, tchèques et slovaques.

L'autre base idéologique de l'Etat tchécoslovaque était l'inviolabilité des dispositions territoriales du traité de Versailles de 1919. Au fur et à mesure qu'ils se sentaient menacés par les forces centrifuges de leur pays, les Tchèques insistaient de plus en plus — et bien plus que les Français eux-mêmes — sur ce principe, érigé en dogme, et la rigidité de ce dogme ne *contribua* pas peu à l'évolution catastrophique de la politique européenne.

En 1938, au moment du déclenchement de l'agression hitlérienne contre les territoires des Sudètes, il apparut que les populations allemande, hongroise, voire une grande partie des Slovaques, ne se sentaient pas solidaires de l'Etat tchécoslovaque. Même si leurs griefs manquaient de fondement, il est incontestable que ces populations se sentaient étrangères dans leur propre pays. Ce manque de solidarité contribua à l'acceptation, par les puissances occidentales, du partage en deux de la Bohême historique, avec application du principe ethnique. Mais, tel qu'il avait été décidé à Munich, ce partage signifiait l'abandon de la Tchécoslovaquie à l'Allemagne hitlérienne qui, six mois plus tard, s'empara de toute la Bohême. Il arriva donc à la Tchécoslovaquie ce qui était arrivé à la Pologne et à la Hongrie : un processus historique préparé de longue date s'est accompli à un moment historique à l'aide de la violence la plus brutale. De ce fait, les Tchèques furent incapables de comprendre que ce coup de force n'était qu'un chaînon dans un processus qui se poursuivait depuis longtemps, et qui, de plus, était conforme à l'évolution de l'Europe de l'Est. Ce que les Tchèques ressentirent — à juste titre d'ailleurs —, c'était d'avoir *été abandonnés par l'Europe et poignardés dans le dos par leurs minorités nationales*. Donc, l'Europe *leur est redevable* du rétablissement de leur Etat libre.

Au lendemain de la deuxième guerre mondiale, l'Europe a

pu s'acquitter de cette dette. Mais désormais, l'Etat tchécoslovaque est marqué par *le souvenir de sa catastrophe nationale*, comme le sont les nations polonaise et hongroise.

Comme la Pologne et la Hongrie, la Tchécoslovaquie a perdu tout espoir de voir la démocratie assurer l'unité de ses populations multilingues. Seulement, alors qu'autrefois les conséquences antidémocratiques de cette désillusion avaient engendré *une politique mesquine d'oppression linguistique et ethnique à l'égard des minorités*, aujourd'hui, la Tchécoslovaquie, dépassant cette étape, *se propose d'expulser toutes les minorités non slaves*. Cette idée folle ne manque pas d'esprit de conséquence : les Tchèques veulent *la démocratie pour eux-mêmes* et *la tranquillité pour leur pays* ; ils envisagent, à cet effet, de se débarrasser des minorités nationales, mais ils veulent aussi l'intégrité de leur territoire, autrement dit, ils veulent *tout à la fois*. Or, ces intentions sont nourries non par la conscience de sa propre force, mais par la peur qu'inspire la catastrophe subie. C'est sur ce point que malgré de nombreux traits communs l'évolution tchécoslovaque diffère de l'évolution yougoslave : en 1938-1939, la Tchécoslovaquie a pu se convaincre de sa propre faiblesse et de son absence de cohésion, et a même vu s'affaiblir les liens entre les Tchèques et les Slovaques, fondateurs de l'Etat ; entre 1941 et 1944, la Yougoslavie a eu l'expérience de sa propre force et cette expérience-là sera décisive dans la fusion, au sein d'un même Etat, des Serbes et des Croates, à l'origine antagonistes. Les Yougoslaves veulent beaucoup, parce qu'ils ont le sentiment d'être forts. Les Tchèques veulent tout, parce qu'ils ne se sentent pas en sécurité et aussi parce qu'ils savent que l'Europe se souvient de sa dette historique à leur égard. En effet, les puissances qui président aux destinées de l'Europe ont cédé à la demande des Tchèques sur l'expulsion des minorités, au moins en ce qui concerne la minorité allemande. Mais le danger que nous avons signalé à propos de la Pologne existe également au sujet de la Tchécoslovaquie : on voit se dessiner les contours d'une grave crise européenne dont la Tchécoslovaquie risque de payer les frais. La revendication de son intégrité territoriale vaut-elle ce prix ?

*Traits communs aux destinées
des trois Etats historiques*

Après ce qui vient d'être dit, il n'est pas difficile de définir les traits communs au destin des trois nations historiques de l'Europe de l'Est. Dans la période allant de la fin du XVIIIe siècle jusqu'à nos jours, elles ont, toutes les trois, bénéficié de la possibilité de *se constituer en nations* ou, plus exactement, de *ressusciter en tant que nations*. La Pologne entre 1772 et 1794, la Hongrie entre 1825 et 1848, la Bohême entre 1918 et 1938, réagirent au mouvement démocratique et patriotique européen avec un enthousiasme qui remplit d'espoir les contemporains occidentaux. Mais les trois nations se heurtèrent à la même difficulté : elles furent incapables d'insuffler *une conscience nationale unique* aux multiples nationalités qui habitaient *leurs territoires historiques*, et auxquels elles étaient profondément attachées. Pendant un certain temps, ces trois nations eurent l'illusion d'assurer *la cohésion* de leurs forces centrifuges *grâce à la démocratie et à la liberté*. Cet espoir était nourri, comme partout, par le grand exemple de la France où la puissante expérience de la Révolution avait réussi à communiquer une conscience nationale commune à des minorités multilingues. Mais l'exemple français s'appuyait sur une histoire vieille de deux millénaires, sur un cadre politique existant depuis mille cinq cents ans, sur un pouvoir central millénaire, sur une conscience nationale demi-millénaire et sur le prestige de la grande Révolution *française,* alors que les pays d'Europe orientale qui voulaient imiter cet exemple venaient de ressusciter après une longue période de mort apparente et se battaient avec les difficultés de leur propre survie. Dans ces conditions, l'espoir qu'ils mettaient dans la force cohésive de la démocratie ne pouvait que se révéler vain ; on assista alors *au partage total de la Pologne, à l'échec de la guerre d'indépendance de la Hongrie en 1849 et à la catastrophe de la Tchécoslovaquie en 1938-1939*. Ces trois catastrophes étaient fatales à cause du mécontentement des minorités nationales que ces pays, en lutte contre les puissances de la réaction européenne, devaient affronter en même temps. Les trois nations avaient, à juste titre, le sentiment d'avoir été honteusement abandonnées par l'Europe. La désagrégation des trois pays — plus exactement les cinq partages de la Pologne, la catastrophe de la Hongrie en 1849 et son partage en 1919 et la catastrophe de la Tchécoslovaquie en 1938-1939 — se déroula dans des conditions de *violence brutale et d'injustice* telles qu'aucun d'eux n'était capable de percevoir, derrière l'intervention de la force brutale, *une certaine logique de l'histoire*.

Au contraire, par réaction à la violence et à l'injustice, surgissait la tenace illusion selon laquelle la désagrégation du cadre historique ne serait, *dans son ensemble*, que le résultat d'accidents dus à des violences et à des abus de pouvoir. Ces nations avaient donc le sentiment que les événements dont elles avaient été les victimes ne correspondaient pas à une nécessité historique quelconque, qu'ils n'étaient pas irréversibles et que, une fois renversé le règne de l'injustice, le cadre historique pourrait être rétabli sans difficultés. Les souffrances et les cris de douleur des Polonais, des Hongrois et des Tchèques opprimés prêtaient un certain crédit aux images d'Epinal d'une Pologne, d'une Hongrie, d'une Bohême meurtries, les meurtrissures ayant affecté dans l'imagination des politiciens des trois pays les territoires *historiques*, tels qu'ils figuraient sur les cartes géographiques et non les communautés, plus étroites, que constituaient respectivement les Polonais, les Hongrois et les Tchèques. Ce qui aurait rendu service à ces trois pays, c'eût été la liquidation de leurs territoires historiques avec application stricte du principe des frontières ethniques et de l'autodétermination des peuples. Certes, le partage du pays historique aurait laissé des traces douloureuses et les blessures ne se seraient pas refermées rapidement, mais, au moins, ces trois nations n'auraient pas été soumises à la pression de leurs compatriotes arrachés au pays ; quant à l'absence de toute revendication, de toute manifestation d'un désir quelconque de retour, émanant des populations allogènes rattachées à d'autres Etats, elle aurait eu un effet dégrisant sur les irrédentistes excités. Petit à petit, on aurait assisté à la naissance d'un climat de résignation, la mutilation du territoire historique serait apparue comme une nécessité inéluctable et les populations se seraient habituées aux

151

nouvelles frontières qui, par ailleurs, correspondaient aux réalités ethniques et linguistiques. Mais comme les choses ne se sont pas passées de cette façon, les trois nations se sont cramponnées à leurs frontières historiques — et la Tchécoslovaquie s'y cramponne toujours. Chacune d'elles ayant été déçue dans son espoir en la force cohésive de la démocratie, entre la fidélité aux idéaux démocratiques et la fidélité aux revendications territoriales, elles choisirent la dernière, sans hésitation, oubliant même le fait qu'autrefois, chacune d'elles avait été, pendant un certain temps, un titre de fierté pour la démocratie. Pour préserver leurs territoires historiques, la Pologne et la Hongrie essayèrent en vain d'appliquer le « principe » de l'oppression des minorités et de l'assimilation ; récemment, la Pologne et la Tchécoslovaquie n'ont pas reculé devant la mesure la plus radicale, l'expulsion des minorités, abandonnant jusqu'aux apparences de la démocratie. Elles sont loin de la sagesse démocratique d'un Danemark qui, en 1919, déclara n'accepter le retour de territoires historiquement *danois* que si les populations intéressées se prononçaient dans ce sens, par référendum. Sous l'effet des chocs violents qu'elles ont subis, les trois nations est-européennes acquirent une mentalité de créanciers, elles pensent que *le monde* leur doit tout et qu'elles ne lui doivent rien. Cet état d'esprit se manifesta par l'absence de tout scrupule moral au moment où elles s'empressèrent de rétablir, quand la possibilité leur en fut offerte, le statu quo antérieur, le seul qui, à leur avis, s'imposait. Un manque de responsabilité tout aussi grave imprégnait les actions entreprises par ces trois pays déçus par les méthodes démocratiques, mais attachés au statu quo historique, en vue de réaliser l'homogénéité linguistique soit par assimilation forcée, soit par voie d'expulsions.

Quant à la dette qu'ils n'ont cessé d'invoquer, l'Europe — qui les avait effectivement abandonnés à eux-mêmes dans des situations critiques — en est consciente jusqu'à un certain point. Mais la Hongrie présenta sa note à de mauvais moments et d'une façon maladroite : d'abord après 1849, dans une période réactionnaire où elle n'avait aucune chance d'être entendue, ensuite entre 1918 et 1938, dans une période de statu quo rigide et sous la forme d'une revendication révisionniste et enfin entre 1938 et 1941, en tant qu'alliée du fascisme. Au contraire, la Pologne et la Tchécoslovaquie qui ont su profiter de la mauvaise conscience de l'Europe, aussi bien en 1918 qu'en 1945, ont obtenu satisfaction.

Sur ce point, le destin des trois nations se sépare. Alors que la Hongrie ne peut pas espérer obtenir ses frontières ethniques, la Tchécoslovaquie expulse ses minorités avec l'aide d'autres nations et la Pologne reçoit, en échange des territoires historiques perdus, d'autres territoires, débarrassés, ceux-là, des minorités nationales. S'il faut prévoir, en Hongrie, une *crise psychologique grave, capable de menacer l'avenir de la démocratie*, la Pologne et la Tchécoslovaquie peuvent devenir, elles, les foyers d'une grande *crise de conscience européenne*. Mais il faudra sans doute attendre longtemps pour voir ces trois nations accepter avec sérénité les cadres qui leur sont assignés et que nul ne songera à contester.

4. Déformation de la culture politique en Europe centrale et orientale

On admet généralement que l'Europe centrale et orientale, plus exactement le territoire s'étendant à l'est du Rhin, entre la France et la Russie, est caractérisée par l'*état arriéré* de la culture politique. Les *rapports sociaux* y sont antidémocratiques, les *méthodes politiques* brutales ; les *nationalismes* mesquins, étroits et violents, le *pouvoir politique* y est concentré entre les mains d'aristocrates, grands propriétaires terriens dont ces pays sont incapables de se débarrasser par leur propre force ; par ailleurs, ils sont de véritables bouillons de culture pour toutes sortes de *philosophies politiques* confuses et mensongères. Tout cela semble indiquer que, *par leur nature même*, ces pays et leurs peuples sont *incapables de réaliser un développement démocratique de type occidental*.

Si les faits qui sont à la base de ces affirmations sont justes, les conclusions que l'on en tire sont fondamentalement fausses. Elles permettent néanmoins d'esquiver, avec un

153

geste de désespoir, les problèmes épineux et ardus que pose la consolidation politique de ces régions et de justifier les propositions les plus contradictoires, aussi superficielles que dangereuses.

Il est incontestable que ces pays sont très éloignés des démocraties mûres et achevées de l'Europe occidentale et septentrionale. Il est également certain que leurs structures sociales sont en grande partie responsables de ce fait. Les institutions qui, en Europe occidentale, ont été les précurseurs de la démocratie n'ont guère pénétré dans les pays d'Europe centrale et orientale. La *féodalité* de type occidental, personnelle et fondée sur les relations fixées par contrat, s'arrêtait à l'Elbe, au-delà duquel commençait le règne implacable du *servage* uniformisé. Les pratiques sociales et les formes de contact tempérées par le mode de vie bourgeois, par le christianisme et par l'humanisme n'étaient parvenues à l'Est que sous une forme rudimentaire et affectaient à peine les couches inférieures de la société. Aussi, dans ces pays, la bourgeoisie des villes, support des révolutions de l'ère moderne, et la classe des ouvriers industriels qui en prit la relève s'étaient-elles développées d'une façon bien plus anarchique que dans les pays d'Europe occidentale ; leur nombre y était moins important et elles étaient plus isolées. Mais il convient de souligner également certains aspects positifs : les traditions chrétiennes, humanistes, bourgeoises et ouvrières, bien que moins vivaces qu'en Europe occidentale, n'en existaient pas moins ; les peuples d'Europe centrale et orientale, quoique différents de ceux d'Europe occidentale par leur organisation sociale, par leur politique et par leur économie, en étaient néanmoins proches aussi bien du point de vue géographique que du point de vue psychologique. La liberté des paysans et la liberté politique n'étaient pas inconnues dans les pays d'Europe orientale qui en avaient fourni de remarquables exemples et l'un des plus grands espoirs de l'Europe du XIXe siècle fut précisément l'écho puissant suscité en Europe orientale par l'idéal européen de la liberté. Certes, en dehors de la Russie, cet espoir ne fut réalisé nulle part, mais il n'en reste pas moins que des causes purement sociologiques sont insuffisantes pour expliquer le retard de cette région par rapport à l'Europe occidentale. Il y a cinquante ans déjà, certains observateurs ouest-européens de bonne foi ont remarqué la stagnation et l'immobilisme de la culture politique en Italie, perçu, derrière les performances culturelles et scientifiques de l'Allemagne, l'arriération inquiétante de ses structures sociales, et ont constaté que chez les petites nations « éprises de liberté » d'Europe orientale, l'idéal de liberté n'est pas aussi profondément enraciné qu'il n'y paraît. Mais il ne s'en est trouvé aucun pour prédire qu'au milieu du XXe siècle, la Russie et même la Turquie seront en avance sur, par exemple, la Pologne ou la Hongrie, en ce qui concerne le progrès social. Une telle situation ne peut s'expliquer autrement que par des blocages consécutifs à des secousses historiques.

Il est incontestable que dans ces pays, les grands propriétaires aristocratiques, les capitalistes monopolistes et les cliques militaires avaient exercé un pouvoir et une influence qu'aucun pays libre et ayant connu une évolution saine n'aurait supportés. Mais prétendre que le nationalisme mesquin, étroit, violent et antidémocratique de ces pays est dû au fait que les dits aristocrates, grands propriétaires, capitalistes monopolistes et cliques militaires avaient *intérêt* à l'entretenir pour détourner l'attention des peuples des vraies questions sociales pour mieux les maintenir en esclavage — cette explication très répandue nous paraît terriblement simpliste. *Ainsi formulée*, cette thèse est un véritable non-sens. Certes, un tel intérêt existe et les intéressés sont certainement heureux qu'un mouvement politique entraîne des masses dociles à le servir. Mais un tel esprit n'aurait jamais donné naissance au nationalisme agressif, les masses ainsi trompées ne pourraient être composées que d'esclaves misérables. Or, même étroit et mesquin, le *natinalisme* est un *sentiment de masse* apparenté au démocratisme que des individus et des groupes profondément engagés dans des relations d'intérêts sont incapables de susciter ou de ressentir. Ils peuvent, par contre, exploiter et intensifier la peur engendrée par les traumatismes de l'Histoire, mais de telles manœuvres conduisent inéluctablement à une impasse.

Il est également vrai que dans ces régions prolifèrent les *philosophies politiques* les plus confuses, les *mensonges politiques* les plus grossiers qu'une société saine n'aurait jamais permis de formuler et encore moins d'accréditer. Mais il serait bien naïf de penser que la déformation d'une culture politique puisse être l'œuvre de philosophies nébuleuses ou de propagandes malveillantes. Pour susciter de profonds sentiments de masse, il faut mobiliser des affects issus d'expériences vécues. Les demi-vérités des philosophies confuses et les mensonges des propagandes n'ont prise que sur des individus et des communautés qui veulent bien y croire, car ils entretiennent leurs illusions, flattent leurs vains espoirs, perpétuent leurs fausses conceptions et assouvissent leurs passions. L'âme équilibrée rejette les demi-vérités et les mensonges de la propagande. Mais pourquoi les peuples d'Europe centrale et orientale sont-ils déséquilibrés ?

Tout porte à croire qu'ils sont la proie d'une sorte d'*hystérie politique*. Pour les en guérir, il faut d'abord découvrir les secousses historiques qui ont perturbé leur évolution. Elles tiennent essentiellement à leur difficulté à *se constituer en nations*. Nous avons vu comment la création de l'Empire des Habsbourg et de l'Empire ottoman avait brouillé les cartes, les frontières des *Etats* ne correspondant plus à celles des *ethnies* et comment cette situation avait conduit à la naissance d'un *nationalisme linguistique*. Cela signifie en d'autres termes que ces nations ne disposaient pas de certaines données élémentaires, banales chez les nations occidentales, comme *l'existence d'un cadre national et étatique propre*, d'une capitale, *d'une cohésion* politique et économique, *d'une élite* sociale homogène, etc. En Europe occidentale et septentrionale, la montée ou le déclin d'un pays, sa grandeur ou sa déchéance, l'existence ou la perte de ses possessions coloniales sont des épisodes, des aventures lointaines, des souvenirs tristes ou glorieux mais, en tout état de cause, des faits supportables, car ces pays possèdent tous un bien inaliénable que nul ne peut leur contester. En revanche, en Europe orientale, le cadre national *était à créer* ou *à rétablir*, ou *à obtenir de haute lutte et il fallait le préserver jalousement* non seulement contre les visées des Etats dynastiques, mais aussi *contre l'indifférence d'une partie de la population* et contre les éclipses de la conscience nationale.

Ainsi s'explique le trait le plus caractéristique de l'attitude psychique, du déséquilibre politique des peuples d'Europe centrale et orientale : *la peur pour l'existence de la communauté.* Un pouvoir d'Etat étranger, sans racines dans le pays, se présentant tantôt sous une forme civilisée, tantôt sous celle d'un oppresseur, a pesé à un moment ou à un autre, sur la vie de tous. Empereurs, Tsars et Sultans privaient ces pays de leurs meilleurs sujets, soit en offrant des possibilités de carrière aux plus talentueux, soit en envoyant en prison et à l'échafaud les plus irréductibles d'entre eux. La non-coïncidence des frontières historiques et ethniques ne tarda pas à *dresser ces pays les uns contre les autres ;* ils employèrent alors les uns sur les autres les méthodes qu'ils avaient apprises des Empereurs, des Tsars et des Sultans. Ils avaient donc tous connu le sentiment du danger, la perte des hauts lieux de leur histoire, la soumission totale ou partielle de leur peuple à une puissance étrangère. Ils avaient tous des territoires qu'ils avaient peur de perdre ; d'autres qu'ils revendiquaient à juste titre ; ils avaient tous été près de disparaître temporairement ou définitivement. Parle de la « *mort de la nation* » ou de son « *anéantissement* » passe pour une phrase creuse aux yeux d'un Occidental, car s'il peut concevoir l'extermination, l'assujettissement ou l'assimilation lente, l'« *anéantissement* » *politique* survenant du jour au lendemain n'est pour lui qu'une métaphore grandiloquente, alors que pour les nations d'Europe de l'Est, c'est *une réalité tangible.* Dans ces régions, on n'avait pas besoin d'exterminer ou de déporter certaines nations pour que les autres se sentent en danger, il suffisait, pour cela, de *mettre en doute leur existence.*

Si l'on a pu y parvenir, c'était parce que les masses étaient hésitantes ; *il fallait les gagner* à l'idée nationale ou, comme on dit dans ces régions, il fallait les *éveiller à la conscience nationale.*

Une telle entreprise aurait-elle eu un sens par exemple en France ou en Angleterre ? 90 % de la population de ces pays n'ont pas toujours présent à l'esprit leur « francitude » ou leur « anglitude », comme ils n'ont pas toujours conscience d'être *pères, maris, bourgeois, prolétaires* ou même tout simplement *humains ;* on ne prend conscience de ces qualités-là que *dans des moments critiques,* alors que se pose la question de son appartenance et de ses tâches. Chez les Anglais ou chez les Français, point n'est besoin de maintenir la question de la conscience nationale à l'ordre du jour ; celle-ci s'éveille dès que le besoin s'en fait sentir, et une fois éveillée, elle se manifestera, naturellement, comme conscience nationale française, anglaise, etc. Mais en Europe centrale et orientale, la conscience nationale a toujours été contestée : dynasties puis nations ont lutté en permanence pour l'âme de chaque sujet, et ce débat entraîna par la suite la participation des seigneurs terriens, des préfets, des curés, des insituteurs, des juges, des artisans de la localité dans la mesure où ils lisaient la presse, chacun cherchant à exprimer ses sentiments, à faire valoir ses intérêts ou à énoncer ses idées fixes. Bien entendu, ces points de vue divers étaient souvent contradictoires. Un paysan hongrois ou slovaque voit jour après jour se poser *les questions les plus complexes* de l'existence communautaire, questions auxquelles le paysan français n'a à répondre qu'une fois par siècle. En comparant les masses est-européennes à la conscience nationale incertaine aux quelques patriotes agités de ces mêmes territoires, on est amené à conclure que l'idée nationale n'avait touché que des couches très restreintes de la population. C'est ce qui explique que les réserves formulées par un marxisme vulgaire et primaire à l'égard de l'idée nationale n'ont pas suscité les mêmes échos dans les deux parties de l'Europe. En Occident, où le cadre national représente une vieille réalité, ce point de vue du marxisme apparaissait comme une théorie acceptable, quelque peu dogmatique, certes, mais en tout cas, digne de considération. En revanche, en Europe centrale et orientale, l'idée que *le concept de nation n'est qu'un prétexte pour mieux servir les intérêts d'un groupe restreint de capitalistes* était perçue comme un danger mortel pour l'existence nationale, justement parce que dans ces régions elle renfermait *une part de vérité*. Non que la bourgeoisie capitaliste ait été effectivement la première bénéficiaire et la principale porteuse de l'idée de la nation ; c'est l'intelligentsia qui assumait ce rôle et, dans ce domaine, elle était loin de s'identifier à la bourgeoisie capitaliste avec laquelle elle n'entretenait que des liens très lâches. Mais dans ces pays, les larges masses populaires pour lesquelles le nouveau cadre national, en voie de formation, ne coïncidait pas avec la réalité historiquement existante de l'Etat dynastique, observaient d'abord à l'égard de l'idée nationale une *attitude assez passive*, donc l'intelligentsia nationale déployait d'immenses efforts pour « apprendre » au *peuple* la « leçon » du *nationalisme*. Bien entendu, seule *l'Histoire* était capable de réussir cet enseignement mais en attendant, la thèse du marxisme primaire, suivant laquelle l'idée nationale sert de paravent aux *intérêts de certains groupes restreints*, représentait un danger mortel, susceptible de compromettre les efforts « pédagogiques » de l'intelligentsia nationale. C'est pourquoi il a été possible d'*inculquer* à ces pays *une peur panique* du socialisme marxiste, peur qui gagna même certaines couches d'intellectuels qui n'avaient strictement aucun intérêt à l'avènement ou au maintien d'un système capitaliste.

Le nationalisme antidémocratique

Ainsi, c'était la peur pour l'existence même de la communauté qui *compromettait*, dans ces pays, *la cause de la démocratie* et de l'évolution démocratique.

Pour que l'évolution politique d'une communauté européenne se déroule continûment et dans des conditions harmonieuses, il suffit, en dernière analyse, que *la cause de la communauté coïncide avec celle de la liberté*. Autrement dit, au moment — révolutionnaire — où, à la faveur de violentes secousses révolutionnaires, l'individu se délivre de la pression psychologique des forces sociales qui régnaient sur lui « par la grâce de Dieu », il faut qu'il apparaisse clairement que *la libération de l'individu* signifie en même temps *celle de toute la communauté*, son épanouissement, son enrichissement matériel et spirituel.

Démocratisme et nationalisme ont les mêmes racines et la perturbation de leurs rapports peut conduire à de graves inconvénients. Or, en Europe centrale et orientale, *l'appropriation du pays par la communauté nationale ne s'accompagnait pas de la libération de l'individu*, au contraire, certains événements historiques semblaient montrer que l'effondrement des autorités politiques et sociales du passé et la réalisation intégrale de la démocratie exposent la communauté nationale à des risques graves, sinon à des désastres. Ces événements traumatisants engendrèrent le monstre le plus redoutable de l'évolution politique européenne des temps modernes : celui du *nationalisme antidémocratique*. Nous y sommes — hélas! — tellement accoutumés que nous ne remarquons même pas son absurdité; or, le nationalisme antidémocratique est une véritable *quadrature du cercle :* comment cultiver les qualités naturelles de l'homme libre, son enthousiasme spontané, son esprit de sacrifice, son sens des responsabilités, au sein d'une communauté qui *ne* garantit *même pas* les conditions élémentaires de l'individu?

On ne profite pas des bienfaits de la démocratie dans un climat de peur convulsive qui vous fait admettre que les progrès de la liberté compromettent la cause de la nation. *Etre démocrate, c'est être délivré de la peur,* ne pas craindre ceux qui professent des opinions différentes, ceux qui parlent une langue différente ou appartiennent à une race différente, ne pas redouter la révolution, les conspirations, les ruses d'un ennemi, sa propagande et, d'une façon générale, tous *les dangers* imaginaires, *engendrés par la peur.* Démocraties immatures et craintives, empêchées d'accéder à leur plénitude par une sorte de paralysie, les pays d'Europe centrale et orientale n'auraient pas supporté une vie politique exempte de peur, qui aurait balayé leurs complexes, compromis leurs préparatifs de guerre ou leur politique d'agression, ébranlé les fondements idéologiques de leurs pratiques, encouragé l'action de minorités ethniques, indifférentes ou hostiles à l'unité nationale.

Dans ce climat général de peur et de menaces, l'état d'exception que les *vraies* démocraties n'instaurent qu'au moment du *danger* devient la règle : les libertés publiques sont suspendues, la censure fonctionne, c'est la chasse aux « traîtres », aux mercenaires « à la solde de l'ennemi », le maintien à tout prix de l'ordre même s'il n'est qu'apparent et l'imposition de l'unité nationale aux dépens de la liberté. On assiste alors aux formes les plus variées de la falsification et du détournement de l'idée de la démocratie, à cet effet, tous les moyens sont bons, des plus subtils, souvent inconscients, aux plus grossiers : on prétend par exemple que le suffrage universel est *incompatible* avec l'évolution de la démocratie, on instaure un régime malsain de coalitions et de compromis, des modes de scrutin qui déforment la volonté populaire ou l'empêchent de se manifester, abus électoraux, putschs et dictatures passagères se succèdent.

Cette évolution a sécrété un type de politicien caractéristique de ces pays, celui du *faux réaliste*. Descendant d'aristocrates ou parvenu aux sommets de la hiérarchie politique grâce aux forces démocratiques et à la représentation populaire, le faux réaliste est doué, rusé et violent, qualités qui le rendent éminemment apte à représenter et à gérer un régime antidémocratique instauré soit en respectant les *formes* démocratiques soit en profitant d'une pseudo-construction politique. Ils obtiennent ainsi une réputation de « grand réaliste » et leur influence relègue au second plan les hommes politiques de type occidental, qu'ils qualifient de « doctrinaires » ou d' « idéalistes ». Le prototype de ce politicien était Bismarck, ses représentants les plus caractéristiques s'appelaient Tisza, Bratianu, Pachitch, Bethlen, Veniselos, etc. Chose étrange et en même temps logique : dans ces pays, le pouvoir du chef d'Etat, passablement limité à la suite de l'avancée du démocratisme, se trouve ainsi renforcé. En effet, les gouvernements de ces pays louvoient constamment entre deux tendances, celle du pouvoir personnel et celle de la représentation populaire, mais comme cette dernière est manipulée, la première l'emporte nécessairement. Il arrive même que des sujets fidèles mettent leur espoir dans le *chef de l'État* : il doit les préserver des actes arbitraires des gouvernements. Les forces démocratiques disponibles sont alors dispersées et le pays retombe dans l'état *pré*-démocratique où la société attend son salut non de la législation, du contrôle exercé par le gouvernement ou de l'intelligence politique de ses citoyens, mais du bon vouloir du prince, c'est-à-dire du pouvoir personnel et de ses « sages » décisions.

Les difficultés qui accompagnaient la genèse des nations en Europe centrale et orientale faisaient que *la direction* était souvent exercée par des forces (parvenues quelquefois au pouvoir grâce à une restauration), prêtes à faire dévier la ligne politique, à abandonner les principes démocratiques sains. En Occident, l'élite de l'évolution nationale et démocratique se composait surtout de juristes, de fonctionnaires de l'administration publique, d'écrivains politiques, de dirigeants de la vie économique, d'intellectuels exerçant des professions libérales et de dirigeants syndicaux. En Europe centrale et orientale, on constate deux déviations principales par rapport à cette tendance : d'une part, en contradiction flagrante avec l'esprit de la démocratie, *les souverains, les aristocrates et les militaires* retrouvent un rôle décisif dans la vie politique et d'autre part, *l'intelligentsia dite nationale* se voit investie d'une mission spéciale.

Les souverains, les aristocrates et les militaires ont pu retrouver leur rôle décisif parce que, dans les pays d'Europe centrale et orientale, la formation du cadre national n'exige pas seulement un mouvement de politique intérieure, mais aussi des remaniements territoriaux et des changements affectant le système des Etats européens. Ainsi, la dynastie, l'aristocratie ou l'armée, qui prenaient fait et cause pour l'unité nationale et pour l'indépendance, échappant *pour un certain temps* à la décadence graduelle ou brutale qui les attendait, s'étaient assuré une place privilégiée dans la lutte que la démocratie menait contre les prérogatives personnelles. C'est ainsi que l'opinion publique mettait une sourdine à sa critique contre certaines dynasties (par exemple contre les Hohenzollern, la maison de Savoie ou les Karageorgevitch), contre certains aristocrates (par exemple, contre les aristocraties polonaise, prussienne ou transylvaine) et contre toutes les armées *nationales*. Finalement, parmi les deux composantes du sentiment national, la composante *aristocratico-militaire*, c'est-à-dire les sentiments agressifs de domination et le goût de la représentation, l'emportaient sur les sentiments *bourgeois*, civilisés, intimes et pacifiques.

L'intelligentsia nationale n'avait pas le prestige social ni les traditions et la culture politique des intelligentsia ouest-européennes, mais les dépassait par son rôle et ses responsabilités dans l'existence nationale. En particulier, les spécialistes des particularités distinctives de la communauté nationale, écrivains, linguistes, historiens, prêtres, instituteurs, ethnographes, etc., virent leur poids s'accroître. C'est pourquoi la culture, dans ces pays, revêt une importance politique exceptionnelle, mais ce qu'il en résulte, ce n'est pas l'épanouissement mais la *politisation* des activités culturelles. Ces pays n'ayant pas connu la même continuité historique que ceux d'Europe occidentale, il appartenait à leur intelligentsia nationale de définir et de cultiver leurs traits caractéristiques ethniques ou linguistiques et de démontrer — ce qui était vrai — que, malgré leurs défectuosités, les nouveaux cadres nationaux étaient plus authentiques et plus vivants que les cadres dynastiques existant sur ces territoires. Ce qui n'aurait nullement mis en danger le développement démocratique ; au contraire, ces couches d'intellectuels étaient souvent bien plus démocratiques que les bourgeois et juristes capitalistes des pays d'Europe occidentale.

Si cette évolution devint le point de départ d'une déviation fatale, c'est parce qu'elle favorisa l'éclosion de théories et de philosophies politiques confuses qui finirent par submerger la vie politique de ces communautés déjà paralysées par la peur. Mais en aucun cas, elle ne signifiait le maintien de l'ancien régime dynastique aristocratique ou militaire au sens classique du terme. Certes, les forces dynastiques, aristocratiques et militaires conservaient leur pouvoir et continuaient à exercer leur pression sur la société, mais elles avaient adopté les aspirations, les valeurs, les craintes et les vœux de l'intelligenstia nationale, en y ajoutant, tout au plus, les éléments monarcho-aristocratiques et militaires inspirés par la peur : l'unité, la discipline, l'ordre, l'hostilité à toute révolution et le respect des autorités.

Déformation du caractère politique

La déformation des structures sociales fut suivie par celle du caractère *politique* de ces nations, caractère hystéroïde qui ignore le sain équilibre entre *réalités* et *aspirations*. Cet état d'âme se manifeste chez tous les peuples de la région par une affirmation de soi excessive, accompagnée d'une grande fragilité intérieure, par une vanité nationale démesurée, souvent suivie de capitulations inattendues, par une lourde insistance sur les résultats obtenus et les exploits accomplis, alors qu'en réalité, on assiste à une baisse sensible des réalisations par de grandes exigences morales, et, en même temps, par une parfaite irresponsabilité. En effet, la plupart de ces nations continuent à regretter amèrement la perte de leur position de grande puissance, qu'elles espèrent reconquérir, tout en se désignant comme étant de « petits peuples », avec un masochisme inconnu chez les Hollandais ou chez les Danois. Si d'aventure, certaines de leurs aspirations territoriales (ou autres) se réalisent et leur valent un certain prestige passager, on ne peut en montrer le caractère éphémère ou insuffisant sans aussitôt se voir taxer de traître à la patrie. A plus forte raison, ces nations se refusent-elles à renoncer à leurs rêves jamais réalisés, bien entendu.

Dans cet état d'esprit, le sens des valeurs politiques s'obscurcit de plus en plus. *Le mépris des valeurs* caractérise tous les états d'âme primitifs dominés par la lutte pour la vie. L'incertitude de l'existence, le fait de se trouver dans une impasse provoquent immanquablement une confusion totale des valeurs. C'est là que réside le danger d'un existentialisme vulgaire pour qui l'état de danger est toujours fécond et seule la menace d'anéantissement est capable de galvaniser l'individu et la communauté, de lui révéler le véritable sens de la vie ; elle seule lui permet de concentrer toutes ses forces créatrices (« *Stirb und werde!* », « *Vivere pericolosamente!* »). Cela n'est vrai qu'en ce qui concerne les caractères déjà formés et bien équilibrés ; les individus et les communautés immatures réagissent au sentiment d'incertitude existentielle en reniant leur ancien système de valeurs.

C'est ainsi que se constitua dans ces pays un étrange *matérialisme national,* parent lointain et dénaturé du matérialisme social des marxistes. De même que les ouvriers d'industrie, accaparés par la lutte des classes, ont été, pendant longtemps, moins sensibles aux valeurs raffinées que les classes possédantes qui, du fait même de leur qualité de possédants, avaient pu acquérir la tranquillité d'esprit nécessaire pour développer leur sensibilité ; de même, les nations en voie de formation n'ont pas compris que la grandeur nationale consiste à vivre sans complexes, avec une tranquillité naturelle sans chercher à épater le monde par des exploits. Mais alors que le système de valeurs des ouvriers engagés dans la lutte des classes s'enrichissait et se diversifiait au fur et à mesure de l'accroissement de leur importance politique et de la réalisation de leurs espoirs, la plupart des nations d'Europe centrale et orientale voyaient leur horizon intellectuel se rétrécir et, sous l'effet des désastres et des impasses historiques, elles étaient de plus en plus gagnées par de graves *hystéries communautaires*. Aussi, leur matérialisme national devait-il se révéler néfaste pour les valeurs européennes. Toutes les manifestations de leur vie nationale étaient subordonnées à une *finalité nationale*; toutes leurs « performances » — leurs Prix Nobel, comme leurs records olympiques — ne valaient pas en elles-mêmes et pour elles-mêmes, mais devenaient des *titres de gloire nationale*. Concussions et meurtres étaient admis, voire exaltés s'ils étaient commis « *au nom de la nation* » ou dans son intérêt. Que de tels procédés finissent par saper les bases morales de la communauté — les responsables de ces nations, en bons matérialistes qu'ils étaient, refusaient d'en tenir compte. L'un des actes les plus courageux de Thomas Masaryk a été de révéler — plusieurs décennies avant d'être élu président de la République — qu'un document historique faisant l'objet d'un véritable culte national, et par ailleurs assez flatteur pour la vanité nationale, était un faux. Hélas! peu d'Est-Européens ont suivi son exemple.

C'est ainsi que dans ces pays, en Allemagne et en Italie, comme dans tous les petits pays d'Europe orientale, on a vu émerger une éloquence et une pensée politiques chaotiques et basées sur de fausses catégories : tous les concepts courants de la pensée politique européenne furent mis au service d'une sorte d'auto-justification. De simples idées, des généralisations plus ou moins correctes s'élevèrent au rang du Bien ou du Mal absolus, devinrent des essences mystiques, des formules magiques dont la tâche principale consistait à représenter, à rendre présents des désirs et à envelopper d'un brouillard bienfaisant les faits simples que la communauté évitait de regarder en face. Les travailleurs des sciences « nationales » s'efforcèrent d'asseoir sur des bases « scientifiques » la légitimité historique — ou, à défaut de celle-ci, préhistorique — de l'existence nationale, d'étayer « scientifiquement » les revendications territoriales, la « mission » ou la « vocation » qui justifiait l'existence de la nation, voire de déterminer la politique étrangère que la nation se devait de suivre en vertu de sa « mission » historique, « *scientifiquement* » établie.

Cette « science » dont les objectifs étaient loin d'être désintéressés, et qui se soumettait à des impératifs extra-scientifiques, a non seulement intoxiqué la recherche scientifique de ces pays, elle a déterminé chez les élites une méconnaissance des *réalités* ; au lieu de chercher à les connaître, elles travaillaient à formuler des *revendications,* au lieu de viser des *résultats,* elles proclamaient des *exigences,* et cela tout en ignorant, dans leur raisonnement, les relations de *cause à effet.*

Impossible à réaliser dans la pratique, la coexistence de plusieurs ethnies au sein d'un même Etat fut justifiée en théorie par les *données géopolitiques* qui, en plus, prédestineraient certaines ethnies à régner sur d'autres. Interrogés sur les raisons pour lesquelles ils entendent dominer d'autres peuples qui ne leur sont nullement inférieurs, les représentants de ces peuples invoqueront n'importe quoi, l'impact de leur culture, *leurs trouvailles archéologiques, leurs chansons populaires, leurs motifs d'arts folkloriques, leur vocabulaire, leurs triptyques, leurs livres ou leurs institutions,* sans lesquels, affirment-ils, les autres peuples vivraient encore dans la barbarie et dans l'obscurantisme. Interrogés sur leur anarchie intérieure, sur les régimes dictatoriaux qu'ils avaient instaurés, sur l'oppression à laquelle ils se sont soumis, ils vous entretiendront des blessures qu'ils ont reçues dans leur lutte contre Attila, contre les Turcs, dans la défense de la liberté et de la démocratie européennes. Blâmés pour leur politique étrangère insensée, ils lui attribuent un « sens » enseigné par l'Histoire, par plusieurs siècles d'histoire, un sens métaphysique, atemporel qui détermine leur ligne de conduite. Je n'exagère pas : ces idées fixes, exprimées sous une forme moins grotesque peut-être, imprègnent leurs démonstrations les plus documentées, les plus techniques et les plus modernes.

Pour toutes ces raisons, l'évolution sociale et politique de ces pays s'est trouvée bloquée ou, même quand ce n'était pas le cas, elle était incapable de suivre une ligne aussi droite, ni de bénéficier d'un appui interne aussi fort que celle de l'Europe occidentale ou septentrionale ou, d'un autre côté, celle de l'Union soviétique.

5. Misère des litiges territoriaux

La confusion qui règne dans le statut territorial des pays d'Europe centrale et orientale, ainsi que la déformation de leur culture politique, entraîne des conséquences très graves dans *leurs rapports réciproques*. L'observateur lointain ne manque pas de remarquer les *conflits* mesquins et inextricables engendrés par les revendications *territoriales* : chaque nation de cette région a un contentieux avec ses voisins.

Parmi ces conflits si étranges aux yeux de l'observateur occidental, il faut mentionner en premier lieu *les querelles linguistiques* aussi insensées qu'incompréhensibles. Certes, les querelles linguistiques ne sont pas inconnues en Europe occidentale. Mais quelle différence entre celles de l'Europe occidentale et septentrionale et celles de l'Europe centrale et orientale, entre celles qui opposent, par exemple, Flamands et Wallons, Suédois et Finlandais, d'une part, et Tchèques et Allemands, Hongrois et Roumains, Polonais et Ukrainiens de l'autre ! Dans les querelles linguistiques qui opposent les unes aux autres des populations d'Europe occidentale et septentrionale, les adversaires sont des *démocraties* et la querelle linguistique *ne met pas en cause l'existence nationale*. Elle se déroule d'ailleurs non pas tant entre deux peuples qu'entre deux fractions de l'intelligentsia d'un même pays : il s'agit de revendiquer l'usage de la langue maternelle pour le Finlandais suédophone, le Flamand ou le Breton francophone, l'Irlandais anglophone. En ce qui concerne les peuples eux-mêmes, les Suédois de Finlande ou les Wallons de Belgique, même s'ils considèrent avec sympathie la lutte dont l'un des protagonistes est la langue qu'ils parlent, se situent en réalité en dehors du conflit et n'auront jamais l'idée de fournir des moyens ou des arguments pour *l'oppression* de l'autre langue. L'idée de persécuter des citoyens parce qu'ils parlent leur langue est totalement étrangère à la plupart des peuples d'Europe occidentale et septentrionale et ils jugent de la même façon, avec la même sévérité toute propagande déployée en faveur des langues en voie de régression (gaélique, breton, basque, frison, lapon, etc.) à un moment où les peuples qui les parlent commencent à les abandonner pour en adopter d'autres qui leur offrent des perspectives de réussite sociale plus grandes.

Or, contrairement à ce qui se passe en Europe occidentale et septentrionale, les guerres linguistiques d'Europe centrale et orientale sont menées par des peuples qui, depuis des générations, vivent dans l'incertitude quant à leur survie en tant que nations, et par conséquent, craignent pour leur existence même. Ces peuples s'efforcent de bâtir l'avenir de leur vie communautaire, en tant qu'Etats, sur la cohésion des citoyens parlant une même langue, aussi, l'issue des guerres linguistiques est-elle pour eux une question de vie ou de mort, dont dépend le maintien ou la disparition de leurs cadres étatiques, réels ou seulement appelés de leurs vœux, et les statistiques portant sur les langues parlées par la population déterminent leur attente quant à la fixation définitive de leurs frontières et la satisfaction de leurs revendications territoriales. En vain leur dira-t-on qu'il est impossible et d'ailleurs vain de modifier sensiblement la carte linguistique de ces régions et que, dans ce domaine, chaque victoire entraîne de nombreuses défaites, et toute oppression engendre des haines mortelles. Dans une telle situation, une politique et une opinion publique rageuses et démocratiques n'ont qu'un seul choix : accorder le maximum de possibilités aux minorités linguistiques, satisfaire de leur propre initiative les revendications les plus audacieuses des minorités, même au risque de les voir se séparer de l'Etat, bref, imiter la politique du Commonwealth britannique. Mais pour cela, il est indispensable de *ne pas avoir peur*, de ne pas croire que le détachement des territoires habités par des populations allophones ou minoritaires signifie la mort de la nation. Si ce n'est pas le cas, l'issue de la guerre linguistique devient effectivement une question de vie ou de mort, et le mot « guerre » n'est plus à prendre dans un sens métaphorique : pour l'emporter, les adversaires n'hésiteront pas à recourir à des moyens extrêmes que toutes les nations reconnaissent comme étant les accessoires *exceptionnels* des *vraies* guerres.

Oppression des minorités et griefs minoritaires

C'est à ce moment-là que commence *l'oppression des minorités* et que naissent *les griefs minoritaires*. Le débat sur la « responsabilité » des adversaires est vain : peu nous importe de savoir si c'est la majorité qui a « commencé », avec l'oppression des minorités, ou si au contraire, ce sont les minorités qui se sont rendues coupables d'actions subversives. *La peur pour la survie* de la communauté nationale fait taire le bon sens : apprendre aux enfants des minorités des chansons folkloriques conçues dans la langue de la majorité passe pour de l'expansionnisme violent et, inversement, le refus de les chanter ou la volonté de leur apprendre des chansons écrites dans les langues de la minorité compte pour une activité dirigée contre l'Etat. Les minorités dépensent des trésors d'éloquence pour illustrer les horreurs de l'oppression dont elles sont victimes et, dans leur presse, les peuples majoritaires étalent leurs griefs à longueurs de colonnes contre l'abominable travail de sape d'agitateurs formés dans des universités étrangères et occupés à exciter la haine de populations paisibles contre l'Etat auquel elles appartiennent. Inutile d'ajouter que si, à la suite de remaniements territoriaux, la minorité devient majorité, elle adopte les arguments et la phraséologie de l'ancienne majorité et vice versa.

On est touché aux larmes d'entendre des Hongrois parler de la bonté et de la mansuétude des paysans slovaques, ou des Tchèques faire l'éloge de la dignité et des vertus civiques des paysans hongrois, et l'on se demande pourquoi avec une paysannerie aussi raisonnable et des gouvernements aussi bienveillants, la coexistence est impossible en Europe orientale, et d'où viennent les innombrables agitateurs panslaves ou irrédentistes qui excitent les peuples contre leurs gouvernements légaux. Seulement, les concepts de « peuple » et de « gouvernement légal » sont difficiles à cerner dans un pays où *les agitateurs d'hier* deviennent *gouvernement légal aujourd'hui* en attendant un nouveau renversement de la situation. Et le plus grave, c'est que les images qui se reflètent dans ces accusations réciproques correspondent de plus en plus à la réalité. En effet, les chimères forgées par les communautés, si elles sont à l'origine le fruit de l'imagination, *deviennent des réalités au fur et à mesure que l'on y attache du crédit*. Soit un monde peuplé de travailleurs honnêtes et de gouvernements bienveillants : on y assiste d'abord à l'apparition de prophètes, de Cassandres, ensuite à des manifestations culturelles enthousiastes, mais qui éveillent la méfiance ombrageuse des mouvements culturels des minorités ; les mouvements culturels de la majorité se dotent alors d'un service d'ordre musclé, ce qui provoque, chez les minorités, un climat hostile à l'Etat ; les autorités prennent des mesures administratives pour prévenir les désordres, mais le mouvement contre l'Etat ne tarde pas à s'organiser, les emprisonnements se succèdent, les manifestations sont dispersées par la police ; les minorités conspirent, la répression devient de plus en plus féroce, et le cycle infernal débouche sur des attentats, des révoltes et... des guerres d'extermination.

Mais même si l'on n'en arrive pas à de telles extrémités, *la vie des minorités* devient souvent intenable. Le pouvoir d'Etat — à moins qu'il ne prêche ouvertement la suprématie raciale — profère de belles phrases sur sa solidarité à l'égard des populations allophones qu'il administre sur son territoire. Or, dès que celles-ci manifestent leur attachement à leur langue et à leur ethnie, les autorités se méfient. Ainsi la situation des minorités (*historiques*, ou, à plus forte raison, *récentes*) est précaire et contradictoire, et peu importe que les méthodes employées par le pouvoir d'Etat soient douces ou brutales. Avant 1939, les méthodes de la Tchécoslovaquie étaient infiniment plus civilisées que celles des autres pays d'Europe centrale et orientale, mais ses minorités se montraient aussi « ingrates » qu'ailleurs. En effet, si des instructions confidentielles recommandaient à l'armée tchécoslovaques de passer ses commandes à des entreprises tchécoslovaques, plutôt qu'à des entreprises dirigées par des citoyens appartenant à une minorité (ce qui est parfaitement normal dans un Etat qui s'appuie avant tout sur les populations qui parlent la langue officielle), ces derniers estimaient à juste titre que le principe de l'égalité de tous les citoyens était bafoué même si, par ailleurs, ils n'étaient victimes d'aucuns sévices. Dans cette situation — et, à plus forte raison, dans d'autres, beaucoup moins favorables —, appartenir à une minorité signifie être un *citoyen de seconde zone*, relégué à l'arrière-plan, subir des mesures discriminatoires et — naturellement — nourrir l'espoir plus ou moins fondé de réaliser un jour l'union avec ses frères de race. Or, si l'espoir ne se réalise pas rapidement, cet état d'esprit, cette oscillation perpétuelle entre rêves fantasmagoriques et découragement dépressif devient, à la longue, *insupportable*.

La précarité de l'existence de la nation, l'effet corrosif des litiges territoriaux engendrent une conception que nous pourrions appeler « *territorio-centriste* » et qui caractérise si bien l'Europe centrale et orientale. Cette conception, qui fait dépendre la force, la puissance et l'épanouissement de la nation de la possession de certains territoires, réduit les nations « irrédentistes » qui ont des revendications à la stérilité politique et culturelle, mais contamine également les « possédants », les partisans du statu quo. Dans un monde où les questions les plus brûlantes et les plus angoissantes ont trait aux *revendications territoriales*, la prospérité de la nation est liée à son statut territorial; aux yeux des citoyens, la réalisation des rêves de la communauté prend avant tout corps sur *la carte géographique*. Or, cette conception est *profondément antidémocratique*. En elle-même, elle n'implique ni oppression ni oligarchie, mais en tant que *vision du monde*, elle est *incompatible* avec la démocratie. En effet, la démocratie représente la victoire du *créateur consciencieux* sur *le conquérant et le possédant*, et son enseignement le plus important, c'est qu'une nation peut s'élever ou gagner en profondeur bien plus en travaillant qu'en s'efforçant de conquérir des territoires au détriment d'autres nations. Cela ne signifie pas qu'une démocratie ne puisse pas formuler des revendications territoriales légitimes et il est évident que l'autodétermination des peuples est un principe irréprochable du point de vue démocratique. Mais il n'est pas moins certain que si, pour une raison ou pour une autre, cette revendication territoriale devient *prédominante* dans la vie politique du pays, elle peut arrêter les progrès d'*une communauté en voie de démocratisation*, sur la voie de l'évolution démocratique. Elle peut même, dans une communauté démocratique, provoquer *une régression* de l'esprit démocratique.

Prétentions à la suprématie

On peut soupçonner l'existence de revendications territoriales difficiles à justifier chaque fois qu'une nation d'Europe centrale ou orientale s'obstine à souligner sa supériorité sur ses voisins ou la « mission » qu'elle prétend accomplir auprès de ceux dont elle convoite le territoire. Je pense ici avant tout aux diverses théories sur le rôle « dirigeant » de telle ou telle nation dans telle ou telle région du monde, sur sa « mission » dans la propagation ou la défense du christianisme, de la culture ou de la démocratie. Une version légèrement différente de ces théories nous est offerte par la conception du « Herrenvolk » (« peuple seigneur »), en vertu de laquelle le peuple allemand est appelé à dominer *tous* les autres. Moins ambitieuses, les petites nations d'Europe centrale ne veulent étendre leur suprématie qu'à des territoires limités, et leur unique but est de contrebalancer les tendances séparatistes des minorités et des allophones. Ainsi, dans ces cas précis, la prétention à la suprématie n'est qu'un prétexte « tiré par les cheveux » : en réalité, ce qui gêne les nations en question, c'est que les territoires revendiqués ou possédés par eux ne sont pas linguistiquement homogènes : s'ils l'étaient, elles renonceraient volontiers à leur « suprématie » ou à leur « mission » dans la propagation de la démocratie et vivraient sans complexe leur vie nationale « sans prétention » sur les territoires dont la population partage leur sentiment national.

La méconnaissance de la réalité au profit de l'esprit revendicatif qui caractérise les peuples d'Europe centrale et orientale détermine une conception particulière des *problèmes territoriaux,* conception en vertu de laquelle la proclamation des *droits historiques* ou du *statu quo* se mêle inextricablement aux justes revendications fondées sur le point de vue démocratique de l'autodétermination. L'essentiel de cette conception veut qu'un certain état historique — naturellement *favorable* à la nation revendicatrice — soit accepté comme seul *valable*. Ces nations affirment ne convoiter aucun territoire *étranger,* elles ne veulent que récupérer ceux qui *leur ont appartenu* à un moment donné. L'observateur non prévenu ne commence à s'étonner qu'au moment où il prend connaissance de la liste des territoires ainsi réclamés. Quant aux justifications fournies, nous pouvons les répartir en deux catégories différentes, et selon les méthodes employées à cet effet par les principaux intéressés, nous pouvons parler de méthode *hongroise* et de méthode *tchécoslovaque*.

La méthode hongroise consiste à s'appuyer sur l'héritage historique, sur le passé millénaire de l'Etat hongrois. Tous les événements « positifs » de ce passé millénaire sont mis au service de l'argumentation en faveur du maintien de la Hongrie historique et en particulier la longue lutte contre les Turcs : si les Hongrois n'avaient pas versé leur sang pour défendre l'Europe contre le péril turc, ils seraient aujourd'hui plus nombreux sur leur territoire historique. L'Europe fait donc preuve d'une cruelle ingratitude en démembrant une Hongrie devenue multinationale en raison de sa vaillance. Cette argumentation fait défiler une longue série de témoins, en particulier des rois et des saints du Moyen Age.

L'argumentation tchécoslovaque est radicalement différente : elle fait à peine appel au passé également millénaire de la Bohême (tout au plus mentionne-t-elle certains actes démocratiques et humanistes de ce passé), mais considère les décisions des organisations internationales constituées au moment des négociations de paix en 1918-1919 comme irrévocables et fondatrices. Ces organisations s'étant effondrées en 1938 à la suite des coups de boutoir des revendications territoriales, pour dissuader l'agresseur, il faut rétablir le statu quo de 1938. Les autres pays d'Europe orientale recourent tantôt au premier, tantôt au second type d'argumentation, tout en mettant en avant le *simple* principe *ethnique*.

Malgré leurs divergences apparentes, les argumentations hongroise et tchécoslovaque se rejoignent sur un point essentiel. Elles prétendent toutes les deux assurer la victoire du *droit* sur la *violence* brutale, alors qu'elles ne font qu'opposer des *revendications* à des *faits*. L'argumentation hongroise est profondément irréaliste, car elle ne tient pas compte de *la disparition des cadres nationaux historiques*, fait essentiel dans l'histoire de la formation des nations en Europe centrale et orientale. La version tchécoslovaque est tout aussi irréaliste, mais pour une autre raison : *elle prétend rétablir un statu quo responsable de l'effondrement des organisations internationales* destinées à veiller au maintien de la paix. Enfin, les deux argumentations tiennent du spiritisme : les Hongrois invoquent l'esprit de saint Etienne, les Tchécoslovaques l'esprit de Genève, et en attendent des miracles que ces esprits sont incapables d'accomplir. Si, à l'occasion, l'une ou l'autre de ces nations parvient, *avec l'aide des grandes puissances,* à faire triompher certains de leurs objectifs elles célèbrent le « *triomphe de la justice* », présentent des offrandes devant l'autel de leurs esprits protecteurs, mais passent sous silence le concours étranger auquel elles doivent la satisfaction de leurs revendications.

Entre les deux guerres mondiales, *la politique étrangère* des peuples d'Europe centrale et orientale était guidée non par des principes, des états d'âme ou des intérêts objectifs, mais uniquement par le souci de satisfaire leurs *revendications territoriales*. C'est là une des conséquences de la peur existentielle qui les habitait. C'est pour appuyer ses revendications territoriales qu'en 1938 la Pologne, malgré ses intérêts évidents, a soutenu la cause de l'Allemagne. C'est pour des raisons analogues qu'en 1940 l'Italie est entrée en guerre, qu'en 1941 la Roumanie a rejoint le camp des alliés de l'Allemagne et que la Hongrie et la Bulgarie, malgré leur volonté délibérée de ne pas se trouver une deuxième fois du « mauvais côté », ont fini, au moment décisif, par se laisser entraîner dans la guerre des Allemands. Le cas de la Bulgarie est particulièrement caractéristique. Il serait difficile d'affirmer que la Bulgarie s'est retrouvée aux côtés des Allemands à cause de son impérialisme, alors que les Serbes auraient choisi les puissances de l'Entente à cause de leur démocratisme ; les deux Etats balkaniques avaient la même structure sociale. C'étaient des Etats paysans dont la politique étrangère était dominée par le problème des revendications territoriales. La Bulgarie, qui, pourtant, à l'issue de la Première Guerre mondiale avait mieux accepté la mutilation de son territoire que les autres Etats « révisionnistes », finit, au moment décisif, par choisir le camp qui lui semblait garantir la satisfaction de ses revendications territoriales.

Aucune nation d'Europe centrale et orientale n'a eu la sagesse de s'élever au-dessus des querelles territoriales. Elles n'étaient pas « fascistes » ou « démocratiques » par principe, mais uniquement à cause des avantages territoriaux que le fascisme ou la démocratie était capable de leur assurer.

Une des manifestations les plus affligeantes de la déformation de leur culture politique est *l'irresponsabilité* dont elles ont fait preuve dans leur *politique* européenne, entièrement dominée par les litiges territoriaux. L'âme tourmentée par la peur et par le sentiment d'incertitude, déformée par les grands traumatismes de l'histoire et par les griefs qui s'ensuivent, se nourrit non de *ses propres ressources intérieures,* mais des *exigences* qu'elle formule à l'égard de la vie, de l'Histoire, bref à l'égard des autres. Dans cette situation, elle perd de plus en plus le sens de son devoir et de ses responsabilités communautaires, et les règles morales ne lui servent qu'à appuyer ses revendications. La surmoralisation des rapports internationaux après 1918 a mis à la disposition de ces nations tout un arsenal de formules moralisatrices : *les possédants* parlaient de *paix, les plaignants* de *justice* ; en réalité, les deux parties étaient *en porte à faux,* ces vocables détournés de leur sens véritable servaient uniquement à justifier *des revendications territoriales.*

L'absence de maturité politique ne s'est jamais manifestée avec autant d'acuité qu'au cours de ces polémiques entre nations « *sages* » et nations « *méchantes* ». Paix et justice, certes, mais aux partisans d'une paix « *équitable* » les partisans du statu quo répondaient : « *toute révision des traités de paix aboutira à la guerre* », ce qui en clair signifiait : « *je suis prêt à tout, même à la guerre, pour conserver les territoires que je détiens illégalement* ». Quant au slogan des révisionnistes : « *la justice d'abord, la paix ensuite* », il voulait dire : « *je suis prêt à embraser l'univers pour obtenir satisfaction* ». En termes bibliques, on aurait pu leur demander : « Si vous dites cela, en quoi faites-vous plus que d'autres et pourquoi avez-vous toujours les mots paix et justice à la bouche ? Les partisans de la violence et de l'injustice agissent-ils autrement que vous ? » Rien n'a été aussi néfaste au prestige européen de la Société des Nations que les interminables débats stériles qui s'efforçaient d'élever au rang de questions de principe les litiges territoriaux issus de l'instabilité pathologique des nations de l'Europe centrale et orientale. Pour elles, l'idéologie de Genève n'était qu'un prétexte, une arme contre l'adversaire. Petit à petit, elles devenaient insensibles aux intérêts vitaux et aux principes fondamentaux de la communauté européenne. On sait avec quel cynisme le national-socialisme et le fascisme ont précipité l'Europe dans la catastrophe. Mais il n'est pas moins vrai qu'entre 1918 et 1933 d'importantes tentatives de réconciliation entre la France et l'Allemagne ont échoué à cause du véto de la Petite Entente, ce qui représentait en même temps une véritable perversion de l'idée régionale qui, pourtant, avait suscité beaucoup d'espoirs. Autre fait significatif : en 1938, au moment de la tragédie tchécoslovaque, la Pologne et la Hongrie, pourtant menacées par l'invasion allemande, ont été incapables de faire le moindre geste de solidarité à l'égard de leur voisin malheureux.

En considérant les principes et les actes de la politique européenne des pays situés entre le Rhin et la Russie, il est difficile de ne pas les condamner. Deux raisons pourtant nous incitent à nous en abstenir. La première, c'est que ces pays ont enduré des souffrances incommensurables. La seconde, c'est qu'en se désintéressant de leur sort futur, on ne gagnerait rien, on ne ferait qu'aggraver la situation de l'Europe et du monde. Il serait donc plus sage de se demander si malgré tout la consolidation de cette région n'est pas possible et si l'on peut ramener l'évolution politique de ces pays sur le droit chemin qu'ils ont abandonné.

6. La solution des conflits territoriaux et la consolidation de l'Europe orientale

Nous venons de décrire la misère politique des petites nations d'Europe orientale qui irrite et remplit d'une grande méfiance l'observateur occidental. Nous avons vu le caractère étroit et agressif du nationalisme dans ces régions, la propension de ces nations à abandonner toute correction en matière de politique, l'absence d'esprit politique, la tendance à l'irréalisme, leur empressement à formuler des revendications et à invoquer des prérogatives, plutôt que de chercher à améliorer leurs réalisations, la haine mutuelle qu'elles éprouvent les unes pour les autres, leur promptitude à s'assurer des avantages aux dépens de leurs voisins, leur irresponsabilité dans les grandes questions européennes, le rôle primordial accordé dans leurs décisions politiques aux conflits avec les voisins et aux problèmes de frontières. Ne vaudrait-il pas mieux, pensent certains observateurs, les abandonner à leur sort, avec leurs vantardises, leurs accusations, leurs doléances, leurs querelles et leurs problèmes frontaliers puisque de toute façon, leur barbarie congénitale empêchera toute consolidation dans la région ?

Nous avons également décrit le processus de barbarisation de la région. Pourtant, nous sommes persuadés que l'attitude résignée de ces observateurs est dictée par leur confort intellectuel et par une sorte de mauvaise conscience plutôt que par la connaissance des faits. Si cette région ne parvient pas à se consolider, ce n'est pas parce qu'elle est la proie d'une barbarie congénitale, au contraire : si elle s'est « barbarisée », c'est parce qu'une série d'événements historiques l'avait empêchée de suivre les autres pays européens sur le chemin de la consolidation, et le reste de l'Europe, au lieu de l'aider à se relever, s'était quelquefois opposé à son redressement.

Les chances d'une consolidation

Car, en somme, de quoi s'agit-il essentiellement en Europe centrale et orientale ? Des modifications survenues dans le système des Etats et des nations historiques et des litiges frontaliers qui s'ensuivirent. J'ignore les raisons des « agnostiques », de ceux qui baissent les bras devant une situation aussi confuse. Qui a jamais essayé d'apporter dans cette région le moindre élément de consolidation ? La possibilité ne s'en est manifestée qu'en 1912 et en 1918 lors de la désagrégation des deux Etats supranationaux, l'Empire ottoman et l'Empire des Habsbourg, principales entraves dans cette région de la formation des nations. Si les artisans de la paix de 1918 avaient été tant soit peu circonspects et consciencieux, ils auraient pu, vers la fin de 1919, jeter les bases d'une consolidation durable. Or, nous savons ce qui s'est passé. Depuis, ces régions ont connu d'innombrables souffrances, difficultés et actes de barbarie mais c'est seulement la situation créée depuis trente ans qui mérite d'être consolidée. C'est une bien courte période. Trente ans auraient-ils donc été suffisants pour fixer les cadres actuels de l'Europe occidentale ? Evidemment non. Alors pourquoi formuler de trop grandes exigences vis-à-vis des peuples de cette région qui admettent eux-mêmes leur retard par rapport à l'évolution rectiligne et prometteuse des démocraties européennes ? Il est d'autant moins indiqué de renoncer à la consolidation politique de ces régions qu'après trente ans de confusion, la voie qui y mène se dessine enfin de plus en plus clairement et que, après des siècles de haine, d'occupations, de guerres civiles et de guerres d'extermination, les limites des cadres nationaux se précisent. Il suffirait de prévenir le retour des horreurs du passé en évitant les « solutions arbitraires », élaborées à la hâte. Bien entendu, la consolidation n'est pas une force élémentaire qui balaie tout sur son passage, mais le résultat délicat et fragile d'efforts humains contre les forces de la peur, de la bêtise et de la haine. Mais en tout état de cause, elle est *possible*.

Nous venons de parler de la stabilisation des frontières. Oui, nous objectera-t-on, mais quelle garantie avons-nous contre la désagrégation de ces cadres en l'espace de quelques décennies, contre la formation de nouvelles nations ?

Cette question témoigne d'une profonde méconnaissance de l'évolution politique est-européenne.

En Europe orientale, tout comme en Europe occidentale, le nombre des nations a très peu varié au cours de ce millénaire. Il y a environ 600 ans, entre 1300 et 1350 après Jésus-Christ, il existait une nation polonaise, une nation hongroise, une nation tchèque, une nation serbe, une nation croate, une nation lituanienne, une nation bulgare et une nation grecque. Entre 1400 et 1800, deux entreprises politico-militaires, l'Empire ottoman et l'Empire des Habsbourg, ont cherché à s'étendre sans tenir compte de l'existence des nations vivant sur ces territoires. En les subjugant provisoirement, ils en ont arrêté l'évolution politique, sans pour autant les supprimer, ni les regrouper au sein d'une nouvelle formation. La naissance des mouvements nationalistes modernes fit échouer ces deux entreprises : éprouvées, meurtries, les vieilles nations réapparurent sur la scène. Aujourd'hui, nous trouvons sur ces territoires les mêmes nations qu'il y a six cents ans. Certes, il y a eu des changements, par exemple les Serbes et les Croates se sont fondus en une nation et la communauté yougoslave ainsi constituée s'est attiré certains peuples slaves, jusqu'ici indécis quant à leur appartenance nationale et, avant tout, les Slovènes. L'unité de la nation roumaine s'est consolidée et la nation grecque a rompu avec la continuité politique de l'Empire d'Orient. Quatre nouvelles nations sont nées : sur le territoire de l'ancienne Hongrie du Nord, les Slovaques, ayant pris conscience qu'ils constituent une nation, ont choisi de se joindre aux Tchèques plutôt qu'aux Hongrois et la seule question qui se pose désormais à leur sujet est celle de la délimitation de leur cadre national d'avec le cadre national tchèque. Sur différents territoires-tampons se sont formées les nations estonienne, lettonne et albanaise dont les antécédents historiques remontaient aussi au Moyen Age, mais qui n'ont vu qu'au début du XXe siècle s'offrir la possibilité de fonder des Etats indépendants. Enfin, tout récemment, les nations lituanienne, lettonne et estonienne ont rejoint l'Etat supranational de l'Union soviétique. Rien n'indique que d'autres nations se constitueront en Europe orientale. Les changements dont nous venons de faire état sont modestes et le nombre des nations nouvellement constituées n'est pas plus important qu'en Europe occidentale où, depuis 1300, on a assisté à la naissance des nations suisse, portugaise, belge et hollandaise, à la fusion des Anglais et des Ecossais au sein de la communauté britannique, etc. Le changement essentiel, en Europe orientale, consiste en l'apparition de frontières ethniques remplaçant les frontières historiques, et, en simplifiant, on pourrait dire qu'en Europe orientale, les nations comprennent des individus parlant la même langue. Ce qui n'exclut pas l'existence de minorités ou d'îlots linguistiques. Tout ce que l'on peut dire c'est que, dans cette région, il convient de consolider les frontières linguistiques plutôt que (comme c'est le cas en Europe occidentale) les frontières historiques. Toutes les tentatives visant à inculquer une même conscience nationale à des populations multilingues, en invoquant l'argument de l'unité historique, ont complètement échoué ; nous pensons ici avant tout aux tentatives *polonaise, hongroise et tchèque*. Tout cela est à peu près connu aujourd'hui. Il n'existe actuellement qu'une seule tentative visant à constituer une nation en dépassant les cadres linguistiques et c'est celle de la *Yougoslavie*. Elle ne se fonde pas sur l'histoire, mais sur la force unificatrice de la lutte démocratique pour les libertés. L'unité linguistique en constitue le noyau, mais le rôle joué par la nation yougoslave dans la libération de l'Europe lui confère une force d'attraction au-delà des cadres linguistiques. Bien entendu, il faudra un certain recul pour établir le bilan historique de cette tentative, mais si nous opposons son succès à l'échec des trois Etats historiques, nous devons donner raison à Ortega qui, opposant la montée de l'Empire britannique au déclin de l'Empire hispanique, affirme que la cohésion des nations est assurée par l'avenir commun tout autant que par le passé commun, par la perspective qui confère le prestige, l'opportunisme et l'élan nécessaires pour l'accomplissement de projets et d'entreprises communs.

Statu quo historique et frontière ethnique

C'est en tenant compte de ces données qu'il convient de trouver la voie de la consolidation, c'est-à-dire, plus précisément, d'une part les principes et d'autre part les moyens pratiques permettant d'engager le processus de consolidation et de créer une situation normale dans laquelle Etat et nation coïncident. Tous ceux qui s'occupent de cette question se sentent, au bout d'un certain temps, guettés par la folie, car ils se perdent dans la profusion des principes et des arguments avancés de divers côtés. Mais ce n'est qu'une pure illusion d'optique. Une fois reconnue l'importance du processus historique décisif qui s'est déroulé dans cette région, on comprend qu'en Europe centrale et orientale tout problème de frontière digne de ce nom résulte de l'antagonisme de deux points de vue différents : celui de *l'histoire,* du *statu quo historique* et celui de l'ethnie, de *l'appartenance ethnolinguistique*. Partout où le nationalisme linguistique conteste une situation donnée, le problème consiste à faire coïncider les frontières d'Etat avec les frontières linguistiques, compte tenu des particularités et sentiment historiques qui s'attachent à certains lieux, et des résistances qu'ils déterminent. En réduisant ainsi le problème à l'essentiel, nous écartons du même coup toutes les superstitions dangereuses et nocives qui contribuent à embrouiller les problèmes de frontières.

La première et la plus répandue de ces superstitions est celle qui consiste à dire ceci : étant donné la multitude de points de vue opposés à prendre en considération, il est impossible de tracer des frontières justes, sans léser personne. En réalité, le seul point de vue à prendre en considération est celui de la définition des « bonnes » frontières : celles-ci doivent respecter l'appartenance nationale, ce qui en Europe signifie le statu quo historique, soit des frontières linguistiques. Tous les autres points de vue, géographique, économique, stratégique, le respect des lignes naturelles de communication, etc., qu'il est de bon ton d'évoquer pêle-mêle à propos des litiges frontaliers, sont dénués de fondement et leur application à grande échelle peut engendrer les plus grands maux. Il faut se méfier beaucoup de ces considérations qui, à première vue, peuvent paraître « pratiques », « rationnelles », « objectives », etc. Pour illustrer l'absurdité des nouveaux tracés de frontières, du point de vue économique, des communications, etc., on parle volontiers des maisons et des cours qu'ils coupent en deux, de la nécessité qu'ils imposent à la population de certains villages de demander un sauf-conduit pour se rendre au marché de la ville voisine. Les irrédentistes hongrois traînent volontiers quelques étrangers de bonne foi dans des maisons paysannes situées sur une frontière qui passait dans une cuisine ; l'étranger ayant hoché la tête d'un air désapprobateur, le lendemain, la presse enregistrait cette « prise de position » comme une victoire retentissante de la conception historique (hongroise) de l'Etat. Mais il ne faut pas oublier que de telles « anomalies » se présentent nécessairement là où les frontières, au lieu de consacrer une situation ancienne à laquelle la vie s'est adaptée depuis longtemps, enregistrent les conséquences d'une situation nouvelle. Une situation presque banale en Europe centrale et orientale est celle des villes situées à proximité d'une frontière linguistique et dont la population parle la langue pratiquée en deçà de cette frontière, tout en étant entourée d'une campagne peuplée d'une majorité d'allophones. Est-ce la ville ou la campagne qu'il faut séparer de son contexte linguistique ? Aussi étrange que cela puisse paraître, à longue échéance, il vaut mieux choisir une troisième solution : respecter *la frontière linguistique* et séparer, s'il le faut, la ville *de* sa campagne environnante. Mais de leur côté les deux premières solutions seraient toujours préférables à ces traités hybrides inventés pour *concilier* des points de vue ethnique, économique et autres, ces statuts mi-chair mi-poisson, comme celui de la ville libre de Dantzig. En effet, la fixation des frontières a pour but de *délimiter* les nations, et toute solution qui ne rattache pas *nettement* un territoire à un Etat ou à un autre ne fait qu'attirer l'attention sur la virtualité d'un conflit. L'apaisement, qui ne manquera pas de résulter de la bonne délimitation des cadres nationaux, finira par trouver une solution au problème des agriculteurs frontaliers, désireux de vendre leurs produits sur les marchés de la ville voisine. Il suffit, à cet égard, d'évoquer deux exemples frappants. Le premier est celui de Genève, entouré de toutes parts de provinces francophones et que Dieu lui-même a créé pour devenir la capitale de la Savoie. Or, l'Histoire en a décidé autrement, en rattachant la ville de Genève non pas à la France, mais à la Suisse. Cette décision créa de nombreuses complications dans le domaine économique et dans celui des transports, elle souleva même des débats de droit international, mais n'affecte en rien les rapports politiques entre la France et la Suisse. Il en est de même de la ville de Sopron, en Europe orientale, ville qui, au lendemain de la Première Guerre mondiale, fut rattachée par référendum à la Hongrie, alors que toute la province environnante, le Burgenland, fut annexée par l'Autriche. Les Hongrois acceptèrent la perte des villages germanophones, satisfaits qu'ils étaient de pouvoir conserver la ville à laquelle ils étaient attachés par de nombreux souvenirs historiques. Et alors que Sopron est, selon le point de vue « rationnel » et « économique », la capitale « naturelle » du Burgenland, la frontière austro-hongroise fut la moins contestée parmi celles fixées par les traités de 1918-1919. En pareil cas, la pacification des esprits ne dépend pas de l'obligation imposée aux habitants de Fouilly-les-Oies de demander un sauf-conduit pour accéder au marché de la Glorieuse Petite Ville. Elle sera assurée, par contre, si dans la capitale et dans les écoles du pays A les politiciens, les professeurs d'histoire et les écoliers n'ont pas à déplorer la perte du monument historique dressé sur la place principale de la Glorieuse Petite Ville (dont la population parle leur langue), et si dans la capitale d'un pays B on n'a pas à s'indigner de voir que dans les écoles des villages frontaliers détachés, les enfants apprennent des chants folkloriques étrangers.

Loin de moi toute idée de tourner ces sentiments en dérision : ils sont tout aussi respectables que ceux qu'éprouvent par exemple les Français pour la cathédrale de Chartres ou le folklore auvergnat. Nous n'avons cité ces exemples que pour illustrer l'importance primordiale qu'ils prennent dans les hostilités qui déchirent ces régions. Nous n'avons pas non plus l'intention de contester le bien-fondé de la thèse avancée par tant d'auteurs savants et selon laquelle toutes ces guerres sont l'œuvre de seigneurs terriens, de capitalistes monopolistes et de militaires ; ajoutons toutefois qu'en ce qui concerne l'Europe centrale et orientale, ces machinations ne peuvent aboutir qu'avec le concours des professeurs d'histoire et des collecteurs de chants folkloriques. Pensons à l'Empire des Habsbourg, cet Eldorado des seigneurs terriens, des capitalistes monopolistes, ce paradis de la soldatesque, et qui pourtant échoua parce que les professeurs d'histoire et les spécialistes de la recherche folklorique avaient pris parti contre lui. Ainsi, le caractère « pratique », « rationnel », des points de vue économique et des communications n'est qu'un leurre. Aujourd'hui, ces pays sont, de toute façon, trop petits pour constituer des unités économiques, stratégiques, communicationnelles indépendantes. Quelle est l'importance militaire, dans notre époque de guerres mondiales, d'un déplacement de la frontière entre deux petits pays d'Europe orientale, de la Petite Colline à la Grande Montagne ? Admettons qu'il y a une chance sur dix pour que cette modification puisse jamais revêtir une signification militaire, une chance sur vingt pour qu'elle influence l'avenir de l'humanité. Mais on peut être sûr à 100 % que les griefs de la minorité ainsi arrachée à sa communauté linguistique constitueront un jour un motif de guerre locale. Ne pas avoir à importer du bois ou du pétrole est un avantage appréciable, mais qui ne mérite guère que l'on sacrifie la paix avec ses voisins. Il en est de même de toutes les frontières qui, sous rationalité, consacrent le rattachement de populations allogènes à un pays. La frontière est avant tout un instrument de stabilisation et si d'aventure, la stabilisation n'est pas obtenue par des facteurs « rationnels », si du point de vue économique et géographique, certaines frontières peuvent paraître « absurdes », il n'y a là rien de tragique.

Une autre superstition, mais qui est plutôt une véritable tentative d'intoxication des esprits, consiste à dire que, dans cette partie de l'Europe, il est impossible de tracer des frontières justes, tant les populations y sont mélangées. En réalité, le « mélange » de populations ne constitue pas forcément un problème. Les îlots linguistiques, surtout s'ils proviennent de colonisation intérieure, ne présentent pas de difficultés en eux-mêmes ; le problème ne se pose que là où l'îlot linguistique sert de prétexte à des revendications de type historique. Autrement dit, la mixité n'est source de malaise que si les territoires habités par les populations mixtes sont revendiqués à la fois par les tenants du point de vue « historique », par ceux du point de vue « ethnique », que s'il est difficile de passer de la frontière linguistique à la frontière historique et vice versa, parce que les deux points de vue s'entremêlent. Or, on dénombre à peine deux ou trois situations de ce type en Europe centrale et orientale. Tel fut le cas, par exemple, du corridor de Dantzig, tel est le cas, actuellement, de la Transylvanie et de la côte septentrionale de la mer Egée que se disputent Grecs et Bulgares. En revanche, dans le Bánát où la mixité atteint son degré le plus élevé en Europe centrale et orientale, Serbes et Roumains sont parvenus sans difficulté à se délimiter et en Bessarabie, autre territoire à haut degré de mixité, les conflits frontaliers n'avaient presque rien à voir avec la mixité survenue à la suite de divers déplacements de populations.

Une autre superstition tout aussi dangereuse prétend qu'il est inutile de tracer des frontières avec un soin minutieux, car la solution des problèmes de cette région dépend non des frontières, mais de la création d'une confédération supranationale au sein de laquelle les frontières n'auront plus aucune importance. C'est là une conception très dangereuse : la région a déjà connu une confédération supranationale, l'Empire des Habsbourg qui éclata en plongeant cette partie de l'Europe dans un état d'instabilité désespérant précisément parce qu'il avait été incapable de délimiter nettement les populations qu'il réunissait sous son sceptre. Toute confédération ressemble à un mariage : il ne faut pas y adhérer sans avoir réglé les problèmes en suspens, car elle est faite pour ouvrir de nouvelles perspectives qui, à leur tour, soulèveront de nouveaux problèmes, et non pour éviter le règlement de conflits entre les confédérés. La confédération ne sera viable que si les frontières intérieures sont tant soit peu stables, une telle stabilisation est la condition psychologique préalable de toute union. Les nations ne se fédèrent entre elles que si chacune d'elles peut espérer voir ses propres possessions assurées par de telles formations.

A cet égard, l'application de l'exemple de l'Union soviétique n'est pas aussi simple qu'il paraît à première vue. Certes, on a beaucoup à apprendre de ce pays notamment en matière de tolérance et de méthodes d'organisation à l'égard des nationalités, mais cela ne signifie en aucune façon que les problèmes de l'Europe centrale et orientale soient essentiellement les mêmes que ceux de l'Union soviétique. L'Europe centrale et orientale se compose de nations historiquement constituées, dont les frontières connaissent depuis quelque temps une certaine instabilité, mais qui ont toutes un long passé ; cependant, malgré une certaine similitude de leur destin et de leur caractère, elles n'ont pas connu jusqu'à présent des expériences et des situations historiques susceptibles de leur donner le sentiment de leur *communauté*. Tel n'est pas le cas de l'Union soviétique. L'Empire des Tsars, tout en n'ayant pas parachevé jusqu'en 1917 l'assimilation de ses minorités nationales, bénéficiait depuis des siècles de la cohésion qu'assure l'organisation étatique. La nation soviétique se forgea sous l'effet de puissantes secousses historiques — d'abord la révolution socialiste, ensuite la Grande Guerre patriotique — qui eurent lieu sur le territoire de cet Empire. Ensuite, cette nation une et unie accorda sans problèmes l'autonomie linguistique et politique complète (comprenant jusqu'au droit de quitter la confédération) à toutes les ethnies qui vivent sur son territoire, tout comme l'Empire britannique aux Etats du Commonwealth. Mais pas plus que la Grande-Bretagne, l'Union soviétique ne craint les mouvements séparatistes. Or, même si, dans un avenir proche, l'Europe centrale et orientale devait être le théâtre d'événements historiques capables de sceller l'union de ces peuples, même si l'on y voyait se dérouler des processus à long terme allant dans ce sens, ceux-ci (malgré la faible étendue relative de ces territoires) se heurteraient à des réalités historiques bien plus fortes que celles que constituaient les différentes minorités et tribus de l'ancien Empire des Tsars.

*Slogans politiques et moraux
dans le débat sur les frontières*

Les slogans politiques relatifs aux conflits frontaliers sont plus nocifs encore que les différents principes et théories erronés.

Le slogan « *statuquoiste* » selon lequel il n'y a pas de « bonnes frontières » et que, partant de ce principe, il vaut mieux stabiliser les frontières existantes et chercher à pacifier les âmes, ce slogan-là est dangereux. Celui des « révisionnistes », qui prétend que la vie est changement perpétuel et que, par conséquent, il est inutile de vouloir fixer les frontières une fois pour toutes, ne l'est pas moins. L'Europe est mûre pour voir son statut territorial stabilisé, sinon « pour toujours », tout au moins pour longtemps. C'est là en même temps la condition préalable de son unification et du maintien de la paix sur ce continent. De ce point de vue, nous devons être résolument « *statuquoistes* ». Mais il n'est pas moins vrai que, pour être stabilisées et surtout rapidement stabilisées, les frontières doivent être rationnelles, psychologiquement acceptables, c'est-à-dire, en ce qui concerne l'Europe, tenir compte des unités nationales psychologiquement et sociologiquement délimitées. Avec des frontières tracées en dépit du bon sens, il est inutile d'espérer une quelconque pacification des âmes. Par ailleurs, les « bonnes frontières » doivent être protégées contre la dynamique des « changements perpétuels ».

Evoquer des arguments moraux à propos des litiges frontaliers serait une façon dangereuse de contourner le véritable problème. Une fois reconnue la nécessité, dans l'intérêt de la consolidation de la région, d'ajuster les frontières d'Etat aux frontières ethniques, il est évident qu'il ne s'agit pas ici de rendre justice au sens *moral* du terme, mais de fixer des situations objectivement existantes. Il est donc urgent d'abandonner l'attitude moralisatrice que les délégués de ces nations adoptent sans cesse devant les instances internationales à propos de leurs conflits frontaliers. Les vaincus, les peuples en mauvaise posture en appellent volontiers à *la justice,* au sentiment « traditionnel » de l'équité de telle ou telle grande puissance, à la « générosité » dont elle a toujours témoigné à l'égard des opprimés et des malheureux, et ils souhaiteraient que lors des négociations de paix, aucun compte ne soit tenu des ambitions territoriales de leurs ex-adversaires. Au contraire, les vainqueurs, ou ceux qui se considèrent comme tels, mettent l'accent sur *leurs mérites,* demandent des comptes aux vaincus et formulent des revendications territoriales à leur égard. En réalité, justice et mérite sont des armes peu efficaces et, en général, maniées avec beaucoup de mauvaise foi au cours des discussions qui, pour l'essentiel, portent sur la fixation des frontières — chacun des adversaires cherchant à s'assurer les positions les plus favorables. En ce qui concerne la consolidation, elle n'a rien à voir ni avec le sentiment de l'équité ni avec les mérites impérissables des uns et des autres. C'est une tâche objective qui consiste à reconnaître des faits sociaux et politiques réels et dont il convient de tirer les conséquences. Justice, principes moraux et mérites n'interviennent dans le règlement des problèmes frontaliers que dans la mesure où ils contribuent à la stabilisation. Ou, plus précisément : sans un *minimum* d'équité, on ne peut envisager ni stabilisation ni pacification et certains mérites historiques et politiques sont toujours reconnus par les deux parties, *jusqu'à un certain point*, comme bases de départ du règlement.

L'autodétermination des peuples

C'est dans cet esprit qu'il convient d'apprécier le fameux droit des peuples à disposer d'eux-mêmes. La question n'est pas de savoir quels sont les arguments juridiques et moraux susceptibles d'étayer ce principe ; il s'agit de savoir si son application peut contribuer au règlement des problèmes en Europe centrale et orientale.

On voit immédiatement l'utilité de ce principe à cet égard. Nous avons dit que la source de toute confusion en Europe centrale et orientale réside dans le fait que, dans cette région, les nations sont devenues des entités réunissant des individus parlant une même langue. Pour délimiter les nations, il convient désormais de prendre en considération leurs frontières linguistiques et non leurs frontières historiques. Le sens de l'autodétermination des peuples aurait dû être de permettre à des populations de quitter des communautés historiques devenues incompatibles avec leur appartenance nationale. Malheureusement, en 1919, les artisans de la paix furent incapables d'appliquer ce principe et de fixer pour les siècles à venir les frontières des pays de l'Europe centrale et orientale. Leur faiblesse politique n'était pas étrangère à cette incapacité, mais celle-ci s'explique aussi par leur incompréhension du problème spécifique de la région, celui du passage aux frontières linguistiques. Pour eux, l'autodétermination des peuples, c'était avant tout la tendance de certains peuples au séparatisme ou à l'indépendance (création des Etats-Unis d'Amérique, séparation de la Belgique d'avec les Pays-Bas, etc.), plutôt que l'ajustement des frontières. C'est pourquoi ils virent avec satisfaction la naissance, en Europe orientale, d'Etats groupant des nations qui n'en avaient pas eu, qui n'avaient pas encore joui de leur souveraineté ou l'avaient perdue, comme la Tchécoslovaquie, la Pologne ou la Yougoslavie. Le surgissement des problèmes frontaliers, les demandes incessantes d'organisations de référendum portant sur l'appartenance de telle ou telle région à tel ou tel Etat, les a rendus perplexes. S'ils avaient proclamé le principe de l'autodétermination des peuples, c'était pour favoriser la libération de certaines nations et non pour autoriser n'importe quelle ville ou n'importe quel village à organiser des référendums sur son appartenance nationale. Aux yeux des Européens de l'Ouest, habitués à la stabilité des cadres étatiques, les référendums réitérés et les perturbations qu'ils comportaient nécessairement n'étaient pas favorables au maintien de la paix. C'est sur ce point que le principe de l'autodétermination ne tenait pas compte de la situation spécifique de l'Europe centrale et orientale. Son application stricte et intégrale étant devenue pour les artisans de la paix de 1919 un fardeau dépassant leur force, ils s'empressèrent de l'abandonner. Cet abandon contribua à faire naître en Allemagne une politique de récrimination et, par là même, à l'avènement de l'hitlérisme. Pour ce dernier, le principe de l'autodétermination des peuples n'était qu'un simple prétexte destiné à servir sa politique maniaque de puissance, ce qui acheva de discréditer l'autodétermination. Aujourd'hui, il n'est pas recommandé de s'y référer : voilà un argument que nous n'avons que trop entendu, rétorque-t-on aussitôt.

Constatons, en tout cas, que le droit des peuples à disposer d'eux-mêmes signifie *référendum* et non *Munich*. Certes, de nos jours, le référendum a également mauvaise presse. En effet, pratiqué à outrance, à n'importe quel propos, il est parfaitement inutile. Toute consolidation commence par l'élimination des litiges dans les questions essentielles. Dans le domaine international, ces litiges concernent avant tout les frontières : il n'est donc pas souhaitable que celles-ci puissent être mises en question. Par ailleurs, le référendum n'est pas toujours nécessaire pour résoudre les questions litigieuses : en Europe centrale et orientale, les statistiques et leurs confrontations permettent de fixer sans trop de difficultés les frontières ethniques et linguistiques. Enfin, il n'est pas recommandé d'organiser des référendums sur des territoires où une poignée de grands propriétaires, parlant une langue différente de celle de la population (en général arriérée), peuvent facilement influencer le vote de celle-ci, alors qu'il est clair, quand on connaît l'évolution historique de l'Europe centrale et orientale, qu'ici, comme ailleurs, l'appartenance linguistique joue un rôle décisif dans la constitution des nations. C'est pourquoi les référendums de Silésie et de Prusse orientale ont été contestables. Peuplées d'une majorité de polonophones subissant la pression de seigneurs terriens et de capitalistes allemands, ces provinces ont voté pour leur rattachement à l'Allemagne, alors qu'il est vraisemblable que seule une petite partie de leur population parlait allemand et avait des sentiments pro-allemands ; la majorité parlait polonais et n'avait encore aucune conscience nationale. Le référendum n'a pas de raison d'être dans les territoires d'une grande étendue et linguistiquement homogènes, son terrain d'application est avant tout les villes situées aux confins d'unités linguistiques et devenues litigieuses de ce fait. Il est d'autant plus important de consulter la population de ces villes que le sentiment national se fixe avant tout sur les monuments et les populations des villes — ce qui représente un problème psychologique difficile lorsqu'il s'agit de passer de la frontière historique à la frontière ethnique. Dans ces cas, la pacification ne peut être obtenue que par voie de référendum, quel que soit son résultat.

Ainsi, si l'on recourt au référendum pour favoriser la stabilisation en Europe, il convient d'abord de veiller à ne pas l'organiser là où les frontières linguistiques sont nettement délimitées, à réserver son usage aux endroits critiques et ensuite, à ne pas perdre de vue que le référendum est un instrument de stabilisation et non de déstabilisation ; il convient donc de ne pas y recourir pour contester des frontières stables et de ne pas revenir sur ses résultats en organisant un second au même endroit.

La reconnaissance de l'importance décisive des frontières linguistiques a entraîné l'application d'un moyen redoutable, celui *des échanges et des expulsions de populations*. Ils furent inaugurés à propos des litiges gréco-turcs, et malgré les conditions anarchiques, voire inhumaines de leur déroulement, ils ont abouti à des résultats surprenants, mais satisfaisants : les hostilités entre les deux pays, dont on croyait qu'elles allaient se poursuivre pendant des siècles, cessèrent en moins de dix ans. Mais au cours de la Deuxième Guerre mondiale, Hitler a abusé de ce moyen : il installa le long des frontières linguistiques de l'Allemagne des colons venus de provinces lointaines, fit déporter la population autochtone de ces territoires et recula ainsi les frontières politiques de son pays. Il rapatria même des Allemands de territoires étrangers où ils n'avaient jamais soulevé le moindre problème de minorité. Mais en les établissant au-delà des frontières linguistiques allemandes et en faisant déporter les populations des territoires ainsi colonisés, il sema les graines de terribles hostilités. Au lieu de devenir source de stabilisation, cette sorte de colonisation se révéla être un facteur d'instabilité.

Si cette invention hitlérienne devait trouver une application pratique constante par des Nations unies, l'évolution ultérieure de l'Europe serait gravement compromise. Ce serait supprimer le dernier facteur de stabilisation des frontières en Europe, la stabilité des populations. Au lieu d'attendre pour obtenir les territoires qu'elles convoitent, les nations guetteraient l'occasion historique pour expulser et faire déporter les populations allophones qui y habitent. Il ne faut pas écarter *a priori* tout échange de populations, mais, si nous ne voulons pas transformer l'Europe en une vaste route de migrants apatrides, il serait temps de tirer les enseignements des échanges de populations gréco-turques et de tous ceux qui se sont déroulées depuis, pour en fixer les principes et les méthodes. L'échange de populations n'a de raison d'être que si les frontières ethniques ne peuvent être respectées pour des raisons géographiques, et si le statu quo historique ne peut être maintenu en raison de l'exacerbation des conflits qu'il entraîne. De plus, il convient de déclarer avec la plus grande netteté que tout échange de populations doit se dérouler sur la base de la réciprocité, sur décision et sous contrôle de la communauté des nations et de plus qu'il est irréversible. Si ces préalables ne sont pas observés, l'arme à double tranchant qu'est l'échange des populations se retournera contre ses inventeurs et, au lieu de servir la consolidation européenne, il constituera le point de départ d'une redoutable anarchie.

Mais formuler des principes de consolidation internationale ne relève-t-il pas de l'utopie, alors que « par la nature même des choses », la conclusion des traités de paix, la fixation des frontières est toujours une question de rapports de forces et de volonté de pouvoir ? En posant cette question, nous abordons le problème le plus critique de la vie internationale : *la technique du bon traité de paix*.

7. La bonne manière de conclure la paix

Le grand historien italien Gugliemo Ferrero résume en quelques formules frappantes la tâche énorme et contradictoire que comporte la préparation d'un traité de paix. « Tout traité de paix, écrit-il, comporte des contraintes pour le vaincu. Or, selon un impératif de notre conscience, toute obligation doit être affaire de libre consentement... Ainsi, la conclusion d'un véritable traité de paix passe par une contradiction : ... il faut introduire suffisamment de liberté dans un acte naturellement contraignant et assurer suffisamment d'avantages à côté des sacrifices imposés pour que le traité soit ressenti comme une obligation morale que le vaincu lui-même ait intérêt à respecter plutôt qu'à tenter de le violer. » En d'autres termes, il faut faire en sorte que le vaincu trouve profit à consolider de son propre gré une situation issue d'un pur rapport de forces à la suite d'une guerre perdue. N'allons pas croire qu'imposer la paix aux vaincus ne constitue aucun problème pour le vainqueur. Nous sommes trop habitués aux diktats pour nous apercevoir d'un étrange atavisme : alors même que le vainqueur a toute latitude de dicter ses conditions au vaincu, nous nous en tenons aux formes d'un traité négocié qui oblige le vainqueur lui-même à renoncer à certains avantages pour faire accepter la paix à son adversaire. Il s'agit bien là d'éléments atavistiques, d'un atavisme hérité du XVIIIe siècle, donc d'une époque plus évoluée que la nôtre en matière de diplomatie.

Ferrero et d'autres nous ont familiarisés avec l'idée qu'au XVIIIe siècle, l'art militaire, avec son souci constant de ménager les vies humaines et le matériel, d'emporter avec soi ses approvisionnements, de restreindre autant que possible le théâtre des opérations militaires et de n'y entraîner que des soldats professionnels, représentait un degré d'humanisation de la guerre jamais atteint depuis. Au milieu du XVIIIe siècle, pendant les incessantes guerres coloniales franco-anglaises, il était possible de voyager librement entre Paris et Londres et les contacts sociaux et scientifiques étaient maintenus entre les deux nations. Il nous est loisible de nous scandaliser d'un monde où, pendant que les soldats couverts de boue et de sang s'entretuaient, marquis, dames élégantes et beaux esprits continuaient à deviser brillamment. Cependant, seule une société qui aurait complètement exclu la guerre de sa vie aurait le droit de s'en indigner. Mais si nous ne sommes pas capables d'éliminer la guerre, nous ne pourrons nier qu'une guerre réglementée, limitée aux champs de bataille, comparable à un duel, vaut mieux qu'une guerre atomique. Certes, le duel est une survivance stupide du Moyen Age, mais par rapport à la loi de la jungle, il représente un progrès de la civilisation.

A cette guerre réglementée, « humanisée », correspondent les traités de paix du XVIIIe siècle, fondés sur des concessions réciproques et des compensations territoriales et conclus sans contrainte et *sans passion*. Tout cela était entièrement conforme à la culture politique de la monarchie et de l'aristocratie européennes, formée de longue date.

A cet univers de guerres sans passion et de traités de paix sans esprit de vengeance succéda le système napoléonien des guerres dévastatrices (dont les soldats vivaient aux dépens des populations des théâtres d'opérations) et des diktats de paix terroristes. Pendant vingt ans, les armées napoléoniennes déferlèrent sur toute l'Europe ; il fallut vingt ans aux monarchies légitimes pour mettre fin à la confusion qui résulta de cette situation. En 1814 à Paris et en 1815 au Congrès de Vienne, le climat des négociations de paix était déjà semblable à celui si néfaste qui régnait en 1919. Il pourrait en être de même en 1946, car la bête immonde qui vient d'être terrassée avait accumulé trop de haine et de désir de vengeance pour que les vainqueurs ne soient pas tentés de présenter la note à la nation vaincue, sans se préoccuper de savoir si celle-ci est en mesure de payer et si, dans ces conditions, tout traité de paix ne risque pas d'être illusoire. En même temps, échos lointains de la confusion engendrée par Napoléon, les projets impérialistes les plus insensés ont été conçus notamment par des puissances de second et de troisième ordres situées dans le sillage des vainqueurs. Ainsi, les conditions du « traité de paix dépourvu de passion », que connut le XVIIIe siècle, n'étaient plus réunies, trop de violences, trop de pillages, trop de diktats avaient jalonné la route triomphale de Napoléon pour qu'on ne cherchât pas à « rendre la monnaie de sa pièce ». Comme le montre Ferrero dans son brillant ouvrage intitulé *Reconstruction*, Talleyrand fut le premier à comprendre que la culture politique aristocratique, en voie de décomposition, était définitivement caduque et qu'il fallait fonder la paix sur des bases plus solides, sur *des principes*. « Pour accomplir une œuvre durable, nous devons nous en tenir à des principes. *Si nous avons des principes, nous sommes forts,* nous ne rencontrons pas de résistance, ou si nous en rencontrons, nous la surmontons en peu de temps », dit Ferrero citant Talleyrand. Ce principe, celui de *la légitimité,* fut trouvé par le même Talleyrand qui réussit à le faire adopter par le Congrès de Vienne.

L'opinion publique de nos jours est encline à voir dans le principe de la légitimité une invention purement réactionnaire, car elle l'associe à la Sainte-Alliance. Ce n'est qu'une illusion d'optique. La légitimité était l'invention du diplomate libéral Talleyrand, alors que la Sainte-Alliance était celle du Tsar Alexandre — d'esprit chimérique —, et devint l'instrument de la politique de Metternich. Au moment de son acceptation, le principe de la légitimité ne visait nullement à combattre les idées libérales, il devait servir à créer la stabilité dans les Etats européens sombrés dans l'anarchie, et à régler le statut territorial européen complètement bouleversé au lendemain des guerres napoléoniennes. Si au cours de cet essai, nous n'avons cessé de répéter que pour l'Europe occidentale, les bonnes frontières étaient les frontières historiques, nous n'avons rien voulu dire d'autre que pour régler le statut territorial de l'Europe occidentale, aujourd'hui, comme à l'époque de Talleyrand, nous devons nous en tenir au principe de la légitimité historique.

Grâce à ce principe, après la paix de Paris et le Congrès de Vienne, l'Europe retrouva son équilibre en peu de temps ; la France vaincue et accusée reprit sa place dans le concert des nations européennes. Certes, l'idée de la liberté fut quelque temps reléguée au second plan dans ce pays, mais à partir de 1830, elle réapparut avec vigueur et obtint des résultats solides, dus avant tout à la stabilité du système international édifié en 1815. Ce système survécut aux crises entre 1848 et 1871, et, amélioré sur certains points, détérioré sur d'autres, il demeura en gros inchangé jusqu'en 1914, garantissant à l'Europe une période de cent ans, pendant laquelle la paix était la règle et la guerre l'exception.

En 1914, l'Europe des aristocrates, qui avait su mettre sur pied les traités de paix de 1814-1815, était déjà minée de l'intérieur. En proie à la folie meurtrière de la Première Guerre mondiale, elle s'effondra en 1918. La guerre totale ayant soulevé de violentes passions parmi les foules, les négociations de paix s'engagèrent dans un esprit de revanche et de vengeance. Plus encore qu'en 1814, seule, une paix fondée sur des principes solides et reconnus par tous, aurait pu contrebalancer les effets néfastes de tant de haines accumulées. En Europe centrale et orientale la nécessité de régler les problèmes territoriaux s'imposait avec une acuité particulière après la disparition simultanée de l'Empire des Habsbourg, de l'Empire ottoman, de la Russie tsariste et de l'Allemagne des Hohenzollern ; il était urgent d'y intervenir pour hâter la stabilisation et prévenir le retour à la guerre. Le principe de cette stabilisation était donné, c'était le droit des peuples à l'autodétermination que nous pouvons également appeler la forme *démocratique* de la légitimité. Fort de ce principe, le président Wilson traversa l'océan pour conclure la paix. Le programme de son application pratique, à savoir le démembrement de l'Autriche-Hongrie et la constitution d'Etat nationaux sur la base de frontières linguistiques, était judicieux. Pourquoi après de telles prémisses, cette traversée aboutit-elle à un fiasco honteux, alors que le monde en était arrivé à un tournant de son histoire ? De nombreux historiens ont cherché à répondre à cette question. En ce qui nous concerne, qu'il nous suffise de dire que la différence entre 1919 et 1815 consiste en ceci : si, dans l'un et dans l'autre cas, les artisans de la paix ont proclamé un principe, les signataires du traité de 1919 n'eurent pas la force de l'appliquer. Ils refusèrent d'accéder au désir d'unification clairement exprimé de certains peuples, de liquider des entités historiques pourtant vouées à la disparition ; en liquidant d'autres, ils n'eurent aucun égard aux sentiments historiques qui s'attachaient aux territoires intéressés, mais tinrent compte d'une façon totalement insensée des points de vue géographiques, stratégiques, communicationnels, etc., ou plutôt permirent aux intéressés de les utiliser pour satisfaire leurs stupides demandes inspirées par la peur, comme par exemple, le recul des frontières linguistiques jusqu'à une ligne de défense « naturelle », etc. De telles exigences sont à l'origine de litiges frontaliers particulièrement exacerbés et inutiles ; elles aboutissent au rattachement de populations à un pays avec lequel elles n'entretiennent aucun lien historique ou ethnique ; quelle loyauté peut-on attendre de la part de ces populations envers leur nouvel Etat ? Avant 1914, l'Europe ne connaissait que quelques situations de ce type : celle des Français de l'Alsace-Lorraine en Allemagne et celle des Polonais en Russie et en Prusse. Mais après 1918, le nombre de ces situations augmenta au lieu de diminuer. *C'est pour cette raison* que le règlement de 1918 a été mauvais et non parce que les principes de base ne valaient rien. D'innombrables confusions, d'incommensurables déceptions nacquirent de ce règlement et le chaos ainsi créé engendra entre autres ce monstrueux arrière-petit-fils du nihilisme et du cynisme napoléoniens : l'hitlérisme maniaque et cynique.

Aujourd'hui, la Deuxième Guerre mondiale est derrière nous. Nous venons de vivre une guerre dont les méthodes dépassent de loin en cruauté tout ce que les guerres totales ont produit jusqu'à présent. La réalité de la sauvagerie humaine dépasse la fiction de la propagande et les passions ainsi déchaînées menacent de balayer la raison et la stabilité. C'est dans ces conditions que nous assistons à l'ébauche d'une nouvelle œuvre de paix : vainqueurs et vaincus se réunissent pour mettre fin à la guerre. La forme qu'ils entendent conserver est celle des traités de paix, tels qu'ils existent depuis le XVIIIe siècle. Mais comment faire pour que l'esprit d'équité et de loyauté de ces traités soit tant soit peu sauvegardé ?

*Les dangers du confusionnisme
et les moyens de le surmonter*

Pour maîtriser les passions déclenchées et exacerbées par la Deuxième Guerre mondiale, et pour en préserver la paix, il faudrait appliquer des principes fondés sur le consensus des nations. Jamais le manque de principes, la politique de force et du « coup par coup » n'ont été aussi lourds de menaces que de nos jours. Déjà, en 1918, alors que les artisans de la paix disposaient de principes de base, le fait de ne pas les avoir appliqués intégralement aboutit à la catastrophe. A plus forte raison, que pouvons-nous attendre d'une conférence de paix dont les participants répugnent d'une façon quasi pathologique à adopter clairement des principes valables pour tous ? Les prises de position générales en faveur de l'humanité et de la démocratie ne servent à rien, si l'on n'adopte pas de principes applicables dans le concret à la solution du problème central de la paix, celui des litiges frontaliers. En effet, ces principes constituent bien le problème central de la paix, son seul élément durable. Il convient de fixer les frontières de façon à prévenir toute contestation ultérieure.

Deux questions se posent ici. D'abord : quels sont les principes dont la situation actuelle exige l'application ? Ensuite : comment, dans la pratique, assurer le triomphe des principes face aux traits et aux forces de la politique de puissance ?

En ce qui concerne la première question, nous croyons avoir donné suffisamment d'indications dans les chapitres précédents. Nous avons montré qu'il ne s'agissait pas d'appliquer des principes nouveaux et rigides, mais de tirer des conclusions pratiques qui s'imposent d'ailleurs depuis longtemps. Le principe fondamental doit être celui de l'autodétermination des peuples, cette forme démocratique du principe de la légitimité. En Europe occidentale, la légitimité historique fait bon ménage avec l'autodétermination des peuples et il n'est ni nécessaire ni recommandable de modifier les frontières historiques en invoquant des arguments d'ordre ethnique. Mais en Europe centrale et orientale, si l'on veut tracer des frontières « légitimes » du point de vue démocratique, il faut recourir au principe linguistique et ethnique, le seul qui permette de délimiter les nations entre elles. Nous voyons donc qu'il ne s'agit pas de proclamer des principes nouveaux, mais de s'en tenir à un système de principes élaboré par l'Histoire et découlant organiquement les uns des autres ; en effet, les principes fondamentaux de 1815, de 1919 et de 1946 se complètent et forment un système cohérent.

En ce qui concerne leur application pratique, il convient de trouver un accord de principe sur les problèmes du référendum et du transfert des populations. Nous avons dit plus haut que, dans les deux cas, *ce qu'il importe avant tout, c'est que ces institutions servent à résoudre des problèmes et non à en créer de nouveaux*. Donc, à propos du référendum, il faut déclarer avec netteté : 1) qu'il ne faut y recourir que là où la situation ethnique est embrouillée, 2) qu'il n'ait lieu que sur les territoires dont la population possède une maturité politique suffisante, 3) que les résultats du référendum ne sont pas sujets à révision. En ce qui concerne l'échange des populations : 1) on ne doit y recourir qu'en dernière extrémité, lorsque toute autre solution est impossible, 2) l'échange doit être réciproque, il faut éviter les expulsions et déportations unilatérales, 3) il doit être décidé par la communauté des nations et se dérouler sous son contrôle et 4) il doit être irréversible.

Principes et pouvoir

Il est plus difficile de répondre à la seconde question. Que deviendront nos beaux principes face aux forces du pouvoir ou, comme on le dit généralement, peut-on imaginer que lors de la conclusion de la paix, les principes l'emportent sur les rapports de forces ? La réponse est simple : *Non*. Ni en 1819 ni en 1915, on *n'a* voulu empêcher la prise en considération des rapports de forces. Pour conclure la paix, il est indispensable d'en tenir compte d'une façon ou d'une autre. Il en a été ainsi en 1815, mais la prise en compte des rapports de forces se faisait alors *en conformité avec les principes dominants*. Si la revendication d'une des puissances ne pouvait aboutir parce qu'elle heurtait un de ces principes, on cherchait à lui offrir une compensation ailleurs, dans un domaine où aucun principe ne s'y opposait. C'est donc une grave erreur que de croire que le respect des principes gêne la conclusion de la paix ; au contraire, il la facilite. Certes, il n'est pas aisé de concilier les appétits du pouvoir avec les exigences des principes. Mais conclure la paix sans s'appuyer sur des principes représente une tâche surhumaine, voire totalement impossible. En effet, l'absence de principe risque de faire perdre la raison aux parties en présence, en rendant possible *n'importe quelle* revendication et *n'importe quelle* contre-revendication. « Pourquoi pas ? » entendra-t-on tout au long des négociations. Exigences et contre-exigences puis, ce qui est le plus grave, les solutions adoptées donneront naissance à des monstruosités parfaitement déraisonnables, opposées au bon sens et à la morale internationale. On s'y cramponnera pourtant, car dans un climat de peur irréelle, grandissante, la plus modeste entente exige tant d'efforts pénibles que l'on s'y tient, coûte que coûte, aussi absurde soit-elle. Or, des principes solidement charpentés nous protégeraient précisément contre ces « solutions » monstrueuses.

Quelle sera l'œuvre de paix dont la gestation se poursuit sous nos yeux ? Nous n'en savons rien, mais les prémices ne sont guère encourageantes. Reste-t-il quelque espoir de voir s'amorcer un processus de consolidation, sinon dans l'immédiat, tout au moins dans un avenir pas trop éloigné ? Pour répondre à cette question, ne perdons jamais de vue le fait qu'en Europe centrale et orientale aucune consolidation n'est possible sans l'éclaircissement, sur la base des principes, des problèmes territoriaux. Tout discours qui cherche à obscurcir cette vérité fondamentale est, soit un tissu de phrases vides qui ignorent les véritables maux de la région, soit l'émanation d'une volonté délibérée de brouiller les pistes. Bien entendu, il n'est pas question de laisser exposer, se développer la phraséologie irrédentiste et révisionniste, de favoriser l'étalage des griefs à propos des problèmes territoriaux, car de telles méthodes ne feraient qu'aggraver la misère de ces malheureuses régions. Il faut empêcher les peuples d'Europe centrale et orientale d'inquiéter sans cesse l'Europe avec leurs conflits territoriaux. L'Europe a besoin de stabilité, il faut donc interdire par la force à la fois toute propagande irrédentiste et toute oppression des minorités Mais nous savons aussi que pour être stables, les frontières doivent être justes et *acceptables*. Ainsi, au cours des négociations qui se poursuivent actuellement, toute possibilité d'entente doit être exploitée, car les problèmes territoriaux laissés en suspens constituent une source de dangers majeurs. Si malgré tout, certaines frontières fixées par les traités de paix à conclure doivent se révéler insatisfaisantes, impraticables ou injustifiables, il est indispensable que l'opinion publique des grandes puissances qui régissent les destinées du monde se penche sur ces problèmes en connaissance de cause. C'est que, demain, comme ce fut le cas hier, l'Histoire connaîtra une succession d'époques de stabilité et d'instabilité, même si ces dernières, espérons-le, ne conduiront pas nécessairement à la guerre. Mais, en tout état de cause, il faut empêcher les nations de cette région de créer elles-mêmes des situations d'instabilité. Si, par malheur, l'instabilité s'installe, l'opinion publique mondiale avertie devra en profiter pour intervenir en vue de consolider définitivement l'Europe centrale et orientale.

Au cours de nos considérations, tout en effleurant souvent les problèmes généraux de la politique, nous avons volontairement restreint nos investigations aux problèmes concrets de l'Europe centrale et orientale. Pourtant, nous avons l'impression d'avoir traité le problème central, le problème le plus important de la consolidation mondiale. Une telle affirmation peut paraître étrange à première vue, car nous sommes habitués à réfléchir « à l'échelle mondiale », et à penser qu'à côté des grandes controverses qui agitent le Proche-Orient, l'Extrême-Orient ou l'hémisphère occidental, les problèmes de l'Europe centrale et orientale, région d'une étendue relativement modeste, ne constituent qu'*un problème parmi d'autres*. Or, c'est une erreur grave. Les problèmes de l'Europe centrale et orientale diffèrent de ceux, petits ou grands, du Proche-Orient, de l'Extrême-Orient ou de l'hémisphère occidental sur un point que l'on peut difficilement qualifier de négligeable; ils sont à l'origine de deux guerres mondiales déclenchées en une seule génération et si, par malheur, une troisième guerre mondiale devait éclater, ce ne serait certainement pas à cause de l'Iran, de la Mandchourie, des Dardanelles ou de l'Espagne mais, comme les deux précédentes, à cause de l'anarchie de l'Allemagne et des petites nations qui vivent à l'est de l'Allemagne. Rien n'est plus vain que de s'efforcer d'extirper l'esprit d'agression, tout en aggravant les incertitudes et les mécontentements. Même si la prochaine guerre mondiale ne commence pas forcément sur ces territoires, ceux-ci en seront l'enjeu. Malgré leur étendue modeste, ils constitueront le danger principal pour la paix du monde, tant qu'ils demeureront une source majeure d'anarchie, d'incertitudes et de mécontentements.

1946.

LA QUESTION JUIVE EN HONGRIE APRÈS 1944

Entre 1941 et 1945 plus d'un demi-million de Juifs hongrois ont péri dans les camps de travail de l'armée, à la suite d'atrocités commises par les forces de l'ordre, en déportation et dans les camps de concentration. Après la libération et passé l'effet du premier choc, l'antisémitisme renaît sensiblement autour des rescapés et des survivants. Des organismes officiels et semi-officiels, des institutions de caractère social ou moral ont publié à ce sujet diverses déclarations dont l'essentiel se résume en deux thèses simples. Selon la première, la majorité du peuple hongrois se serait tenue à l'écart des monstruosités perpétrées par les Allemands et leurs laquais; quant aux meilleurs Hongrois, ils auraient tout fait pour prévenir ces tragiques événements. La seconde thèse consiste en la condamnation de l'antisémitisme renaissant et appelle à le combattre avec toutes nos forces. Répétées et variées à l'envi dans les résolutions des divers congrès, colloques et autres rencontres, organisés par des institutions et associations animées par ailleurs de la meilleure volonté, ces thèses laissent néanmoins insatisfaits leurs auteurs, vaguement conscients de ne pas avoir tout dit. Mais toutes les tentatives visant à formuler ce non-dit ont abouti à des échecs, provoquant des sentiments d'hostilité ouverte ou dissimulée qui, à leur tour, ont empêché la poursuite de toute discussion. Les affirmations tendant à imputer la responsabilité de la persécution et de l'assassinat des Juifs à l'ensemble du peuple hongrois ont été rejetées par les officiels comme par l'opinion publique : il ne faut pas nous peindre plus noirs que nous ne le sommes. D'autre part, lorsqu'une réunion informelle d'ecclésiastiques est allée, au nom du peuple hongrois et de leur Eglise, jusqu'à *demander pardon* aux Juifs, cette humilité jugée excessive a été accueillie par un murmure d'indignation. Les révélations et les descriptions détaillées des horreurs ont provoqué des réactions maussades chez les officiels comme dans l'opinion publique qui ont autrefois admis qu'il était impossible d'empêcher de la sorte l'abréaction partielle de ces événements atroces, que c'était là un mouvement à la fois naturel et profondément humain. D'un autre côté, certains reprochaient aux Juifs de revendiquer le privilège de la souffrance ou, sur un ton plus indulgent, les mettaient en garde contre toute démesure dans leur réclamation de représailles ou encore les invitaient à pardonner et à oublier le passé. Ce qui déclencha l'indignation des Juifs et il ne resta plus alors qu'à retirer ou à nuancer de telles déclarations. Tout se passe comme si une conspiration du silence s'était créée autour de la question : il est interdit de proférer autre chose que des banalités. Certes, il ne sert à rien de raviver des blessures, mais noyer le poisson et refuser de voir les problèmes en face est une solution bien pire que la réouverture des dossiers, aussi douloureuse fût-elle. Demandons-nous donc franchement si les deux thèses conventionnelles répétées jusqu'à satiété, au cours de ce débat, sont suffisantes pour orienter les pensées : suffit-il de dire que *la majorité* du peuple hongrois n'a pas persécuté et assassiné les Juifs et apportons-nous une solution au problème en condamnant et, éventuellement, en châtiant les *manifestations* de l'antisémitisme ?

1. Notre responsabilité dans ce qui s'est passé

Les lois antijuives [1]

Résumons d'abord les événements. A partir de 1919, la Hongrie fut dominée par un régime de type essentiellement féodal et conservateur, né au milieu des excès antisémites et fondé d'une part sur la limitation du rôle des Juifs dans la vie politique et dans l'administration publique, et d'autre part, sur le maintien de leur importance dans la vie économique, voire sur le renforcement de leur pouvoir dans ce domaine grâce à l'essor du capitalisme monopolistique. Cette politique de duplicité (acceptation de l'antisémitisme en matière de politique et soutien accordé au capitalisme en grande partie juif) créa dès le départ une tension qui tenait à faire admettre que la « solution » de la « question juive » consistait en la liquidation du pouvoir économique des Juifs et faisait apparaître celle-ci comme étant le problème *social* n° 1 de tout le pays. Quant au régime féodal et conservateur, tout en s'opposant à la mise en évidence de toute question sociale, il préférait, en désespoir de cause, et ne pouvant pas faire autrement, restreindre le problème aux seuls Juifs plutôt que de poser la question sociale dans toute son ampleur. Cette tension s'aggrava particulièrement avec la crise économique des années trente et l'arrivée d'Hitler au pouvoir. Après l'Anschluss, le voisinage de l'Allemagne hitlérienne et le fait que les dirigeants du pays ainsi qu'une opinion publique nationaliste attendaient satisfaction des revendications territoriales [2] de la Hongrie, à la faveur d'une convergence

---

1. La première loi antijuive (décret n° 15 de 1938) fixe la proportion des Juifs de confession israélite dans certaines professions. La deuxième loi (décret n° 4 de 1939) qualifie de Juifs ceux qui ont un parent ou deux grands-parents juifs et introduit de nouvelles limitations concernant le pourcentage des Juifs dans certaines professions, dont quelques-unes leur sont désormais interdites. Enfin le décret n° 15 de 1941 interdit le mariage entre Juifs et Chrétiens et prévoit des sanctions en cas de relations sexuelles entre Juifs et Chrétiens hors des liens du mariage.
2. La Hongrie « historique » s'étendait de la chaîne des Carpates à l'extrémité septentrionale de la mer Adriatique et, à l'Ouest, jusqu'aux contreforts des Alpes autrichiennes. Signé à l'issue de la première guerre mondiale, le traité de Trianon

207

politique entre la Hongrie et l'Allemagne, ont hâté la naissance d'une législation discriminatoire aux dépens des citoyens juifs. La nécessité d'une telle législation était également soulignée par les éléments les plus « européens » du régime conservateur : à les entendre, toute politique attentiste à l'égard de l'hitlérisme devait éviter de le combattre ouvertement tout en donnant satisfaction aux Allemands et à la droite antisémite hongroise par la promulgation de lois de ce type, dont les Juifs, à les entendre, auraient eu moins à pâtir que des conséquences d'un régime des Croix fléchées ou d'une opposition radicale aux Allemands. Envisagé, non pas du point de vue de la lutte contre le fascisme, mais du sauvetage des Juifs hongrois, un tel raisonnement *aurait pu* se révéler juste, dans certaines conditions. Il a porté ses fruits en Roumanie, où une politique à peu près analogue a permis d'épargner la vie de la majorité des Juifs, alors que ceux des pays ayant suivi les Allemands à cent pour cent ou s'étant opposés à eux à cent pour cent furent victimes d'atrocités. Mais une telle politique ne se justifiait que dans la mesure où ses objectifs — le sauvetage des Juifs — étaient clairs et nets. Ce qui impliquait la réduction au strict minimum de la législation antijuive, des mesures énergiques pour barrer la route aux éléments d'extrême droite et l'abandon, au moment opportun, de l'alliance avec l'Allemagne. Or, la Hongrie fit le contraire. La loi fondamentale de la législation antijuive, la « seconde loi antijuive » dépassa le « strict minimum », et ce qui l'empêcha de devenir l'instrument du sauvetage des Juifs, ce n'était pas tellement son contenu que les circonstances de sa promulgation : elle avait été conçue sur l'instigation de l'extrême droite, sous le signe de la surenchère et du compromis entre celle-ci et le

---

attribua les deux tiers de ce territoire aux Etats voisins : Tchécoslovaquie, Roumanie, Yougoslavie. L'alliance entre Hitler et le régime de l'amiral Horthy, au pouvoir entre 1920 et 1944, valut à la Hongrie de « récupérer » la bande méridionale de la Slovaquie, la Russie subcarpathique, le nord de la Transylvanie, précédemment rattaché à la Roumanie, et la région du Bánát, en Yougoslavie ; ces territoires étant habités par une population à majorité hongroise. Après la deuxième guerre mondiale, tous ces territoires furent à nouveau rattachés à la Tchécoslovaquie, à la Roumanie et à la Yougoslavie, à l'exception de l'Ukraine subcarpatique qui fut attribuée à l'Union soviétique.

gouvernement, ce dernier ayant permis à la première de considérer cette loi comme un point de départ et non, comme on l'avait pensé d'abord, comme une ultime concession. Comme cette loi fut suivie non pas par l'anéantissement définitif de l'extrême droite, mais par l'agitation des Croix fléchées et des partis d'Imrédy, par leurs campagnes de haine et leurs offres de service aux Allemand, la loi antijuive fondamentale dut être complétée chaque année par de nouvelles lois de plus en plus racistes, entraînant des persécutions de plus en plus inhumaines. Cependant, les éléments féodaux et conservateurs du régime avaient réussi à obtenir que ces lois épargnent le grand capital juif et réservent leurs foudres à la classe moyenne, à la petite bourgeoisie et au prolétariat juifs. Ainsi, bien que la législation antijuive ait fait écho aux revendications sociales des masses, certes en les dénaturant, la « question » n'en était pas réglée pour autant. Loin de faire tomber le vent qui gonflait les voiles de l'extrême droite, le gouvernement l'avait renforcé, et au lieu de conjurer le danger d'une sanglante persécution antijuive, il avait, « en toute légalité », habitué la société hongroise à l'idée de la marginalisation, à l'idée que le respect obligatoire de la dignité humaine ne s'appliquait pas aux Juifs. Ainsi, dans la logique de la compétition et de la surenchère avec l'extrême droite, les lois antijuives furent suivies de mesures visant d'abord à priver les Juifs de toute dignité humaine et cela dans tous les domaines et, ensuite, à un rythme de plus en plus rapide, à mettre en danger leur vie elle-même.

Persécution et meurtre des Juifs

Ce processus avait commencé avec les exactions de l'administration militaire dans les territoires rattachés à la Hongrie [1]. Une grande partie des officiers, supérieurs ou non,

1. V. note 2 p. 207. Il s'agit de territoires attribués à la Hongrie en 1938, 1939, 1940 et 1941, à la suite de l'invasion de la Tchécoslovaquie par les troupes germano-hongroises, des « accords de Vienne » rattachant le nord de la Tchécoslovaquie à la Hongrie et de l'occupation militaire d'une partie de la Yougoslavie.

de l'armée profita de cette situation pour mettre plus ou moins hors la loi les Juifs des territoires qui relevaient de leur commandement. Le traitement qu'ils leur réservaient était sans doute conforme à l'image que ces officiers se faisaient d'une administration authentiquement nationaliste. Peu après, certains Juifs furent affectés au service du travail obligatoire auprès des armées. Ces citoyens furent ainsi livrés à l'arbitraire des autorités militaires et durent subir les pires sévices, allant jusqu'au génocide dans les régions où se déroulaient les opérations militaires. Cela, avec l'encouragement de nombreux chefs d'armée de rang supérieur. En 1941, peu après l'entrée de la Hongrie dans la guerre, les autorités hongroises firent déporter en Galicie (Pologne) vingt mille Juifs « de nationalité indéterminée »; l'administration militaire allemande de cette province ne tarda pas à les prendre en charge et à les exterminer par la voie la plus rapide. Les autorités hongroises s'abstinrent par la suite d'opérer des transferts de ce genre, mais cela n'empêcha pas certains responsables de l'administration d'arrêter, d'insulter ou d'éloigner des Juifs soit dans les trains, soit dans certains endroits particulièrement fréquentés de la capitale, tel le Corso ou le « Rivage romain [1] ». Si ces opérations furent stoppées à temps, le rappel à l'ordre ne fut pas assez énergique pour ôter aux responsables l'envie de recommencer à la première occasion. La série de ces actes irresponsables culmina en janvier 1942 dans la région de Novi-Sad attachée depuis peu à la Hongrie : sous prétexte d'entreprendre une action contre les partisans, des unités de l'armée régulière hongroise occupèrent une ville et plusieurs communes et, à l'instigation d'officiers supérieurs, elles provoquèrent un véritable bain de sang et se livrèrent à des actes de pillage, ne ménageant ni les femmes ni les enfants : dans la ville, la plupart des victimes étaient juives. Bien que les principaux responsables de ces atrocités aient pu se réfugier en Allemagne où ils jouissaient de l'impunité, la consternation provoquée par ces actes de barbarie fut suffisante pour amener les autorités

---

1. Le « Rivage romain » est un des lieux d'excursion les plus fréquentés par les Budapestois. Il s'agit des rives du Danube, au nord de la capitale, rives au long desquelles de nombreux vestiges romains ont été mis au jour.

à marquer un temps d'arrêt dans les persécutions antijuives. Il est vrai qu'il fallut attendre six mois pour que les instances compétentes reconnaissent l'exactitude des faits rapportés. Malgré tout, à partir de l'été 1942, Vilmos Nagy étant ministre de la Défense nationale, il apparut qu'il était possible, non sans difficulté, certes, de mettre un frein au déchaînement et aux actes arbitraires de certains militaires, et de transformer le service du travail obligatoire en une usine militaire plus ou moins organisée. Malgré la promulgation de nouvelles lois antijuives votées sous la pression d'une opinion publique antisémite, le pays semblait pouvoir réussir à échapper petit à petit à l'étreinte de l'alliance avec l'Allemagne et — malgré la multiplication des actes de barbarie — à éviter aux Juifs de partager le sort de leurs coreligionnaires des territoires directement administrés par les Allemands.

Mais le 19 mars 1944 les Allemands commencèrent à occuper la Hongrie et, après trois jours d'hésitation, le Régent accepta de céder en nommant un gouvernement présidé par Sztójay. Les occupants décidèrent aussitôt la déportation et l'extermination des Juifs hongrois. Peu de temps après, un décret prescrivit pour eux le port obligatoire de l'étoile jaune, mesure qui fut suivie de leur concentration dans des ghettos. Quant aux déportations, elles furent exécutées par les Allemands avec l'aide des forces de l'ordre hongroises, placées sous la direction des Croix fléchées, et, surtout, avec la collaboration de la gendarmerie. Dans la pratique, cela signifiait que le mode et l'horaire des déportations étaient fixés par les Allemands, le rassemblement et la mise en wagons des Juifs revenaient aux gendarmes hongrois qui s'acquittaient de cette tâche avec beaucoup de cruauté. Les convois ainsi formés étaient pris en charge par les Allemands qui les acheminaient au-delà des frontières de la Hongrie. Quant à l'armée et à l'administration hongroises, elles avaient à accomplir — avec entrain ou à leur corps défendant, de façon tantôt humaine, tantôt inhumaine — les tâches subalternes qu'entraînaient les opérations de déportation : installation et ravitaillement des camps, recensement, vérification des pièces d'identité, examen des demandes de dérogation, conduite des convois, etc.

Déjà le rassemblement, avec, éventuellement, interrogatoires visant à « récupérer » les objets de valeur cachés par les intéressés, la mise en wagons et le transport se déroulèrent la plupart du temps dans des conditions épouvantables qui coûtèrent la vie à de nombreuses femmes enceintes, à de nombreux malades, enfants et vieillards, et provoquèrent la démence d'une multitude d'hommes par ailleurs robustes. La plupart des déportés furent transférés dans des camps d'extermination allemands, où le mépris de la dignité humaine atteignit un degré jusqu'alors inconnu dans l'histoire, dépassant ce qu'avaient connu les esclaves et les gladiateurs de l'Antiquité : après avoir effectué un tri parmi des déportés, les avoir dépouillés de leurs vêtements et les avoir rasés sans considération d'âge et de sexe, leurs bourreaux les maintenaient dans des conditions d'alimentation et d'hygiène à peine imaginables, avant de les conduire à la mort à travers les chambres à gaz, les carrières, les baraquements surpeuplés, les bordels de camp et les laboratoires où ils étaient soumis à des expériences médicales, ils mouraient victimes d'intoxication, succombaient au feu, au peloton d'exécution, aux tortures, au travail forcé, au froid ou des suites des expériences médicales. Le nombre de ces déportés, provenant de la Hongrie « agrandie »[1], était d'environ 700 000, une grande majorité d'entre eux périrent dans les camps d'extermination allemands ; une centaine de milliers de rescapés, échoués dans des camps moins inhumains ou affectés à des travaux agricoles, sont rentrés en Hongrie, les autres sont restés en Allemagne pour gagner, à partir de là, d'autres pays d'accueil.

Dès l'été 1944, les autorités et l'opinion publique hongroises étaient au courant de ces crimes. Le gouvernement reçut à peu près en même temps les interventions du roi de Suède, du Pape et des Eglises hongroises demandant l'arrêt des déportations, ainsi que les déclarations

---

1. Après l'occupation de la Tchécoslovaquie par les Allemands (septembre 1938 et mars 1939), l'accord de Vienne (août 1940) et l'invasion de la Yougoslavie par les troupes germano-hongroises (avril 1941), la Hongrie a récupéré certains territoires qu'elle avait dû céder en 1920 à la Tchécoslovaquie, à la Roumanie et à la Yougoslavie.

des puissances alliées exprimant leur profonde réprobation et contenant de sérieuses menaces sur les mesures de rétorsion à venir. En conséquence, les éléments Croix fléchées du gouvernement Sztójay furent évincés, les « imrédystes [1] » ayant déjà démissionné pour d'autres raisons. Les déportations furent suspendues ; celle des Juifs de Budapest n'eut pas lieu. Cependant, ceux de la banlieue de la capitale furent conduits dans un camp en province dont, plus tard, les Allemands s'emparèrent par surprise et déportèrent les occupants.

Au cours des mois suivants, le gouvernement s'efforça d'une part d'accorder, à divers titres, des dérogations aux Juifs et d'autre part, de prouver aux Allemands son zèle antijuif. Ces tentatives contradictoires se poursuivirent jusqu'au 15 octobre 1944, jour où le Régent, après avoir annoncé sa décision de demander l'armistice, remit le pouvoir aux Croix fléchées, sans résistance et sans donner le moindre ordre de résister. A la suspension de la persécution antijuive succéda alors une nouvelle action accomplie dans le plus grand désordre : les Juifs de Budapest furent rassemblés dans un seul grand ghetto pendant que la ville était quadrillée par des patrouilles Croix fléchées, occupées à massacrer les enfants cachés dans les crèches, les malades hospitalisés, les Juifs vivant dans la clandestinité ou désignés au hasard dans le ghetto. Dans la débandade générale qui régnait pendant le siège de la ville, les projets de destruction du ghetto ne furent pas mis à exécution, bien qu'ils fussent restés à l'ordre du jour jusqu'au dernier instant. Au moment de la Libération, environ cent mille Juifs vivaient en Hongrie, la grande majorité d'entre eux dans la capitale.

Quoi qu'il en soit, le nombre des Juifs disparus en déportation, au cours du service du travail obligatoire, à Novi-Sad et ailleurs, dépasse le demi-million. Ce qui signifie l'extermination totale ou partielle des Juifs de province, ainsi

---

1. Partisans de Béla Imrédy, ancien ministre des Finances, chef du Parti de la Vie Hongroise, un rassemblement de droite, favorable à l'alliance avec les Nazis. Malgré ses origines juives, Imrédy poursuivit sa politique pro-nazie jusqu'à l'effondrement de l'Allemagne. Condamné à mort par le Tribunal du Peuple, il fut exécuté en 1945.

que des Juifs hongrois de l'Ukraine subcarpatique et de la Transylvanie [1].

La société hongroise et les lois antijuives

En cherchant à qualifier l'accueil fait par le peuple hongrois à toutes ces actions, nous devons chercher à répondre à deux questions distinctes : comment et dans quelle mesure chacun a-t-il cédé à la pression de l'opinion publique qui présentait la limitation du pouvoir des Juifs dans la vie économique comme un problème national central, et comment et dans quelle mesure chacun a-t-il réagi aux exactions qui, après avoir bafoué la dignité humaine, ont abouti à l'extermination massive des Juifs.

Les actions visant à restreindre le rôle des Juifs dans la vie économique avaient déjà suscité un écho assez favorable parmi les masses. Cet écho avait-il gagné la majorité du peuple hongrois ? En posant cette question, nous devons veiller à ne pas abuser de l'expression « la majorité du peuple hongrois ». En effet, cette majorité est constituée par la paysannerie pauvre, assez isolée du reste de la population et qui, dans son ensemble, n'était ni « pour » ni « contre » les problèmes qui agitaient et opposaient les uns aux autres les habitants de la « ville lointaine ». Mais si nous faisons abstraction de cette indifférence passive de la paysannerie pauvre, nous sommes amenés à constater que les lois antijuives bénéficiaient sinon de l'appui d'une majorité claire et nette, tout au moins de l'appui de forces supérieures à celles qui les combattaient. Aux élections de 1939, il apparut sans conteste que la sympathie dont le parti *de l'opposition* le plus actif et le plus incisif avait toujours joui en Hongrie allait, cette fois, au parti des Croix fléchées et aux autres partis de droite. Certes, il ne faisait pas de doute que la seule force massive organisée du pays, le mouvement politique des ouvriers syndiqués, était hostile à ces lois, mais si, à l'époque, on avait voulu mobiliser cette force (à condition que cela fût

---

1. L'Ukraine subcarpatique a été rattachée à la Hongrie après l'occupation de la Tchécoslovaquie par les Allemands (15 mars 1939). Le nord de la Transylvanie l'a été après le second accord de Vienne entre la Hongrie, l'Allemagne et la Roumanie.

possible) contre la législation antijuive, on n'aurait pu compter que sur les éléments les plus conscients et les plus disciplinés et non sur la multitude des « suiveurs » qui constituent *les masses* autour d'un noyau dur.

L'écho favorable que rencontrait la législation antijuive auprès des masses était sans doute un symptôme inquiétant de l'impasse dans laquelle se trouvait l'évolution politique en Hongrie, et de la faible implantation des idées européennes sur l'égalité politique et la dignité humaine. Mais compte tenu de l'impasse dans laquelle la politique hongroise s'était fourvoyée depuis cent ans et, plus particulièrement, au cours des vingt-cinq années de la contre-révolution, il n'y avait pas lieu de s'étonner de la virulence de certaines idées fausses alors en cours dans l'opinion publique. En particulier, celle-ci était fermement convaincue que la place importante occupée par les Juifs dans la structure du capitalisme était la cause principale du malaise de la vie publique et de la vie économique, alors qu'en réalité, il ne s'agissait là que d'un phénomène accessoire, la cause principale résidant dans l'arriération politique des masses qui, malgré la montée de la bourgeoisie nationale, en étaient restées au stade des structures hiérarchiques de la féodalité et ne connaissaient aucune possibilité de s'y arracher par la voie directe. « Il faut trouver un moyen de résoudre la question juive », cette phrase avait acquis valeur de slogan politique, elle s'imposait comme une évidence qu'il eût été vain de récuser et dont la réfutation argumentée n'avait jamais trouvé d'oreilles compréhensives. Quant à la « solution » de la question juive, elle était, aux yeux de la plupart, d'une simplicité enfantine : quelques mesures législatives en faveur d'une diminution des gains des Juifs et d'une augmentation de ceux des non-Juifs, sans que cela entraînât des modifications sensibles dans la structure de la société. Que ce « redressement » dans la répartition des revenus et l'atmosphère antijuive, la discrimination raciale qui l'accompagnaient nécessairement, puissent aboutir à la persécution et au meurtre des Juifs, cette expérience historique n'était partagée que par les Juifs et ne possédait aucune force convaincante pour les autres. Ce qui n'avait rien d'étonnant dans les années 30. Il eût été impensable de voir se dresser contre ce mépris du principe de l'égalité des citoyens un pays dont les dirigeants avaient toujours refusé d'accorder l'égalité à leurs propres sujets, dont l'ingelligentsia, la bourgeoisie et la classe moyenne — Juifs et non-Juifs — assistaient passivement depuis cent ans à une succession de gouvernements qui, tout en proclamant le principe de l'égalité, ne l'avaient jamais pris au sérieux.

L'approbation des lois antijuives n'est pas le seul fait à inscrire au passif du peuple hongrois dans le bilan moral qu'il convient d'établir à propos de ces lois. Il en existe un autre, et bien plus grave encore : la baisse de la moralité publique consécutive à leur exécution. En effet, les lois antijuives avaient permis à de larges couches des classes moyennes petites-bourgeoises, ou en voie de le devenir, de s'assurer des carrières et un niveau de vie supérieur au détriment d'autres citoyens, sans que ce changement eût été justifié par un objectif social avouable. Ainsi, c'est à tort que les législateurs se réclamèrent de la justice sociale, d'une plus juste répartition des biens ; les lois antijuives ne pouvaient aboutir à aucun résultat de ce genre ; n'avait-on pas conçu toute cette action pour prévenir une véritable réforme sociale ? Chaque fois que la démagogie et la phraséologie d'inspiration sociale dépassaient certaines limites, le pouvoir d'Etat contre-révolutionnaire, par ailleurs si peu conséquent, retrouvait ses moyens de coercition. Cette phraséologie ne servait qu'à dissiper les scrupules moraux de certains éléments hésitants ; scrupules que d'autres bénéficiaires des lois antijuives n'avaient jamais eus. Ceux-ci n'avaient fait que profiter des possibilités accrues, de la multiplication des offres d'emploi, sans avoir jamais eu à se trouver face à face avec ceux qu'ils avaient évincés. Foncièrement mensongère, incapable de s'appuyer sur une véritable volonté de réforme sociale, cette politique se vit contrainte de flatter les sentiments les plus bas. Grâce à elle, les larges couches de la société hongroise se familiarisèrent avec l'idée que le travail et l'entreprise n'étaient pas les seuls moyens de subvenir à ses besoins, qu'il suffisait désormais de lorgner sur les moyens de subsistance d'autrui, de démontrer l'ascendance juive de la personne, la privant ainsi de son emploi ou la dépossédant de son magasin, la faisant expédier éventuellement dans un camp d'internement ; après quoi le dénonciateur zélé n'avait plus qu'à s'installer à la place de sa victime. La situation créée à la suite des lois antijuives révéla et aggrava le processus de dégradation morale qui avait gagné une grande partie de la société hongroise dont la cupidité, l'hypocrisie, la brutalité ou, dans le meilleur des cas, l'arrivisme calculateur offraient une image consternante non seulement aux Juifs concernés qui, naturellement, ne sont pas à présent prêts à passer l'éponge, mais aussi à tout Hongrois animé de bons sentiments.

La société hongroise et la persécution antijuive

Dans cette situation, et connaissant les causes pour lesquelles il avait été si facile de présenter au pays la « solution » de la question juive par la voie des lois antijuives, il eût été vain d'attendre que ce même pays rejette avec indignation la législation discriminatoire tendant à limiter le rôle des Juifs dans la vie économique, à y réduire leur pourcentage, à distribuer leurs terres, etc. Mais lorsque ces mesures débouchèrent sur le mépris de la dignité humaine et la persécution physique, on aurait pu imaginer que cette même société reculerait et se tournerait contre les lois antijuives. Certes, de telles réactions se produisirent quelquefois et le tableau qu'offrait dans cette situation la société hongroise avait quelques aspects positifs. De nombreuses personnes — dont certaines n'avaient pas, dans le passé, nourri une sympathie particulière à l'égard des Juifs et n'étaient ni démocrates ni antifascistes — entreprirent des actions de sauvetage, accomplissant des démarches auprès des autorités, en appelant à la conscience morale des puissants, formulant des requêtes en faveur des persécutés, qu'ils aidaient à se cacher dans des ambassades, dans des couvents, dans des presbytères et des paroisses, ou, avec le concours des organisations ouvrières, dans des appartements privés, dans des caves, dans des maisons de campagne, tout en prenant soin de leurs enfants, en confectionnant de faux papiers à leur intention, en leur indiquant des endroits où ils étaient en sécurité. L'aide venait quelquefois de parfaits inconnus ou de personnes inattendues. Des milliers de Juifs doivent sans doute leur vie à ces efforts tantôt individuels, tantôt collectifs et organisés.

Mais tout cela n'était qu'une goutte dans la mer, non pas dans la mer d'hostilité, mais ce qui était bien pire, dans les eaux troubles de l'indécision et de la lâcheté. La non-assistance à persécuté en danger était — hélas! — monnaie courante. N'oublions pas que sur les deux cent mille Juifs hongrois qui ont survécu, une centaine de milliers avait été concentrée, pendant le siège, dans le ghetto de Budapest. Ceux-là doivent leur survie non pas tant aux interventions en leur faveur et encore moins à l'attitude de la société hongroise, mais au fait que leurs bourreaux n'eurent pas suffisamment de temps et de détermination pour les exterminer. Quant aux autres survivants, ce sont des rescapés des camps de la mort. Recenser les Juifs qui, dans nos milieux, avaient échappé à l'extermination grâce à l'aide apportée par des non-Juifs, conduirait à une illusion d'optique : une grande partie d'entre eux s'étaient convertis au catholicisme ou au protestantisme, faisant partie de sociétés mondaines, de famille non juives, grâce aux liens du mariage, de communautés professionnelles ou syndicales hongroises ; bref, ils avaient pu profiter de leur appartenance à une communauté étroite et fermée et de la solidarité qui y était de règle. Ceux qui, dépourvus de toute « relation », avaient néanmoins bénéficié de l'aide et du dévouement du « Hongrois moyen » rencontré au hasard de leurs tribulations, ne constituent sans doute qu'une petite minorité. Malgré le dévouement et la volonté d'aider de quelques-uns dans un camp comme dans l'autre, les persécutés n'avaient pas et ne pouvaient pas avoir le sentiment que le pays, la communauté étaient, dans leur ensemble, à leurs côtés, solidaires dans le malheur. Aussi nombreux que soient les cas isolés témoignant de la solidarité, voire de l'héroïsme de certains Hongrois à l'égard des Juifs, il serait insensé de penser, ne fût-ce qu'un instant, que l'*ensemble* des Juifs persécutés doit *de la reconnaissance à l'ensemble* des Hongrois, que les persécutions ont *scellé* l'union des Juifs et des Hongrois, en raison du comportement de ces derniers, comme elles ont effectivement scellé l'union des Juifs et des Danois, des Juifs et des Hollandais, des Juifs et des Italiens. C'est cela qui compte, tout le reste n'est que littérature, c'est-à-dire anecdotes. Lorsque au Danemark (pour prendre l'exemple d'un pays non belligérant) un persécuté était acculé à une situation telle que, pour sauver sa vie, il devait se réfugier dans le premier immeuble venu, franchir le premier portail venu, il était hautement vraisemblable qu'il y bénéficierait de l'aide escomptée, même si cette aide ne devait pas aller jusqu'au sacrifice, le persécuté était sûr de trouver dans l'immeuble des personnes qui s'identifieraient à lui, partageraient ses préoccupations. L'indifférence, le refus ou la réserve prudente n'étaient le fait que d'une petite minorité, quant au danger de se voir dénoncé et livré à ses persécuteurs, le persécuté ne devait l'envisager que comme un cas tout à fait exceptionnel. En Hongrie, au contraire, le persécuté, à supposer qu'il osât frapper à la porte d'un inconnu, se heurtait très vraisemblablement à l'indifférence ou au refus, il s'exposait plus rarement, mais toujours avec un taux de vraisemblance assez élevé, à la dénonciation; quant à recevoir de l'aide, c'était, pour lui, inespéré. Ces calculs de probabilité reflètent l'opinion des persécutés sur le comportement de la communauté prise dans son ensemble, opinion fondée sur des expériences collectives. Bien que la grande majorité des persécutés lâchés, abandonnés à leur sort, n'aient pas survécu à la persécution, les rescapés eux-mêmes gardent le souvenir de lâchage, d'abandons, de chasses à l'homme, plutôt que celui de manifestations de sympathie ou d'attitudes secourables. Ce qu'il y avait de particulièrement pénible dans ces expériences, ce n'était pas le comportement des antisémites ou celui des lâches et des indifférents. Les Juifs savent depuis longtemps qu'ils sont haïs par un grand nombre d'individus dans le monde entier, comme chez nous. Ils savent aussi ce que sait tout homme dans le malheur et attendant de l'aide, à savoir que les indifférents, les ingrats, les lâches et les veules sont légion. Ce qui est difficile à oublier, ce n'est pas cela; c'est l'attitude gênée et ambiguë des Hongrois honnêtes qui, tout en continuant à fréquenter les Juifs et tout en compatissant à leur malheur, ne comprenaient pas leur situation de bête traquée, leur angoisse mortelle devant la cruauté, la sauvagerie et le nihilisme moral de leurs persécuteurs. Comment oublier le voisin qui

219

tout simplement refusait de croire à tout ce que les Juifs redoutaient avec raison et qui, tout en les assurant de sa sympathie, leur expliquait tranquillement qu'en tant que patriote hongrois ou antibolchevique convaincu, il continuait, malgré tout, à souhaiter la victoire des Allemands ; ce « sympathisant » qui n'hésitait pas à leur donner des leçons de morale : « vous avez eu tort, pendant que vos affaires marchaient bien, de vous comporter de telle ou telle façon », « vous voyez comme vous êtes impertinents et exigeants même dans votre situation actuelle ? ». Comment oublier ceux qui se montraient, disaient-ils, prêts à intervenir en faveur de ceux qui « le méritaient », le prêtre qui, tout en les accueillant avec prévenance lorsque des Juifs leur faisaient part de leur intention de se convertir, leur reprochait sur un ton indigné de ne pas apprendre suffisamment de catéchisme et les accusait de changer de religion « par intérêt », sans conviction profonde ; le fonctionnaire qui délivrait avec courtoisie un papier officiel, mais lorsque, enhardi par son attitude bienveillante, le Juif lui demandait une petite « rectification », il le rabrouait durement, « voilà comment vous êtes : pour servir vos intérêts égoïstes, vous seriez prêts à pousser à la concussion un fonctionnaire sans reproche ». Telles sont les expériences qui inculquèrent aux Juifs le sentiment insupportable qu'outre la haine et la lâcheté, il existait pour eux dans ce pays un mur d'incompréhension impossible à franchir.

La prise de position de l'administration et des Eglises

Il existait, certes, des communautés organisées, dépositaires de l'humanisme et du sentiment européen, et dont on aurait pu espérer, même dans la situation hongroise, si lourdement grevée d'antécédents fâcheux, qu'elles s'opposeraient avec succès à un tel mépris des méthodes européennes et de la dignité humaine. Tels étaient les éléments cultivés, européens et attachés au droit, de l'administration publique hongroise, telles étaient les Eglises chrétiennes. On entend souvent dire de nos jours que ces institutions s'étaient tenues à l'écart de toute persécution : en général, ces affirmations sont émises en réponse à des accusations qui, se fondant sur certains cas compromettants, tendent à présenter les Eglises comme complices des persécuteurs. Incontestablement, dans leur ensemble, elles s'étaient tenues à l'écart des persécutions : ce qui est à déplorer c'est précisément la trop grande *distance* qu'elles avaient observée à l'égard des horreurs qui en découlaient.

L'administration publique hongroise, le corps des fonctionnaires hongrois comportait sans aucun doute une partie « européenne » qui, par son respect des droits, sa compétence et sa conscience professionnelle, se distinguait nettement de l'autre moitié composée de tyrannaux, d'incapables, de contempteurs de la dignité humaine. A l'époque de la promulgation des lois antijuives, les meilleurs éléments de l'administration et des fonctionnaires s'efforcèrent d'appliquer ces lois dans le cadre de la légitimité et de la sécurité publique : c'était sans doute ce qu'ils avaient de mieux à faire. Mais, à certains égards (dans l'affaire de la délivrance des certificats de nationalité dont l'obtention était une question de vie ou de mort, dans l'application des lois sur les « crimes contre la pureté de la race » [relations sexuelles entre Juifs et non-Juifs], etc.) et surtout après l'occupation du pays par les Allemands — tout cela se révéla insuffisant. Ce qu'il aurait fallu faire, c'était constater l'absence partielle puis totale de la légitimité juridique et morale du pouvoir et agir en conséquence. Or, l'administration publique, même dans sa partie humaniste, s'en tint au principe de la légitimité du gouvernement hongrois et de ses décrets ; quant aux atrocités auxquelles ces derniers donnèrent lieu, elles auraient été, à les entendre, le fait de certains agents d'exécution particulièrement zélés. Hauts fonctionnaires, agents de l'administration militaire, officiers d'état civil chargés de l'exécution des mesures relatives à la déportation des Juifs, opéraient peut-être sans enthousiasme, mais toujours conscients de faire leur devoir, sans opposer de résistance sérieuse à leurs supérieurs hiérarchiques et aux décrets en vigueur. En aucun cas, il n'était question d'un boycottage systématique et efficace, susceptible de réduire considérablement le risque encouru par chaque fonctionnaire et de causer aux autorités chargées d'exécuter les déportations des difficultés de moins en moins surmontables au fur et à mesure que s'aggravait la désorganisation générale, consécutive au rapprochement du théâtre des opérations. Pas de résistance unie, donc, et peu d'actes sporadiques de désobéissance de la part des fonctionnaires : la plupart d'entre eux continuaient à refuser toute fraude, toute falsification de documents officiels pour combattre un Etat pratiquant l'assassinat et le pillage ; ils estimaient, au contraire, que la morale leur demandait de se convaincre par des arguments spéciaux que, dans des cas concrets, la fraude et la falsification n'avaient ni sens ni utilité. Quelques-uns seulement d'entre eux en étaient arrivés à considérer le pouvoir d'Etat comme une bande de gangsters, ses décrets comme des chiffons de papier et la désobéissance à leurs ordres, la fraude et la falsification à leur détriment comme un devoir moral. Ils furent rejoints par un plus grand nombre de leurs collègues après le 15 octobre 1944, donc trop tard, mais même à cette date, les tergiversations des dirigeants à propos de la demande d'armistice et la passation du pouvoir au gouvernement de Szálasi suffirent pour semer la confusion dans les esprits.

Cette même croyance en la légitimité du pouvoir d'Etat et ce même refus de condamner le nihilisme moral de l'hitlérisme avaient paralysé les actions entreprises par *les Eglises*. Je ne parle pas maintenant de l'existence d'un antisémitisme ecclésiastique en vertu duquel les Eglises n'avaient pas condamné la discrimination à l'égard des Juifs et au nom duquel certains ecclésiastiques croient encore aujourd'hui pouvoir donner des leçons de morale. L'aversion de ces derniers à l'égard de ces pratiques n'a rien d'étonnant, mais ce n'est pas une raison pour mettre sur le même plan l'antisémitisme moderne avec ses exterminations de masse et l'antisémitisme ecclésiastique, son antécédent historique, certes, mais dont il se différencie néanmoins à la fois du point de vue sociologique et du point de vue moral. Le tort des Eglises hongroises réside dans la façon traditionnelle dont elles traitaient la question juive. A une époque où dans les pays voisins, l'extermination massive des Juifs, décidée par l'antisémitisme moderne, battait son plein, ces Eglises constataient avec satisfaction que dans leur pays, elles avaient affaire à un gouvernement conservateur, manifestement soucieux de respecter les formes « européennes », les Eglises et leurs points de vue : on n'avait donc aucun intérêt à dénoncer vigoureusement le nihilisme moral de l'hitlérisme et du racisme et à gêner ainsi notre brave gouvernement qui, pour des raisons de politique étrangère, était obligé de marcher quelque temps aux côtés de l'hitlérisme. Si les Eglises hongroises avaient voté les deux premières lois antijuives, c'était pour des raisons analogues à celles qui avaient motivé le vote favorable des éléments conservateurs et « européens » du gouvernement ; nous en avons parlé plus haut. Certaines instances ecclésiastiques condamnèrent çà et là le racisme, le mythe nationaliste et populiste, l'apologie de la race, du sang et de la violence et la loi sur la « protection de la race » ; le refus de prendre en considération le point de vue de l'Eglise, notamment en ce qui concerne les Juifs baptisés, donna lieu à une protestation officielle et les déportations incitèrent les Eglises à intervenir (en partie avec succès) pour empêcher leur poursuite et la mise en ghettos des Juifs convertis. Mais, entre le 19 mars et le 15 octobre 1944, les Eglises hongroises ne voyaient toujours aucune raison de renoncer aux égards qu'elles observaient vis-à-vis du gouvernement hongrois, si respectueux envers elles, et de leurs chefs qu'elles connaissaient bien et avec lesquels elles s'étaient familiarisées ; aucune raison de mettre sur le même plan les dirigeants de l'Etat hongrois, leurs décrets et leurs organes d'exécution et l'Etat hitlérien païen, en proie à une folie criminelle qui pourtant se tenait derrière l'Etat hongrois et lui dictait ses actes. Voilà pourquoi, mis à part l'héroïsme remarquable de certains prêtres, couvents et associations religieuses, l'ensemble des ecclésiastiques fit preuve d'un comportement tout aussi inconséquent que celui de l'ensemble de la société hongroise, allant de l'incompréhension et du refus d'aide jusqu'à l'hostilité déclarée. Lorsque la nécessité se fit sentir d'élaborer une plate-forme commune, sans verser dans les extrémismes, les Eglises hongroises crurent bien faire de ne céder ni aux menaces ni aux promesses de la droite, et de ne pas écouter les reproches des Juifs, de ne pas répondre à leur attente, mais de se placer sur le terrain solide du droit ecclésiastique. Ce qui en soi n'était nullement répréhensible — quel autre terrain auraient-elles pu choisir ? Ce en quoi elles avaient tort, c'était d'*ignorer délibérément* la réalité politique et morale du moment en adoptant une telle position. Pour illustrer cette attitude, je prendrai un seul exemple, celui du point de vue adopté par les Eglises dans la question des conversions. On sait que depuis une centaine d'années environ, les hommes d'Eglise s'irritent de plus en plus (et c'est parfaitement compréhensible) de voir une grande partie des Juifs convertis considérer la conversion non pas comme l'accès à la foi chrétienne et comme l'entrée dans la religion chrétienne, mais comme — et c'est tout aussi compréhensible — un simple moyen leur permettant de quitter la communauté religieuse juive et de s'intégrer dans la bourgeoisie où ne règne aucun rite. Malheureusement, dans les années 40 et même en partie en 1944, les Eglises hongroises ne se rendaient pas compte du changement intervenu dans la façon même dont se posait le problème des Juifs convertis : il n'y avait plus lieu de s'irriter de l'augmentation du nombre des convertis sans conviction religieuse, car les lois antijuives successives accordaient de plus en plus d'importance aux dates auxquelles les Juifs convertis avaient reçu le baptême, lequel, jusqu'au dernier moment, représentait une sorte de refuge contre la rigueur de la loi, notamment en ce qui concernait les « cas limites », les « demi-sang », les conjoints de non-Juifs, etc. Chacune des lois antijuives provoqua ainsi de nouvelles conversions massives et les autorités ecclésiastiques furent assaillies de demandes de baptême. De leur côté, les campagnes d'excitation de la presse de droite et les partis de droite eux-mêmes reprochèrent avec une indignation farouche aux Eglises la facilité avec laquelle elles accordaient le baptême et par là la possibilité de se réfugier derrière ce sacrement. Face à ces deux revendications, les Eglises estimèrent que, dans la question du baptême, le mieux était de se distancier à la fois des droitiers racistes à l'humeur meurtrière et des Juifs désireux d' « utiliser les sacrements comme des assurances-vie », et d'adopter le point de vue de la pure théologie : le baptême est un sacrement qui ne peut être détourné de son objectif, qui ne peut être conféré qu'après une instruction religieuse d'une certaine durée et après examen minutieux de la réalité de la conversion. Qu'une telle déclaration officielle ait pu voir le jour, on ne pourrait s'en formaliser. Que jusqu'au printemps 1944, une telle pratique ait été suivie dans un régime à peu près consolidé — soit ! Ce qui est inadmissible, c'est que *de nombreuses paroisses* continuèrent ces pratiques même après le 19 mars 1944 alors que, en danger de mort imminent, des persécutés implorèrent à genoux le prêtre de les baptiser sans leur demander s'ils croyaient à l'Immaculée Conception ou à la prédestination. Face aux Juifs convaincus que l'obtention du baptême était pour eux une question de vie ou de mort, des ecclésiastiques de bonne foi cherchaient à justifier leur répugnance à conférer le baptême « à la légère » ou à « maquiller » des documents officiels, en se disant qu'il s'agissait, en l'occurrence, d'une hystérie collective alimentée par des nouvelles alarmistes, plutôt que d'une échappatoire, d'autant que la droite au pouvoir ne tenait aucun compte du baptême dans la plupart des cas, et qu'il convenait d'être particulièrement prudent, car la dévaluation du baptême risquait d'aggraver la situation des Juifs baptisés de longue date, sans améliorer celle des Juifs convertis de fraîche date. Si ce raisonnement était juste dans les trois quarts des cas, il ne s'appliquait pas à de nombreux cas limites. Quoi qu'il en soit, la question n'aurait dû être soulevée qu'une fois admis que dans la nouvelle situation, le problème théologique ne se posait plus dans les mêmes termes : avec l'aggravation des persécutions anti-juives il s'agissait de savoir s'il était permis de conférer le baptême et de délivrer des certificats de baptême, même *sans instruction religieuse préalable, sans avoir eu la possibilité de se convaincre de la sincérité du converti*, uniquement pour conjurer un danger de mort réel et immédiat qui le menaçait. Tel était, en effet, le problème et je ne pense pas que la réponse à cette question puisse être douteuse. Que les intéressés eux-mêmes puissent se tromper dans leur jugement sur l'imminence du danger de mort et sur l'utilité du baptême, qu'ils puissent ne retirer aucun bénéfice pour eux-mêmes et compromettre d'autres baptisés — c'est là une autre question, la question suivante que l'on ne peut examiner (en vue de l'élaboration de principes d'action) *qu'une fois* la première question *tranchée* avec netteté. Nous n'ignorons pas que de nombreux ecclésiastiques s'étaient posé cette question et y avaient répondu par eux-mêmes, il se peut également que des instances dirigeantes aient elles-mêmes adopté une position de principe, mais les Eglises en tant que telles ne s'étaient pas déclarées de façon claire et nette. Sans doute, si l'occupation allemande et le règne des Croix fléchées s'étaient prolongés, les Eglises auraient fini par faire le point dans cette question comme dans d'autres, mais l'occasion leur manqua, comme elle manqua au pays tout entier, de prouver que, dans l'épreuve, elles pouvaient être à la hauteur de la situation.

La prise de position de l'intelligentsia hongroise

Pour établir le bilan moral du pays, il est indispensable de tenir compte de l'attitude de l'*intelligentsia hongroise*. En le faisant, nous ne pouvons nous limiter au cas des Juifs et à l'aide qui leur fut apportée ; l'interdépendance des choses de l'esprit nous oblige à étudier l'attitude de l'ensemble de l'intelligentsia hongroise face au fascisme et à l'hitlérisme. Dans l'ensemble, on ne peut pas dire que nous ayons à rougir de cette attitude. On sait que les représentants des sciences, de la littérature et du journalisme hongrois (il s'agit de journalistes dignes de ce nom) s'étaient exposés à plusieurs reprises et lorsque cela n'était pas possible, ils avaient adopté des formes allusives de protestation ou encore, en dernière extrémité, observé un silence éloquent. Lorsque le pouvoir contre-révolutionnaire ou pratiquant une « politique de balance[1] » cherchait leur caution, ils se rendaient aux réunions, écoutaient les discours et les appels des officiels, après quoi ils énonçaient des vérités générales ou se taisaient mais, dans tous les cas, refusaient la caution sollicitée. Cependant, il aurait fallu aller plus loin, supprimer dans les professions de foi en faveur des valeurs éternelles toute phrase équivoque souvent prononcée à dessein. Il aurait fallu déclarer sans ambages que l'européanisme des écrivains n'avait rien à voir

---

1. Politique de compromis et de concessions pour gagner les faveurs des éléments plutôt favorables à la gauche.

avec l'antibolchevisme au service de la réaction féodale au pouvoir, et que leur radicalisme n'était pas celui d'un fascisme exterminateur de masse. Une fois ces malentendus dissipés, s'imposait la nécessité d'élaborer un programme de résistance humaniste, rédigé en termes clairs et capable de gagner l'adhésion dans la question juive, comme dans toute la question nationale, de la plupart des hésitants, des gens de bonne volonté et des jeunes. Or, l'intelligentsia hongroise n'avait rien entrepris pour dissiper les équivoques, ni pour établir un programme précis de résistance et d'humanisme, capable d'éclipser l'effet de tous ses errements. Les tentatives faites dans ce sens s'étaient révélées insuffisantes, avortées ou peu généreuses et l'intelligentsia hongroise s'était retrouvée dans la même impasse que l'opposition politique dans son ensemble.

La première de ces prises de position, particulièrement malheureuse, fut la protestation contre la suppression de *l'égalité* des citoyens et la discrimination *des Juifs*. Elle fut adoptée par les organismes juifs officiels et par les partis bourgeois de gauche également. Or, dans le contexte de tensions sociales et de revendications territoriales qui était celui de l'époque, cette prise de position ne pouvait susciter aucun écho car elle n'insistait pas suffisamment sur les revendications du peuple hongrois dans son ensemble. Ces revendications qui poussaient l'intelligentsia hongroise dans les bras des Allemands représentaient un danger pour la nation ; c'est pourquoi la protestation aurait dû insister sur le danger allemand, argument d'une grande portée et pas seulement auprès des Juifs. Faute d'avoir adopté ce point de vue, ces protestations ne pouvaient guère dépasser la phraséologie, de plus en plus vide, d'un libéralisme fin de siècle qui s'accommodait parfaitement de l'oppression des masses, ni les vues d'un capitalisme grand bourgeois, nostalgique de la consolidation bethlenienne[1]. Il leur était difficile dans ces conditions de dissi-

---

1. Premier ministre de l'amiral Horthy, le comte István Bethlen entreprit, après les années de la Terreur blanche, consécutive à l'écrasement de la Commune hongroise de 1919 et au traité de paix signé avec les Alliés, une politique de consolidation économique, cherchant à redonner confiance au capital hongrois et international.

per l'impression qu'il s'agissait avant tout de l'autodéfense des Juifs.

Une autre formulation, émanant celle-ci de l'aile conservatrice, « européenne » de la vie publique contre-révolutionnaire (ce qui lui assurait à la fois l'impunité et une certaine publicité) opposa à la législation et aux persécutions antijuives le *danger allemand* bien plus grand et plus actuel ; elle critiquait également la phraséologie social-révolutionnaire des mouvements d'extrême droite qu'elle apparentait à celle des bolcheviques. Cette fraction de l'intelligentsia hongroise réunissait des têtes pensantes d'une excellente qualité, mais son point de départ foncièrement contre-révolutionnaire et élitiste, son antigermanisme vaguement royaliste et nostalgique de l'Etat de saint Etienne[1], son idéologie de desperados, apparentée à celle des Kuruc[2], avaient provoqué des critiques acerbes et éloigné bon nombre de forces radicales.

La troisième formulation opposait à l'expansion germanique et juive la nécessité *pour les Hongrois* de les combattre pour *survivre*. Malgré le courage avec lequel il prenait position contre les Allemands et leurs laquais, ce mouvement avait accepté l'énorme risque moral de servir de point de référence à la droite antisémite. Il était donc impropre à clarifier les idées en vue de la grande épreuve de l'année 1944, c'est-à-dire de la résistance hongroise contre l'occupation allemande et de l'humanisme hongrois face aux persécutions antijuives. Les forces « authentiquement » hongroises, aveuglées par un antigermanisme conservateur et d'inspiration « légitimiste[3] », se virent acculées à cette prise de position. Autant il est erroné d'assimiler leur pessimisme national sincère et leur romantisme à la métaphysique allemande nébuleuse et anthropophage, autant il serait dangereux d'oublier, en raison de la sincérité de ce pessimisme romantique, leur manque de réalisme et leur infécondité. Il n'est pas inutile de rapppeler que Dezsö Szabó, père

---

1. Saint Etienne (975-1038), premier roi de Hongrie, fondateur de l'Etat chrétien hongrois.
2. Les « Kuruc » étaient les soldats hongrois de la guerre d'indépendance dirigée contre les Habsbourg au début du XVIIIe siècle par le prince François II Rákóczi.
3. On appelait légitimistes les partisans de la restauration de la dynastie des Habsbourg, déchus de leur trône en 1918.

spirituel de toute cette idéologie, avait abandonné, dès le début de la guerre, l'idée de réserver le même traitement au problème souabe [1] et au problème juif, abordant l'analyse de la situation avec un réalisme parfois dramatique, mais n'évitant pas pour autant les pièges du romantisme paysan et national et de sa phraséologie particulière.

La quatrième formulation était celle des dirigeants des mouvements socialistes qui opposaient à la volonté de restreindre la question sociale au problème juif *la nécessité de supprimer toute exploitation, de libérer les masses hongroises* et, pour ce faire, de créer une résistance *nationale* au fascisme allemand. Formulation claire et juste mais qui, dans la situation difficile de demi-illégalité dans laquelle la Hongrie contre-révolutionnaire avait maintenu le socialisme, ne pouvait compter sur l'écho de toutes les forces nationales dont le concours était indispensable dans la lutte contre l'impérialisme allemand et la persécution des Juifs. Aussi, les partis ouvriers cherchaient-ils par tous les moyens la coopération avec d'autres forces nationales, mais celles-ci demeurèrent jusqu'au dernier moment divisées et désorientées.

De quoi la nation aurait-elle eu besoin ? D'un programme essentiellement analogue à celui du mouvement ouvrier, ayant proclamé la lutte à l'échelle nationale, mais émanant d'un lieu et dans des termes dont nul n'aurait pu contester le caractère national. En d'autres termes, il eût été nécessaire que les représentants de la vie intellectuelle hongroise, universellement reconnus et n'appartenant à aucun ghetto racial ou politique, s'opposent d'abord sans ambages à l'inutilité et à la nuisance de la législation antijuive, prennent position en faveur de la liberté de la nation hongroise contre

1. Au XVIIIe siècle, apèrs l'occupation turque, les Habsbourg qui régnaient sur la Hongrie y implantèrent de nombreux colons, originaires surtout du pays des Souabes, en Allemagne. Le but de cette opération fut à la fois de contribuer au relèvement économique des territoires dévastés par les occupants turcs et de neutraliser, par la création de noyaux de paysans et de bourgeois allogènes, mais fidèles à l'Empire autrichien, l'influence des Hongrois et surtout des Kuruc (v. note 2 p. 228), opposés aux Habsbourg. Ces calculs devaient se révéler vains par la suite, mais la société hongroise considéra désormais toute implantation massive de populations allogènes comme un danger mortel pour son existence nationale : d'où une certaine assimilation du « problème juif » et du « problème souabe ». L'écrivain Dezsö Szabó (v. note 1 p. 332) fut l'un de ceux qui pratiquèrent cet amalgame.

le péril allemand, mais sans arrière-pensées légitimiste et
« stéphanienne », puis se prononcent pour la libération
totale du peuple hongrois contre toutes les exploitations
économiques (et pas seulement contre celle exercée par le
capital juif) dans une déclaration qui évite toute allusion à la
lutte des classes, et enfin qu'ils proposent l'alliance à toutes
les forces partageant ces aspirations. En d'autres termes, la
prise de position qui était seule à pouvoir sauver le pays sur
le plan moral comme sur celui de la politique intérieure et de
la politique étrangère aurait dû s'appuyer sur une force
intellectuelle plus sérieuse. Naturellement, une telle prise de
position n'aurait pas bénéficié de l'appui ou de l'indulgence
des forces et des puissances, dont la bienveillance, au
contraire, était acquise pour toutes les autres prises de
position équivoques, inoffensives ou inefficaces. Malgré tout,
la vie intellectuelle hongroise avait connu des précédents
encourageants et les hommes de bonne volonté ne manquaient pas qui auraient eu la possibilité et la capacité de
mettre sur pied un tel rassemblement. Ces hommes — y
compris, parmi ceux de moindre envergure, l'auteur de ces
lignes — portent la responsabilité de leur inaction.

*Les causes de la faillite morale
de la société hongroise*

Si, sur la base de ce que nous venons de dire, nous voulons
donner un aperçu des expériences que les Juifs persécutés
avaient recueillies dans la société hongroise, nous devons
constater que la mauvaise volonté, l'indifférence, l'étroitesse
d'esprit et la lâcheté dominent dans ce tableau. Il serait vain
d'essayer de le nier, car il s'agit d'expériences authentiques.
Mais en même temps, nous savons, par expérience et par
intuition, que cette société et ce pays ne sont pas, au fond,
indifférents, ni bornés, ni malveillants, ni même, malgré les
apparences, foncièrement lâches. Seulement l'humanisme, la
compassion et le courage ne sont pas des qualités inhérentes
à l'individu et isolées de leur contexte, mais dépendent en
grande partie de la situation sociale. Ce serait verser dans le
romantisme que de croire que l'humanisme ou le courage

d'un pays, d'une société ou d'une communauté se mesurent au nombre de ses saints capables de se sacrifier pour l'amour du prochain ou de ses héros intrépides, capables d'affronter tous les périls au cours d'une bataille. Certes, le sentiment de l'humanisme ou le courage dépendent aussi de la personnalité, mais pour que ces qualités s'épanouissent, le concours de la communauté est indispensable : il s'agit de savoir si les personnes qui font autorité dans la communauté sauront faire valoir, face à la débandade et au désarroi, les principes de la dignité morale dans les organisations visibles et invisibles de la communauté ; si elles seront capables de communiquer, aux citoyens doués de courage physique et prêts à combattre, l'élan d'une passion hautement morale, et aux hésitants, aux timorés et aux velléitaires de bonne foi le sentiment qu'ils sont soutenus, approuvés et assurés de la solidarité de la communauté.

Or, c'est précisément ce qui nous faisait défaut ; et ce qui était bien pire, on a pu assister à la dégénérescence progressive de réactions communautaires saines. L'origine de cette dégénérescence remonte assez loin : après l'échec de la guerre d'indépendance de 1848-49, les couches dirigeantes et l'intelligentsia du pays furent hantées par la peur de voir la Hongrie « historique » se désagréger. Cette crainte et la politique d'autodéfense des couches possédantes engendrèrent une construction politique viciée à la base et lourde de contradictions qui a pour nom « compromis de 1867 » et qui eut pour résultat l'arrêt ou la stérilité de toute vie communautaire active. Plus tard, les révolutions de 1918-19 et le traité de paix de Trianon devaient confirmer ces craintes aussi bien sur le plan social que sur le plan national : c'est ainsi que l'on aboutit à une politique de révision d'un traité de paix jugé préjudiciable et d'antibolchevisme primaire. L'impasse était totale. Tout en conservant certaines formes, et la capacité de s'orienter sur l'échiquier politique, de mener des négociations à un certain niveau, etc., bref, la routine politique, la classe politique hongroise voyait se dégrader de plus en plus certains de ses réflexes fondamentaux, la faculté de réagir immédiatement au danger, la capacité d'évaluation réaliste des avantages, des risques, des possibilités et des nécessités, bref tout ce que l'on peut appeler instinct politique. Celui-ci fut supplanté par des idées fixes auxquelles on se cramponnait en dépit du bon sens, à cause de la croyance absurde à la possibilité de rétablir et de sauvegarder la Hongrie historique et, avec elle, la hiérarchie sociale telle qu'elle y avait été en vigueur.

Les conséquences fatales de ce manque de réalisme apparurent au grand jour à la veille de la seconde guerre mondiale, au cours de la grande crise de politique européenne, qui fut aussi pour tous les peuples d'Europe une grande épreuve de morale et intuitions politiques. Grâce à leur routine, les dirigeants de la politique hongroise réussirent un certain temps à masquer le processus fatal de la dégradation des instincts politiques. La manière dont les dirigeants du pays obtinrent la modification du traité de Trianon grâce aux deux décisions de Vienne, sans se laisser entraîner dans une guerre contre les Alliés, la manière dont, plus tard, après son entrée en guerre, le gouvernement de Kállay prit petit à petit ses distances à l'égard de la cause perdue de l'hitlérisme — tout cela, vu de loin, pouvait paraître et paraissait, en effet, de la haute diplomatie. Mais, à y regarder de plus près, il s'agissait (comme nous l'avons déjà signalé à propos des lois antijuives) d'une série d'actes irréfléchis et la situation toujours instable changeait sans cesse au gré de la modification des rapports de forces entre « routiniers » et « représentants des idées fixes ». C'est ainsi qu'après de victorieuses manœuvres sur l'échiquier politique, on vit le gouvernement entreprendre les actions les plus irresponsables et les plus funestes : d'abord l'agression de la Yougoslavie et l'entrée en guerre de la Hongrie, acte irresponsable et incompréhensible, ensuite après le tournant du 19 mars 1944, l'écroulement de ce même gouvernement et la soumission du Régent.

A cet égard, la responsabilité la plus écrasante incombe à la politique de l'ex-Régent et du gouvernement Kállay, qui, tout en essayant de se distancier des Allemands, s'abstinrent de réfléchir à toutes les conséquences et à toutes les exigences qui découlaient de cette politique. L'illustration la plus éclatante de leur inconséquence fut fournie par les événements du 19 mars 1944 que le gouvernement considéra comme une catastrophe, alors que, pour tout observateur de bon sens, c'était un succès et le couronnement de la politique de Kállay : ces événements n'offraient-ils pas la possibilité de sortir de la guerre et de se tourner contre les Allemands tout en provoquant l'hostilité contre les Allemands d'une grande partie de l'opinion publique nationaliste ? Au lieu d'agir de la sorte, le gouvernement démissionna sans dire un mot, le Régent nomma un nouveau gouvernement, conforme aux vœux des Allemands et désormais, Régent, Allemands, armée hongroise et Croix fléchées qui, trois jours auparavant, formaient deux camps opposés, feignirent de considérer ce tournant de l'histoire de la Hongrie comme un incident mineur, l'affront infligé à la nation comme un petit malentendu, le danger mortel que représentait l'invasion comme une coopération prometteuse et les exterminations de masse en préparation comme gage du bonheur de la nation. L'abêtissement, le mépris du bon sens politique avaient atteint leur point culminant : cette attitude mit fin à l'estime que l'armée hongroise pouvait avoir pour elle-même et toutes les concessions obtenues par les gouvernements de Teleki et de Kállay[1] (qui avaient réussi à tenir les Allemands à distance) pour gagner du temps, y compris les tergiversations au sujet des lois antijuives, apparurent désormais comme dépourvues de sens, voire, rétroactivement, comme des échecs lamentables. Enfin, la « loyauté » du Régent et des dirigeants donna aux autorités hongroises et au corps des fonctionnaires l'illusion d'une continuité dans la légitimité et les incitèrent à suivre toutes les instructions du gouvernement, alors que, dans cette phase de la guerre, non seulement la résistance active, mais aussi la passivité et le sabotage de l'administration publique auraient pu causer de sérieuses difficultés aux occupants et à leur gouvernement fantoche.

Ainsi, l'opinion publique hongroise, qui avait commencé par réclamer la réparation d'injustices flagrantes et indéniables, se retrouva graduellement, et sans même en prendre conscience, dernier allié de l'Etat le plus criminel, le plus dément et le plus scélérat du monde. A quel moment la

---

1. Le comte Pál Teleki fut chef du gouvernement hongrois de 1939 à avril 1941. Il se suicida le jour de l'entrée en guerre de la Hongrie contre la Yougoslavie. Miklós Kállay qui lui succéda resta à la tête du gouvernement jusqu'au 19 mars 1944, date de l'occupation de la Hongrie par les Allemands.

politique visant à réparer les torts causés à la nation et à limiter le rôle des Juifs dans la vie économique se mua-t-elle en une politique aventurière d'extermination et de génocide ? Les gens peu habitués à l'analyse critique étaient incapables de répondre à cette question. Les grandes fortunes juives étaient encore intactes, les signes extérieurs de l'opulence de certains Juifs s'étalaient encore au grand jour lorsque plusieurs « petites » liquidations de Juifs inquiétaient déjà la conscience du régime et que les Juifs étaient insultés dans les trains et dans les rues. Personne n'avait attiré l'attention sur le fait que seules les manœuvres d'un escroc dansant sur la corde raide empêchaient provisoirement l'appareil hitlérien d'extermination massive d'envahir l'îlot de sécurité relative (ô combien !) qu'était la Hongrie. C'est ainsi que lorsque le pouvoir d'Etat entérina l'occupation allemande, masquant ainsi la véritable signification de ce tournant, de nombreux Hongrois ne se rendirent pas compte que la direction des affaires était passée des mains de réactionnaires à peu près respectueux des règles qu'ils s'étaient données, entre les mains de déments et de criminels, et cela de façon irréversible, ni de ce qui attendait les Juifs. Chacun pouvait être témoin des vexations dont les Juifs étaient l'objet, vexations qui, soudain, devinrent de plus en plus fréquentes, mais, étant donné qu'il ne s'agissait pas de faits nouveaux, les gens pensaient que le pouvoir *légal* finirait par rétablir l'ordre. Ce processus d'accoutumance progressive eut pour résultat que la société accepta sans murmure l'introduction du port obligatoire de l'étoile jaune, mesure qui, dans tous les pays où les consciences n'étaient pas anesthésiées à l'égard des atteintes à la dignité humaine, fut le signal de l'indignation générale et de sa manifestation. L'ambiance ne devait changer vraiment qu'avec le commencement des déportations des Juifs de province, alors que les gens furent témoins oculaires des méthodes employées par les tortionnaires. La majorité de la population y assistait avec un sentiment de dégoût profond, avec consternation et horreur, sans toutefois organiser d'assistance, car la société était démoralisée et le mythe de la légitimité subsistait. Il n'y eut que quelques actions de secours sporadiques et isolées et, naturellement, les SS et les gendarmes firent tout pour dissuader la population d'en entreprendre d'autres. Bien qu'en été 1944 il apparût clairement qu'il ne s'agissait plus, et depuis longtemps, de limiter l'expansion des Juifs dans la vie économique, on savait ce que signifiait leur « déplacement » et on savait aussi que le pays était devenu l'allié d'assassins : toute action humaine et courageuse des « Hongrois moyens », hésitants et désemparés, avait été rendue impossible d'une part par leur éducation politique qui souffrait de lacunes extrêmement graves, et d'autre part par l'attitude honteusement trompeuse des dirigeants politiques du pays. Ils estimaient donc que, malgré l'horreur que leur inspirait l'extermination des Juifs, ils devaient continuer à obéir en toute loyauté à l'appareil d'Etat hongrois et que, en tant que bons Hongrois, ils devaient souhaiter la victoire des Allemands. Aussi s'efforcèrent-ils de se persuader qu'ils assistaient à la « dégénérescence » d'une cause foncièrement juste, représentée par des hommes de bonne volonté. S'ils avaient pitié des Juifs et si, parfois, ils leur apportaient de l'aide, c'était un peu *malgré* eux, la conscience troublée.

Cette confusion morale était partagée par les Juifs hongrois eux-mêmes. Certes, nous avons beaucoup entendu parler d'existences clandestines et de faux papiers, mais à y regarder de plus près, ce qui étonne, c'est que la majorité des Juifs hongrois ne fût décidée ni à vivre dans la clandestinité ni à recourir à l'usage de faux. Tout en ne se faisant guère d'illusions sur les intentions de leurs persécuteurs, ils continuaient à obéir massivement aux autorités, alors que la désobéissance ne comportait plus guère de grands risques. La société hongroise, qui assistait aux persécutions, ne manqua pas de remarquer — quelquefois avec une certaine satisfaction — le comportement aberrant des Juifs persécutés : au lieu d'organiser leur autodéfense commune, ils cherchaient à obtenir d'hypothétiques dérogations ; tout se passait comme s'ils avaient accepté les persécutions, du moment que celles-ci ne frappaient pas les exemptés ; ils poursuivaient jusqu'au dernier moment leurs querelles mesquines, et formulaient des exigences futiles, mettant quelquefois dans l'embarras les personnes qui voulaient les aider. Cependant, si nous nous demandons s'il s'agit là de particularités « juives », nous sommes obligés d'admettre, non sans stupéfaction, qu'il n'en est rien. Quelle était donc la nation qui, tel un troupeau de moutons, avait obéi à des intentions manifestement meurtrières, qui, jusqu'au dernier moment, voulait être exemptée du port de l'étoile jaune que les Allemands avaient symboliquement épinglée sur la poitrine de chaque citoyen des pays d'Europe orientale ? Quelle était donc la société qui, pendant le siège de la capitale, fit preuve d'une absence remarquable de sentiments communautaires, refusant d'aider le prochain, mais accaparant égoïstement toute aide qui se présentait ; la société dont les dirigeants avaient lâchement abandonné ceux dont ils avaient la charge ? Je crains que, plutôt que de parler de « particularités juives », il ne faille s'étonner de ce miracle de l'assimilation ou, plus précisément, constater que la dégradation de la morale, des conventions et des réflexes communautaires a atteint dans la même mesure toutes les couches, toutes les cellules de la société hongroise.

Cela seul explique le fait que cette société, après avoir été informée des tortures et des assassinats massifs, au lieu de se rendre compte de sa propre responsabilité, et cela pour des raisons multiples, n'ait pas au moins pressenti les dangers qui la *menaçaient*. L'idée que dans une Europe dominée par les Allemands, les Hongrois puissent être un jour traités comme l'étaient les Juifs, fut balayée du revers de la main par cette société. Elle la jugeait absurde. Elle n'y voyait rien d'autre qu'une tentative risible des Juifs qui, conscients de l'imminence de leur perte, présentaient le danger qui les menaçait comme pesant sur l'ensemble de la nation. Or, nous savons que, quelles qu'aient été la haine et la peur hystériques qui animaient l'hitlérisme dans le traitement infligé aux Juifs, les Polonais, par exemple, et en particulier l'intelligentsia polonaise, furent logés à la même enseigne. Pour celui qui connaissait tant soit peu le racisme allemand et la vision du monde fondée sur la supériorité de la race germanique, il n'était pas difficile de prévoir que le sort des Polonais pourrait être à brève échéance celui des Hongrois : impossible de prévoir l'ordre dans lequel les nations « subalternes » subiraient les sévices réservés aux peuples inférieurs. Que ce danger ait pu être minimisé aux yeux des dirigeants et de l'intelligentsia hongroise, malgré des avertissements répétés, cela s'explique par des raisons historiques. Depuis le compromis de 1867, ces couches de la population s'étaient habituées à l'idée que les Hongrois ne pouvaient avoir de différends de droit public qu'avec les Autrichiens ; quant aux Allemands, ils étaient plutôt nos alliés. De plus, sur leur territoire historique [1], les Hongrois avaient vocation de jouer un rôle dirigeant et d'assumer des responsabilités analogues à ceux que les Allemands devaient jouer dans le monde, suivant la vision du monde de la Grande Allemagne. Les alliances germano-hongroises des deux guerres mondiales avaient consolidé cette opinion. C'est ainsi qu'en entendant parler de la suprématie des Allemands sur les peuples d'Europe orientale qu'ils avaient vocation de dominer, les dirigeants hongrois, au lieu de se dire que cette suprématie pourrait s'étendre *sur* la Hongrie, se rappelaient que les Hongrois avaient la *même* prétention de diriger et de régner sur les peuples allogènes vivant sur le territoire historique de la Hongrie. Cette façon de voir suicidaire, profondément enracinée, avait empêché jusqu'au dernier moment la société hongroise d'entrevoir, dans le génocide juif, la possibilité d'un génocide hongrois.

Arguments contre la responsabilité hongroise

Nous venons de passer en revue tous les faits importants relatifs à la situation des Juifs en Hongrie et nous avons cherché des explications même aux faits les plus graves. Nous nous sommes abstenu à dessein de toute formulation excessive et avons essayé de ne pas confondre les différents degrés de la responsabilité morale. Si nous avons procédé ainsi, ce n'était pas pour atténuer la gravité des faits, ni pour « noyer le poisson », mais pour présenter un tableau inattaquable, d'une crédibilité absolue, en vue de la détermination des responsabilités, et aussi pour prévenir des réponses inspirées par un sentiment de solidarité défensif, mais susceptible de se transformer en contre-attaque, réponses qui

---

1. Le « territoire historique » de la Hongrie est celui qu'elle occupait jusqu'au traité de Trianon (1920).

sont les conséquences bien connues des généralisations injustes et excessives. Cette prudence était nécessaire, car nous entendons de nombreuses objections contre tous ceux, étrangers ou Hongrois, Chrétiens ou Juifs qui concluraient de ce qui précède que la société hongroise a une part de responsabilité dans ce qui s'est passé.

La première de ces objections, c'est que l'extermination massive des Juifs n'est pas notre fait, mais celui des Allemands. Il serait donc absurde d'assumer la responsabilité de leurs crimes à eux. C'est vrai et il ne s'agit pas d'affirmer le contraire. Certes, on pourrait se demander si nous ne portons pas une part de responsabilité *dans l'invasion* allemande et *dans la manière* dont elle s'est déroulée. Mais là encore, on pourrait considérer l'envers de la médaille et admettre que la politique de Teleki et de Kállay, avec ses lois antijuives et sa tendance à préserver l'état de choses jusqu'à la fin de la guerre, recelait une *possibilité* de sauvetage des Juifs : si cette tentative échoua le 19 mars 1944, la responsabilité en incombe aux dirigeants du pays. Ecartons donc l'idée que nous devons porter la responsabilité d'actes perpétrés par les Allemands — nous ne l'avons d'ailleurs pas suggérée dans ce qui précède — et interrogeons-nous uniquement sur la part de responsabilité qui nous revient à nous dans la persécution et dans l'extermination des Juifs, accomplies avec le concours volontaire des autorités hongroises militaires et civiles, et dans la façon dont la société hongroise et ses différents organismes administratifs et sociaux ont assisté à la persécution, à la déportation et à l'assassinat des Juifs.

Un autre groupe d'objections nous suggère de ne pas parler de « ces choses-là » ou de ne pas en parler exclusivement, mais de mentionner également les souffrances des prisonniers de guerre et de la population, ainsi que des internements ordonnés au nom de la démocratie et des abus de pouvoir de celle-ci. Ou encore, dans le « meilleur » des cas, on nous dit : étant donné ce qui s'est passé, ne parlons plus de rien, barrons tout cela d'un trait et considérons que les souffrances endurées par les Juifs ont été compensées par celles des non-Juifs. Quant aux fautes et aux abus commis depuis la Libération, c'est là une question à part. Ce qu'il faut souligner avec force c'est que ne peuvent entrer en ligne de compte à cet égard que les prisonniers de guerre, et *les innocents* qui ont été internés ou inculpés *à tort*. Car j'espère que personne ne songe à mettre dans la balance les souffrances dues à la condamnation des vrais assassins et de leurs complices, pour « compenser » les assassinats massifs et les horreurs de 1944, quelle que soit par ailleurs notre compassion à l'égard de *toutes* les souffrances. Deuxièmement, force nous est de constater qu'une partie seulement de ces peines peut être considérée comme mesure de représailles, les autres châtiments infligés n'ayant aucun rapport avec la responsabilité dans la persécution des Juifs. Troisièmement : ni la captivité, ni l'internement, ni les abus policiers — choses d'ailleurs très différentes — ne peuvent être comparés aux persécutions antijuives, même s'ils ont entraîné la perte de vies humaines. En disant cela, je ne m'adresse pas aux mères, aux épouses, aux enfants et aux parents de ceux qui ont perdu la vie ou ont subi des préjudices à la suite de ces événements, car je n'ai pas le droit de comparer leurs deuils et leurs pertes avec ceux des mères, des épouses et des orphelins juifs. Encore que — nous le savons bien — les circonstances dans lesquelles ont péri les uns et les autres ne soient pas tout à fait différentes or, celles-ci étaient bien plus atroces dans le cas des Juifs. Je m'adresse à ceux qui croient avoir le droit ou la possibilité, soit en qualité d'observateur, soit parce que injustement condamnés ou emprisonnés, de faire le bilan en mettant un signe d'égalité entre les deux types de souffrances. Les emprisonnements, privations et vexations qu'invoquent ces personnes font partie de la catégorie des souffrances humaines qui, en temps de guerre, lorsque des masses humaines sont maintenues en captivité ou doivent répondre de leurs actes politiques, ont toujours existé depuis les débuts de l'Histoire, en raison des exigences impitoyables des situations historiques et aussi en raison du manque de scrupules, de la cruauté, de la tyrannie et des abus de pouvoir de certains hommes. Nous avons toutes les raisons de les combattre, mais sans perdre la mesure pour autant, et sans oublier que vouloir comparer ces malheurs à l'assassinat massif des Juifs serait faire preuve de cynisme ou de mauvaise foi. Au cours de l'histoire plusieurs fois millénaire de l'humanité, à plus forte raison, au cours des siècles dominés par le christianisme et par la civilisation, il a toujours existé une limite, rarement franchie, en principe comme dans la pratique, et qui garantissait la vie sauve aux vieillards, aux femmes et aux enfants ; or, conformément aux intentions des dirigeants racistes, femmes, enfants et vieillards furent victimes des exterminations massives, au même titre que les hommes dans la force de l'âge. Quant aux méthodes de sélection et de torture, elles furent si ignobles que parmi les survivants se trouvent des dizaines de milliers de malades mentaux. Il existe parmi nous des hommes qui ont vu leurs mères ou leurs femmes nues et le crâne rasé subir les regards lubriques et les sévices de leurs tortionnaires avant d'être envoyées à la mort, des parents qui ont vu leurs enfants jetés sur des bûchers ou leurs bébés écrasés contre les murs des wagons et qui s'accusent, à tort, bien entendu, mais dans un état voisin de la démence, d'avoir laissé partir les êtres qui leur étaient chers pour un voyage dont ils ne devaient pas revenir. En comparaison de ces cas, ceux dont les proches sont morts au cours des bombardements ou à la suite d'une maladie subite paraissent presque sereins et libérés, et même ceux qui ont perdu des proches par la faute de la malignité et de la cruauté des hommes, mais à la suite d'une mort pour ainsi dire naturelle et en tout cas habituelle et familière, même ceux-là sont actuellement dans un état psychique meilleur que certains survivants juifs, car ils ont affaire à une vieille connaissance de l'homme, à la mort abstraite et impersonnelle et non à des images de la folie, du sadisme et de l'Horreur concentrée, images dont il est si difficile, sinon impossible de se défaire. Que celui qui estime avoir de bonnes raisons de ne pas se croire co-responsable de ces actes s'imagine donc sa propre mère, sa propre femme, ses propres enfants dans la situation qu'ont connue les mères, les épouses, les enfants juifs : il y réfléchira alors à deux fois avant d'oser mettre sur le même plan ces horreurs et la captivité, l'internement ou les vexations policières, aussi pénibles soient-ils. Enfin, quatrièmement : si à titre de représailles, on nous avait infligé exactement les mêmes souffrances, nous n'aurions, certes, aucune raison de demander pardon, mais aucune raison non plus de nous soustraire à un examen de conscience, ni d'esquiver la question de notre responsabilité.

On nous objecte encore qu'une grande partie de la société hongroise ignorait ce qui se passait dans les camps d'extermination ou, si elle en était informée, les nouvelles qui en parvenaient étaient si invraisemblables que les gens refusaient d'y croire. Que de telles informations soient d'abord accueillies avec scepticisme, rien de plus naturel. Mais la question n'est pas de savoir si nous les avons crues immédiatement, ou si nous en avons douté aussi longtemps que cela était possible. A partir du moment où apparut la simple *possibilité* de telles horreurs, tout homme doué d'un sens moral intact aurait dû frissonner d'indignation et réagir par des actes. Or, nous avons commencé à « douter » de l'existence des camps d'extermination à un moment où nous connaissions déjà suffisamment l'existence des wagons de déportation pour y croire. Et si nous avons refusé de croire aux camps d'extermination, ce n'était pas parce que nous avions confiance en la bonté humaine, mais pour ne pas avoir à envisager notre propre responsabilité.

D'autres nous mettront en garde contre une trop grande insistance sur notre responsabilité, sous prétexte qu'une telle attitude fournirait à ceux — étrangers ou Hongrois — qui n'étaient ou ne sont pas meilleurs que nous l'occasion d'utiliser nos propres aveux à leur avantage politique ou moral et d'en tirer des conséquences politiques ou morales que nous ne mériterions pas. Il serait temps de rompre avec une pratique qui affaiblit la valeur morale de l'acceptation de nos responsabilités, en nous demandant sans cesse quel serait l'impact qu'une telle reconnaissance de dettes pourrait avoir sur d'autres, sur les Juifs, sur les Tchécoslovaques, sur l'étranger, sur le monde. Si nous portons la responsabilité de certains actes, il faut l'assumer sans tergiverser, car c'est le seul moyen pour nous de devenir une nation adulte, la seule voie qui conduise à notre propre élévation morale. Soyons sûrs qu'à longue échéance, l'estime que le monde pourra avoir pour nous, et ce qu'il mettra dans la balance lorsqu'il nous comparera à d'autres nations, ne dépendra pas de la quantité des torts que nous aurons admis ou que nous aurons niés, mais du sérieux et de la détermination avec lesquels nous aurons établi nos propres responsabilités. C'est seulement en agissant ainsi que nous pourrons faire admettre qu'à une prochaine occasion, notre pays saura donner une image meilleure, plus digne de lui-même.

On cherche souvent à atténuer notre responsabilité en affirmant que l'attitude honteuse imputée à l'ensemble des Hongrois avait été en réalité celle des couches dirigeantes de la classe moyenne et de l'intelligentsia, alors que le peuple, les « gens simples », le prolétariat et la paysannerie s'étaient tenus à l'écart de ces agissements. En contrepartie, on affirme, surtout dans les milieux appartenant à la classe moyenne ou à l'intelligentsia, que c'étaient, au contraire, les couches cultivées de la population qui s'étaient tenues à l'écart, alors que la petite aristocratie peu cultivée et mal dégrossie, les semi-prolétaires et les prolétaires s'étaient délectés à torturer et à piller les Juifs. Nous connaissons aussi l'opinion selon laquelle les collaborateurs hongrois, qu'ils aient fait partie des dirigeants ou du peuple, étaient en réalité de souche allemande.

En ce qui concerne la première objection, la mise en cause des couches dirigeantes et de l'intelligentsia est entièrement justifiée, à condition que nous les considérions comme responsables avant tout *parce qu'*ils étaient dirigeants et intellectuels, ayant donc à répondre non seulement d'eux-mêmes, mais aussi de tous ceux qu'ils ont influencés par leur mauvais exemple, ou faute de leur avoir montré le bon exemple. Etranges dirigeants, en effet, que ceux qui récusent la responsabilité de leur direction politique et morale et qui, au moment où on leur demande des comptes, se font passer pour de vulgaires lampistes ! Mais si nous voulons dire par là que les dirigeants étaient particulièrement actifs dans la persécution des Juifs, alors que le peuple évitait sciemment d'y participer, nous sommes victimes d'un romantisme trompeur et très dangereux, parce qu'il engendre l'illusion que, l'ancien régime des seigneurs puissants ayant disparu et le peule ayant pris le pouvoir, il est désormais impossible qu'à l'avenir, dans une situation analogue, ce peuple se comporte de façon aussi irresponsable et montre la même indifférence que ses ex-dirigeants. Pour qu'il en soit ainsi, il ne suffit pas d'un changement politique et social, celui-ci n'est que la condition préalable; il faut, en plus, une amélioration substantielle du niveau politique et moral. Bien entendu, l'affirmation selon laquelle seuls des individus appartenant aux classes inférieures avaient fait preuve de malignité et d'inhumanité dans la persécution des Juifs est encore moins exacte. Ce qui est vrai, c'est que les personnes réellement cultivées de toutes les couches de la population s'étaient tenues à l'écart, mais cela va de soi. Insister sur ce fait serait carrément dangereux, car nous savons depuis longtemps que le prestige que *les personnes cultivées* avaient valu à la Hongrie a été, de tout temps, récupéré par les *nobles dirigeants* qui se croyaient dépositaires de la culture de par leur naissance. En réalité, si nous examinons l'appartenance sociale de ceux qui, en Hongrie, ont participé à la persécution des Juifs, nous y trouvons, parmi les dirigeants, les représentants de l'administration publique, toujours prêts à pressurer les serfs et à gifler les paysans, toujours imbus de leur supériorité, mais aussi une partie de la classe moyenne des villes, des employés et des fonctionnaires qui ont fourni une démonstration surprenante de leur inhumanité et de leurs instincts prédateurs même si l'on n'avait nourri aucune illusion à leur égard. Ceux qui, sans se compromettre, ont eu un comportement digne d'intellectuels européens, de membres cultivés des classes supérieures et moyennes, ont été dans leur majorité trop passifs pour pouvoir améliorer le tableau offert par les couches dirigeantes hongroises. En ce qui concerne le peuple, les couches petites-bourgeoises et semi-prolétariennes, facilement sensibilisées aux arguments du fascisme, parce que, se trouvant dans une impasse de l'évolution sociale, elles ont bien été représentées dans les chasses à l'homme, comme dans les actes de pillage, tout comme le sous-prolétariat, exempt de tout scrupule moral. Mais, dans l'autre plateau de la balance, on peut invoquer le comportement du prolétariat conscient, appartenant aux mouvements ouvriers. C'est la paysannerie qui, *relativement*, resta la plus éloignée de toutes les atrocités, mais c'était en partie par méfiance ancestrale, en partie par sentiment humanitaire et volonté d'aider ceux qui souffraient, sans que l'on puisse parler d'une prise de position consciente et homogène. En ce qui concerne enfin le rôle des personnes d'origine allemande, il est incontestable que tous ceux qui, sous l'influence des théories racistes, s'étaient découvert du sang allemand dans leurs veines, se sentaient encouragés, plus que les Hongrois, à participer à toutes les entreprises allemandes, et à fermer les yeux sur tout ce qui pouvait leur sembler condamnable, voire répugnant dans ces actions. Mais de là à affirmer que la participation et la responsabilité des Hongrois incombent avant tout à ceux qui sont d'origine allemande... ce serait là une illusion ou la manifestation d'une volonté délibérée de se tromper soi-même.

Responsabilités et acceptation des responsabilités

Enfin, dernière objection : puisqu'on peut si bien expliquer les facteurs politiques et sociaux, les traumas historiques, les expériences trompeuses, les impasses et les mauvais réflexes qui ont déterminé le comportement de la société hongroise, quel besoin y a-t-il de parler de responsabilité ? Ne s'agit-il pas de grands courants de l'Histoire qu'il faut avant tout comprendre au lieu de chercher à moraliser à leur propos, à invoquer des catégories empruntées aux cours d'instruction religieuse, telles que culpabilité et responsabilité ? Une telle conception de la problématique dénote une parfaite méconnaissance du problème de la culpabilité et de la responsabilité. Ces dernières ne dépendent pas de la constation que l'individu *n'a pas agi* conformément à ses déterminations sociales, communautaires, éducationnelles ou personnelles, mais a décidé de commettre le mal librement et indépendamment de tous ces facteurs déterminants — alors qu'au contraire, s'il parvient à démontrer qu'il n'a fait que céder à un déterminisme et à des antécédents fatals, il ne peut être considéré comme coupable et responsable. Bassesses, lâchetés, vilenies ne sont pas affaires de décisions diaboliques librement prises, mais consistent, au contraire, à agir en misérables, inconscients et privés de libre arbitre, n'obéissant qu'à des impulsions venues de fatalités sociales, communautaires, éducationnelles et personnelles, d'expériences lamentables et déformantes, de préjugés enracinés, de lieux communs vides de sens, de clichés stupides et paresseux. Certes, il est absurde de dire que de tels individus peuvent *assumer* des responsabiltés, car ils sont simplement incapables de saisir le sens de ce terme. Mais cela ne les dispense pas de subir les conséquences de leurs actes, c'est-à-dire la *mise* devant leurs responsabilités. Etre adulte et libre, c'est d'abord entrevoir la médiocrité de nos actes déterminés uniquement par notre conditionnement, c'est aussi commencer à se sentir responsable et à agir librement, en responsable. Traduit dans le langage du *christianisme*, cela veut dire que le pècheur agit sous l'empire du péché originel, et que ses bonnes actions elles-mêmes subissent la contrainte des lois, et sont ainsi dépourvues de valeur, alors que l'homme ayant bénéficié de l'œuvre de la Rédemption est libre et agit librement, selon la voix de sa conscience. En langage *marxiste*, cela veut dire que les actes des hommes sont déterminés par leur situation de classes mais qu'une fois que l'homme a compris cette situation, il prend position consciemment : si sa position de classe l'incite à servir la cause de l'évolution de l'Histoire, il s'y décide consciemment, et si, au contraire, sa position de classe le dresse contre cette cause, il se tourne contre sa classe.

C'est dans ce sens-là qu'il convient de poser la question de notre responsabilité, la responsabilité de notre nation et de notre société. Si la nation hongroise est effectivement une nation servile, possédant un esprit grégaire, et qui cherche à éluder sa responsabilité en la faisant incomber à ses maîtres et à ses occupants, alors il ne sert à rien de parler d'acceptation de ses responsabilités, car cette nation refusera d'envisager la question, si nous la lui posons. Mais je ne crois pas que les Hongrois touchent ou aient jamais touché le fond d'un tel abîme. S'il est vrai que la nation hongroise n'a pas su, au cours des cent dernières années, trouver la voie véritable de sa propre élévation, il n'est pas moins vrai que durant cette même période, elle n'a pas cessé de la chercher et les grands esprits de la nation ont été les premiers à entreprendre et à poursuivre cette recherche. S'il est vrai que nous avons ressenti beaucoup d'amertume à constater l'impasse dans laquelle l'évolution politique et sociale de la Hongrie s'est trouvée acculée au cours du dernier siècle et plus particulièrement au cours des dernières décennies et surtout au cours de la deuxième guerre mondiale, nous n'avons pas cessé d'espérer et d'attendre l'événement propre à faire surgir le Bien qui, nous le savions, n'avait pas été entièrement étouffé. Il est vrai qu'en fin de compte, l'irresponsabilité et l'incapacité à comprendre la situation et à agir en conséquence ont atteint en 1944 des proportions qui dépassaient l'attente la plus pessimiste. Mais si, malgré tout, nous nous sentions autorisés — avec plus ou moins de raison — à espérer mieux, car des nations qui, selon toute apparence, n'étaient pas meilleures que la nôtre ont été capables de remonter la pente, et si, depuis 1944, les Hongrois eux-mêmes semblent justifier par leurs actes de tels espoirs, alors, il n'est pas vain de parler de responsabilités à assumer ni d'espérer que de tels propos ne restent sans écho dans ce pays.

Ce que nous ne pouvons pas affirmer, c'est que parler d'acceptation de responsabiltés *au nom de* toute la nation et de toute la société soit chose simple et que cette façon de penser la question suscite à coup sûr des échos. S'il en était ainsi, des voix se seraient déjà élevées depuis longtemps, réclamant la clarification de ces responsabilités ; or, nous savons que les tentatives faites dans ce sens se sont soldées par des échecs. Nous avons parlé de l'indignation suscitée par une déclaration qui, au nom de ses signataires et aussi d'autres, *avait demandé pardon* aux Juifs. Certes, demander pardon n'est peut-être pas la formule la plus heureuse, car si cette demande s'adresse à des hommes, le solliciteur risque de s'humilier outre mesure et non sans quelque hypocrisie, quant au sollicité, il se voit exposé au danger de manifester avec orgueil sa supériorité morale ou de se comporter avec une condescendance magnanime. Cependant, une société qui assume délibérément ses responsabilités ne se serait pas laissé arrêter par des mots ou des formules, mais après les avoir rectifiées convenablement, aurait poursuivi sa route vers l'essentiel, à savoir la délimitation et l'acceptation de ses responsabilités. Ce n'est pas ce qui s'est produit chez nous : la tentative donna lieu à un refus indigné et il sera difficile d'amener cette société à abandonner les (fausses) raisons qu'elle s'était fabriquées pour ne pas assumer ses responsabilités. Celui qui essaiera à nouveau de dire quelque chose de vrai et de substantiel dans ce problème ne manquera pas de se voir poser la question du mandatement : « Qui vous a mandaté ? » lui demandera-t-on non sans humeur.

Dans cette situation, il ne reste qu'une seule chose à faire : définir et assumer la part de responsabilité qui nous incombe *personnellement*. Constater, par exemple, que toute l'aide que l'auteur de ces lignes a pu apporter ou essayé d'apporter soit parce qu'il obéissait à la voix de sa conscience, soit parce qu'il avait été sollicité, que toute cette aide, dis-je, est pitoyablement dérisoire, reste en deçà de ce qu'il aurait dû et pu faire, qu'elle est lourdement hypothéquée de vaines prudences, d'hésitations, qu'il s'est souvent contenté de faire sentir ses bonnes dispositions, mais sans aller jusqu'à partager entièrement les préoccupations de ses solliciteurs et à prendre en mains la cause de leur salut et qu'il s'est trouvé entraîné à affronter des risques, plutôt que de les assumer librement. Il est indispensable que chacun de nous fasse un tel bilan, en évitant de mettre l'accent sur ses mérites et sur ses excuses, et de chercher à les invoquer pour compenser ses propres fautes et manquements, se demandant simplement de quoi il est *responsable* ou *co-responsable*. C'est ainsi que, tôt ou tard, s'établira un bilan national plus clair, plus courageux, plus à même d'affronter la responsabilité collective.

*
**

Si nous avions écrit tout cela au mooment de la Libération, nous aurions pu mettre ici un point final à nos développements. Sans éclairer le problème dans sa totalité, nous aurions au moins dit ce qu'il y avait de plus important à dire après 1944. Mais, depuis, trois années se sont écoulées et un nouvel antisémitisme est né — à moins qu'il ne s'agisse de la renaissance du vieil antisémitisme — et, comme nous l'avons vu, à la question : qui est responsable de l'extermination massive des Juifs ? on répond le plus souvent : pourquoi ne parlez-vous pas des souffrances endurées depuis par des non-Juifs ? Nous ne pouvons donc pas éviter de parler de la renaissance de l'antisémitisme et de ses causes. Non parce que, comme nous l'avons déjà souligné, il y aurait quelque commune mesure entre les deux souffrances, mais parce que

247

seule la vérité complète est capable de percer le brouillard fait de souffrances, de préjudices subis et de mauvaise conscience dont certains Hongrois se sont entourés.

2. Juifs et antisémites

A propos de la recrudescence actuelle de l'antisémitisme, nous ne pouvons plus nous borner à étudier la situation de la Hongrie et les événements qui se sont déroulés dans ce pays. Il faut commencer par traiter dans toute son ampleur la question de l'origine et des causes de l'antisémitisme, et en même temps, examiner les conditions psycho-sociales qui déterminent la place des Juifs européens dans leur environnement. Nous ne visons pas à parler de la totalité des aspects religieux, psychologiques et économiques de l'antisémitisme, car ce sujet n'est pas facile à épuiser. L'antisémitisme nous intéresse avant tout en tant que phénomène pathologique et nous concentrons notre attention sur la forme qu'il a revêtue récemment en Europe centrale où il était devenu un facteur de la politique. Nous nous occuperons de ses aspects religieux, psychologiques et économiques, dans la mesure où ils figurent parmi les causes, les antécédents et les explications de ce phénomène pathologique de la société.

Opinions sur les Juifs et sur l'antisémitisme

Quelle entité sociale les Juifs européens forment-ils ? Depuis quelques dizaines d'années on pose en Hongrie la question suivante : les Juifs constituent-ils une race ou une religion ? Les antisémites les plus farouches et les Juifs les plus attachés à l'idée de l'assimilation sont d'accord avec cette façon de poser le problème. L'antisémite a beau jeu de démontrer — ce qui est vrai — que l'importance des Juifs en tant que communauté dépasse de loin le rayonnement social des confessions chrétiennes européennes, depuis que la séparation de l'Eglise et de l'Etat les a confinées dans le domaine strictement religieux : il en conclut que les Juifs ne constituent pas une religion, mais une race. Mais les adversaires des théories racistes démontrent avec tout autant de facilité qu'il n'existe pas de race juive — ce qui est également vrai — et que les traits physiques considérés comme typiquement juifs ne sont que la synthèse d'une dizaine de traits typiques souvent contradictoires : ils en tirent la conclusion que les Juifs ne constituent pas une race, mais une religion. Autant dire que la question est mal posée. Selon les sionistes et les Juifs possédant une conscience nationale et politique, les Juifs ne constituent ni une race ni une religion, mais une nation, ou une minorité nationale. Mais cette définition ne peut s'appliquer qu'aux Juifs ayant une conscience nationale. Or, tous les Juifs n'appartiennent pas à la même nation, l'ensemble des Juifs n'a ni conscience nationale commune ni Etat commun et n'est pas engagé dans la construction d'un même Etat. Tout ce que les sionistes peuvent dire à leur sujet, c'est que les Juifs *devraient* répondre à ces critères et prendre conscience de leur identité nationale. Mais tout semble indiquer qu'une partie considérable des Juifs ne veut pas s'engager dans cette voie et ne le fera pas. Il est donc impossible, à l'heure actuelle, de caractériser en une phrase, en une formule, la situation sociale actuelle des Juifs, une situation de transition vers les directions les plus diverses.

Lorsque, par la suite, nous parlerons de *Juifs* et de *judaïté*, nous ne désignerons pas toujours — par la force des choses — le même ensemble d'hommes et de femmes, mais un groupe humain d'une extension variable suivant le point de vue dont nous l'envisageons : parlant d'une communauté ancestrale, le terme désignera ceux qui pratiquent le même rite ; parlant de religion juive, il comprendra l'ensemble de ceux qui appartiennent à cette confession ; parlant de nation juive ou de minorité nationale juive, il visera ceux qui possèdent une conscience nationale et parlant des réactions psychologiques ou du comportement des Juifs, le terme s'appliquera à ceux qui, d'une façon ou d'une autre, appartiennent encore à la communauté juive et, lorsque nous examinerons les réactions de l'environnement à l'égard des Juifs, le mot « Juif » désignera ceux que leur entourage considère comme tels. Quant à la persécution des Juifs, elle frappe ceux que les persécuteurs ont désignés. Je ne vois pas de raison d'employer un autre terme que « Juif » ; autrefois, on évitait de l'utiliser, mais aujourd'hui, il est d'usage aussi bien parmi les Juifs que parmi les non-Juifs, et le mot « israélite » a pris des connotations archaïques et officielles.

Alors que, pour définir le contenu du terme « Juif », il nous suffit de confronter un nombre limité d'opinions, les explications sur la nature et les causes de l'antisémitisme sont extrêmement nombreuses et variées, même si nous ne prenons en considération que celles qui peuvent prétendre à l'objectivité et sont susceptibles d'être étayées par des faits. Selon une explication très répandue, l'antisémitisme s'enracinerait dans un *préjugé* moyenâgeux, lui-même issu du fanatisme religieux, préjugé qui attribue aux Juifs la crucifixion de Jésus et d'autres méfaits relevant de la superstition ; la forme actuelle et laïque de l'antisémitisme serait donc un dérivé de ce préjugé et la lutte contre l'antisémitisme coïnciderait avec celle contre l'intolérance religieuse, l'obscurantisme, les superstitions et l'ignorance. Si cette interprétation saisit bien les origines de l'antisémitisme, elle n'explique pas comment, de préjugé de caractère religieux, l'antisémitisme est devenu préjugé d'hommes sans conviction religieuse. Elle tient de la *Geistesgeschichte* : un préjugé d'origine religieuse est né quelque part et s'est mis à proliférer ; plus tard, se séparant de ses racines religieuses, il est devenu un concept indépendant et, tout en gagnant sans cesse en intensité, il demeure fondamentalement ce qu'il était à l'origine.

Selon le *matérialisme historique,* en revanche, les causes de l'antisémitisme, loin d'être idéologiques, sont économiques et sociales : libérés et enrichis à la suite de leur émancipation, les Juifs se sont trouvés dès le début en butte aux couches féodales, hostiles à toute émancipation et aussi, dans une certaine mesure, à la bourgeoisie fortunée. Plus tard, ces deux catégories de la population finirent par conclure avec les Juifs un compromis boiteux. Mais lorsque le mouvement ouvrier fait peser une menace mortelle sur le pouvoir de la féodalité et du capital, les forces féodales et le capital non juif, pour faire diversion, excitent et soutiennent la haine antijuive des masses ignorantes de la petite bourgeoisie et du sous-prolétariat, ainsi que les divers mouvements de masse fascistes et pseudo-révolutionnaires. Ainsi naît l'antisémitisme moderne qui disparaîtra nécessairement avec le renversement du fascisme et du système économique du capitalisme et la consolidation de la société sans classes. Cette explication met en lumière un certain nombre de relations réellement existantes et il est exact que dans une société fondée sur l'égalité qualitative et hiérarchique des hommes, tout mouvement s'inspirant du principe de la discrimination doit s'éteindre. Pourtant, cette thèse ne nous dit pas pourquoi le dynamisme social de certaines masses *peut* être canalisé vers l'antisémitisme et pourquoi il est possible de faire admettre à une multitude d'êtres humains cette opinion manifestement absurde, qui ne résiste ni à l'examen des faits les plus simples ni à l'épreuve de l'expérience, qui est contraire à leurs intérêts, mais qui reçoit toujours une nouvelle crédibilité, opinion selon laquelle il existerait une entente tacite entre le directeur d'usine juif et son coreligionnaire secrétaire syndical.

Un troisième groupe d'explications, moins ambitieuses que les deux premières, est de type *psychologique*. Il attribue l'antisémitisme à la *jalousie* provoquée par l'enrichissement des Juifs, par leur habileté à faire fortune, par leurs talents, par leurs succès. Ou, plus simplement, au fait que les Juifs sont *autres*, différents à plus d'un égard de leur entourage non juif, ce qui est déjà en lui-même un facteur d'irritation. D'une façon générale, les hommes vulgaires et bas éprouvent le besoin de mépriser, de persécuter et de haïr, et pour ce faire, ils choisissent un groupe d'individus peu protégés qu'ils accablent de toutes sortes d'accusations, donnant ainsi libre cours à leurs instincts agressifs. Tous ces facteurs constituent réellement les ingrédients de l'hystérie collective appelée antisémitisme, mais l'interprétation psychologique n'explique pas pourquoi la même haine se manifeste avec beaucoup moins de vigueur à l'égard de minorité encore moins protégée et pourquoi il est possible et facile de détourner la jalousie que l'on devrait éprouver à l'égard d'individus fortunés *non-Juifs* sur des Juifs *sans fortune et n'ayant pas réussi* dans la vie.

On connaît l'explication *psychanalytique* de Freud : selon lui, l'antisémitisme reposerait sur l'accusation de déicide ; cependant, les Juifs refusent d'admettre qu'ils ont commis ce crime, contrairement aux Chrétiens qui, eux, l'assument et ainsi s'en purifient. Derrière cette conception se profile le sentiment de culpabilité éprouvé à cause du meurtre du père ou de l'intention de commettre ce meurtre, sentiment archaïque en ce qui concerne les communautés et trouvant son origine dans l'enfance, chez l'individu. Freud énonce également l'hypothèse selon laquelle certains peuples jeunes et restés au fond païens abréagissent leur ressentiment d'avoir été convertis de force au christianisme, en commettant leurs exactions contre les Juifs, le judaïsme étant l'ancêtre des religions chrétiennes. Que l'antisémitisme européen s'enracine essentiellement dans l'accusation moyenâgeuse selon laquelle les Juifs sont responsables de la crucifixion du Christ — c'est là une affirmation parfaitement crédible. Quant à attribuer l'antisémitisme au ressentiment éprouvé à la suite d'une conversion forcée — idée manifestement suggérée par l'exemple du nazisme et de sa haine simultanée contre les Juifs et le christianisme — c'est déjà moins convaincant. Et ce qui est douteux, en tout état de cause, c'est l'application *directe* à des faits sociaux de concepts de la psychanalyse individuelle, tels que trauma, refoulement, inhibition, culpabilité, complexe, compensation, abréaction, sublimation. Le raisonnement analogique peut se révéler extrêmement fécond, mais le refoulement et l'inconscient ne se manifestent pas de la même façon dans la vie individuelle et dans la vie sociale.

Selon une autre interprétation psychanalytique moins profonde, l'antisémitisme s'expliquerait par un sentiment inconscient de culpabilité, nourri par les injustices et les atrocités perpétrées contre les Juifs. Un tel sentiment existe réellement et peut alimenter l'antisémitisme, mais seulement *après* les grandes persécutions antijuives et non autrement : celui qui connaît l'image diabolique que l'antisémite se fait du Juif sait que l'hypothèse selon laquelle il se sentirait inconsciemment coupable d'avoir maltraité les Juifs ne résiste pas à l'examen.

Une explication moins profonde, mais très répandue, consiste à dire que les *discriminations* entre groupes d'hommes, l'insistance sur les différences et les *généralisations* formulées sur cette base recèlent en elles-mêmes le danger du mépris, de la sous-estimation, de la persécution et des accusations sans fondement et que de telles discriminations et généralisations constituent le point de départ de l'antisémitisme. Rappelons-nous les innombrables parodies, articles humoristiques, et considérations ironiques parus, en général, en dehors de l'Allemagne au moment des premières lois antijuives allemandes, et qui évoquaient les discriminations qui, au nom des mêmes principes, pourraient frapper un jour les blonds, les personnes aux yeux pervenche ou les cagneux, qu'on isolerait dans des ghettos, à qui on interdirait de se marier avec le reste de la population ou qu'on accablerait de toutes sortes d'accusations. Il est de fait que les cadres, les charpentes « logiques » de tous les mépris et de toutes les persécutions sont fournis par de semblables discriminations et généralisations. Mais que celles-ci puissent jouer un rôle important parmi les *causes* de l'antisémitisme et de phénomènes assimilable — seules en sont convaincues les victimes de discriminations injustes ou de généralisations hâtives. En réalité, si les hommes méprisent ou persécutent d'autres hommes, ce n'est pas parce qu'on ne leur a pas appris à ne pas faire de discriminations ou de généralisations erronées ; au contraire, s'ils font de telles discriminations et généralisations, c'est pour assouvir leurs sentiments négatifs nourris des préjudices qu'ils croient avoir subis ou des expériences qui les ont irrités. En effet, l'homme qui cherche à obtenir satisfaction pour un dommage subi n'a que très rarement l'occasion de rencontrer ceux qui lui ont directement infligé ces torts ou, si cette possibilité lui est offerte, il ne se contente pas de ces premières mesures de rétorsion, mais cherche toujours d'autres personnes sur qui, par un mécanisme d'identification avec l'agresseur, il puisse projeter ses sentiments par voie de *généralisation*.

Face à ces explications de l'antisémitisme qui l'attribuent à une force extérieure aux Juifs eux-mêmes, nous trouvons celles qui y voient une réaction quelconque provoquée par ces derniers. Je ne parlerai pas de l'explication *théologique* qui dépasse la recherche scientifique et selon laquelle la source de tous les maux réside dans le fait que les Juifs n'ont pas adopté le christianisme, pourtant né et propagé parmi eux, et avant tout pour eux. Ce que la sociologie peut retenir de cette hypothèse, c'est que si, à l'aube du Moyen Age, les Juifs s'étaient convertis au christianisme, aucune de leurs particularités prétendument raciales n'aurait pu empêcher qu'avec le temps la question juive devienne sans objet. Le monde et, avec lui, les Juifs y auraient-ils perdu ou gagné ? Poser cette question après mille ans, ce serait se perdre en conjectures.

Ceux qui voient la cause de l'antisémitisme dans la rapide expansion des Juifs assimilés — après une longue existence dans une communauté religieuse fermée —, dans la vie publique et économique, mettent l'accent sur un processus *social* isolé. Ce qu'on peut en retenir, c'est que l'antisémitisme moderne n'est pas un simple rejeton — au sens de la *Geistesgeschichte* — de l'antisémitisme moyenâgeux teinté de religiosité, mais bénéficie d'impulsions nouvelles, modernes, qui sont en effet en rapport avec l'apparition des Juifs en voie d'émancipation dans la société et dans les diverses professions. Mais l'argument de l'expansion juive n'est pas suffisant en lui-même ; l'histoire contemporaine n'a pas vu seulement l'émancipation des Juifs, mais aussi celle des bourgeois, des serfs, des ouvriers, des femmes, etc. ; toutes ces émancipations ont eu pour conséquence l'occupation du terrain par les émancipés et ont engendré des contradictions et des conflits bien plus importants du point de vue de l'évolution sociale, mais qui n'ont jamais atteint la violence et n'ont jamais eu les conséquences meurtrières de l'antisémitisme.

D'autres mettent en avant le problème de l'*appartenance communautaire* et attribuent la cause principale de l'antisémitisme au manque de sincérité des Juifs *en voie d'assimilation* : tout en proclamant leur volonté de s'intégrer à leur nation d'accueil et tout en revendiquant une égalité sans discriminations, les Juifs auraient conservé la conscience d'appartenir à leur communauté particulière, de servir ses intérêts, et, s'ils ne l'ont pas admis ouvertement, en adoptant une conscience de minorité nationale, c'était pour ne pas se priver de la possibilité d'occuper des positions importantes et avantageuses dans la vie publique de la nation. Certes, l'assimilation des Juifs n'est pas exempte de notes discordantes, mais ce fait inquiète plus les intellectuels préoccupés par les problèmes idéologiques, moraux et pratiques du sentiment et de l'appartenance communautaires, que les masses antisémites.

Enfin, une explication très répandue, mais assez superficielle, postule l'existence de certaines *particularités juives*, qualités et défauts issus de conditionnements sociologiques, historiques ou raciaux et qui auraient provoqué les réactions — antisémites — de l'environnement. Certes, il convient de poser le rôle des Juifs eux-mêmes dans l'antisémitisme. Mais il est douteux qu'en le faisant nous découvrions une complexion juive, constante, définissable et contrôlable par des méthodes scientifiques. Nous trouverons, en revanche, des formes de comportement individuelles et collectives plus ou moins durables auxquelles on pourra opposer les formes de comportement analogues ou différentes de l'environnement.

Face à toutes ces explications qui partent d'un même schéma et cherchent toujours à justifier des présupposés, nous devons établir un plan de recherche en classant, par ordre d'importance, les différents points de vue susceptibles d'entrer en ligne de compte. C'est ainsi qu'il convient, en premier lieu, de comprendre l'évolution historique et les avatars de la judaïté, en tant que *communauté sociale*, de rechercher ensuite les conditions de la *fusion* de cette communauté avec la société environnante, l'influence mutuelle qu'ont pu exercer les uns sur les autres les *comportements* individuels et collectifs qui en découlent, les réactions engendrées par ces changements, dans la psychologie individuelle et dans celle des masses et, enfin, d'inscrire tout cela dans le processus universel de l'*évolution de la société*.

Les Juifs dans la société chrétienne du Moyen Age

Le mode particulier de relations que les Juifs entretiennent avec leur environnement et leurs différentes réactions affectives remontent selon certains, à l'Antiquité ; d'autres l'expliquent par la situation des Juifs au Moyen Age et d'autres encore par les conditions qui leur ont été faites par le capitalisme moderne contemporain. Remonter jusqu'à l'Antiquité serait faire abstraction du facteur social, car la situation des Juifs ne représente que depuis le Moyen Age un fait communautaire observable, en perpétuelle évolution jusqu'à nos jours. Chercher en amont ne peut être intéressant que pour ceux dont l'investigation vise, non pas une relation communautaire observable, mais une continuité — réellement existante — dans la religion et dans la pensée métaphysique juives, ou, au-delà, l'âme juive, le destin juif, le tragique juif, la mission juive, le péché juif ou une essence juive de validité éternelle. Je n'ignore pas que, selon certaines opinions, la présence juive, depuis son apparition jusqu'à son rôle contemporain, refléterait un contenu homogène, des efforts continus (le royaume de Dieu sur la terre, etc.). Et, naturellement, certains antisémites remontent jusqu'à Abraham pour conforter l'image qu'ils ont des Juifs. Les chercheurs adonnés à l'étude de l'univers intérieur juif ne peuvent manquer de tenir compte de certains éléments dont l'origine se trouve dans l'Antiquité, tels que la conscience d'être un peuple élu, la propension à l'abstraction et à la spéculation morales, etc. Mais je suis fermement convaincu que tous ces traits n'éclairent en rien les problèmes sociaux concrets qui se posent à propos des Juifs dont la situation au sein de leur environnement s'est créée surtout au cours du Moyen Age et en Europe.

D'autre part, la conception selon laquelle l'antisémitisme s'enracine dans les transformations historiques de l'époque moderne, si elle opère avec des catégories sociales bien délimitées, fait abstraction d'un important élément psychologique, à savoir la dépréciation morale dont les Juifs sont l'objet, et qui joue un rôle décisif à la fois dans les épreuves psychologiques des Juifs et parmi les éléments constitutifs de l'antisémitisme. Or, elle ne peut être éclairée sans une analyse de leur situation au Moyen Age.

Autant il est difficile de caractériser la situation actuelle des Juifs en recourant à la typologie des délimitations communautaires actuellement en cours en Europe, autant il est simple de situer la communauté juive sur le tableau du Moyen Age. Depuis la fin de leur Etat et depuis leur dispersion, les Juifs constituaient une communauté de rites avec des réminiscences nationales et tribales. Ces communautés avaient une importance décisive dans l'Europe du Moyen Age, et elles sont encore bien présentes dans les pays du Proche-Orient, du Maroc à l'Inde. Elles avaient, et ont encore aujourd'hui dans les pays du Proche-Orient, une force déterminante plus importante que les différences nationales et raciales ; elles imprégnaient et organisaient la vie des hommes, leurs affects, leur volonté et leur solidarité communautaire bien plus que ne le fait actuellement l'Etat qui, pendant longtemps, n'a été qu'une structure du pouvoir. Dans cette acception, rite ne signifie pas religion ou confession au sens actuel de ces termes en Europe, mais communauté qui, en dehors des convictions religieuses, réglemente et détermine le mode de vie de la communauté et de l'individu, ses coutumes, ses mœurs, sa vie quotidienne, nous dirions aujourd'hui son caractère *ethnique*. Depuis le début de l'ère moderne (au Proche-Orient seulement depuis l'époque la plus récente), ces communautés perdent de leur importance et font place aux communautés nationales qui se structurent autour de l'Etat, son maintien ou sa fondation, et mobilisent à cet effet de plus en plus les énergies psychiques et la solidarité communautaire des masses. Mais les communautés de rites ont souvent eu un rôle décisif dans la formation de ces nations, surtout au Proche-Orient, mais aussi dans les Balkans : des Etats se forment ou se désagrègent au gré de communautés ou de différences de rites ; c'est ainsi que pendant longtemps la conscience nationale des peuples balkaniques avait survécu dans les organisations ecclésiastiques, c'est ainsi encore que, de nos jours, le Pakistan islamique s'est séparé de l'Inde bouddhiste et le Liban chrétien de la Syrie musulmane. Dans de nombreux Etats arabes, conscience nationale et conscience islamique n'en font qu'une et le conflit national judéo-arabe se double d'un conflit religieux.

A l'origine, les Juifs formaient donc une de ces communautés de rites du Moyen Age et du Proche-Orient, communauté dispersée de l'Angleterre à l'Iran et du Maroc à la Sibérie, entourée de deux grandes civilisations, la civilisation chrétienne et la civilisation islamique, corps incrusté dans l'organisation sociale mise sur pied par elles. Ce que la situation des Juifs avait de particulier dans cet environnement, c'était qu'ils ne formaient pas n'importe quelle communauté de rites, mais une communauté fondée sur une conception religieuse évoluée que les religions chrétienne et musulmane reconnaissaient comme leur ancêtre et comme fondement.

C'est sur ce point que se sépare le destin des Juifs échoués dans un environnement chrétien de ceux qui vivaient dans un entourage musulman. De ses débuts, jusqu'à l'époque la plus récente, la civilisation musulmane a vécu dans des organisations sociales et étatiques de structures assez simples, créées et entretenues par des combattants et des conquérants, qui, en dépit de tout le prosélytisme de l'Islam, avaient fixé les conditions de vie des communautés de rites sur lesquelles elles régnaient, selon quelques règles strictes d'administration publique et fiscale. C'est ainsi que, dans ces pays, les Juifs ont pu vivre la vie, pas toujours agréable, mais somme toute assez banale, des communautés de rites fermées, soumises périodiquement à l'oppression, à la persécution, aux discriminations de l'environnement, entretenant avec lui des contacts limités, réglementés, mais humains. Dans les pays de civilisation musulmane, la condition du Juif n'était pas pire que celle des parsis, des nestoriens, des coptes ou des orthodoxes, on peut même constater un rapprochement culturel assez considérable entre Musulmans et Juifs. L'antisémitisme au sens européen du terme y est tout à fait récent : il est lié à l'immigration des Juifs en Palestine et à leurs efforts pour y créer un Etat.

Préjugés antijuifs au Moyen Age

Dans les pays de civilisation chrétienne, au contraire, la situation des Juifs était à la fois plus grave et plus complexe en raison d'une part des idées religieuses qui avaient cours à leur propos et d'autre part, du caractère particulier de l'organisation sociale des pays chrétiens au Moyen Age.

Dans la conscience religieuse de la société chrétienne du Moyen Age, la thèse selon laquelle le Rédempteur des Chrétiens avait été crucifié par les Juifs occupait une place importante. Il faut en tenir compte, si nous voulons définir à la fois la situation psycho-sociale des Juifs et l'antisémitisme de l'environnement au Moyen Age.

Arrêtons-nous un instant. De nos jours, alors qu'il est d'une actualité brûlante de réfuter toutes les opinions et conceptions susceptibles de servir de point de départ à l'antisémitisme, nombreux sont ceux qui montrent que la thèse de la crucifixion du Christ par les Juifs ne fait pas du tout partie de la théologie chrétienne. Constatons tout d'abord que, bien que nous évoquions cette thèse en examinant les racines historiques de l'antisémitisme, il est hautement invraisemblable que sa réfutation puisse avoir une influence quelconque sur la survivance et le développement de l'antisémitisme de notre époque. Constatons ensuite que le souci d'auteurs situés quelquefois en dehors de l'Eglise de préciser le point de vue de l'Eglise sur la crucifixion du Christ, bien des dizaines d'années après l'ère optimiste de l'émancipation, ère pendant laquelle nul n'aurait imaginé que des thèses théologiques puissent être déterminantes pour la situation des Juifs, que ce souci indique par lui-même l'aggravation de cette situation. Certes, les Eglises peuvent se réjouir de voir le point de vue théologique occuper une place prépondérante. En réalité, si la position théologique du problème est passée au premier plan, ce n'est pas parce que la théologie elle-même attire l'attention, mais tout simplement parce qu'en Europe centrale, la libération des Juifs, et, d'une façon générale, des hommes, s'est révélée particulièrement difficile; il semblait quelquefois recommandable de maintenir et de renforcer les gages certes modestes mais solides du principe de la dignité humaine et des méthodes humanitaires qui s'étaient développés au Moyen Age, à partir de catégories théologiques. Cela dit, nous pouvons en effet constater que la thèse de la crucifixion du Christ par les Juifs ne figure pas dans la théologie chrétienne puisque, d'un autre côté, Jésus-Christ lui-même, ses apôtres et ses premiers disciples étaient tous des Juifs. La responsabilité pour la crucifixion du Christ dépasse ainsi les auteurs de cet acte et incombe, du point de vue théologique, et en raison du dogme de péché originel, à tous les hommes : l'accusation formulée par la théologie à l'égard des Juifs ne consiste donc pas à avoir crucifié le Christ, mais à ne pas l'avoir reconnu comme Messie, bien qu'il ait prêché l'Evangile avant tout à leur intention.

Tel était le point de vue des théologiens et des philosophes de formation théologique du Moyen Age. Aussi, en ce qui concerne l'attitude à observer envers les Juifs, ils conseillaient non pas de leur adresser des reproches et de se venger d'eux pour la mort du Christ, mais de déployer des efforts de prosélytisme envers ceux qui étaient susceptibles d'être convertis et de se tenir à distance de ceux qui ne l'étaient pas, de les surveiller étroitement, de réduire au minimum les occasions de contacts sociaux. Ce qui n'a pas empêché les ecclésiastiques du Moyen Age, ni d'ailleurs les autres, d'insister auprès du peuple sur la responsabilité des Juifs dans la crucifixion du Christ. N'oublions pas que le Moyen Age portait un intérêt passionné aux détails du supplice du Christ et, dans cette atmosphère, il n'était pas question de ne pas mentionner ceux qui l'avaient crucifié. Dans les images d'Epinal de l'époque, le Christ et ses disciples étaient inévitablement présentés comme étant des Chrétiens, les bourreaux, responsables de la crucifixion, comme des Juifs, aussi absurde que cela fût, car, dans la réalité, ils étaient tous Juifs. Tel était donc l'antisémitisme au Moyen Age : l'étrangeté qui émane normalement de toute communauté ethnique et rituelle fermée était renforcée par des motifs religieux avancés par l'Eglise, et la haine ainsi provoquée exacerbée jusqu'à l'hystérie par le fait que la communauté en question avait tué le fondateur de la religion chrétienne, le fils de Dieu. De surcroît, il s'agissait des fidèles d'une religion dont les dogmes, les livres sacrés et les prophètes sont aussi ceux des Chrétiens. Aussi, dans l'environnement moyenâgeux, les pratiques religieuses juives ne s'associaient pas simplement aux idées d'étrangeté, de paganisme et d'idôlatrie, mais aussi à celle du sacrilège ; ce qui, avec l'accusation d'avoir crucifié le Christ, donna naissance à d'innombrables récits terrifiants sur les pratiques religieuses des Juifs.

Un autre facteur déterminant de la situation des Juifs dépendait de l'organisation de la société dans la civilisation chrétienne du Moyen Age. Cette organisation n'était pas fondée uniquement sur des rapports de pouvoir, mais aussi sur des rapports hiérarchiques réglant les servitudes, les devoirs de solidarité et l'héritage. Ces règlements, élaborés dans les moindres détails, s'appliquaient aux occupations les plus modestes, y compris celles que les détenteurs de pouvoir n'avaient pas l'occasion d'exercer ; ils étaient cautionnés par les autorités religieuses et comportaient un certain nombre d'assurances pour ceux qui les observaient. Là où ce système fonctionnait bien, ils créaient des conditions de vie certes étriquées, mais relativement humaines et sûres, en même temps qu'une définition et une description détaillée des différences entre les hommes et des conséquences morales qui en découlaient. Cette forte moralisation des situations humaines adoucissait et humanisait souvent les rapports de pouvoir bruts, tout en contribuant à les consolider. Il s'ensuivait une forte pression psychologique s'exerçant — en dehors de l'oppression pure et simple — sur les couches inférieures et, à plus forte raison, sur ceux qui étaient hors système : que l'on songe à l'humilité excessive de tous les servants, humilité qui, en Europe, est devenue pour eux une seconde nature. Mais, en tout état de cause, ce système offrait (par rapport aux systèmes précédents) des avantages à tous, sauf à deux catégories qui n'en subissaient que les inconvénients, une condamnation morale et l'horrible pression qui en était la conséquence : celle de la Femme de Mauvaise Vie et celle du Juif. Certes, il leur était loisible d'abandonner leur qualité de femme de mauvaise vie ou de Juif, de se repentir et de rentrer au bercail, mais, dans le cas contraire, rien ne pouvait atténuer la rigueur de leur sort : au Moyen Age, les catégories de la morale sociale étaient telles qu'elles ne permettaient pas de distinguer la prostituée de l'assassin professionnel, ni le Juif du profanateur de sacrements. Certes, dans la réalité, il était impossible de leur réserver le même traitement dans tous les cas, mais tout durcissement moral les exposait à une dégradation de leur situation les frappant de plein fouet et les contraignant à des conditions de vie insupportables. C'est ce qui explique que, aujourd'hui encore, l'atmosphère humaine qui entoure les prostituées est bien plus repoussante dans les civilisations européennes que dans les autres, et qu'aucune communauté minoritaire ne doit subir une

261

pression sociale et psycho-sociale aussi forte et aussi durable que la communauté juive.

Ainsi, idées religieuses et organisation sociale concouraient à déterminer les conditions d'existence des Juifs européens dans les siècles du Moyen Age et, en partie, de l'époque moderne : ils vivaient tantôt en vase clos, séparés du reste de la population, tantôt jouissant d'une certaine liberté de mouvement, tantôt objet de la malveillance des autorités et de toute la société, tantôt en contact traditionnellement réglementé avec le monde environnant, tantôt victimes d'une juridiction rigoureuse, mesquine et préjudiciable, tantôt empêchés seulement d'assumer certaines fonctions publiques ; toutes ces variations restant à l'intérieur des cadres fixés par l'Eglise et les organismes sociaux qui avaient sa bénédiction. Mais les hystéries collectives étaient toujours prêtes à choisir les Juifs comme cibles, et c'est ainsi que, malgré le point de vue officiel qui prescrivait de limiter les contacts avec les Juifs et les condamnait sur le plan moral, les manifestations d'humeur collectives, les luttes économiques et le combat pour le pouvoir aboutissaient périodiquement à des actes de violence. Sans encourager ces exactions, l'Eglise en subissait l'influence et se montrait alors plus dure envers les Juifs : elle participa par exemple à la conversion forcée des Juifs espagnols — en même temps qu'à celle des Musulmans vivant en Espagne — et, plus tard, à leur expulsion, sous prétexte qu'ils avaient conservé leurs anciennes coutumes et pratiquaient en secret leur ancienne religion. Cependant, les principes fixés pour la conduite à observer à l'égard des Juifs se limitent au point de vue religieux et on n'assiste à aucune tentative en vue de séparer l'antisémitisme de ses motifs religieux.

Telle est donc la part de vérité que contient l'affirmation selon laquelle l'antisémitisme moderne dériverait de préjugés moyenâgeux. On ne peut parler de dérivation directe, mais c'est un fait que les préjugés moyenâgeux ont créé le point de départ et les conditions de l'antisémitisme et cela de deux façons : d'une part, ils isolèrent les Juifs du reste de la communauté et cette isolation s'accompagna d'une condamnation morale, il fut désormais possible et tentant d'associer la séparation des Juifs à leur dévaluation en tant qu'êtres humains ; d'autre part, c'est sous cette pression que naquirent les formes de comportement que l'environnement enregistre comme « particularités juives » et qui continuent à jouer leur rôle dans les réactions affectives des antisémites modernes, alors même que les préjugés antisémites d'inspiration religieuse du Moyen Age n'agissent que faiblement ou pas du tout.

L'émancipation des Juifs

A l'aube de l'ère moderne, la position des Juifs dans l'univers culturel chrétien et européen se modifie graduellement. Les problèmes soulevés par la Réforme et les retombées des guerres de Religion aboutissent à revendiquer la tolérance religieuse et la liberté de conscience, ce qui ne manque pas d'influer sur la situation des Juifs. Les contacts étroits et personnels qui caractérisaient les relations sociales au Moyen Age font place à des rapports plus vastes, plus généraux, plus rationnellement définis ; dans l'ordre social et économique engendré par ces rapports, la qualité de Juif ne peut plus donner lieu à l'isolement, et ne peut justifier l'absence de contacts, ou la spécificité des contacts que les Juifs entretenaient avec leur environnement. Les possibilités offertes par le capitalisme sont de plus en plus accessibles aux Juifs. Certes, on a souvent démontré que, dans la naissance du capitalisme occidental, les Juifs n'ont aucun mérite essentiel et ne portent aucune responsabilité particulière ; il n'en est pas moins vrai que l'ère du capitalisme fut, même en Occident où existait une grande bourgeoisie non juive, celle de l'enrichissement considérable des Juifs. En Europe centrale et orientale, le capitalisme assura aux Juifs un rôle prépondérant. Les principes qui étaient à la base de l'organisation de la société bourgeoise et qui entraînèrent la diminution de l'importance des critères de sélection propres à l'aristocratie féodale, tout en maintenant et en consolidant la sélection par la fortune, favorisèrent également l'intégration des Juifs. Ceux-ci dans leur société fermée et, indépendamment de l'évolution et de la révolution bourgeoise européennes, vivaient dans les mêmes conditions, sans éléments militaires et aristocratiques, mais en conférant un rôle important à la sélection par la fortune.

On assiste parallèlement à la sécularisation des mentalités, au détachement des catégories religieuses, à l'abandon des préjugés d'inspiration religieuse. La Révolution française acheva, sur le plan politique, la liquidation du rôle social de l'Eglise et des privilèges liés à la naissance. Toute la vie sociale et intellectuelle est alors sécularisée, et l'émancipation de toutes les couches de la population et de tous les groupes ayant souffert d'une conception rigoureusement hiérarchique de la société et de la discrimination est mise à l'ordre du jour. Il faut supprimer toutes les discriminations préjudiciables aux Juifs. Le processus de sécularisation n'épargna pas leur communauté de rites et les Juifs eurent à choisir entre le maintien ou l'abandon de leur étroite communauté ethnique. L'intelligentsia éclairée qui avait formulé le programme de l'émancipation fit de grands efforts de persuasion en faveur de la dernière solution. A la suite de ces événements, les caractéristiques ethniques non prescrites expressément par la religion commencèrent à s'affaiblir même chez les Juifs orthodoxes, très attachés aux règles, et l'on vit émerger le point de vue des Juifs néologues tendant à abandonner tous les éléments du rite qui n'étaient pas étroitement liés au culte, donc tout le formalisme religieux, alimentaire, vestimentaire, comportemental, etc. Ainsi, les limites entre les Juifs et leur entourage devenaient de plus en plus floues et leur assimilation — intensive ou hésitante, profonde ou superficielle, individuelle ou massive — se mit en route dans les domaines les plus différents. A la fin, on assista à l'abandon complet de la communauté, phénomène jusque-là sporadique et de nombreux Juifs se convertirent au christianisme ou rejoignirent les différents mouvements et organisations des libres penseurs, des anticléricaux et des travailleurs.

Si ces changements aboutirent dans l'opinion publique à la disparition des préjugés antijuifs moyenâgeux, ils ne supprimèrent pas pour autant et d'un seul coup les réactions affectives des individus. Sans parler de ceux qui, s'en tenant à des principes religieux, continuèrent à assumer les préjugés antijuifs moyenâgeux, une grande partie des individus conserva son comportement de l'époque des ghettos ; ils étaient toujours prêts à déprécier la valeur morale des Juifs, toujours convaincus de leur infériorité. Ils estimaient qu'il n'était ni nécessaire ni recommandable d'entretenir des contacts avec les Juifs, de se lier d'amitié ou de se marier avec eux ; pour eux, l'ascendance juive, le sang juif étaient des choses honteuses, ou tout au moins indésirables, et les Juifs restaient toujours entourés d'un halo d'étrangeté qui comportait, d'une part, une menace de corruption morale et offrait, d'autre part, une cible à des moqueries, une source de comique.

D'un autre côté, malgré l'abandon des mœurs ancestrales par certains, malgré l'assimilation plus ou moins réussie, les Juifs demeurèrent dans leur majorité une communauté nettement délimitable et possédant sa propre vie intérieure qui, même débarrassée de certains traits rituels ou ethniques particulièrement voyants, resta une communauté pérenne. L'intelligentsia, juive ou non, qui avait rédigé le programme de l'émancipation, avait estimé, au début, comme allant de soi, que l'abandon de la communauté juive de rites signifiait en même temps l'assimilation à la nation environnante, mais elle ne fut pas suivie par la partie conservatrice ou militante des Juifs qui préféra conserver sa propre conscience communautaire. Ce séparatisme, joint au comportement peu amical de l'environnement à leur égard, ébranla chez de nombreux Juifs la croyance en la possibilité d'une émancipation simple et d'une assimilation sans douleur, et contribua à faire émerger *la conscience nationale juive,* voire le mouvement tendant à *la fondation de l'Etat juif,* c'est-à-dire le sionisme.

Malgré tout et d'une façon générale, les préjugés antijuifs étaient, et sont encore, en train de perdre de leur virulence et l'hostilité à l'égard des Juifs s'est atténuée : la judaïté en tant que communauté s'est amenuisée dans de nombreux pays européens. Mais à partir du milieu du XIXe siècle, les tendances dirigées contre l'émancipation et l'assimilation des Juifs prirent une forme de plus en plus organisée et donnèrent naissance à l'idéologie et au mouvement de l'*antisémitisme moderne.*

Le problème de l'antisémitisme

Cet antisémitisme moderne fit son apparition dans la plupart des pays européens à partir du milieu du XIXe siècle. Des opinions antisémites firent leur apparition avec de plus en plus de force, une ambiance antijuive se forma et leurs propagateurs craignirent de moins en moins de passer pour rétrogrades et réactionnaires. Une tendance antisémite se fait également jour dans une certaine presse. La phraséologie et l'orchestration de cet antisémitisme moderne sont loin d'être homogènes. Un de ses courants se nourrit nettement de l'irritation que la vision sociale moyenâgeuse et ecclésiastique, désormais sur la défensive, éprouve devant les transformations de la société moderne, devant la sécularisation et leurs bénéficiaires — ou acteurs — juifs. Cette tendance recourt à une phraséologie conservatrice, moyenâgeuse et ecclésiastique, agit selon la différenciation établie par l'Eglise, c'est-à-dire respecte le baptême; on peut la considérer en gros comme descendant du préjugé antijuif moyenâgeux. Mais on observe également un autre courant, apparemment plus fort et plus caractéristique, de l'antisémitisme, qui formule son opposition aux Juifs sans aucune phraséologie religieuse ou ecclésiastique, sans conservatisme et s'appuie sur des arguments qui, déjà en cours au Moyen Age, accompagnaient les accusations de caractère religieux, à savoir sur l'expansion excessive des Juifs dans l'économie, dans la politique et dans les organismes du pouvoir et sur leur comportement. Un troisième courant, enfin, unit le mépris aristocratique et moyenâgeux envers les Juifs de naissance et la phraséologie du nationalisme moderne : il voit dans les Juifs un danger pour la nation et pour la race. Ce courant ignore les principes religieux et étend la haine contre les Juifs à la religion chrétienne elle-même, parce qu'elle est d'origine juive et parce qu'elle protège les Juifs baptisés. Ce sont ces variantes de l'antisémitisme moderne et indépendant de toute conception religieuse qui devaient jouer un rôle important dans la politique de différents pays européens et qui ont conduit, au XXe siècle, à la persécution la plus horrible que l'Histoire ait jamais connue.

Mais comment des préjugés et des persécutions du Moyen Age se transformèrent-ils en préjugés et persécutions « modernes » ? Toute explication sérieuse qui prétend dépasser les généralisations éculées et l'originalité à tout prix met l'accent sur deux facteurs décisifs : l'un est le *préjugé* moyenâgeux dont la société chrétienne et la psychologie juive se sont profondément imprégnées à la suite d'une pression millénaire et dont les différentes manifestations sont toujours vivaces ; l'autre est constitué par les *troubles de l'évolution de la société moderne*, les difficultés, les périodes d'arrêt et de crise pendant lesquelles, comme nous le verrons, l'antisémitisme, la recrudescence des forces sociales désireuses de gêner l'évolution et la confusion des esprits vont toujours de pair. Donc, pas d'explication possible en dehors de celle par les préjugés et de celle par les crises sociales, et peu importe si l'on privilégie l'une ou l'autre. Pourtant, elles nous laissent insatisfaits : la présentation de l'antisémitisme comme résultat de la méchanceté et de la bêtise humaines nous paraît trop simpliste. En effet, l'énigme subsiste : comment se fait-il que les gens adhèrent à des affirmations manifestement mensongères sur les Juifs, alors qu'ils les rejetteraient à coup sûr, si elles se fondaient sur d'autres préjugés (préjugés sociaux, croyance en la sorcellerie, etc.) ou sur d'autres intérêts (opposition aux bourgeois, aux capitalistes). L'antisémite, tel qu'il apparaît dans ces explications fondées sur le préjugé moyenâgeux et ces explications fondées sur les troubles de l'évolution sociale, est, tout comme le Juif des antisémites, fantomatique et abstrait : ces explications peuvent satisfaire les Juifs, mais les laissent dans l'ignorance lorsqu'il s'agit d'expliquer comment on devient antisémite ; elles disent peu de chose aux antisémites modérés, susceptibles encore d'être convaincus, car ceux-ci ne se reconnaissent pas dans cette présentation. Et il faut ajouter que, alors que les préjugés conservateurs à l'égard des Juifs sont avant tout partagés par des personnes qui n'ont eu que très peu de contacts avec eux et encore des contacts de type patriarcal, conventionnel, féodal, les porteurs de l'antisémitisme moderne, eux, ont souvent eu à les fréquenter d'assez près dans leurs activités économiques ou intellectuelles ou dans l'exercice du pouvoir, sans qu'il y ait nécessairement opposition d'intérêts économiques entre eux.

Tel est le point faible des explications avancées. Car celui qui connaît tant soit peu les antisémites sait que leurs opinions sur les Juifs, opinions qu'ils exposent avec une émotion tout à fait sincère, se fondent sur leurs expériences les plus personnelles ; en vain leur affirmons-nous que leurs assertions sont dues à des préjugés et ont été dictées par des intérêts ou des idéologies nébuleuses ; tout semble indiquer qu'ils inversent les termes de notre raisonnement : c'est l'intensité affective dont sont chargées certaines de leurs expériences qui leur fait admettre ces préjugés et ces idéologies nébuleuses ; ceux-ci devenant alors principes d'explication. Mieux : les éléments indifférents ou bien disposés à l'égard des Juifs ont également leurs expériences avec eux et ces expériences ont une telle force de réalité qu'ils y voient parfaitement l'explication de l'antisémitisme, même si par ailleurs ils ne partagent pas les sentiments antisémites. Si vous mettez en doute la réalité de ce genre d'expériences pour réfuter l'antisémitisme ou affirmer que ce sont des expériences de type universel que n'importe qui peut avoir n'importe où avec n'importe qui, cela leur paraît peu sérieux. D'un autre côté, celui qui connaît tant soit peu les Juifs sait que rien ne les indigne autant que l'affirmation selon laquelle leur comportement puisse jouer un rôle *décisif* dans la genèse et dans les manifestations de l'antisémitisme. Pour eux, il est tellement évident qu'ils ont des comptes à demander à leur entourage pour les souffrances que celui-ci leur a fait subir que toute explication de l'antisémitisme par un phénomène de réaction à leur propre comportement leur paraît relever de la manipulation politique ; tout ce qu'ils admettent, c'est que de temps en temps, certains de leurs comportements peuvent servir de prétextes pour étayer des préjugés, des intérêts, des jalousies ou des desseins agressifs, nourris par d'obscurs mythes et existant en dehors de tout comportement répréhensible. Aussi, les Juifs et les militants de la lutte contre l'antisémitisme estiment qu'il est de leur devoir de nier ou de minimiser le rôle dans l'antisémitisme de la réaction au comportement juif car s'abstenir de le faire serait apporter de l'eau au moulin de l'antisémitisme. En réalité, le fait que les expériences de l'entourage ont un rôle dans l'antisémitisme est un lieu commun, une banalité que Juifs et non-Juifs savent parfaitement, constatent à chaque occasion et dont ils tiennent compte constamment dans les situations concrètes. Etre antisémite, ce n'est pas affirmer que parmi les causes de l'antisémitisme, il faut compter les Juifs, c'est affirmer que les sentiments qui le nourrissent et les actions qu'il suscite puissent constituer une réponse *légitime et motivée* aux expériences à propos des Juifs, car c'est oublier que l'entourage n'est pas seul à avoir des « expériences », les Juifs en ont aussi à propos de l'entourage.

*Excursus sur les expériences
et les particularités communautaires*

Avant de tenter de dénouer ce nœud, essayons de clarifier la notion d'*expérience*. Que veut-on dire en affirmant que les Juifs ont leurs expériences du monde environnant et que les antisémites ont les leurs à propos des Juifs ? En philosophie, l'expérience est désignée comme étant l'une des sources de la connaissance, l'autre étant la pensée et l'on ne manque pas de souligner que le mode de connaissance par la pensée logique et procédant par démonstration ne peut aboutir à une connaissance digne de ce nom, que si elle est complétée par l'expérience vécue, mode de connaissance intuitif. Mais, dans notre cas, il ne s'agit pas d'expériences en contact intime avec la totalité ou avec une partie de la réalité, mais d'expériences figées, fortement teintées d'émotion, fixées par elle et jugées offensantes par le sujet. Ce type d'expériences dessert la connaissance — contrairement à l'expérience pratique commune et utile — car il procède par sélection dans l'infinité des expériences possibles et sa charge émotionnelle ainsi que son étroitesse empêchent d'acquérir d'autres expériences, susceptibles de saisir la totalité de la réalité.

Or, si ces expériences trompeuses revêtent une certaine importance dans la vie de la communauté ou de la société, ce n'est pas parce qu'elles sont occasionnelles et isolées, mais parce que, à un point quelconque de l'organisation sociale — et de tels points existent toujours en abondance — par une contradiction, une ruse du pouvoir, ou la force d'un préjugé, la coexistence des sujets est telle que les expériences qu'ils ont les uns au sujet des autres seront toujours trompeuses. Pour illustrer ce qui précède, je ne connais pas en ce moment de meilleur exemple que celui emprunté à la vie des ménagères : dans une société bourgeoise, étape intermédiaire entre la hiérarchie féodale et la société sans classes, *ménagères* et *employées de maison* sont vouées à la coexistence. Or, rien n'est plus réel que la série d'expériences que les ménagères peuvent recueillir sur la paresse, l'entêtement, le manque d'empressement ou l'indélicatesse des gens de maison. D'un autre côté, rien n'est plus réel que les expériences de la bonne sur le caractère capricieux, sur la froideur inhumaine de « Madame ». Pourtant, malgré ces nombreuses expériences *réelles,* aucune des deux n'a de vue d'ensemble de la réalité totale de l'autre, car l'organisation sociale les fait coexister de façon à ne pouvoir recueillir que de mauvaises expériences à propos de leur partenaire et ces expériences sont mauvaises, même si, par ailleurs, les deux partenaires ont chacune affaire aux meilleurs représentants de la catégorie. Pourquoi cela ? A cause du caractère contradictoire des conditions déterminées par l'organisation sociale qui les oppose, et en vertu desquelles les unes sont nécessairement en porte à faux par rapport aux autres. Le rapport qui les lie représente une étape de la transition de l'état de la supériorité patriarcale à l'état contractuel et chacune des partenaires, conformément à ses intérêts, attend de l'autre quelque chose qu'elle ne peut obtenir dans les conditions données, car chacune veut s'assurer les avantages à la fois du rapport patriarcal et du rapport contractuel. Le résultat, c'est que toutes les deux se heurtent à la dureté et à la froideur des termes du contrat, là où un arrangement à l'amiable pourrait les satisfaire ; inversement, l'une et l'autre comptent sur un esprit compréhensif de conciliation, et avancent sur fond d'émotion leurs revendications, alors que leurs intérêts demanderaient le respect rigoureux des termes du contrat. Bien entendu, le caractère mutuel d'une telle coexistence fondée sur des conditions viciées à la base, ainsi que celui des mauvaises expériences qui en découlent, n'implique que la *réalité,* l'existence réelle des griefs des deux partenaires, mais nullement leur équivalence : la réalité uniforme des deux sortes de grief ne nous empêchera pas, au moment où l'Histoire rendra son *verdict* dans ce procès, de privilégier celui de la bonne aux dépens de celui de Madame. Ce qui ne modifie en rien le fait que nous considérons l'image que se font mutuellement maîtresses et employées de maison comme fondée non pas sur une idéologie « anti-maîtresse » ou une idéologie « anti-bonne », mais sur des expériences sociales réelles. C'est de cette même façon que nous devons essayer de rechercher les conditions contradictoires et trompeuses de la coexistence des Juifs et de leur environnement, conditions responsables de leurs mauvaises expériences mutuelles.

Une autre question à éclaircir est celle *des particularités* communautaires. J'ai déjà eu l'occasion d'affirmer qu'il est impossible d'émettre des affirmations péremptoires crédibles sur la complexion, le caractère, les propriétés innées d'une communauté ou d'un groupe d'individus. Ils n'en possèdent pas moins certains traits caractéristiques, certains comportements ou certains réflexes qui permettent à leur entourage de les identifier à un moment donné et qui provoquent, auprès de ce même entourage, des généralisations simplistes. Affirmer, à propos de communautés ou de groupes, donc d'une pluralité d'individus, que tel ou tel trait ou comportement est « typique » ou « caractéristique », ne peut être qu'une indication statistique. Dire que l'Anglais est dégingandé, flegmatique et fumeur de pipe ne signifie nullement que tous les Anglais le sont, seulement que parmi les Anglais, le pourcentage des individus dégingandés, flegmatiques et fumeurs de pipe est plus élevé qu'ailleurs. Il en est de même des comportements humains reconnus comme « typiquement juifs » : le fait qu'ils soient plus souvent observés chez les Juifs qu'ailleurs suffit parfaitement à la société environnante pour les qualifier de *juifs*. Ces affirmations, même si elles sont inexactes du point de vue de la logique, peuvent n'avoir aucune conséquence néfaste, car c'est par un tel procédé que l'homme synthétise et généralise ses expériences répétées. Les conséquences néfastes proviennent de l'adjonction d'éléments passionnels, du fait que ce qui est reconnu comme caractéristique et distinctif se charge, dans l'esprit de certains, d'affects, de sentiments et d'exigences.

*Ce que les Juifs et leur environnement ont appris
par expérience les uns sur les autres concernant
l'utilisation des possibilités offertes par la société*

Si l'on se propose d'examiner *les expériences* qu'ont eu les uns au sujet des autres, les Juifs et leur environnement, il convient de commencer par celles *des Juifs,* puisque leurs conditions de vie durant le millénaire du Moyen Age ont été incontestablement fixées par la société environnante, par les puissants de la vie politique, sociale et idéologique. Quelle fut, dans ces conditions, l'expérience fondamentale des Juifs concernant leur environnement, quels ont été leurs comportements réflexifs fondamentaux ?

Une première expérience fondamentale, c'est que la majorité des Juifs était exclue de la société et des professions, des corporations, communautés féodales et foncières, associations culturelles, religieuses et de production qui jouaient un rôle si important dans l'organisation particulière de la société européenne ; cette exclusion n'était pas uniquement due à la différence de leur rituel et de leur ethnie, mais aussi à la dépréciation morale dont ils étaient l'objet. Il s'ensuivit que les Juifs se retrouvaient dans les marges des possibilités économiques, existentielles et humaines ; pour gagner leur vie, ils devaient se contenter de ce que la société leur avait concédé, dont elle ne voulait pas pour une raison ou pour une autre, ou qui échappait à sa surveillance. Si l'isolement ethnique des Juifs avait été comparable à celui des Tziganes, par exemple, ils auraient donné comme ces derniers des musiciens, des gâcheurs de torchis ou des diseuses de bonne aventure, et il existe en effet des professions analogues, typiquement juives. Mais, étant donné leur niveau moral et culturel plus élevé, leur marginalisation leur imposait des tâches morales et intellectuelles. C'est ainsi que se constitua et se répandit sur une grande échelle dans la communauté juive un comportement typique : être toujours sur la brèche, s'adapter rapidement et *rationnellement* aux possibilités données, ne pas « rater » les occasions qui se présentaient ; reconnaître la valeur du moyen d'existence le plus rationnel, l'argent, et savoir le manipuler à bon escient constituaient pour eux un véritable devoir moral. Bien entendu, il ne s'agit pas là d'une spécialité juive, mais d'une des utilisations possible des occasions offertes par la société des hommes. A ce mode d'utilisation largement répandu s'oppose le mode traditionnel dans lequel les habitudes et la routine jouent le rôle essentiel : ceux qui le pratiquent tirent leurs moyens d'existence de sources, de procédés et de façons d'agir traditionnels et les possibilités situées en dehors de ces cadres — si toutefois ils les remarquent — ne les attirent pas. La réalité des pratiques humaines se situe toujours entre ces deux pôles extrêmes, car on ne peut concevoir le respect des traditions sans une certaine rationalité, ni une rationalité abstraite sans l'apport d'expériences concrètes. La différence entre les divers types de comportement réside dans la plus ou moins grande distance observée par les individus par rapport à l'un ou à l'autre de ces pôles et dans la proportion avec laquelle ils les combinent dans leurs actions. La société européenne du Moyen Age est caractérisée par le traitement strictement traditionnel et héréditaire des possibilités offertes à tous, elle était donc résolument opposée à toute finalité rationnelle comportant l'exploitation de possibilités incongrues par rapport à la qualité de la personne. En revanche, à partir de l'époque moderne, l'une des caractéristiques du capitalisme et de l'économie monétaire, alors à leurs débuts, consistait à ériger le traitement rationnel des possibilités en loi fondamentale de la vie sociale et économique. Mais n'oublions pas que le capitalisme était devenu principe décisif de l'organisation de la société moderne surtout en Amérique ; en Europe, le mode de vie et de production des larges couches de la société et, avant tout, des fonctionnaires, des artisans et, en partie, des petits et moyens commerçants et des paysans petits propriétaires ne s'adapta au capitalisme que par l'acceptation des nouvelles conditions, par la participation à la circulation des marchandises et par la consommation des *biens* produits par les méthodes modernes de production de masse — dans tous les autres secteurs, on continua à pratiquer et à développer les modes d'existence pré-capitalistes. Dans cette situation, le fait que le capitalisme considère comme naturel le traitement rationnel des possibilités économiques représentait pour les Juifs une situation plus avantageuse que celle qu'ils avaient connue dans le régime économique précédent, celui de la féodalité, d'autant plus que ce traitement correspondait à leurs réflexes, acquis, comme nous l'avons vu, bien avant le capitalisme. C'est ce qui explique la rapidité surprenante avec laquelle, en Europe occidentale, comme en Europe orientale, des individus issus directement de communautés de rite dignes du Proche-Orient, ayant vécu, pour ainsi dire en plein Moyen Age, comprirent et adoptèrent les méthodes modernes de la réussite capitaliste, alors que la société européenne, berceau de ce même capitalisme, resta à plus d'un égard étrangère à ses principes de base.

Ces diverses variantes de la structure et de l'évolution de la société européenne environnante engendrèrent, chez les Juifs, des conditions d'existence tout aussi diverses, allant de la misère des marginaux à l'opulence sans précédent. Un exemple d'utilisation très modeste de possibilités passées inaperçues dans le reste de la société (et en même temps une illustration grotesque de la misère dans laquelle végétaient les Juifs d'Europe orientale) nous est fourni par ce Juif de Galicie qui gagnait sa vie en faisant le tour des foires avec un tire-bouchon, pour ouvrir, moyennant quelques sous, les bouteilles de vin des paysans. A l'autre extrémité, nous trouvons les exemples bien connus d'enrichissement rapide grâce à de lucratives opérations financières. La réalisation de chacune de ces deux possibilités extrêmes dépend de la plus ou moins grande force de la tradition dans les sociétés environnantes. Si cette tradition est forte, la société, fermée sur elle-même, repousse, tel un mur de pierres, toute tentative d'introduction de procédés rationnels, et ce, avec une véhémence particulière si ces tentatives émanent de Juifs. Mais si la tradition est faible et poreuse, les procédés rationnels progressent dans la société qui les tolère, sans s'y adapter, avec la facilité du couteau qui avance dans une motte de beurre, et permet d'obtenir des succès étonnants.

Voilà dans quelles conditions se produisaient les expériences mutuelles des Juifs et de leur environnement en ce qui concerne l'utilisation des possibilités humaines. Même s'il n'est animé d'une hostilité particulière à leur égard, l'environnement remarque et constate que, pour ce qui est du dépistage des moyens de subsistance, du choix du domicile ou de la profession, de l'apprentissage des langues étrangères, de l'adoption du mode de vie, de l'adaptation à l'amélioration ou à l'aggravation des conditions de vie, de l'exploitation des occasions, des possibilités et des conjonctures, les Juifs agissent avec une rationalité supérieure à la leur, et n'hésitent pas à mettre à exécution les projets et solutions qui se dégagent de leurs considérations rationnelles. De plus, ils se soucient moins que les autres du caractère traditionnel ou novateur — pour eux et pour leur environnement — des procédés employés et des résultats obtenus. Cette façon d'agir paraît si naturelle et si évidente aux Juifs qu'ils ne s'apperçoivent que très rarement des réactions de l'environnement, pour qui ces méthodes sont remarquables, voire *caractéristiques*. Ce qui les étonne, c'est le comportement du milieu environnant, qu'ils jugent souvent peu adapté aux buts poursuivis, car il laisse passer ou ne voit même pas les occasions qui se présentent, s'abstient de réaliser des projets dont l'excellence lui est pourtant clairement apparue, refuse d'adapter son mode de vie aux possibilités accrues ou diminuées et prétend régler son train de vie non pas sur ses possibilités, mais sur les habitudes et les préjugés de sa classe. S'il se résout à des efforts d'adaptation, ce n'est jamais au moment où il en a compris la nécessité, mais quand il ne peut plus faire autrement. Il déploie son maximum d'énergie non pas pour saisir de nouvelles occasions, mais pour maintenir son train de vie.

Tous ces jugements peuvent rester, pendant longtemps, à l'état latent ou vagues, et ne conduisent pas nécessairement à des explosions ou à des conflits. L'environnement formule ses expériences fondamentales tantôt avec un certain respect, tantôt avec condescendance, tantôt avec un brin de jalousie, tantôt avec une hostilité déclarée. Ou bien, il dira simplement que le Juif est débrouillard, ou encore, moins amicalement : qu'il peut et veut exploiter toutes les occasions, ou, sans aménité : qu'il est tricheur et calculateur. Quant à l'expérience fondamentale des Juifs concernant leur environnement, elle conduit à dire que celui-ci, dans son immense majorité, est d'un étrange et peu rationnel conservatisme, ou, en termes moins choisis, qu'il manque d'esprit pratique, ou dans une formulation encore plus brutale, qu'il est stupide. La contradition et l'incompréhension les plus graves résultent de l'appréciation portée sur les *succès* sociaux et économiques obtenus individuellement et collectivement par les Juifs. S'inspirant d'expériences incontestablement réelles, les Juifs sont enclins à considérer tous leurs succès obtenus dans un univers hostile comme le triomphe du savoir, de la compétence et de la juste cause sur un monde hostile et fermé, alors qu'en réalité, il n'en est ainsi que dans un nombre limité de cas. D'un autre côté, l'environnement, se fondant sur ses propres expériences, est porté à croire que les succès obtenus par les Juifs sont toujours faciles, dus à l'emploi de méthodes et à l'exploitation de possibilités auxquelles n'ont pas l'habitude de recourir les gens « comme il faut », ce qui est une opinion tout aussi partiale. L'environnement est toujours porté à considérer ses propres façons d'agir comme des qualités et celles des Juifs comme des défauts *moraux,* alors que les Juifs enregistrent la même différence comme due à leurs propres qualités *intellectuelles* d'une part et à l'esprit moins agile de l'environnement de l'autre. En réalité, il ne s'agit pas de qualités intellectuelles ou morales, mais de réflexes sociaux surgis au cours de l'Histoire.

Expériences mutuelles des Juifs
et de leur environnement en ce qui concerne
leurs rapports à l'échelle des valeurs sociales

La seconde expérience recueillie par les Juifs sur l'environnement est la constatation du fait que celui-ci les accuse de crimes divers, émet des jugements moraux à leur sujet et les méprise, tout en les exposant périodiquement à des persécutions hystériques, sans jamais chercher de fondements sérieux à leurs accusations.

Cette expérience fondamentale incite une bonne partie des Juifs à considérer les catégories morales de l'environnement comme étant essentiellement fausses et injustes, car elles servent à couvrir par la morale des intentions et des mouvements d'humeur d'une moralité plus que douteuse. Il en résulte une certaine déception et une certaine méfiance à l'égard des idéaux et des jugements moraux de l'environnement et plus particulièrement de ceux qui sont hostiles aux Juifs. Ceux qui sont capables de dévoiler de tels mensonges, disent ces derniers, sont forcément doués d'une meilleure capacité de jugement, d'une plus haute moralité, fondée sur les expériences recueillies et qui, pour cette raison, est à la fois plus pessimiste, et d'un ordre plus élevé que la morale de l'environnement. Cette méfiance et cette conviction sont sous-tendues par la morale religieuse juive, fruit d'une longue élaboration.

En quoi cette méfiance désabusée correspond-elle au bilan *objectif* qu'il convient d'établir sur la morale sociale du monde environnant ? Tout compte fait, l'injustice commise à l'égard des Juifs depuis le Moyen Age sous le couvert de catégories religieuses et morales ne constitue qu'un *cas-limite* du fonctionnement (bon ou mauvais) de la morale sociale européenne du Moyen Age. Ce n'est ni une conséquence *nécessaire* découlant des principes fondamentaux de l'ordre moral, ni le résultat *contingent* de la stupidité, de la violence et de l'hypocrisie humaines, capables de dénaturer tout système moral en l'utilisant pour le mal, mais un des dérivés de la morale chrétienne moyenâgeuse, de ses discordances et de son unilatéralité, de sa trop grande insistance sur les différences qualitatives entre les hommes, de la liaison trop étroite établie entre ces qualités et la foi, et de la place particulière occupée par les Juifs dans la pensée religieuse chrétienne. Mais n'oublions pas que ces traits de la morale chrétienne avaient leur importance historique à leur époque (au Moyen Age) : lier la morale *aux articles de la foi* est une entreprise d'un ordre supérieur et plus rationnelle que n'est la morale fondée sur la sorcellerie, les croyances magiques ou l'observation des rites ; quant aux travaux sur l'importance morale des hommes occupant diverses places dans la hiérarchie sociale, ils ont préparé le triomphe du principe de la dignité humaine dont chaque homme est dépositaire, et ce, dans un ordre social fondé sur la domination et ne reconnaissant de dignité qu'à l'homme libre. Quelle que soit donc la *connexion* entre l'échelle des valeurs du Moyen Age chrétien et la persécution des Juifs, elle ne peut suffire à servir de critère pour juger la morale et l'ordre social de l'Europe chrétienne de l'époque moderne; elle ne peut pas nous permettre à elle seule de nous prononcer sur leur caractère juste ou injuste, rentable ou nuisible, ni de dire s'ils sont dignes de conservation ou, au contraire, mûrs pour la suppression. La désagrégation d'un système social moral survient au moment où ses discordances et son caractère injuste se manifestent à la fois dans ses principes essentiels de base et dans les détails caractéristiques de sa pratique; le jugement que l'on peut porter sur lui n'a son plein poids que lorsqu'il s'inspire non de cas limites, mais d'une réflexion approfondie et d'une série d'expériences sur ses contradictions, ses injustices et les conséquences qui en découlent.

Ainsi, l'entourage des Juifs avait beaucoup moins de raisons que ces derniers de reconnaître le bien-fondé d'un point de vue qui contestait et refusait l'ordre social et moral dans lequel il vivait, et qu'il avait connu pendant longtemps juste, harmonieux et fonctionnant à la satisfaction générale. Lorsque ce refus venait de la part de Juifs, l'aversion de l'entourage à l'égard de la critique se doublait de celle qu'il éprouvait envers les détracteurs. Ainsi se constitua une expérience fondamentale de l'entourage au sujet des Juifs : il les voyait enclins — dans leur grande majorité — à ignorer et à contester l'échelle des valeurs sociales, à saper l'autorité de la société, à dépister et à dévoiler des intérêts et des motivations médiocres dans les institutions respectées, voire sacrées et à employer avec prédilection cette forme bien connue de l'humour qui s'attache à ridiculiser certains lieux communs pathétiques par une formule ironique sidérante. Tout ce comportement, joint à la rationalité dans le traitement des possibilités économiques, fait dire à l'entourage qu'une grande partie des Juifs ignore délibérément les règles de la morale sociale quotidienne ou, plus simplement, qu'ils *trichent*, ce qu'un préjugé antijuif exprime en affirmant que selon la conception de la morale juive, tromper les Chrétiens n'est pas un péché. C'est ce qui explique que là où les préjugés antijuifs sont universellement admis par la société, l'adjectif « chrétien » dans des expressions comme « firme chrétienne », « sous-locataire chrétien », « société chrétienne » signifie, par opposition à « juif », « correct », « sérieux », susceptible d'observer des comportements sociaux dignes d'un « homme comme il faut ».

Ainsi, ce qui caractérise essentiellement les expériences mutuelles des Juifs et de leur entourage, c'est que chacun attribue à sa propre supériorité et à l'infériorité de l'autre les différences constatées dans le comportement de chacun. Ce mépris pour l'échelle des valeurs morales de l'autre fait que, dans la vie quotidienne, la morale sociale chrétienne ne sert, aux yeux des Juifs, qu'à couvrir des injustices, des violences et des pillages, alors que la morale sociale juive est, pour les Chrétiens, un instrument pour justifier toutes les ruses et toutes les tromperies. Des deux côtés, nous assistons à une illusions d'optique : la *loyauté* envers le système moral d'une société qui nous avantage, auquel nous sommes habitués et qui nous est sentimentalement proche, n'est pas une preuve de supériorité morale, tout comme ne l'est pas la *critique* envers un système moral qui nous est hostile, étranger, et auquel ne nous attache aucun lien sentimental.

Ce rapport entre les Juifs et leur environnement était un facteur important des frictions quelquefois assez graves même à l'époque où les deux communautés vivaient séparées. Il l'était à plus forte raison après l'émancipation des Juifs qui multiplia pour eux les occasions d'exercer leur critique à l'égard du système moral et social de l'environnement. D'ailleurs, l'émancipation des Juifs était due à un courant de l'évolution sociale européenne qui s'opposait à l'échelle des valeurs sociales du Moyen Age, et, à la même époque, le règne des valeurs sociales d'inspiration chrétienne fut ébranlé par des coups de boutoir indépendants de cette émancipation. Du coup, l'ordre social, jugé dès le début aberrant et injuste par les Juifs se révéla effectivement tel, ou devenu tel. Ainsi, l'attitude critique des Juifs, qui, à l'origine, découlait tout simplement de leur *situation,* devint tout à coup *moderne.* Libres de tout lien féodal, aristocratique ou vassal, à peu près inexistant dans leur ancienne communauté, les Juifs devaient leur émancipation à l'ébranlement de l'ordre social de la féodalité, et, pour ce qui est de leurs propres traditions, les Juifs en voie d'émancipation et entrant en contact plus étroit avec leur environnement les abandonnèrent dans leur grande majorité. En revanche, dans la société européenne environnante, la conception fondée sur les différences qualitatives entre les hommes avait profondément imprégné les structures internes des couches de la population et des professions les plus diverses, y compris celles situées au bas de l'échelle hiérarchique, déterminant en grande partie les rapports et les réflexes sociaux, les attaches sentimentales et communautaires ; son ébranlement et son renversement représentèrent donc un choc très violent : les structures qui se sont édifiées sur cette conception ne supportent que très difficilement le processus de leur propre liquidation, processus qu'elles sont toujours prêtes à gêner, elles ne capitulent que peu à peu, après une résistance acharnée. Ainsi, l'ébranlement sous les coups de boutoir de la critique sociale moderne de certains édifices sociaux ou moraux, objets, depuis longtemps, des critiques désabusées des Juifs, s'accompagnait d'une exacerbation de la critique sociale, exercée respectivement et dans des sens opposés, par les Juifs et par les éléments conservateurs de l'entourage : les Juifs voyaient justifiés leurs critiques et leurs jugements de valeur sur une morale dont ils avaient prédit l'avenir ; mieux, ceux qui n'avaient pas abandonné leur conscience juive affirmaient que la vocation et le rôle des Juifs est de servir de porte-drapeau à la raison, au progrès, à la modernité et au renouvellement des valeurs dans un monde qui semble condamné à l'immobilisme moral et intellectuel. Mais la partie conservatrice de l'environnement ou ceux qui sont perturbés par l'ébranlement de l'échelle des valeurs sociales n'étaient pas prêts à attribuer un mérite quelconque à l'esprit démocratique et progressiste juif, ni à suivre leur exemple ; au contraire, le fait que, selon toute apparence, l'écroulement du monde ancien vaut pour les Juifs plus d'avantages ou tout au moins pose moins de problèmes que pour les non-Juifs de situation comparable, ce fait est volontiers interprété par l'entourage dans un sens négatif : les changements survenus ont été provoqués dans l'intérêt des Juifs ou sur leur instigation ; l'environnement se met alors à collectionner des exemples souvent consternants sur l'esprit corrosif et destructeur des Juifs. Non seulement il se plaît à remarquer leur participation à l'extension de la critique sociale moderne et aux mouvements sociaux, mais aussi leur prédilection à mettre l'ancien au rancart et à introduire le nouveau dans les coutumes et dans les modes les plus quotidiennes. Et l'environnement conserve cette impression, alors même qu'il a lui-même, et depuis longtemps, cédé à la pression de l'inédit accueilli d'abord avec répulsion.

Ainsi, dans les rapports mutuels entre Juifs et environnement, l'émancipation a apporté un élément nouveau : leurs attitudes différentes à l'égard de l'échelle des valeurs sociales, attitudes qui, au cours de leur séparation au Moyen Age, ne concernaient que la morale quotidienne et les contacts directs et se manifestaient dans les accusations réciproques de violence et de fraude, mais qui englobent maintenant et sur une grande échelle le domaine de la critique sociale et politique.

*Expériences mutuelles des Juifs
et de leur environnement concernant
les torts infligés et la quête de la réparation*

Une troisième expérience fondamentale des Juifs concerne les injustices, préjudices, humiliations, vexations et dangers mortels effectivement subis dans une situation de marginalisation et de dépréciation extrêmes. La gravité de ces faits réside tout autant dans les souffrances endurées que dans le peu d'importance que l'environnement leur accorde. Ceux qui — et ils sont nombreux — sont persuadés de savoir ce qu'est l'oppression, l'humiliation ou la terreur, n'ont en réalité aucune idée du poids psychologique que représente la condition d'être juif, d'être livré depuis des siècles à la merci des abus de pouvoir, des explosions de colère, au mépris et aux insultes d'individus malveillants. Et même dans des situations moins graves, au cours de contacts qui ne sont pas toujours empreints d'inimitié, l'environnement a tendance à faire subir aux Juifs patients une foule de petites injustices, de discriminations et de préjudices, sous prétexte qu' « ils en ont vu d'autres ».

On ne peut répondre à tant d'injustices qu'en réclamant la

justice et les Juifs le font d'autant plus naturellement que *la quête de la justice* occupe une place importante dans leurs traditions morales. Mais ce qui nous préoccupe ici, c'est que, chez tous ceux qui n'ont jamais su dépasser une attitude subjective et égocentrique dans le jugement qu'ils portent sur les choses du monde et sur leurs propres expériences — donc chez une grande partie des Juifs et des non-Juifs —, la quête de la justice passe facilement à *une quête de satisfaction* à obtenir pour les torts subis. Dans cette attitude, les préjudices subis, en se fixant, inspirent les comportements, et le plaignant ignore les torts subis par d'autres et la vérité d'autrui ; le tort subi devient privilège et revendication, et la réparation à obtenir devient plus importante que la justice. Je n'ai pas besoin de rappeler ici les découvertes de la psychologie moderne, selon lesquelles une grande partie des comportements humains visent à compenser des torts ; on pense non seulement aux attitudes offensantes ou agressives, mais aussi aux comportements qui cherchent à attirer l'attention sur soi, à la susceptibilité exagérée, à l'estime que l'on a pour soi-même, etc.

Mais l'environnement a également eu à subir certains préjudices de la part des Juifs. Même si, en particulier au Moyen Age, peu de possibilités étaient offertes à ces derniers de causer des torts à un environnement bien plus puissant, la chose n'était pas impossible, et quelle que soit l'exagération, souvent grand-guignolesque, des accusations renouvelées contre les Juifs, il est impossible de ne pas reconnaître, dans certaines parmi les plus crédibles et les plus concrètes, les reproches familiers concernant des méthodes économiques rationnelles, la critique désabusée ou la quête de la réparation. Ainsi, certains groupes d'individus appartenant à l'environnement et ayant des contacts avec les Juifs estiment que parmi les expériences recueillies auprès de ces derniers, les torts qu'ils ont eu à subir de leur part ou qu'ils leur attribuent — jouent un rôle décisif.

Naturellement, il ne peut être question de prétendre que les deux sortes de préjudice *se valent*. Objectivement parlant, il n'y a pas de commune mesure entre les injustices commises à l'égard des Juifs au cours de l'Histoire ou dans certaines de ses périodes, et les mauvaises expériences ou les plaintes de l'environnement. Mais pour ceux qui vivent dans le système fermé de leurs propres griefs, ceux des autres n'apparaissent jamais dans leur réalité objective, ils ne servent qu'à confirmer ou à infirmer les leurs. De plus, ceux qui sont convaincus, même inconsciemment, de l'infériorité des Juifs, se sentent doublement humiliés s'ils croient avoir subi des offenses de leur part, et considèrent, en revanche, les torts infligés aux Juifs comme étant moins graves puisque ceux-ci « ont eu le temps de s'habituer à ce traitement ». D'ailleurs, l'environnement, et même quelques-uns de ses éléments les mieux intentionnés, soupçonne inconsciemment les Juifs d'exagérer leurs doléances. Cela s'explique en partie par le fait que Juifs et non-Juifs entretiennent rarement, même de nos jours, d'authentiques rapports humains, puisque dans leurs contacts et dans leurs frictions, ils sont avant tout respectivement Juifs et non-Juifs. C'est pourquoi une grande partie de leurs contacts restent impersonnels et *déshumanisés*. C'est aussi la raison pour laquelle Juifs et non-Juifs ont tendance à faire abstraction de l'individualité du partenaire et à le considérer comme membre de la communauté « d'en face », responsable de suffisamment d'injustices commises à leur égard pour se croire dispensé de rembourser ses propres dettes. Comme les uns et les autres comptent sur le dévouement et la reconnaissance du partenaire, les témoignages sur la « vile ingratitude » de celui-ci s'accumulent, et l'on en tient compte, surtout en période critique. Il y a donc *réciprocité* dans la mesure où — étant donné l'inégalité des griefs — *la quête de la réparation* sera l'attitude d'une grande partie des Juifs et d'une *certaine* partie de l'environnement.

Il en était déjà ainsi à l'époque de l'isolement moyenâgeux. Avec l'émancipation des Juifs, la quantité de torts subis a diminué, mais les demandes de réparation se sont multipliées, de part et d'autre.

Pour les Juifs, l'émancipation signifiait naturellement avant tout la fin ou, tout au moins, l'important recul des vexations impunies. Cependant, celles-ci n'ont pas diminué pour autant, et surtout le sentiment de sécurité des Juifs à l'égard de vexations indirectes et non physiques n'a pas augmenté proportionnellement aux changements intervenus dans leur situation juridique. Autrement dit, la pratique n'a pas toujours suivi la théorie. Autrefois, les Juifs vivaient dans la chaleur d'une communauté fermée et intérieurement autonome et ne s'exposaient aux vexations que lorsqu'ils s'aventuraient dans le monde extérieur ou quand le monde extérieur les agressait collectivement. Ayant quitté cette communauté, ils communiquent librement et, en principe, sur un pied d'égalité avec l'environnement, mais, en réalité, ils sont toujours sous la menace de vexations devenues imprévisibles car ne pouvant plus se manifester en des occasions aussi précises qu'à l'époque où les préjugés antijuifs étaient en vigueur. Ces vexations pouvaient provenir des vestiges du préjugé ancien et de la promptitude à sévir en leur nom, des expériences et généralisations mutuelles que nous venons de décrire mais aussi du simple fait qu'au cours de leurs conflits occasionnels, les gens avaient tendance à agresser leurs adversaires non seulement en tant qu'individus, mais aussi en tant que porteurs d'une particularité : ils traitent le Tzigane de Tzigane, le boiteux de boiteux, le vieux de vieux et le Juif de Juif, tout en accrochant à ces noms des qualificatifs dictés par leur colère, mais pas nécessairement par des préjugés. L'antisémite n'est pas celui qui accompagne le mot « Juif » de qualificatifs désobligeants, mais celui qui emploie le mot « Juif » en tant qu'insulte. Or, les expériences historiques des Juifs les empêchent de faire cette distinction : pour eux, toute insulte, toute vexation rappelle leur ancienne situation, car l'expérience leur a enseigné que toute insulte grave, toute persécution sanglante commence toujours par des généralisations sans fondement et celles-ci contiennent potentiellement toutes les humiliations, toutes les persécutions, tous les meurtres. Or, il s'agit là d'une généralisation, certes, parfaitement compréhensible, mais tout aussi dépourvue de fondement que sont celles appliquées au comportement des Juifs par l'environnement, et elle empoisonne plus ou moins toutes les situations, hostiles ou amicales, qui découlent de leurs contacts avec l'environnement. Aussi, une grande partie des Juifs considère-t-elle que l'émancipation doit les protéger contre toute généralisation sans fondement, contre toute connotation hostile attribuée au mot « Juif ». C'est pourquoi ils sont enclins à voir en tout individu agissant de la sorte des complices de leur persécution et des ennemis de l'émancipation, de la liberté, du progrès et de l'humanité, et demandent à tout homme honnête et progressiste de partager leur point de vue, et, naturellement, de ne pas se rendre coupable de telles pratiques. Or, une telle exigence manque de réalité et ne peut être satisfaite. Dans le monde entier, tous les groupes humains sont perpétuellement exposés à de tels « méfaits » et les Juifs eux-mêmes formulent souvent des généralisations sans fondement à propos des divers phénomènes du monde environnant. Il arrive même à des gens indifférents ou favorables aux Juifs de « casser du sucre » sur leur dos, ne serait-ce qu'en cherchant à s'informer de leur qualité ou de leur ascendance juive, en en parlant, en gardant le souvenir d'expériences diverses à leur sujet, en leur attribuant des traits particuliers, bref, en « généralisant à tort » mille et mille fois, et, en cas de conflits ou de divergences de vue occasionnelles, en invectivant le Juif qu'ils ont sous la main non seulement en tant que personne, mais aussi en tant que Juif. N'y échappent que ceux qui, par principe, sont toujours respectueux de la susceptibilité des Juifs même quand ils sont absents, qui se souviennent constamment que les explosions de colère et les généralisations entraînent des conséquences bien plus graves quand elles sont dirigées contre les Juifs que quand elles visent, par exemple, les Portugais, les bossus ou les vieux. Ces moralistes très stricts sont non seulement rares, mais il leur arrive en outre d'oublier quelquefois leurs principes. Or, lorsque, à la faveur d'un mot ou d'une déclaration qui échappe au non-Juif, les Juifs découvrent que des gens se comportant amicalement à leur égard s'abstiennent de leur « casser du sucre sur le dos », en leur présence, ce n'est pas par *principe,* mais seulement par *tact,* ils en tirent — consciemment ou inconsciemment — la conclusion que, en leur absence, la grande majorité de l'environnement, et peut-être tout le monde, les invective sans retenue et que tout l'environnement est *antisémite.* C'est ainsi que chez une grande partie des Juifs, on voit se constituer, en plus d'un rapport de méfiance envers l'hostilité *réelle* de l'environnement, un mécanisme de défense préventive envers l'hostilité potentielle de ce même environnement, ce qui rend difficile la disparition des tensions liées au mode agressif, comme au mode défensif de la quête de la réparation.

D'un autre côté, pour la société environnante, l'émancipation des Juifs signifiait la possibilité pour ces derniers d'accéder à des postes et des positions de commandement, dont ils avaient été exclus. Ainsi, les occasions se multiplient pour eux de causer des préjudices à leur entourage et ces préjudices revêtent alors une importance accrue, car, pour ceux qui continuent à vivre dans un monde de qualités hiérarchisées, faire l'objet de rigueurs — facilement supportées, quand elles émanent des puissants de la hiérarchie traditionnelle — devient offense impardonnable et humiliation extraordinaire, lorsqu'elles sont le fait de Juifs parvenus au pouvoir, ou d'autres « émancipés » de condition « inférieure ».

Tout cela ne constituait qu'une difficulté transitoire et la survivance de l'ancienne situation là où le processus de l'émancipation des Juifs était *réel* et *en progrès*. Mais là où elle n'était que superficielle et formelle, où l'antisémitisme revêtait des formes plus graves et plus agressives, devenant facteur politique, et capable, éventuellement, de provoquer de nouvelles persécutions, celles-ci inauguraient un nouveau cercle vicieux de vexations et de demandes de réparation et, une fois la persécution des Juifs apaisée, un nouveau processus d'émancipation. De cette façon, tous les phénomènes ci-dessus décrits qui, par leur nature, ne devraient être que de caractère transitoire, accompagnent inévitablement les rapports entre Juifs et environnement.

Vision du monde juive
Vision du monde antisémite

Telles sont donc les conditions dans lesquelles naissent les expériences des Juifs et de leur environnement concernant l'exploitation des possibilités offertes par l'environnement, concernant l'attitude envers l'échelle des valeurs de la société et les griefs et leur réparation. Etant donné les conditions inhumaines de leur coexistence dans la société, Juifs et non-Juifs ont surtout des contacts avec les individus bornés et d'une faible moralité communautaire de l'autre groupe, ce qui augmente encore le risque de les voir formuler leurs expériences respectives toujours réelles, mais d'une réalité partielle, sous forme de généralités diamétralement opposées. Ce qui caractérise une partie considérable du monde qui environne les Juifs, c'est la non-exploitation des possibilités sociales et économiques autres que traditionnelles, la foi inébranlable dans les règles de la morale sociale de son propre univers et la dépréciation morale envers les Juifs ; tout cela lui apparaît comme les manifestations de sa correction traditionnelle, de la loyauté envers les valeurs reconnues par la société, autant de qualités qui l'autorisent à porter des jugements sur les Juifs. Vus par les Juifs, ces mêmes traits constituent les preuves d'une lourdeur qui frise la stupidité, d'une hypocrisie bornée et d'une jalousie véhémente et injuste à leur égard. De leur côté, et par leur situation sociale et humaine, les Juifs sont incités à utiliser rationnellement les possibilités économiques qui leur sont offertes, à se montrer méfiants, désabusés et critiques à l'égard des principes moraux fondamentaux de l'entourage, et à chercher des réparations pour les injustices continuellement subies, formes de comportement qui, aux yeux des Juifs enfermés dans leurs expériences, peuvent être facilement idéalisées et qualifiées d'autant de preuves d'intelligence pratique, de supériorité morale et de quête légitime de justice, alors que pour une grande partie de l'environnement, elles passent pour de la cupidité, du cynisme à l'égard des valeurs sacrées et de l'ambition due à un désir de vengeance. A l'époque de l'isolement qui caractérisait le Moyen Age, ces généralisations de sens opposés n'avaient pas beaucoup d'importance puisqu'elles découlaient automatiquement des préjugés antijuifs de l'environnement et de la conscience que la communauté juive avait de sa supériorité ; d'autre part, elles traduisaient assez bien les rapports qu'entretenaient les Juifs avec leur environnement. Mais après l'émancipation, ces expériences et les généralisations qui s'ensuivirent ont perdu leur arrière-plan idéologique homogène, le préjugé antijuif était dépassé aux yeux de l'opinion publique, alors que, dans la réalité, Juifs et non-Juifs continuent à recueillir des expériences défavorables les uns au sujet des autres, expériences qui, comme nous l'avons dit, conduisent quelquefois à une exacerbation de leur antagonisme. Il en est résulté la disparition de l'hostilité officielle envers les Juifs, mais aussi la constitution, dans l'environnement, d'un groupe à l'équilibre instable, celui des *antisémites,* dont les expériences défavorables à propos des Juifs occupent toute la conscience et les rendent incapables de percevoir toute la réalité. Par antisémites, il ne faut pas entendre tous ceux qui *n'aiment pas* les Juifs, mais il ne suffit pas de qualifier ainsi ceux qui excitent contre les Juifs ou les *persécutent :* sont antisémites ceux en qui s'est fixée une image cohérente à propos de différentes propriétés dangereuses des Juifs, de leur cupidité et de leurs tromperies, de leur cynisme destructeur des valeurs politiques et morales, de leur soif de vengeance et de pouvoir. Vu sous cet aspect, l'antisémite peut être honnête ou fripouille, doux ou sanguinaire, innocent ou coupable, ce qu'il importe, c'est *qu'il porte en lui une image fixe et déformée d'un morceau de la réalité sociale.*

A plus forte raison, la communauté juive a sécrété un groupe d'individus pour qui l'amertume et le sentiment d'injustice qu'ils ont retirés de leurs expériences effacent toute autre expérience ou réalité humaines. Telle était, dans l'isolement moyenâgeux, l'attitude de la majorité des Juifs : la diminution du nombre de ces derniers, après l'émancipation, dépend de l'unité de la communauté environnante et du caractère plus ou moins humain des rapports entre Juifs et non-Juifs.

Voilà pourquoi il est si désespérément difficile de faire comprendre aux Juifs la réalité psychologique de l'antisémitisme et de faire partager à certains membres de la communauté environnante la situation et les expériences vécues par les Juifs. Dans la mesure où ils souffrent d'une certaine étroitesse de vues, ces derniers refusent tout simplement de croire que les sentiments des antisémites, aussi obscurs que soient leurs préjugés et fautives leurs généralisations, reposent sur des expériences réelles ; au contraire, ces Juifs sont fermement convaincus qu'au cours de leurs conciliabules secrets, les antisémites sont au fond d'eux-mêmes conscients de leur propre attitude. De la même façon, les antisémites sont tout aussi persuadés que les Juifs entre eux et au fond d'eux-mêmes savent parfaitement que ce que disent les antisémites à leur sujet est vrai.

*Préjugés antijuifs
et expériences défavorables aux Juifs*

L'objection la plus grave que l'on puisse faire à cette confrontation des deux visions du monde, c'est que, *objectivement, les deux types d'expérience ne sont pas équivalents*, car les expériences des Juifs reposent sur des faits incontestables alors que les prétendues expériences des antisémites ont été artificiellement isolées de leur contexte et sélectionnées pour confirmer les préjugés de ces derniers. Il est donc erroné et dangereux de mettre en parallèle les expériences des uns et des autres, car un tel procédé tendrait à conforter ceux qui prétendent accorder la même valeur morale aux conclusions et opinions que les uns et les autres tirent de ces expériences. En d'autres termes on pourrait dire qu'il n'y a pas de question juive, seulement de l'antisémitisme, et que celui qui parle de question juive apporte, qu'il le veuille ou non, de l'eau au moulin de l'antisémitisme.

C'est là le point critique de toute la question juive et de tout l'antisémitisme. Nous devons y revenir maintenant que nous avons examiné de près et dans tous ses détails le domaine sur lequel s'étendent ces expériences. Comme point de départ, nous devons admettre que le caractère inhumain des rapports entre les Juifs et leur environnement réside, *en dernière analyse,* dans l'attitude de l'environnement et que *les actes qui en découlent* sont bien plus graves quand ils sont commis par l'environnement.

Il est incontestable, et tous nos examens détaillés le confirment, que la *cause* première de toute détérioration dans les rapports entre les Juifs et leur environnement se ramène au *préjugé* antijuif moyenâgeux, d'inspiration religieuse. Celui-ci détermina l'hostilité de l'environnement, son empressement à maltraiter les Juifs, créa des conditions et une atmosphère inhumaines — pas forcément impitoyables, mais souvent déshumanisées — qui, à leur tour, incitèrent les Juifs à adopter les formes de comportement que l'on sait envers la société environnante ; enfin, ce préjugé et l'isolement étroit de la communauté juive ont joué un rôle important dans le fait que les expériences recueillies au sujet des Juifs ont conduit si rapidement et si facilement à des formulations précises, mais excessives. Mais, quelle que soit son influence sur le jugement porté sur des expériences, *le préjugé en lui-même n'engendre jamais d'expériences* : le préjugé, l'antisémitisme de principe de personnes n'ayant pas de contact avec les Juifs peuvent être choquants, mais se révèlent, en fin de compte, inoffensifs. En revanche, les formes de comportement que nous avons décrites plus haut, et qui caractérisent les Juifs plus que les non-Juifs, peuvent, même en l'absence de préjugés, provoquer des impressions et, par là, des généralisations, mais si elles ne sont pas étayées par les préjugés, ces généralisations seront énoncées avec moins de vigueur et moins de supériorité morale et au lieu de concerner la race ou la religion, se rapporteront à des traits distinctifs moins marqués, tels que profession, lieu de naissance, lieu de résidence, tout en étant d'une même essence que les généralisations défavorables aux Juifs. Si les Juifs connaissent mal l'image que l'environnement se fait d'eux, c'est parce qu'ils sont persuadés que c'est le préjugé moyenâgeux qui induit le vécu antisémite, et si le préjugé disparaissait, les comportements prétendument caractéristiques des Juifs passeraient pour banals. C'est pourquoi ils attribuent une telle importance à cette forme de la lutte contre l'antisémitisme qui cherche à démentir les généralisations et les récits d'horreur les plus excessifs, et pensent qu'une fois ces mensonges dévoilés, ces malveillances et ces contradictions démasquées, il est inutile de s'occuper des thèses de l'antisémitisme. Ils ne savent pas que tout l'environnement, antisémites et non-antisémites, ont, à propos des Juifs, des expériences *de même nature :* les *fantasmes* des antisémites proviennent d'une mésinterprétation des expériences qu'ils ont *en commun* avec les non-antisémites, mais, le matériel sur lequel travaillent leurs fantasmes est le même que celui des non-antisémites. C'est pourquoi une grande partie de la société environnante reconnaît qu'il y a une part de vérité dans certaines affirmations et accusations de l'antisémitisme, même si elle les rejette, dans leur ensemble.

Les Juifs le ressentent très douloureusement et en retirent la conviction que tout l'environnement est antisémite ou contaminé par l'antisémitisme.

Il est tout aussi incontestable qu'en ce qui concerne les *conséquences* des rapports entre les Juifs et leur environnement, c'est l'antisémitisme qui conduit à des voies de fait bien plus souvent que ne le fait l'irréalisme juif, que ces actes ont fait couler incomparablement plus de sang et de larmes que ceux des Juifs. Il en était déjà ainsi avant Auschwitz, et Auschwitz a rendu cette affirmation irréfutable pour longtemps. Cependant, l'irréalisme juif s'est également vu offrir par l'Histoire des occasions pour montrer qu'en ce qui concerne son essence et sa qualité, il a de nombreux traits communs avec l'antisémitisme. D'autre part, ce serait se tromper soi-même que de ne voir dans la fausse vision du monde de l'antisémitisme rien d'autre que les actes de malignité et de sadisme commis en son nom. Parmi les participants aux actions antisémites, à la persécution des Juifs, on trouve un grand nombre d'individus dont la présence s'explique non par idéologie ou par vindicte populaire (qui « pourraient motiver » la persécution), mais uniquement par amour de la persécution, du pillage et du meurtre en général, parce qu'ils sont là chaque fois que l'occasion se présente de commettre de tels méfaits. Ce n'est certes pas un hasard si l'antisémitisme engendre de tels criminels, mais d'autres idéologies et circonstances en produisent également ; et en ce qui concerne l'essence de l'antisémitisme, ses composantes qui ne sont pas toujours étrangères aux hommes honnêtes, nullement sadiques ou mal intentionnés, en disent quelquefois plus que le reste.

Ainsi, la responsabilité du préjugé antijuif dans les actes hostiles aux Juifs et dans *les souffrances* qu'ils ont endurées, et qui sont *plus importantes* que celles qu'ils ont pu infliger à l'environnement, fait que d'un point de vue strictement « comptable », le « compte » des Juifs est crédité. Mais cela ne signifie pas que, dans le rapport établi après de tels antécédents entre les Juifs et leur environnement, le préjugé des Juifs soit moins préjugé, leur vision déformée du monde soit moins déformée et leur irréalisme soit plus près de la réalité que ceux des antisémites. Si j'ai tant parlé parallèlement d'expériences juives et d'expériences antisémites, ce n'était pas pour leur attribuer la même importance, pour les placer sur le même plan, pour prétendre que le bilan des deux est équilibré, ni pour renvoyer dos à dos Juifs et antisémites. C'était pour essayer de faire comprendre, surtout aux Juifs, qu'il serait vain de prendre l'expérience de l'environnement à leur sujet, même si elle ne se fonde que sur une réalité unilatérale et partielle, pour des chimères engendrées par des préjugés et l'ignorer superbement. D'autant que, même si les expériences des Juifs sont plus cruelles et d'une valeur plus générale, celles de l'environnement à leur sujet sont plus décisives, plus déterminantes pour l'ensemble de la situation et des conditions de la coexistence. Donc, la vérité complète c'est que *préjugé antijuif et les expériences antijuives constituent conjointement les conditions de l'antisémitisme moderne* qui serait inconcevable sans l'un comme sans les autres.

Mais les deux ensemble ne suffisent pas pour faire de l'antisémitisme un problème social central. Il est naturel que préjugés et expériences survivent quelque temps à l'émancipation, incapable de supprimer du jour au lendemain les situations traditionnelles issues de l'ancien isolement, et qui assurent la survie, de part et d'autre, ou la réapparition d'anciennes formes de comportement lesquelles, à leur tour, reconstituent l'ancienne situation. Mais, en milieu sain, les effets de ce cycle infernal vont s'affaiblissant, et l'antisémitisme devient un phénomène de plus en plus pathologique et exceptionnel. Une communauté normale se compose surtout d'individus qui n'adoptent ni le point de vue de l'antisémitisme ni celui de l'enfermement juif. Seule une communauté sans force et ayant perdu son sens des réalités permet d'assurer à ces deux points de vue une place prépondérante de façon à subordonner tous les problèmes à l'opposition entre Juifs et antisémites. Ainsi, ni le préjugé antijuif ni les expériences défavorables aux Juifs ne suffisent pour assurer à l'antisémitisme au sein de la communauté une place prépondérante dans la vie sociale et politique. Pour qu'une telle situation soit possible, il faut que l'ensemble de *l'évolution sociale* soit perturbée et se trouve dans un état pathologique.

*Connexions entre l'antisémitisme
et les troubles de l'évolution sociale*

Les expériences de l'environnement à propos des Juifs n'eurent pas lieu isolément en divers points de la société européenne. Elles se manifestèrent en même temps que cette grande expérience sociale qu'était le grand tournant de l'époque moderne et contemporaine, à savoir l'écroulement et la transformation de la société du Moyen Age, fondée sur les différences qualitatives entre les hommes. Alors même que la société européenne estimait que le traitement rationnel des possibilités sociales était la principale caractéristique des Juifs, toute cette société et en particulier celle des pays d'Europe occidentale était traversée par un changement de taille : le traitement traditionnel et coutumier des possibilités sociales faisait place à leur traitement rationnel, conforme au but poursuivi. Alors même que la société environnante trouvait que la critique désabusée et méfiante envers l'échelle des valeurs sociales était caractéristique des Juifs, cette même échelle des valeurs était mise en question, soit graduellement, soit par secousses révolutionnaires et ce dans toute l'Europe. Enfin, alors même que la société environnante estimait que les différentes manifestations de la quête des Juifs en vue d'obtenir réparation pour les préjudices qu'ils avaient subis était une de leurs caractéristiques essentielles, toute l'Europe assistait à une relève généralisée dans les postes de commande, relève qui fournissait d'innombrables occasions de formuler des demandes de réparation. L'intérêt qu'avaient les Juifs à voir s'accomplir tous ces changements rendait avant tout antisémites ceux pour qui l'évolution sociale et politique des temps modernes représentait des situations de crise, des pertes ou des perturbations. Partout où l'antisémitisme posait problème, il était lié à ces phénomènes de l'évolution sociale et signalait un trouble ou un dysfonctionnement. Mais tout cela ne pouvait rendre antisémite *toute* une société à évolution tant soit peu normale, car il lui apparaissait avec évidence que de telles transformations avaient été provoquées par des forces plus importantes que celles dont disposaient les Juifs, et n'ayant rien à voir avec les objectifs de ces derniers.

Le problème se présentait en de tout autres termes dans les pays européens situés à l'est du Rhin, pays dont l'évolution avait été inégale et heurtée, où ni le capitalisme moderne ni la révolution bourgeoise n'avaient surgi spontanément des nécessités de l'évolution intérieure, mais sous l'influence du rayonnement économique, politique et intellectuel des révolutions démocratiques déjà triomphantes de l'Europe occidentale. Dans ces pays, les structures féodales et aristocratiques de la société étaient restées relativement très solides et l'évolution vers un capitalisme et une démocratie bourgeoise modernes n'avait été que superficielle et formelle. Après quelques tentatives demeurées sans succès ou n'ayant obtenu que des demi-succès, la bourgeoisie de ces pays recula et abandonna de plus en plus l'idée de briser les forces sociales féodales et aristocratiques. De sorte qu'à l'est du Rhin, le capitalisme s'est édifié non pas sur les *ruines* de la féodalité, ni même grâce à son affaiblissement, mais grâce à l'*exploitation* de type capitaliste des rapports féodaux qui régnaient dans ces sociétés, rapports qu'il contribua à détériorer et qui finirent par évoquer les pires formes de l'exploitation coloniale. Si, dans ces pays, la critique sociale moderne avait réussi à miner l'autorité, les réflexes et les croyances de type féodal et aristocratique de la société, elle n'était pas parvenue pour autant — à l'exception de la seule Russie — à renverser les structures féodales et aristocratiques. En conséquence de quoi, cette critique donna lieu à un processus de fermentation intérieure qui remplaça l'action par les dogmes et se perdit dans les méandres de l'irrationalisme et de la rédaction de fausses idées politiques.

Ce processus fut particulièrement manifeste dans les pays d'Europe centrale où, aux troubles de l'évolution sociale que nous venons de signaler, s'ajoutait l'impasse dans laquelle se trouvait l'évolution politique et nationale, pays qui avaient eu, pendant longtemps, à lutter pour leur existence nationale. Dans ces pays, la cause de la nation était plus ou moins liée aux luttes d'influence que se livraient les diverses dynasties, aristocraties et cliques militaires, et les courants qui attachaient une importance primordiale au progrès social apparurent de plus en plus comme perturbateurs des luttes nationales. De cette façon, le sentiment national moderne et le démocratisme moderne, qui marchaient de pair dans la Révolution française comme par la suite dans tout autre mouvement politique sain et dans tout pays ayant connu une évolution saine, se trouvèrent en opposition dans les pays d'Europe centrale et orientale, et on vit se constituer la formation aberrante d'un *nationalisme antidémocratique,* imprégné d'esprit féodal, aristocratique et dominateur. C'est ainsi que l'Europe centrale devint le terrain d'élection de fausses idées politiques, de situations sociales et politiques qui conduisaient fatalement à des impasses et à des visions du monde fantasmatiques. Cela, dans la mesure même où dans ces pays l'arrêt de l'évolution sociale et les troubles ou les incertitudes de l'évolution nationale avaient eu des conséquences graves. Le premier de ces pays était l'Allemagne dont les mouvements démocratiques tendant vers l'unité avaient échoué en 1848, et qui, pour cette raison, acceptèrent en 1871 la pseudo-unité allemande des Hohenzollern. Vue de l'extérieur, l'Allemagne unie apparaissait comme un Etat national moderne, en plein élan et reposant sur les forces populaires, alors qu'en réalité c'était un grand corps inerte composé de petits Etats ou de petits cercles aristocratiques qui tournaient en rond sur euxmêmes. Cette contradiction donna lieu au tournant du siècle à une politique de fanfaronnades qui déboucha sur la première guerre mondiale et sur la défaite, puis sur le traité de Versailles que les Allemands, socialement arriérés et politiquement immatures, furent incapables de digérer. L'Autriche appartenait également à cette catégorie organisée en un Etat moderne au milieu du XIXe siècle, elle détenait le triste privilège de n'être la patrie d'aucune des nations qui la composaient — y compris les Austro-Allemands — car chacune d'elles aspirait à s'en séparer. Et c'était, malheureusement, le cas de la Hongrie qui, après la tentative de transformation démocratique et la guerre d'indépendance nationale de 1848-1849, accepta la pseudo-constitutionnalité et le leurre d'une indépendance apparente[1] du compromis ; après la chute de la Monarchie, elle entama une politique de demande de réparations et de révision du traité de Trianon pour pouvoir conserver l'illusion que la Hongrie historique était sauvegardée et continuait à régner sur les nationalités qui habitaient son territoire.

Dans ces conditions, les différents contacts et frictions entre les Juifs et leur environnement eurent des conséquences différentes de celles que nous avons vues. Pour une société foncièrement féodale et aristocratique, le fait que grâce au capitalisme, des Juifs en petit nombre, mais puissants par leur influence, puissent parvenir au sommet du pouvoir économique, relève du scandale, et la psychologie des classes dominantes ne peut l'accepter. Par ailleurs, une source d'irritation supplémentaire est constituée par le fait qu'une grande partie des Juifs émancipés a su, sans trop de problèmes, prendre position à la fois en faveur du courant démocratique et du courant social de la critique sociale moderne, qui avait hâté l'émancipation, alors que cette même critique sociale se heurte aux traditions et réflexes féodalo-aristocratiques, non seulement dans les classes supérieures, mais aussi dans les larges couches d'une population arrêtée dans son évolution ; enfin, la plus grande partie des Juifs, et même des Juifs parfaitement assimilés, ont eu du mal à suivre l'intelligentsia dite nationale dans ses diverses hystéries et susceptibilités nationales, dans ses chimères et ses rêves concernant le destin de la nation, et ce, en raison de la nature différente de leur propre vécu et de leur intérêt à voir liquidée ou facilitée l'ancienne condition juive. Provoquées par la même crise, ces trois sources d'irritation d'origines diverses se présentèrent en même temps en Europe centrale : aussi, toutes les secousses, tous les bouleversements, toutes les peurs et les recherches de boucs émissaires

---

1. Après l'échec de la guerre d'indépendance de 1848-1849, une période de répression s'abattit sur la Hongrie. Cependant, à l'initiative notamment d'un homme politique, Ferenc Deák, et à la suite de la défaite militaire de l'armée autrichienne à Sadova, le réchauffement des relations austro-hongroises aboutit en 1867 à la signature d'un compromis : la Hongrie obtint un Parlement indépendant et une certaine autonomie dans la gestion des ses affaires publiques. István Bibó juge sévèrement ce compromis. V. dans ce volume : « La déformation du caractère hongrois et les impasses de l'histoire de la Hongrie ».

déclenchés par la crise d'un univers féodalo-aristocratique miné, mais incapable de disparaître, ainsi que par les problèmes mal réglés de l'existence nationale, toutes ces inquiétudes trouvèrent-elles dans l'antisémitisme un dénominateur commun. Pour tous les individus, groupes et classes, des grands propriétaires terriens aux petits bourgeois, des officiers aux professeurs d'histoire, pour qui, en raison de l'impasse de leur propre évolution sociale et nationale, le contenu et les catégories de l'ensemble de l'évolution sociale européenne avaient perdu leur sens et leur crédibilité, un système antidémocratique et antisémite apparaissait comme une explication lumineuse à tous les problèmes qui se posaient, et aussi comme leur solution naturelle. C'est pourquoi l'ineptie évidente selon laquelle une entente secrète pouvait exister entre, d'une part, le banquier juif, possesseur d'une grande fortune acquise grâce à l'exploitation rationnelle des possibilités sociales et économiques, mais en même temps, s'entendant parfaitement avec les éléments puissants de la société féodalo-aristocratique envers lesquels il observait la plus grande loyauté, et d'autre part, le secrétaire syndical juif, qui, adoptant les formes les plus violentes et les plus exacerbées de la critique sociale moderne, s'oppose avec la plus grande énergie à toutes les manifestations du capitalisme et travaille à renverser les autorités issues de l'échelle des valeurs sociales (l'objectif final de cette entente étant de briser toutes les aspirations nationales pour assurer le pouvoir, voire la domination mondiale des Juifs), a pu trouver un tel crédit auprès des masses.

Ainsi, au-delà du *préjugé* moyenâgeux et des *expériences* respectives que continuent à avoir les Juifs et leur environnement, il faut, pour que la question juive et l'antisémitisme deviennent problèmes sociaux centraux, que l'*évolution sociale* dans son ensemble soit atteinte d'une *pathologie spéciale*. Les socialistes ont donc raison d'affirmer qu'avec la solution du problème social dans son ensemble, et avec la réalisation d'une société sans classes, la question juive s'éteindra d'elle-même. En ce qui me concerne, je pense que dans une telle société, Juifs et non-Juifs continueront de connaître, et pour longtemps, des expériences et des frictions diverses dans leurs contacts réciproques, mais il est certain que dans l'échelle des valeurs d'une société qui applique conséquemment le principe de l'égalité qualitative de tous les hommes, l'émancipation de tous les opprimés et la liberté pour toutes les nations, préjugé antijuif et interprétation antisémite de la crise sociale perdront leur virulence, et la question juive et l'antisémitisme ne pourront plus occuper une place centrale parmi les problèmes sociaux.

Les composantes de l'antisémitisme et la lutte contre l'antisémitisme

Ainsi, l'antisémitisme moderne se compose de trois éléments. Le premier, c'est le *préjugé antisémite datant du Moyen Age* qui, se fondant sur des conceptions religieuses, aboutit à la stigmatisation, à la dépréciation morale des Juifs : il fournit à l'antisémitisme moderne des cadres pour leur attitude et leurs réflexes de méfiance et de mépris à l'égard des Juifs. Le second, c'est *la masse d'expériences que les Juifs et leur environnement ont pu avoir les uns avec les autres*, expériences qui continuent même après le discrédit jeté sur le préjugé antijuif d'inspiration religieuse et qui se trouvent ainsi sans cesse revigorées. Enfin, la troisième composante est constituée par *les troubles de l'évolution sociale moderne*, qui empêchent les processus, mouvements et crises sociaux de se dérouler normalement et que l'on cherche à détourner vers des manifestations antijuives. En raison de ces manœuvres, les généralisations habituelles à propos des Juifs dégénèrent parfois en chimères fantasmatiques, et la question juive ainsi que l'antisémitisme deviennent des problèmes sociaux et politiques centraux.

Dans la lutte contre l'antisémitisme, il convient de tenir compte des trois composantes, si nous ne voulons pas donner des coups d'épée dans l'eau. Mais parmi ces trois composantes, la première et la troisième, le préjugé antijuif et les troubles de l'évolution sociale, sont de nature telle que pour les combattre, il ne faut pas se borner à leurs manifestations dirigées spécialement contre les Juifs. La lutte contre le préjugé — dont nous ne pouvons pas attendre des résultats décisifs connaissant les autres composantes de l'antisémitisme moderne — doit se diriger contre *toutes* les haines, toutes les persécutions, tous les préjugés, toutes les accusations superstitieuses, enfin contre toute affirmation tendant à poser l'existence fatale de différences entre les hommes. De la même façon, il est impossible de lutter contre la question juive et l'antisémitisme propagés pour détourner l'attention des problèmes sociaux, autrement qu'en s'efforçant de résoudre *l'ensemble* des problèmes sociaux. Tout effort qui vise à lutter contre l'antisémitisme en lui-même conduit à l'opinion fréquente, quoique jamais formulée en termes clairs, selon laquelle la haine contre les Juifs est *plus répréhensible* que la haine contre d'autres groupes et que la lutte pour les droits des Juifs est *plus progressiste* que celle pour les droits d'autres catégories de la population. Ce qu'en doivent retenir les non-Juifs à la conscience chatouilleuse, c'est que la haine contre les Juifs engendre, comme le montre l'expérience, des conséquences plus dangereuses que les autres aversions, mais, cette vérité mise à part, la cause des Juifs ne jouit d'aucune priorité sur les grandes causes de la dignité et de la liberté humaines. Si, au cours de la seconde guerre mondiale, la cause des Juifs est effectivement devenue la première préoccupation de l'humanité progressiste, c'est par réaction aux horreurs des persécutions nazies, mais cette situation a cessé avec l'écrasement de l'Allemagne hitlérienne et la fin des persécutions. (Un certain nombre de déceptions et d'irritations proviennent précisément de la façon quelque peu brutale avec laquelle on a mis fin à cette situation.) En conséquence de quoi, de nombreux progressistes n'aiment pas entendre parler d'une lutte *spéciale* contre l'antisémitisme. Cependant, il existe des problèmes immédiats dans les rapports entre les Juifs et leur entourage, problèmes dont la solution ne peut attendre que des processus généraux et trop longs, tels que la disparition des préjugés et la solution des problèmes sociaux arrivent à leur terme. Chacun pressent que le domaine des expériences sociales directes est précisément celui où l'on a besoin de traiter séparément la cause des Juifs, en fournissant, notamment, de meilleurs exemples de comportements individuels, en faisant preuve d'un certain rapprochement, en visant le dégel des relations, autant d'efforts auxquels la lutte contre les préjugés et en faveur du progrès social ne saurait suppléer.

Ainsi, le vrai terrain de la lutte contre l'antisémitisme est celui des expériences sociales quotidiennes. C'est sur ce terrain que se déroulent les combats qui sont effectivement en cours. Mais comme ceux qui mènent cette lutte, aussi bien en tant qu'individus qu'en tant qu'organisations, ne prennent que rarement conscience de la nature des expériences sociales qui donnent lieu à l'antisémitisme, c'est également le terrain d'élection des erreurs et des méprises souvent fatales.

L'erreur la plus générale consiste à lutter contre l'antisémitisme tel que celui-ci se présente à travers la grille des expériences *juives*. Les non-Juifs qui participent à cette lutte n'ont en général ni le courage ni la clairvoyance pour en montrer l'inanité. C'est pourquoi est condamnée à rester désespérément sans écho la présentation de l'antisémitisme comme issu uniquement du crédit accordé à des mensonges sans fondement et inventés par des hommes aux desseins noirs, ce qui conduit à la persécution et au meurtre de parfaits innocents. Véridique, cette présentation ne correspond pourtant pas aux expériences quotidiennes des non-Juifs. Il a fallu les horreurs des persécutions et des assassinats perpétrés par les Hitlériens pour que cette image de l'antisémitisme frappe pour un certain temps un grand nombre de non-Juifs. Elle n'a laissé de traces durables que chez certains individus à l'âme particulièrement sensible et dans certaines communautés particulièrement attachées à la cause de la dignité humaine. Mais au fur et à mesure que ces événements tragiques s'éloignent dans le temps, leur souvenir s'estompe ; il fait place aux expériences quotidiennes qui font admettre que la réaction provoquée par le comportement des Juifs joue un rôle décisif dans l'antisémitisme. C'est pourquoi cette forme de lutte contre l'antisémitisme, qui a pour point de départ l'expérience des Juifs, reste entièrement sans effet, ou plutôt ne suscite d'échos qu'auprès des Juifs. En fin de compte, elle apparaît comme étant un discours des Juifs aux Juifs et nul n'en retire le moindre profit.

Cette forme de la lutte contre l'antisémitisme peut prendre une tournure fatale, si, au lieu de chercher à agir sur la conscience des non-Juifs, elle passe sur le terrain de la poursuite judiciaire. Là, la polysémie du mot « antisémite » soulève immédiatement des difficultés. Certes, on peut et il faut punir l'antisémite qui excite à la haine contre les Juifs. Mais pour déterminer les critères objectifs d'un tel délit, on ne peut prendre pour étalon les expériences des Juifs, qui ne distinguent pas toujours entre les différentes sortes de vexations qu'ils qualifient uniformément de criminelles et pour qui sont antisémites tous ceux qui n'aiment pas les Juifs. C'est ce qui donne naissance à des tentatives malheureuses visant à châtier les différentes personnes qui « cassent du sucre sur le dos des Juifs ». Certes, ces discours peuvent être non seulement déplacés, mais aussi insupportables, mais ils ne tombent pas pour autant sous le coup de la loi, uniquement parce qu'ils « font de la peine » à certains. Pour décider si des actes ou des discours déplaisants aux yeux d'une partie de la population relèvent d'une haine farouche des Juifs, font partie des généralisations banales admises par l'environnement, ou encore résultent de conflits occasionnels, essayons, à chaque fois, de remplacer « Juif » par « Portugais ». C'est seulement si les propos ainsi tenus à propos des Portugais, et à leur intention, relèvent de la justice pénale, que nous pourrons être sûrs de lutter contre un antisémitisme réel et passible de sanctions, au lieu d'ajouter de nouveaux motifs à un antisémitisme latent.

Non moins malheureuses sont les tentatives des non-Juifs de bonne volonté qui veulent « résoudre » le problème juif ou « humaniser » les rapports avec les Juifs en prenant pour une réalité complète les expériences des non-Juifs à propos des Juifs et s'en inspirant pour fixer des principes de comportement moral à l'intention de ces derniers ; ils leur suggèrent l'attitude à observer pour éviter de provoquer des réactions antisémites, en leur conseillant de se montrer moins avides, moins prétentieux, moins critiques, moins cyniques, moins susceptibles, moins rancuniers, moins vindicatifs, etc. Les prêtres, en particulier, estiment pouvoir, de par leur vocation, parler efficacement des péchés d'autrui, y compris du « péché juif ». Or, de semblables leçons de morale ne sont écoutées avec résignation que par les Juifs enclins à se sous-estimer ; les autres s'en indignent et seront moins que jamais prêts à admettre que le comportement des Juifs et les réactions qu'il est susceptible de susciter aient une part quelconque dans le réveil de l'antisémitisme. Ces conseils ne représentent pour les Juifs qu'un tas de généralisations hostiles à leur égard, un tas d'instructions impossibles à suivre, et dont le Juif, même le plus critique envers lui-même, ne sait pas quoi faire puisque, pour les Juifs, les « défauts juifs » ne se présentent pas de cette façon. Sans parler du fait que derrière ces exhortations se profile le fantasme naïf d'une assemblée clandestine, une sorte de sanhédrin secret où, sous la présidence d'un rabbin à la longue barbe, se réunissent le premier banquier, le premier révolutionnaire et le premier journaliste juifs pour désigner périodiquement le « comportement » à observer par les Juifs. Comme de telles assemblées n'existent pas, les exhortations, même si elles s'adressent à des Juifs, ne suscitent d'échos qu'auprès des non-Juifs. Bref, ce sont des discours non-juifs à l'intention de non-Juifs et nul n'en retire le moindre profit.

Mais alors, que faire ? Comme, des deux côtés, nous avons affaire à des expériences déformées et mésinterprétées par la passion, une simple information ou un simple effort de prise de conscience peuvent revêtir une importance bien plus grande que les discours moralisateurs ou la volonté de conlure à tout prix des alliances. Demandons-nous peut-être qui peut dire quoi à qui dans le cadre de la lutte contre l'antisémitisme ?

Que peut dire un non-Juif à un non-Juif ? Tout d'abord qu'il ne doit conforter par aucun de ses propos les vues unilatérales des non-Juifs sur les expériences qu'ils ont pu recueillir à propos des Juifs. Au lieu d'ajouter foi aux fausses abstractions tirées de ces expériences, qu'il travaille donc à reconnaître et à faire reconnaître le caractère universel, universellement humain de ces expériences. Qu'il se demande et qu'il demande aux autres non-Juifs si, derrière la surestimation des préjudices que des Juifs leur ont éventuellement infligés, ne se cache pas une certaine négation du principe de l'égalité des hommes ? Qu'il montre le rôle du confort moral, de la surestimation de soi, de l'irresponsabilité des non-Juifs dans les griefs individuels et les maux sociaux dont ils ont tendance à attribuer la responsabilité aux Juifs.

Qu'il fasse connaître inlassablement tout ce qu'il sait de l'incommensurable souffrance des Juifs, qu'il parle des innombrables vexations subies par les Juifs, des jugements moraux et de la dépréciation morale dont ils sont l'objet et qui s'ajoutent aux supplices physiques et aux pertes de vies humaines qu'ils ont dû subir. Qu'il parle de la responsabilité et de la participation de l'environnement dans les souffrances des Juifs, responsabilité qu'il partage et qu'il assume sans pour autant vouloir la faire partager de force à des non-Juifs qui n'y sont pas prêts.

Que peut dire un non-Juif à un Juif ? Il peut lui parler des expériences des non-Juifs, sans tomber dans des généralisations, dans des interprétations et dans la moralisation. Lui montrer tout simplement l'image que les non-Juifs se font du Juif, leurs expériences à son sujet, ce qu'ils trouvent caractéristique, ce à quoi ils ont tendance à rendre hommage, ce pour quoi ils envient le Juif, ce qu'ils trouvent bizarre, offensant ou incompréhensible chez lui sans prétendre lui asséner des jugements moraux, sans vouloir lui dire ses quatre vérités, prescrire son comportement ou forger des théories sur la « nature » juive. Qu'il parle de son propre sentiment de responsabilité à l'égard des Juifs et de leurs souffrances et qu'il ne leur demande rien en échange, et surtout pas que les Juifs oublient et pardonnent ce qui leur est arrivé. Tout ce qu'il peut leur demander, c'est d'essayer de ne pas séparer leur cause de celle des autres, leurs humiliations de toutes les autres humiliations et leur quête de réparations de toutes les autres quêtes de réparations.

Que peut dire un Juif à un non-Juif ? Il peut lui parler de la réalité de l'expérience juive, de son contenu humain et, faisant fi de tout avertissement et de toute tentative d'apaisement, *qu'il parle* des souffrances horribles que les Juifs ont dû endurer au cours du passé et dans un passé récent. Qu'il lui dise que ces souffrances n'ont pas cessé partout et dans tous les domaines. En revanche, qu'il n'essaie pas de faire admettre à des non-Juifs des opinions sur l'antisémitisme qui soient trop flatteuses pour les Juifs et trop défavorables aux non-Juifs et qu'il ne cherche pas à leur inspirer un sentiment de responsabilité collective, car de tels discours sont mal reçus même par ceux qui, par ailleurs sont prêts à assumer leur part dans cette responsabilité collective.

Enfin, que peut dire d'utile un Juif à un autre Juif à propos de la lutte contre l'antisémitisme ? Quant aux leçons morales et pratiques à tirer pour les Juifs de la situation existant entre eux et leur environnement, il leur appartient à eux de les formuler, et je ne peux guère intervenir dans le débat. Je présume simplement que pour ce qui est de la connaissance que peuvent avoir les Juifs d'eux-mêmes, des affirmations comme celle du regretté Károly Pap [1] selon laquelle les Juifs constitueraient « une nation suicidaire » n'ont pas beaucoup de sens ; je pense que de telles formules existentielles nuisent plus qu'elles ne sont utiles car, en suggérant la fatalité d'un destin, elles paralysent le sens des réalités, l'élan fécond et créateur, et mettent, entre l'homme et la réalité, l'écran d'une formule. Je présume en outre qu'aucun prédicateur, aucun moralisateur juif ne peut commencer son discours adressé à ses coreligionnaires que par les propos suivants, les seuls qui soient vraiment efficaces : cessez de vous enfermer dans la subjectivité de vos expériences et ne confondez pas avec la réalité les élucubrations de votre esprit. Mais, encore une fois, seuls des Juifs sont capables d'en convaincre d'autres Juifs.

3. Assimilation juive et conscience juive

Il est temps de se demander quel pourra être, après de tels antécédents, le destin communautaire des Juifs et celui de la communauté juive, autrement dit, de poser les questions de la conscience minoritaire ou nationale juive et celle du sionisme. Là encore, un certain nombre de thèses simplistes sont en circulation, thèses qui, tout en proclamant des vérités partielles, cherchent à en tirer des généralisations de valeur universelle.

1. Károly Pap (1897-1944) écrivain hongrois tué par les Nazis. Dans son roman *Azarel*, écrit en 1937, il offre un tableau saisissant des Juifs hongrois encore peu assimilés au début du siècle et conscients de leur spécificité juive.

Vues sur l'assimilation juive et la conscience juive

La première de ces vues (de l'esprit), c'est qu'avec la disparition du préjugé moyenâgeux et avec l'abandon, par les Juifs, de leurs rites les plus spectaculaires, les Juifs s'émancipent, apprennent la langue du pays environnant et exercent diverses professions — et du coup, leur assimilation est accomplie. Selon les socialistes, ce n'est pas encore suffisant, mais cela le sera le jour où, avec l'avènement d'une société sans classes, disparaîtront les causes qui avaient artificiellement isolé les Juifs, provoqué les restrictions qui les touchaient dans l'exercice des professions et dans la société, et qui avaient détourné vers l'antisémitisme les forces vives de la transformation sociale. Aussi estiment-ils inutile de se préoccuper de l'assimilation en cours ou accomplie dans les classes supérieures et moyennes, car, d'une part, ce processus se déroule dans un cadre de classes que l'évolution finira par supprimer, et d'autre part, parce qu'il ne s'agit pas d'une assimilation authentique, puisqu'elle s'inspire d'une communauté d'intérêts de classe et du snobisme, plutôt que d'un véritable désir d'intégration ; de nos jours, l'assimilation authentique ne peut avoir comme théâtre que le prolétariat, annonciateur de la société sans classes et ses mouvements politiques. A ces vues s'oppose l'opinion très répandue dans les classes supérieures et moyennes selon laquelle l'assimilation ne se fait que dans leurs milieux, et s'il n'y avait que ces « gentilhommes » juifs assimilés, il n'y aurait pas de question juive — malheureusement, ajoutent-ils, il faut compter également avec les juifs « orientaux », malpropres, mal dégrossis et sans scrupules moraux. D'autres affirment encore que l'assimilation est possible, mais seulement au prix de l'abandon de tout ce qui liait les Juifs à leur communauté et que, pour commencer, tous les Juifs doivent se convertir au christianisme. Tel est, pour l'essentiel, le point de vue, religieux, des Eglises chrétiennes qui, dans différents pays, prétendent jouer un rôle national et avoir leur mot à dire dans les questions d'intégration communautaire.

Les simplifications de sens opposé insistent sur l'impossibilité ou les difficultés à peine surmontables de l'assimilation. L'une des causes de ces difficultés serait la constance des *traits* juifs et la trop grande distance entre les particularités juives et celles des nations environnantes, non seulement du point de vue racial, mais aussi en ce qui concerne la morale sociale. D'autres invoquent la force prégnante de *la conscience et de la solidarité* juives qui se manifestent, même après la prétendue assimilation, dans une foule de détails importants ou infimes, et qui rendent impossible une parfaite intégration. Et il faut tenir compte de l'opinion commune aux sionistes et à de nombreux idéologues juifs et non-juifs de la question nationale, selon laquelle la destinée juive est déterminante, qu'on la considère comme tragique ou comme une vocation, comme une malédiction ou comme une conséquence de l'hostilité de l'environnement envers les Juifs ; aucun Juif ne peut y échapper, et les tentatives d'assimilation, qu'elles s'inspirent d'un désir de fuite, d'une sous-estimation de soi-même ou du snobisme, constituent une illusion et sont donc vouées à l'échec.

Le problème de l'assimilation

Si nous voulons y voir clair parmi toutes ces vérités partielles, nous devons avant tout préciser ce que nous entendons par assimilation. L'assimilation est un processus social au cours duquel des individus ou des groupes deviennent membres d'une nouvelle communauté, s'y intègrent, s'y adaptent. Comme chacun est en relation simultanément non pas avec un, mais avec de nombreux types de communautés, susceptibles de l'accueillir ou qu'il est susceptible de quitter, il serait judicieux de restreindre le problème de l'assimilation au cas de ceux qui abandonnent une communauté qui, jusque-là, avait une part *décisive* dans la détermination de leurs conditions sociales, et entrent dans la vie d'une autre communauté d'une force tout aussi déterminante. Les communautés les plus remarquables et les plus déterminantes sont les nations, les tribus, les Etats-villes, les communautés religieuses et rituelles, les classes. De nos jours, c'est surtout à la *nation* moderne, force déterminante considérable, à laquelle on s'assimile. Cependant, tout comme la religion et la classe, la nation fait partie des entités *abstraites* auxquelles l'appartenance ne se traduit pas par des actes concrets et quotidiens ; elle n'est pas aussi évidente que l'appartenance à une tribu, à une communauté rituelle ou à un Etat-ville, mais elle se manifeste de façon plus complexe, telle que la conscience d'une communauté d'histoire, l'organisation politique et économique, la norme sociale, le système scolaire ou encore des idéaux relatifs au mode de vie ou à la morale sociale. L'assimilation à une telle communauté abstraite, assez éloignée de l'expérience sociale directe, ne peut pas se faire uniquement à travers les idées fondatrices de la communauté, mais aussi par la participation concrète à la vie d'une petite unité de la communauté.

Bien qu'au fond toute assimilation soit un processus de contenu essentiellement identique, il convient de remarquer la différence qui existe entre *l'assimilation personnelle de l'individu et celle, collective, d'une communauté.* Dans le cas de l'assimilation individuelle, l'accent est mis sur l'*abandon* de la communauté d'origine, sur la *disparition* de sa force déterminante et de l'attrait qu'elle peut exercer sur l'individu, ainsi que sur *l'adhésion* à une entité différente et nouvelle. Pour l'individu, un tel processus n'est jamais facile (sauf si la communauté d'accueil est animée par un élan intérieur exceptionnel capable de le hâter) et c'est, en général, à propos de ce type d'assimilation individuelle que l'on parle et que l'on analyse les problèmes, les difficultés et le caractère pénible de l'intégration. Dans le cas de l'assimilation globale et collective, l'accent, au lieu d'être mis sur l'abandon individuel de la communauté d'origine, l'est sur la *dissolution* de la communauté dans son ensemble, sur la diminution progressive de sa force déterminante, sur son effacement. L'assimilation globale et collective ne diffère et ne peut différer fondamentalement de l'autre, elle n'est pas plus simple, ni plus facile, puisqu'elle est la résultante d'assimilations individuelles. Tout au plus, ce qui la rend moins visible et en même temps plus lente, c'est que les intéressés l'accomplissent non pas individuellement, mais ensemble. Mais il est nécessaire que l'assimilation globale soit un véritable processus communautaire et s'accomplisse dans les différentes cellules de la vie communautaire. Répondre à des exigences générales, vaguement formulées, ou changer de rubrique dans les recensements ou encore, plus simplement, changer de nom ne sauraient y suffire.

Les facteurs les plus divers peuvent entraver ou faciliter l'assimilation : le degré de la force déterminante de l'ancienne communauté, la distance entre la communauté d'origine et la communauté d'accueil, l'attrait de la nouvelle communauté, son ordre intérieur, son équilibre, son comportement à l'égard des candidats à l'assimilation, etc. Il est plus facile de s'assimiler aux Serbes quand on est Bulgare qu'il ne l'est de devenir Hollandais quand on est Grec. Le paysan pauvre ou le petit commerçant « s'assimile » plus facilement au gros fermier et au banquier que l'enfant du paysan au haut fonctionnaire et le commerçant à la petite noblesse. Mais il faut creuser encore le problème de l'assimilation.

En parlant de *traits* caractéristiques, de particularités propres aux assimilés et aux assimilants, de leur abandon ou de leur adoption, on emploie des termes dans deux sens convergents et pourtant différents. Le premier fait référence à certaines caractéristiques fondamentales, en rapport avec la naissance, la complexion, ou encore avec l'ethnie ou avec la culture et l'éducation, mais dont les manifestations sont *spontanées* ou le deviennent au bout d'un certain temps. L'ensemble de ces traits constitue le profil aux contours vagues, mais pourtant identifiables, d'une nation ou d'une communauté et qui peut se manifester par des types physiques (et non pas par *un* type physique), par le tempérament, la façon de vivre, la gestuelle, l'humour, l'esprit, la musique, la décoration, la cuisine, le rythme du travail, etc. L'autre groupe de particularités communautaires est constitué par des *formes de comportement,* telles que l'emploi de certains procédés techniques, le langage, les conventions, les règles de jeu, la conception de l'honneur, le code de la politesse, certaines règles tacites, la solidarité, les exemples à suivre proposés à la communauté, ainsi que, dans les communauté particulièrement actives ou militantes, les objectifs, les idéaux et la discipline communautaires. Bien entendu, ce deuxième groupe de particularités peut avoir avec le premier des rapports d'interaction, mais ne s'en inspire pas, ou pas uniquement ; les particularités du second type sont dues en grande partie au système d'éducation, au système religieux ou politique, aux expériences, aux bouleversements et aux enseignements historiques, aux dirigeants et aux exemples proposés, bref, à un certain nombre de facteurs déterminés par des influences venues d'ailleurs et, en plus, par des influences universellement humaines. Naturellement, les limites entre ces deux types de particularités communautaires sont floues, mais la masse des particularités auxquelles le candidat à l'assimilation doit s'assimiler est constituée surtout par celles de la deuxième catégorie. S'assimiler ne veut pas dire abandonner tous ces traits d'origine caractéristiques ou visibles pour devenir indistinct « de souche » ; ce phénomène ne peut être l'essence de l'assimilation, tout au plus peut-on l'acquérir tardivement et il devient alors phénomène accessoire. S'assimiler signifie participer à la vie d'une communauté réelle et vivante, connaître, pratiquer et assumer ses formes de comportement, ses conventions et ses exigences. Une telle assimilation n'empêche pas l'assimilé d'avoir un nez caractéristique, de manger une cuisine caractéristique, de vivre selon un rythme de vie caractéristique ; bref, il peut garder toutes ses propriétés physiques ou ethniques qui n'ont pas ou peu d'importance pour l'organisation de la société. Les particularités, qui sont réellement des données congénitales ou ethniques, ne se manifestent que très rarement comme des obstacles à l'assimilation, inhérents à la psychologie de l'assimilé ; ils se manifestent plutôt comme les supports de l'hostilité, des préjugés et de la réserve de l'environnement, comme autant de repères de discrimination. En d'autres termes, ils deviennent obstacles à l'assimilation *après coup*, après ou à la suite d'un éventuel conflit des intérêts et des formes de comportement ; l'environnement peut fabriquer des barrières artificielles, comme on l'a vu à propos de la couleur de la peau ou de l'ascendance juive. Les difficultés inhérentes à la personne du candidat à l'assimilation concernent moins les traits congénitaux ou ethniques que les formes de comportement élaborées dans le domaine de la coexistence et de la coopération communautaires et dans le domaine du traitement des possibilités offertes par la communauté. (Il en a été question plus haut à propos des rapports entre Juifs et environnement et ces formes de comportement ont peu de chose à voir avec la naissance ou la race et beaucoup avec la société et l'histoire de la communauté.) Ce qui ne les empêche naturellement pas de devenir, le cas échéant, sources de frictions, au même titre que les traits congénitaux ou ethniques. Ce sont des formes de comportement de ce genre qui, lorsqu'elles s'opposent à celles de l'environnement, peuvent occasionner des frictions perturbatrices de l'assimilation, sans pour autant constituer des traits statiques, caractéristiques d'*un* groupement humain et vouant d'emblée à l'échec toute tentative d'assimilation.

Après les coutumes les plus élémentaires, la première de ces formes de comportement conventionnelles est la *langue* dont l'acquisition constitue en général le point de départ de l'assimilation, surtout s'il s'agit d'intégration à une communauté nationale. Mais l'acquisition de la langue et l'adoption des coutumes les plus élémentaires ne possèdent de force d'assimilation que dans la mesure où il y a eu préalablement identité ou identification importante en ce qui concerne d'autres particularités communautaires. En revanche, il peut arriver, quoique rarement, que l'assimilation s'accomplisse sans l'intégration linguistique, surtout s'il s'agit de communautés ou de groupes multilingues et dont le multilinguisme est institutionnellement reconnu.

Nous avons parlé de l'importance qui consiste à entrer dans le réseau de *solidarités* de la nouvelle communauté. Une fois de plus, il ne faut pas attendre par là que l'assimilé assume uniquement sa solidarité avec les membres de la communauté d'accueil dont il embrasse la cause et en faveur desquels il est prévenu, alors qu'il renie ceux de sa communauté d'origine. Dans la pratique, la solidarité ne se traduit pas par ces oppositions abstraites, mais par des structures communautaires concrètes. L'assimilation n'est nullement entravée par le fait que certains individus assimilés et intégrés conservent pendant des générations non seulement la conscience de leur spécificité au sein de la nouvelle communauté, mais aussi leur esprit d'entraide, voire leur préférence pour les membres de leur communauté d'origine, comme c'est le cas chez certains Ecossais, chez certains Corses, chez les Sicules et aussi chez les Juifs. L'intégration dans la nouvelle communauté ne dépend pas de ce genre de comportement, mais de l'adoption, par les assimilés, de l'esprit des pratiques, des entreprises, des luttes et des règles des sous-communautés de la communauté d'accueil dans lesquelles ils vivent, au lieu de les considérer comme des instruments de leur solidarité avec d'autres, c'est-à-dire de les contrefaire. La solidarité des assimilés entre eux, leur préférence pour leurs semblables, leurs préjugés favorables envers leur communauté d'origine ne s'opposent pas au succès de l'assimilation, parce qu'ils ne respectent pas les critères de l'objectivité — la grande majorité des êtres humains passe sa vie en dehors de l'objectivité —, ils s'y opposent uniquement lorsqu'ils déforment et dénaturent le sens et les objectifs des structures communautaires à l'intérieur desquelles ils vivent.

Mais parmi les facteurs susceptibles de faciliter ou de gêner l'assimilation, je voudrais surtout insister sur un fait dont il n'est pas souvent question dans les études qui parlent toujours des processus communautaires et psychologiques dont l'*assimilé* est le théâtre. Ce facteur, le plus important, le plus décisif, le plus facilitateur ou dans certains cas le plus gênant, de l'assimilation, est l'ordre et l'équilibre internes de la communauté *assimilante,* car tout le processus d'assimilation se déroule au sein de cette communauté et dans les conditions qu'elle détermine. Toute communauté peut, ouvertement ou tacitement, fixer les conditions de l'assimilation, conditions qui ne sont pas toujours faciles et peuvent même, si la communauté est de type plutôt fermé, être mesquines ou gratuites : quant à la façon dont les assimilés ayant répondu à ces conditions sont accueillis ou rejetés, s'ils n'y satisfont pas, elle n'est pas toujours amicale et peut être carrément brutale; la communauté assimilante peut, pendant longtemps, réserver à l'assimilé toutes sortes de vexations, parce que sa façon de saluer, de prononcer, de discuter, de se comporter en affaires ou au sein de la vie associative diffère de l'attente que l'on peut formuler à son égard. Mais dans les communautés bien équilibrées et connaissant une vie interne sereine, les conditions de l'assimilation sont toujours claires et bien définies : toute communauté sérieuse offre sa protection à ceux qu'elle a accueillis, bref, toute communauté sérieuse s'abstient de *tricher*. Donc, le caractère serein, harmonieux et équilibré — ou, au contraire, mensonger, contradictoire ou désordonné — de la communauté d'accueil est peut-être le facteur le plus décisif des conditions de l'assimilation, de sa réussite ou de son échec.

*Voies et problèmes de l'assimilation
individuelle des Juifs*

Individuelle ou collective, l'assimilation des Juifs ne peut être différente des autres. Leur assimilation individuelle s'est poursuivie et se poursuit depuis l'émancipation dans les domaines les plus différents, et, naturellement, non pas dans l'abstrait, mais toujours dans un milieu social concret. Ces manifestations sont nombreuses et diverses : baptême, entrée dans les communautés religieuses chrétiennes, participation aux communautés de la libre pensée européenne, appartenance à des communautés professionnelles, intellectuelles ou de travail possédant une vie intérieure forte et intensive ; travail créateur au sein des communautés littéraires, artistiques et scientifiques, participation à des mouvements politiques et sociaux, service public, vie de société, école, vie en province, mariage, amitié, relations personnelles, etc. Les faits les plus assimilateurs ont été, en Europe, la conversion au christianisme, l'école, la vie de société (dans la mesure où elle avait son importance au sein de la communauté), la participation aux communautés professionnelles, à la vie intellectuelle surtout et, chronologiquement en dernier lieu, mais avec une importance de plus en plus grande, au mouvement ouvrier.

L'assimilation des Juifs s'est poursuivie et se poursuit par tous ces canaux. Mais nul n'ignore que leur assimilation fait partie des cas difficiles. Ce qui ne facilite pas les choses, c'est la grande force d'attache de l'ancienne communauté juive, leur exceptionnelle conscience religieuse et nationale, leur intelligence, leur morale et leur culture qui ont su maintenir en éveil le sentiment de leur suprématie et la conscience d'être un peuple élu, même avec des soubassements idéologiques changeants. La charge psychologique née de la dépréciation morale dont ils étaient l'objet de la part de l'entourage continue à leur peser alors même que la force de cohésion de l'ancienne communauté a cessé d'agir sur eux, même lorsqu'ils ne partagent plus la conscience communautaire. Certes, une telle situation favorise la volonté de s'assimiler, mais entrave le processus d'assimilation, car les motifs qui poussent à abandonner l'ancienne communauté pour s'orienter vers la nouvelle résident moins souvent dans l'attrait exercé par la communauté d'accueil que dans l'aversion éprouvée pour l'ancienne communauté stigmatisée, déclarée inférieure sur le plan moral, à laquelle il est préjudiciable d'appartenir et qui est maintenue dans un état d'isolement, une sorte de quarantaine.

Face aux difficultés inhérentes avant tout à la psychologie des Juifs, nous trouvons celles, bien plus graves, constituées par le comportement des communautés environnantes. Qu'elles soient en elles-mêmes plus ou moins fermées, en raison du préjugé antijuif et à la suite des rapports établis entre les Juifs et leur entourage, ces communautés sont toujours moins accessibles aux Juifs qu'aux autres.

Mais les difficultés, qu'elles tiennent aux Juifs ou à l'entourage, ne résident pas uniquement dans leurs prises de position respectives, consciente ou inconsciente, dans la question de l'assimilation et de l'appartenance communautaire. Les différences relatives que nous avons signalées dans les formes de comportement communautaires en ce qui concerne l'utilisation des possibilités offertes par la communauté, l'attitude envers l'échelle de valeurs sociales et la quête des réparations issues des tensions dues à la supériorité des uns et à la soumission des autres sont autant de lourdes entraves sur la voie de l'assimilation. Même en milieu amical, ces formes de comportement sont capables d'éveiller facilement et rapidement le sentiment de la différence et de l'étrangeté, et le préjugé antijuif se charge de conférer une valeur *générale* et *principielle* aux frictions et aux conflits. Ces généralisations de mauvaise foi surviennent plus rapidement quand ce sont des Juifs, dont le comportement est jugé bizarre, que lorsque ce sont des individus d'autres communautés qui s'écartent ainsi de la norme.

C'est en se fondant sur de telles expériences qu'on a souvent tendance à parler d'une inéluctable *destinée juive* et, partant, de l'impossibilité de l'assimilation et de la nécessité d'élaborer et de renforcer une conscience juive. Nous avons eu l'occasion d'observer en détail le processus souvent tragique, au cours duquel le maintien de la situation des Juifs engendre celui de leurs formes de comportement, lesquelles, de leur côté, provoquent, le préjugé antijuif aidant, des réactions démesurément défavorables dans l'environnement, contribuant ainsi à prolonger la « destinée juive ». Ce qui, si les conditions sociales et environnantes sont défavorables, peut, selon le modèle du cercle vicieux, figer des situations que l'on peut appeler, si l'on veut, destinée juive, à condition de ne pas attribuer à cette expression la vertu d'une quelconque fatalité mystique ou sociale. Il serait effectivement profondément erroné de juger inévitable une situation communautaire où le préjugé de l'environnement joue un rôle si important, même si nous refusons de la lui attribuer entièrement. Et il serait tout simplement de mauvaise foi d'utiliser, comme preuve de l'inéluctabilité de la destinée juive, l'avènement, au XXe siècle, d'une idéologie démente qui, stigmatisant tous ceux qui avaient une ascendance juive jusqu'à leur arrière-grand-mère, contraignit les individus ainsi marqués à accepter une destinée commune : celle de la souffrance, du danger de mort et de l'extermination. Ceux qui ont connu cette destinée-là forment, dans un sens, une communauté et, comme il arrive souvent dans des cas pareils, des indifférents sont devenus des militants conscients, des Juifs en voie d'assimilation ont rebroussé chemin, il est arrivé même que ceux qui étaient déjà assimilés se sont « dissimilés » et ont regagné leur communauté d'origine. Or, ce n'est pas là la force fatale de l'origine juive, mais l'effet d'épreuves historiques concrètes, effet qui peut être contrecarré et contrebalancé par d'autres effets et d'autres processus. Ils vont donc trop loin, les sionistes et les détracteurs « humanistes » des juifs qui, soit parce qu'ils jugent l'assimilation irréalisable, soit pour d'autres raisons, estiment qu'assumer ouvertement sa conscience nationale et communautaire juives est le seul point de vue digne et acceptable. Ceux qui l'affirment oublient que la prise de position en faveur de la conscience et de la communauté juives n'est pas l'acceptation d'une appartenance simple, naturelle, à une communauté *de fait*, mais la valorisation d'une situation historique établie à la suite de pressions multiples, situation due à des contraintes et qui était moralement dépréciée. Il s'agit donc d'une prise de position *pathétique* et passionnelle que certains partageront, d'autres non. Le renforcement de la conscience communautaire n'est qu'une des conséquences parmi les plus manifestes des persécutions ; celles-ci peuvent aussi bien engendrer le renforcement de l'instinct de fuite. Mais, quelles que soient les possibilités de préjudices que l'environnement réserve encore aux assimilés, une grande partie de ces derniers s'est profondément enracinée dans sa nouvelle communauté et s'est beaucoup trop détachée de la communauté juive. Il n'est donc pas exact qu'il suffit aux assimilés de redécouvrir une conscience juive qui ne s'est jamais éteinte en eux, pour connaître son salut. En réalité, le chemin du retour est aussi, sinon plus difficile pour les assimilés, les semi-assimilés et les « dissimilés » que le sont la poursuite et l'achèvement de l'assimilation amorcée, ou l'entreprise d'une autre assimilation.

*Les Juifs à mi-chemin de l'assimilation
et de la prise de conscience*

Mais il existait et il existe en Europe une très grande partie des Juifs qui ont appris la langue de la société environnante, ont abandonné les rites et les coutumes les plus voyants et ont pris leur place dans les professions de la société environnante, surtout dans les professions commerciales exercées dans les grandes villes, sans pour autant quitter leur entourage humain et social ou s'intégrer à la vie d'une communauté concrète assimilatrice. Il en a été ainsi surtout en Europe centrale où, faute de précédents suffisants, le capitalisme avait connu un développement rapide et presque colonial. En conséquence de quoi, dans les professions industrielles que les Juifs avaient choisies, il n'y avait pas d'environnement assimilateur, au contraire, leur entrée dans ces professions n'a été possible qu'après et au prix de la désagrégation d'anciennes communautés, primitives par rapport aux exigences de la nouvelle situation. C'est ainsi que se constitua une société juive relativement nombreuse que, mis à part quelques relations d'affaires plutôt sporadiques, rien n'incita à quitter son ancien entourage humain, social et communautaire ; ni les amitiés, ni l'école, ni les cadres professionnels, ni des événements politiques et communautaires particulièrement marquants : leur vie, dans les grandes métropoles européennes, se poursuivit dans les cadres communautaires d'autrefois, sans modification des expériences concrètes qui sont déterminantes pour l'appartenance communautaire. Certes, cette société était loin d'être homogène, elle admettait au contraire de nombreuses subdivisions et comprenait aussi bien l'aristocratie juive que les nouveaux riches et les anonymes, les bourgeois fortunés que les victimes de la paupérisation, les individus ayant un statut consolidé que d'obscurs aventuriers dont l'existence était à la limite de l'immoral, *des assimilés* ayant pris racine dans le pays environnant et affichant les preuves de leur assimilation — objets du mépris aussi bien des antisémites que des sionistes — et l'on y trouvait aussi les pratiques, les modes de vie, les goûts et les conceptions morales les plus divers. Cependant, malgré son hétérogénéité, la vie de cette société était beaucoup trop isolée pour faire partie sans problème des groupes correspondants de l'environnement, lequel, dans sa grande majorité, la considérait comme une entité. On pouvait, à son sujet, affirmer n'importe quoi, qu'elle était aussi bien source de bien-être et de prospérité qu'un ramassis de parasites suceurs de sang, car tout en étant porteuse d'une grande partie des grandes valeurs du capitalisme, elle comprenait de trop nombreux éléments spéculateurs et inutiles. Enfin, toute cette foule hétéroclite présentait quelques traits communs négatifs : tendance à quitter la condition de Juif, mais sans vouloir la quitter tout à fait ; recherche de réparations pour les préjudices qu'elle avait eu à subir avant l'émancipation (réparations qu'elle trouvait avant tout dans la fortune, soit qu'elle recherchât l'aisance bourgeoise ou l'enrichissement rapide) ; attachement au libéralisme, sans pour autant promouvoir énergiquement l'évolution qui s'orientait vers la libération rapide ou graduelle des masses européennes ; attachement aussi au pays dans lequel elle vivait, sans partager tout à fait la conscience communautaire de celui-ci, ses problèmes, sa vie et ses objectifs. La nature de cette foule, sa force, ses facteurs de cohésion, ses valeurs, ses capacités, ses qualités et ses défauts ne sont jamais apparus clairement ni à ses propres yeux ni aux yeux de l'entourage ; elle constituait, même dans cette Europe centrale qui connaissait de nombreuses formations sociales indéterminées, un des groupes les plus flous et les plus amorphes.

Il n'est pas inutile de parler ici des rapports de ce groupe, en position intermédiaire, avec la tendance *néologue* de la religion juive. Je n'ai aucune compétence à parler de l'importance religieuse ni du vécu *religieux* de la tendance néologue. Il n'est pas question de prétendre que, par son contenu, la tendance néologue représente nécessairement un état intermédiaire et hétéroclite, car, pour de nombreux adeptes de la tendance, il s'agit d'assumer sciemment, et après mûre réflexion, une situation de fait ; je pense ici à tous ceux qui cherchent non pas une forme plus facile, mais une forme plus pure de la religion juive, il s'agit également de ceux qui entendent perpétuer les traditions religieuses, morales et intellectuelles juives tout en partageant intégralement la vie de la communauté culturelle et communautaire européenne dans laquelle ils vivent, sans souhaiter pour la judaïté et surtout pour eux-mêmes le retour à une communauté sociale politique et de combat, avec toutes les souffrances et tous les avatars que cela comporte. Ce sont là des positions claires et réalistes, mais avant tout pour ceux qui partagent, en quelque façon, le mode de vie de l' « élite intellectuelle ». En ce qui concerne les masses, l'adoption de la tendance néologue signifie avant tout la suppression de tous les traits distinctifs manifestes de l'appartenance à la communauté juive, sans la rupture avec celle-ci. Autrement dit, tout comme le baptême, l'adoption de la tendance néologue sert avant tout à exprimer des évolutions de type social par le truchement de procédés et de catégories religieux ; le premier accomplit l'abandon de la communauté juive, le second permet de s'y maintenir à moitié.

A propos de cette foule, en position intermédiaire, il aurait été difficile de dire, dans des moments historiques où la situation des Juifs ne paraissait ni problématique ni critique, si elle était essentiellement composée de Juifs à la conscience « molle », ou de citoyens de confessions israélite ayant amorcé leur assimilation. La question n'aurait d'ailleurs pas été pertinente. Le plus ou moins grand enthousiasme avec lequel on assume son appartenance à une communauté nationale n'est absolument pas une source de malheurs. Une grande partie de la population du globe, par exemple au Proche-Orient, continue à ne pas vivre dans des communautés nationales, se tourne vers d'autres types de communautés, ou se comporte avec indifférence à l'égard du pouvoir d'Etat dont elle relève, sans lui opposer une résistance quelconque. D'ailleurs non seulement en Orient, mais aussi dans les pays d'Europe occidentale à l'évolution moins tourmentée, il existe des groupes dont la conscience d'appartenance communautaire n'est pas une conscience politisée, que l'on pense, par exemple, aux Genevoix, aux Neuchâtelois, aux habitants du Valais, des îles anglo-normandes, aux Gallois, aux habitants des îles Féroé, qui prennent, en toute sérénité, leur distance à l'égard de la nation suisse, britannique ou danoise dont ils font politiquement partie.

Mais la situation des Juifs n'a jamais été, même dans les moments d'accalmie, aussi sereine et aussi solide que celle de ces populations-là : au milieu des contradictions auxquelles les nations d'Europe centrale se heurtent et des impasses auxquelles elles sont acculées, les stades intermédiaires d'assimilation ont été de moins en moins tolérés, la situation de cette couche de la population est devenue de plus en plus critique et son appartenance — active ou subie — est devenue une question de plus en plus décisive. On a dit de ce groupe tout le bien et tout le mal possible, selon la thèse que l'on souhaitait confirmer : c'était, suivant les tenants du programme d'assimilation, un rempart inexpugnable de patriotes intrépides, résolus à ne pas recourir à des instances internationales et surtout juives pour chercher à se protéger contre les mesures antijuives ; selon les partisans d'une démocratie libérale formelle, il s'agissait d'une masse démocratique consciente et fidèle à ses principes, qui avait pour mission de jouer, dans l'Europe centrale et orientale arriérée, le rôle de la bourgeoisie d'Europe occidentale, ou tout au moins de l'assumer en grande partie ; selon les antisémites, on avait affaire à une maffia diabolique qui, avec une ruse consciente, pratique à la fois la pseudo-assimilation et la solidarité juive, pour mieux exploiter le pays qu'elle habite ; enfin, les sionistes se sont adressés à cette même masse qui n'a pas renié la foi de ses pères, pour qu'elle redécouvre en elle-même la conscience juive mise en veilleuse et prenne en main la grande cause de la conscience nationale et de la fondation de l'Etat juif. En réalité, elle ne pouvait être le support du dixième de ce qu'on lui attribuait. Elle vivait trop isolée dans des sociétés d'Europe centrale, trop morcelées et dépourvues de toute conscience commune, pour parvenir, au-delà des phrases creuses, à concevoir une conscience nationale ; elle avait trop peu de confiance en elle-même et trop peu de prestige autour d'elle pour jouer le rôle de la bourgeoisie autrement qu'en imitant son mode de vie et en cherchant à atteindre son niveau de vie ; elle était beaucoup trop amorphe pour avoir un véritable projet en vue d'authentiques actions et surtout pour pratiquer le diabolique double jeu que les antisémites lui imputaient et enfin, elle était beaucoup trop prudente, respectueuse des autorités, adonnée à la recherche du bien-être et, par endroits, trop snob, pour adhérer à un mouvement aussi pathétique que le sionisme.

Le problème de l'assimilation globale des Juifs

C'est à propos de cette catégorie de personnes au stade intermédiaire que se pose vraiment *le problème* de l'assimilation et de la conscience juives. La question habituelle : l'assimilation et la conscience nationale juives sont-elles possibles ? est dépourvue de sens si nous la posons par rapport à l'ensemble des Juifs, aussi bien aux assimilés individuels qu'aux Juifs conscients, car, enfin, pourquoi l'une ou l'autre ne seraient-elles possibles ? Elle devient sensée et possible si nous la posons par rapport à cette masse intermédiaire, qui illustre à la fois les possibilités et les difficultés à peine surmontables des deux. La foule d'argu-

319

ments inutiles que l'on invoque généralement contre la possibilité de l'assimilation ou contre la possibilité d'accéder à la conscience juive s'appuient sur les discordances de cette catégorie de la population : au stade intermédiaire et la grande majorité des discours sur la situation des Juifs ne font référence qu'aux problèmes de cette catégorie.

A propos de cette population, le véritable problème consiste à savoir si une *assimilation globale* a été, est ou sera possible, si l'on peut s'attendre à ce que les Juifs parlant la langue de leur environnement et ayant abandonné leur rituel rigoureux s'assimilent dans leur ensemble tout en gardant leurs liens avec la communauté d'origine, à condition que ces liens se limitent à entretenir une tradition religieuse, ethnique et rituelle. De nombreux exemples illustrent ce type d'assimilation : il existait en Europe plus d'une communauté de rites ayant vécu dans un isolement total, dont l'importance, à la suite de la sécularisation moderne, se limite maintenant aux pratiques religieuses. Les Catholiques de Grande-Bretagne et de Hollande, les Protestants de France et de Hongrie, les Musulmans de Yougoslavie se sont transformés ou se transforment sous nos yeux et de communautés ethniques presque fermées qu'ils étaient, ils deviennent porteurs de particularités purement religieuses ou de modes de vie. Ou prenons le cas des Arméniens de Transylvanie, ethniquement différents de leur entourage, mais qui, depuis deux cents ans, ne diffèrent plus des Hongrois que par leurs pratiques culturelles et par leur organisation religieuse. Quant à l'appartenance à la confession israélite, elle avait une force déterminante et isolante plus forte et comportait un ensemble d'éléments religieux et ethniques conjoints plus distincts que ceux d'autres confessions. Il est vrai que pour d'autres confessions également les traditions sociales, communautaires et ethniques possèdent, à côté des facteurs religieux, une force de cohésion décisive, mais dans le cas de la confession israélite — en raison même de son contenu historique et idéologique —, le rapport entre éléments purement religieux et forces de cohésion communautaire s'est tellement modifié en faveur de ces dernières, que la conscience religieuse israélite est inconcevable sans une conscience communautaire (communauté de rites, conscience minoritaire et nationale) juive. Cela ne manquera pas de ralentir le processus de l'assimilation globale et le rendra dépendant du degré de dispersion, des courants sociaux, politiques et intellectuels et des avatars historiques des Juifs et de leur entourage, mais cela ne veut pas dire pour autant que l'assimilation soit impossible, car elle s'est effectivement accomplie dans les pays à évolution tranquille, en province et d'une façon générale partout où les Juifs vivent dans des conditions sûres et dans un entourage paisible. Or, l'antisémitisme moderne, les persécutions antijuives modernes et la conscience juive moderne font que la communauté des Juifs, même dans sa variante néologue, possède une force de cohésion, sentimentale et communautaire, plus grande que celle que représente l'appartenance religieuse dans notre siècle sécularisé. Ces mêmes facteurs provoquent l'apparition, surtout au lendemain d'exactions et de persécutions antijuives, d'un type de Juifs *dissimilés*, victimes, après une assimilation plus ou moins réussie, de vexations propres à briser l'élan et à mettre en doute le sens de leur assimilation, sans que pour autant ces Juifs amorcent un retour vers la conscience juive. C'est ainsi que, chez une partie non négligeable de Juifs, se détermine un état de transition et de suspension entre l'appartenance à la communauté d'origine et d'assimilation, et cet état, phénomène accompagnateur naturel de toute assimilation, peut se prolonger et devenir un état durable.

Nous ne pouvons donc pas affirmer que l'assimilation globale des Juifs a partout échoué ou finira par échouer. Simplement, sa probabilité a diminué, et l'optimisme de ses partisans n'est plus ce qu'il était, surtout en Europe centrale, chez les Juifs, comme dans leur entourage, qu'on l'admette ou non. Nous devons dire que la masse des Juifs se trouvant dans ce stade intermédiaire n'est pas, à l'heure actuelle, soumise à des impulsions propres à lui communiquer l'espoir d'une assimilation lente et graduelle à son entourage, tout en restant dans ce stade intermédiaire. Les impulsions qu'elle reçoit la placent de plus en plus devant l'alternative suivante : s'assimiler à un rythme rapide ou assumer ouvertement sa conscience nationale ou minoritaire juive. C'est maintenant que nous comprenons vraiment le sens de la thèse selon laquelle l'assimilation des Juifs ne peut être complète sans leur conversion au christianisme. Disons avant toute chose qu'en tant que premier pas sur le chemin de l'assimilation, le fait de « se convertir » à la libre pensée ou au communisme a la même valeur, l'accent n'est donc pas mis sur le baptême, mais sur l'abandon de la communauté religieuse juive. Mais la thèse *n'est pas véridique,* même sous cette forme. Ce qui est vrai par contre, c'est que rester dans un entourage religieux juif, c'est, dans les circonstances données en Europe centrale, s'exposer à des effets de communauté et à des demandes de solidarité et, en même temps, à des refus de la part de l'entourage non-juif, refus qui rendent l'appartenance à la communauté juive concrète et vécue, et font paraître celle de la nation environnante fictive et vide de sens. A cet égard, il existe une différence certaine entre appartenir à une communauté juive se présentant sous forme d'organisation religieuse, et considérer l'origine juive comme un simple fait d'état civil. Durant le long règne du racisme qui mettait les deux catégories de Juifs sur le même plan et leur imposait la même situation, nous avons perdu l'habitude de faire cette distinction. Il peut y avoir des milliers de Hongrois, de Roumains et d'autres qui tiennent à leur religion juive ; mais en ce qui concerne leurs descendants, dans l'atmosphère inamicale de la région, la lutte recommence pour chaque âme jeune dans chaque génération et chacun, tôt ou tard, est placé devant l'alternative suivante : accorde-t-il la priorité à la communauté nationale environnante ou à celle de la minorité juive ? Ce qui ne veut pas dire que la population juive qui est restée au stade intermédiaire se divisera rapidement selon ce choix, et encore moins que ce choix pourra être hâté par une action quelconque, et encore moins par des mesures prises par l'Etat. Il s'agit là d'un processus qui sans doute sera lent, les phénomènes caractéristiques du stade intermédiaire réapparaîtront périodiquement, mais ils cesseront vraisemblablement d'accompagner, à titre de caractéristiques, la situation communautaire des Juifs.

Possibilités et problèmes de la conscience juive

Il est tout aussi impossible de contester la possibilité et l'existence de l'assimilation, que de contester la conscience nationale minoritaire juive. Telle est la conception de la plus grande partie des Juifs orientaux parlant yiddish, et d'une façon plus générale, des Juifs restés confinés dans la communauté de rites : avec l'apparition des nations modernes, ils se présentèrent et se présentent encore en tant que minorité nationale. En outre, les sionistes, semblables en cela aux Irlandais, parlant une langue étrangère, mais possédant une conscience nationale particulière, cherchent à ressusciter l'hébreu, langue morte de la judaïté : cette entreprise peut avoir sa raison d'être en Palestine, non que la langue soit une condition indispensable de la conscience et de la communauté nationales, mais à cause du multilinguisme des Juifs immigrés. Même chez les Juifs ayant appris la langue de la nation environnante, presque toutes (et souvent toutes) les données sont réunies (à l'exception de la langue) pour qu'une conscience nationale et minoritaire indépendante puisse se développer. La conscience religieuse juive a toujours été liée par de multiple façon à des éléments nationaux : elle peut donc toujours donner lieu à une conscience nationale si la force de cohésion du sentiment religieux vient à faiblir. Il faut enfin envisager le cas de ceux chez qui le sentiment d'appartenance à la communauté juive a été provoqué par les discriminations, les vexations et les persécutions : celles-ci ont, dès le début, joué un grand rôle dans la formation de la conscience juive et du sionisme, et les persécutions antijuives de l'hitlérisme ont encore renforcé ce rôle. Il serait difficile — et il n'est pas nécessaire — de savoir si la conscience nationale et minoritaire juive se serait développée sans l'antisémitisme moderne et sans les persécutions antijuives ; personnellement, je crois que oui, car, à l'intérieur de la communauté juive, les forces de cohésion communautaire, quand elles agissent, peuvent difficilement s'affaiblir en simples éléments culturels et théologiques. Mais quelle que soit la part respective de la tradition et des souffrances juives dans la formation de la conscience juive, *aujourd'hui* cette conscience nationale juive existe incontestablement aussi bien en Israël que dans les larges masses vivant en dehors des frontières de ce pays. La diversité et l'inégalité des places occupées par les Juifs dans la société et dans les professions ne peuvent constituer d'obstacles à la formation d'une conscience juive particulière : elles ne peuvent que rendre plus difficile la création d'une société et d'un Etat juifs englobant la totalité des Juifs du monde, mais elles n'empêcheront pas ces derniers d'être le support d'une conscience nationale juive.

A ce propos, je ne vois pas pourquoi une évolution vers une société sans classes influerait de façon décisive sur la possibilité d'une conscience juive particulière et ferait que l'assimilation soit la seule voie possible, à l'exclusion de toutes les autres. Il est certain que dans une société sans classes et bien équilibrée, tous les phénomènes pathologiques, qui ont fait de la question juive et de l'antisémitisme des problèmes nationaux centraux, auront disparu, et l'inégalité dans la répartition professionnelle des Juifs pourra cesser dans de nombreux domaines. Un tel équilibre constituerait sans doute de meilleures conditions pour l'assimilation qu'un univers d'antagonismes artificiels et d'impasses sociales. Mais autant il est exact que l'antisémitisme est un accompagnateur pathologique des impasses de l'évolution sociale, autant il serait erroné de considérer comme phénomène pathologique la conscience juive qui, après l'émergence de la société sans classes, serait condamnée à perdre son sens et son objet. Certes, dans la société sans classes, l'équilibre sera tel que personne ne pourra se voir traiter de Juif contre son gré : il diminuera vraisemblablement la possibilité de ressentir la conscience juive uniquement à la suite de persécutions. Mais il ne rendra ni sans objet ni dépourvu de sens une conscience juive librement assumée ; au contraire, elle laissera à tous la possibilité de choisir entre l'assimilation et la conscience juive.

Cette conscience juive ne comporte pas forcément l'intention d'émigrer en Palestine et ne signifie pas nécessairement une prise de position sioniste, l'approbation de la création d'un Etat juif. Une communauté minoritaire juive peut se concevoir sans l'existence d'un Etat juif, et, inversement, la création de l'Etat juif n'oblige pas tous les Juifs à se constituer en minorités nationales. Mais il est certain que dans la formation d'une conscience juive spécifique et dans l'évolution des communautés juives vers des communautés nationales, la volonté de créer un Etat juif aura un rôle décisif et un effet stimulant : sans cette volonté, la conscience juive manquerait d'un certain élan et d'un certain pathos communautaire. A cet égard, la création de l'Etat d'Israël dans des conditions particulièrement difficiles représente un tournant décisif : d'idéal lumineux, parce que non réalisé, l'Etat juif est devenu une réalité appelée à se développer ou à périr. L'acquisition de la capacité et des qualités nécessaires pour fonder et maintenir un Etat, avec tout ce que cela comporte comme avatars et comme prix à payer, est encore une tâche *à accomplir* — et ce processus ne s'accomplira pas dans un environnement patient et de bonne volonté, mais au milieu de l'hostilité du monde arabe et souvent à l'encontre des intérêts des puissances destinées à orienter le destin du nouvel Etat, puissances qui y assisteront sans doute avec peu d'enthousiasme. Certes, l'opinion publique mondiale est provisoirement consciente de sa dette morale envers les Juifs, mais la fondation de l'Etat juif se heurte à suffisamment de difficultés et d'intérêts antagonistes pour que le monde accueille favorablement les preuves montrant que la création de cet Etat est vouée à l'échec. Du côté juif, les difficultés sont également nombreuses : éléments de la population peu habitués à coexister, professions peu diversifiées, dispositions encore peu développées pour faire fonctionner un Etat et un état d'esprit déterminé par les souffrances incommensurables : les Juifs sont enclins à croire que le monde leur est redevable, qu'ils n'ont que des droits et aucun devoir envers lui. Pour toutes ces raisons, il est hautement vraisemblable que la cause de la fondation de l'Etat juif connaîtra encore quelques crises dans les temps à venir, crises qui se répercuteront dans le monde entier sur le degré d'intensité de la conscience juive. Mais à longue échéance, il est vraisemblable et pour ainsi dire certain que l'Etat juif indépendant finira par se consolider et la conscience nationale juive prendra partout des contours plus nets.

Ce qui ne veut pas dire que les Juifs ayant une telle

conscience minoritaire s'isoleront au sein de la vie publique du pays environnant de la même façon que les minorités annexées de force ou hostiles pour d'autres raisons. Et cela ne signifiera surtout pas que la majorité d'un pays puisse obliger qui que ce soit à assumer sa conscience juive et se servir de ce prétexte pour l'écarter de la participation à la vie publique ou le confiner dans les affaires minoritaires. Cela signifiera par contre que la conscience juive pourra se manifester plus librement et plus ouvertement, qu'elle assumera plus clairement ses intérêts et ses revendications (elle les désignera sous la dénomination de « cause juive »), et exprimera ses différences avec les Juifs assimilés ou désireux de l'être, qui souhaitent participer en tant que tels à la vie du pays. De son côté, l'environnement pourra parler plus librement de minorité juive, d'intérêts juifs, de revendications juives et de conscience juive, contrairement à la situation bien connue où, surtout par égard aux Juifs au stade intermédiaire, on ne pourrait en parler sans une pointe d'antisémitisme, ou sans recourir à de pénibles paraphrases.

Ces problèmes éclaircis, le débat entre Juifs partisans d'un programme d'assimilation et Juifs sionistes, ou assumant leur conscience nationale juive, apparaît assez stérile, chacun des camps s'efforçant d'attirer l'autre dans le sien et de le convaincre de son erreur. En particulier, à en croire les partisans de l'assimilation, le sionisme et l'affirmation de la conscience juive ne seraient bons qu'à perturber l'assimilation et fournir à l'environnement des raisons de limiter les possibilités offertes aux Juifs. Cette présentation est erronée. Les perturbations de l'assimilation venues *du côté des Juifs*, avant et après le renforcement du sionisme, ne sont pas dues à la conscience juive, mais à tous ceux qui restent au stade intermédiaire : tout argument d'une portée sérieuse contre la possibilité de l'assimilation y puise ses références. En poussant de plus en plus cette catégorie intermédiaire à prendre position, le sionisme et la conscience nationale juive, loin d'entraver l'assimilation, en clarifient les conditions et en précisent la voie. Il ne sert donc à rien d'opposer ces deux points de vue, et aucun débat n'aboutira à prouver la « justesse » de l'un ou de l'autre, car ce n'est pas leur « justesse » qui est en cause, mais les attaches sentimentales,

les intentions des uns et des autres, ainsi que l'existence ou non de possibilités concrètes pour réaliser l'un ou l'autre terme de l'alternative. Une partie des Juifs s'est déjà assimilée ou s'assimilera, une autre partie a assumé ou assumera sa conscience nationale ou minoritaire : dans un environnement tranquille c'est la première, dans un milieu en proie aux extrémismes, c'est la seconde des solutions qui l'emportera et certains stades intermédiaires continueront à survivre. Tôt ou tard, Juifs et environnement comprendront qu'aucun des termes de l'alternative ne pourra faire l'objet de pressions morales ni être présenté comme seule possibilité.

Mensonges et contradictions dans les conditions de l'assimilation des Juifs en Hongrie

L'histoire de l'assimilation en Hongrie est une illustration frappante de notre thèse : quelles que soient les difficultés issues de la situation psychologique et sociale des Juifs, ou des rapports entre Juifs et environnement, l'ordre intérieur et l'équilibre de la *communauté assimilatrice* sont le facteur décisif de la bonne marche de l'assimilation. Les troubles de l'évolution constatés dans les sociétés environnantes, et qui, notamment en Europe centrale, ont joué un rôle si important dans la genèse de l'antisémitisme, ont également déterminé dans la question de l'assimilation des prises de position et des pratiques sociales hypocrites et contradictoires. En dernière analyse, mensonges et contradictions sont dus aux mêmes causes que celles que nous avons constatées à propos de la démocratisation, de la montée de la bourgeoisie et du libéralisme en Europe centrale : on avait feint de croire ou fait croire que, les révolutions ayant échoué, quelques batailles constitutionnelles vite étouffées et quelques réformes institutionnelles suffiraient pour donner l'illusion que l'évolution sociale en Europe centrale s'était engagée sur la voie du progrès au sens européen du terme ; alors que, les structures, les vues et les pratiques sociales fondées sur les discriminations qualitatives entre les hommes étaient demeurées intactes ; or, leur disparition est la condition

327

préalable de toute évolution vers une société bourgeoise, de toute démocratisation, de toute justice sociale, et, en fin de compte, de toute véritable émancipation des Juifs et de toute possibilité de leur assimilation.

Mais dans aucun pays d'Europe centrale et orientale, l'univers intérieur de la communauté assimilatrice n'avait peut-être été aussi discordant et la cause de l'assimilation aussi grevée de mensonges et de contradictions qu'en Hongrie. Nous pourrions dire que dès le départ, la société hongroise avait entamé le processus d'assimilation dans des conditions malhonnêtes, qu'elle s'était bercée d'illusions et avait trompé les assimilés. Elle avait englobé la cause de l'assimilation dans la grande illusion de la politique hongroise du XIXe siècle, celle de la hungarophonie ; toutes les populations habitant le territoire de la Hongrie « historique » devaient parler hongrois. De cette façon, l'accent du processus social de l'assimilation s'était déplacé sur la disparition de tout séparatisme linguistique et politique : désormais, l'assimilation consista uniquement à apprendre le hongrois, ou quelquefois, à se déclarer hongrois lors des recensements de la population. Ainsi, la société hongroise du « Milleneum [1] » fêta bruyamment les phénomènes de l'assimilation ainsi conçue, et surtout ceux de l'assimilation des Allemands et des Juifs réellement en cours dans les villes, car elle se berçait de la vaine illusion que la magyarisation de tout le pays n'était qu'une question de quelques décennies. Or, en réalité, l'assimilation linguistique demeurait à l'état de vœu pieux en ce qui concerne les masses paysannes des minorités nationales, peuplant des territoires essentiels pour la sauvegarde de l'intégrité de la Hongrie « historique », alors que l'assimilation des Allemands et des Juifs citadins n'avait aucune importance de ce point de vue. Mais la célébration de l'assimilation exerça un effet durable sur les citadins allemands et juifs, favorables d'emblée à ce processus, et leur suggéra l'idée — inconcevable dans les communautés sérieuses et équilibrées — que l'assimilation n'était pas un processus de *fait*, intéressant au premier chef les

---

1. Fêtes organisées à l'occasion du millénaire de la fondation de l'Etat hongrois (896-1896).

assimilés eux-mêmes, mais un acte hautement moral et patriotique, louable et objet d'une véritable apologie. C'est pourquoi, en Hongrie, Allemands et Juifs citadins adoptèrent l'assimilation en tant que *programme*, même si, en réalité, ils n'en étaient qu'à ses débuts, et c'est pourquoi l'assimilation devint le seul programme possible et obligatoire de toutes les organisations religieuses, sociales, culturelles et autres, et cela quelle que soit la réalité de cette assimilation. Aussi, les partisans de la Grande Allemagne appelèrent-ils la Hongrie — non sans quelque irritation — « cimetière des Allemands », et les sionistes considèrent-ils les Juifs hongrois comme les assimilés les plus acharnés et les plus incorrigibles du monde entier.

Mais il devait apparaître tôt ou tard que les hypothèses et les conditions d'une assimilation ainsi conçues étaient fausses, que le pays s'était bercé d'illusions et que les assimilés eux-mêmes avaient été victimes d'une tromperie. Il en était tout particulièrement ainsi dans le cas des Juifs, qui, malgré l'extension considérable de leur assimilation, malgré l'apprentissage de la langue hongroise et les données du recensement[1], continuèrent à vivre dans des milieux assez fermés, toujours au même stade intermédiaire, et leur assimilation de fait était tout aussi entravée par des inhibitions internes et des obstacles externes, par des difficultés et des préjugés, que partout ailleurs dans le monde. A certains égards, leur assimilation se révéla même plus difficile qu'ailleurs. Mais sachant ce que nous savons, nous ne manquerons pas de qualifier de superficielles les raisons généralement invoquées pour expliquer l'insuffisance de l'assimilation des Juifs hongrois : la trop grande différence entre leurs traits particuliers et ceux des Hongrois, le maintien, malgré la dénégation spectaculaire, de l'existence d'une communauté juive spécifique, de leur solidarité et de leur communauté d'intérêts et l'avidité avec laquelle ils ont « envahi » la vie économique, politique et intellectuelle du pays.

1. « Les données du recensement ». Il s'agit du recensement de la population hongroise, dont l'une des rubriques comportait une question sur la nationalité du recensé. La plupart des Juifs se déclarèrent hongrois.

En ce qui concerne l'assimilation aux *particularités nationales*, nous avons déjà dit qu'il fallait, à cet égard, distinguer entre facteurs et composantes spontanés et inconscients — ou devenus tels — traits physiques, tempérament et données ethniques d'une part, et formes de comportement et échelle de valeurs intéressant la vie communautaire de l'autre. Nous avons montré que ce qui était décisif du point de vue de l'assimilation, ce n'était pas les propriétés instinctives ou devenues telles, mais les formes de comportement et échelle de valeurs communautaires. Or, les particularités hongroises intéressent avant tout l'univers instinctuel et l'ethnie : types physiques, tempérament, rythme de vie, gestuelle, musique, etc., déterminent un certain « portrait robot » du Hongrois, aux contours mal définis, bien entendu, mais pourtant plus simple que celui du Français ou de l'Anglais. Il est vrai que certains contestent l'existence de ces traits eux-mêmes en affirmant que les Hongrois constituent, dès le départ, un mélange. Or, si c'est un fait que les composantes du type hongrois étaient indistinctes dès l'arrivée des Hongrois dans leur patrie actuelle et n'ont été mises en évidence que bien après, grâce à la recherche scientifique, les traits dus à l'intégration des Slaves, Allemands et Juifs — types physiques, tempérament, gestes — sont assez bien connus et reconnus par la conscience publique. Les « généralisations sans fondement » qui découlent de ces observations sont parfaitement inoffensives tant qu'elles sont dépourvues de signification sur le plan de la politique sociale. Or, il se trouve qu'en ce qui concerne les formes de comportement communautaires, coutumes et discipline, véritables objets de l'assimilation, les Hongrois constituent *aujourd'hui* l'une des communautés les plus indéterminées d'Europe, ou, pour mieux dire, une de celles qui ont le plus perdu leurs traits caractéristiques : leurs formes de comportement et leur échelle de couleurs sociales et intellectuelles n'ont pas résisté à l'épreuve des bouleversements sociaux modernes et sont méconnaissables pour les dernières générations. Non à cause du trop grand volume des éléments assimilés, mais, au contraire, à cause du caractère trouble et contradictoire de cette assimilation, en raison de l'absence, en Hongrie, de pratiques et de systèmes de valeurs communautaires auxquelles il était possible de s'assimiler. L'assimilation à la nation hongroise s'est accomplie « par la bande », par des signes extérieurs plutôt que par l'esprit, par l'adoption de traits formels plutôt que par celle d'une morale communautaire. Les assimilés s'assimilèrent non à l'ensemble des Hongrois qui ne constituaient pas un tout homogène, mais à leurs différentes classes, institutions, à leurs sous-ensembles, à leurs mouvements, à certains de leurs idéaux. L'un des symptômes les plus graves de cette confusion est la recherche et la mise en évidence, au cours des dernières décennies, après la désintégration de la partie consciente et organisée du « profil communautaire », de traits particuliers nationaux de type spontané et instinctuel : tempérament, musicalité, façons de parler et de s'exprimer, qui puissent servir d'étalon de hungarité ou d'assimilation, pour trancher le caractère « hongrois » ou non d'œuvres artistiques, de personnalités ou de programmes politico-sociaux. Cela ne contribua en rien au rétablissement de la vie communautaire, mais lésa considérablement les assimilés ou ceux qui voulaient l'être, incapables de singer ces traits, gestes et tempéraments — et ils n'ont naturellement aucun besoin de le faire pour manifester leur assimilation. La non-adoption de ces coutumes superficielles ne les rend pas moins « assimilés », mais risque de perturber leur processus d'assimilation et de les amener à avoir toute sorte de comportements inauthentiques. Dans une période « optimiste », une partie des candidats à l'assimilation cherche à tout prix à passer pour « authentiquement hongrois » en adoptant ces signes extérieurs, manifestations qui revêtent alors un caractère plutôt comique. Mais dans les périodes où l'assimilation est contestée, l'insistance, la mise en évidence des particularités nationales et de l' « authenticité » hongroise, la moindre redingote à soutaches provoquent, chez les assimilés, une irritation hors de proportion, car ils les considèrent comme autant de tentatives malveillantes en vue de les discriminer, de les offenser, de les exclure et de les persécuter, et estiment, de façon assez enfantine, qu'ils sont mieux protégés contre ces « atteintes », s'ils arrivent à prouver que les Hongrois constituent un mélange et que les prétendues particularités hongroises sont inexistantes. Ce qui, à son tour, provoque auprès de l'environnement des réactions tout aussi inamicales. De telles manifestations ont fourni à Dezsö Szabó[1] l'occasion d'écrire un article nullement compréhensif, mais d'une ironie mordante sur la nécessité de ménager la susceptibilité juive : bientôt, dit-il, il sera interdit de faire la différence entre un chien pékinois et un chien basset, on ne pourra recourir qu'au concept générique de « chien ».

En ce qui concerne la *solidarité* juive après l'assimilation, nous avons déjà eu l'occasion de dire que cette solidarité existe et qu'elle ne gêne nullement l'assimilation. Ce qui est d'une importance décisive, c'est que la désintégration de toutes les formes de comportement et de toutes les échelles de valeurs de la société hongroise a créé une situation telle que les rapports sociaux, les programmes et combats politiques, les prises de position intellectuelles n'apparaissent jamais en eux-mêmes, avec leurs contenus réels et les principes qu'ils représentent, mais s'adjoignent des connotations non explicites, toujours universellement perçues qui les transforment invariablement en les dénaturant et se réduisent en fait aux problèmes des Juifs, ou aux problèmes des antisémites. A cet égard, à la solidarité des Juifs s'oppose une autre solidarité, de sens contraire : chacune des parties croit ou affirme que la solidarité de l'autre partie est admirablement organisée, alors que la sienne ne fonctionne jamais, même quand son fonctionnement serait d'une nécessité brûlante ; en réalité, aucune des deux n'est bien organisée mais fonctionne, à l'occasion, avec pas mal d'efficacité. Dans toute cette situation, ce qui est important, ce n'est pas l'existence, la force et l'efficacité d'une telle solidarité, mais la faiblesse et la désintégration de *toute la communauté* qui tolère que des problèmes d'un intérêt vital pour la communauté, tels que solidarité nationale, destin de l'humanité, respect des traditions ou transformations radicales deviennent dépendants d'un point de vue malgré tout secondaire pour la communauté, à savoir le caractère plaisant ou déplaisant, pour les oreilles juives ou antisémites, des propos tenus. Une commu-

---

1. Dezsö Szabó (1875-1955), écrivain hongrois d'un nationalisme mystique, antisémite, antislave et anti-allemand.

nauté sérieuse ne tolérerait certainement pas que ses problèmes vitaux soient traités d'une telle façon.

Il faut souligner en outre que dans un certain nombre de comportements, révélateurs, selon l'environnement, de la solidarité et des intérêts juifs, ce qui se manifeste, ce n'est ni la solidarité ni les intérêts des Juifs, mais la défense naturelle des assimilés. Plus la situation des assimilés est contestée et menacée, moins les conditions de l'assimilation sont éclaircies et la sécurité des assimilés assurée, plus l'environnement antisémite menace de tenir compte des origines juives des assimilés pour mettre leur assimilation en question, autrement dit pour les renvoyer, en paroles ou effectivement, dans la communauté juive, et plus l'autodéfense des assimilés s'organise et s'affirme. Tous ceux qui sont concernés de cette façon par l'antisémitisme — même s'ils ne sont plus Juifs — sont nécessairement « partiaux », non qu'ils fassent partie d'une communauté d'intérêts juifs, mais parce qu'ils ne peuvent être dans cette question ni objectifs, ni indifférents, ni sereins. Le passé récent nous l'a montré : les lois antijuives ont rejeté dans la communauté juive de la souffrance des personnes parfaitement assimilées, des demi-Juifs et des quart-Juifs, suscitant en eux des réactions analogues à celles de Juifs à part entière, une même inquiétude et une même sensibilité. Quant à la société hongroise environnante — même dans sa partie non hitlérienne, elle a été souvent assez aveugle et assez cynique pour voir dans ces réactions consécutives à la législation antijuive et à la persécution des Juifs une résurgence de *particularités* raciales et une confirmation troublante du racisme.

Enfin, en ce qui concerne *l'expansion* des Juifs dans la vie économique, politique et intellectuelle du pays, elle est la conséquence directe de l'arrêt de l'évolution sociale en Hongrie. Les classes dites inférieures de la société, et surtout la majorité de la paysannerie, n'ont jamais dépassé l'étape féodale et aristocratique, alors que les Allemands et les Juifs de Hongrie ont constitué deux sociétés essentiellement bourgeoises, exemptes d'éléments féodaux. A l'intérieur de ces micro-sociétés, la montée des paysans et des prolétaires ne se heurtait qu'à des obstacles matériels dressés par la société bourgeoise, alors que les classes inférieures de l'ethnie hongroise étaient entravées dans leur ascension par toutes les barrières sociales et psychologiques que représente l'organisation sociale féodalo-aristocratique et les réflexes qu'elle entraîne. C'est cette différence entre les deux types de société que l'on enregistre en parlant de l'expansion des Juifs et des Allemands ; l'énergie des occupants du terrain n'y joue qu'un rôle tout à fait secondaire, le rôle essentiel revenant à la crise de la société hongroise, c'est-à-dire au « terrain à occuper », entièrement indépendant des ambitions juives ou allemandes.

Ce caractère mensonger des conditions de l'assimilation des Juifs hongrois commença à se manifester au tournant du siècle. C'était l'époque de l'aggravation des impasses politiques de la Hongrie issues du compromis de 1867 et de l'épuisement — après les lois réglementant la situation des Eglises et l'émancipation des Juifs — des forces vitales du libéralisme et du démocratisme hongrois s'inspirant des traditions de 1848 [1]. Dans la société hongroise de plus en plus hantée par la crainte de voir se désagréger le pays « historique », le démocratisme des Juifs, joint à leur prise de position en faveur de l'assimilation, se trouva de plus en plus isolé et, après la débâcle, la révolution d'Octobre, la dictature du prolétariat et le traité de paix de Trianon qui suivirent la première guerre mondiale, l'ensemble du pacte conclu dans des conditions trompeuses entre la société hongroise et l'assimilation juive fut définitivement dénoncé pour laisser la place à la construction politique de la contre-révolution qui postula ouvertement l'existence d'un rapport entre le nationalisme, l'antidémocratisme et l'antisémitisme d'une part, entre le démocratisme, l'antinationalisme et la judaïté de l'autre. Il apparut alors tout à coup que la grande majorité des Juifs hungarophones et se déclarant Hongrois lors des recensements de la population n'avaient pas en face d'eux une véritable communauté d'accueil assimilante et protectrice, à laquelle leur appartenance restait claire et indiscutable, même si les principes abstraits de l'assimilation, jusque-là en vigueur, se trouvaient contestés. Certes, les

---

[1]. Il s'agit de la guerre d'indépendance de 1848-49 et de l'idéologie radicale qui l'avait inspirée, idéologie à laquelle une bonne partie de la gauche hongroise demeura fidèle même après le compromis de 1867 avec l'Autriche.

représentants officiels des Juifs hongrois demeurèrent fidèle au pacte caduc, mais les grandes masses des Juifs eurent à affronter des manifestations ouvertes et grossières de l'ostracisme et de l'excommunication ce qui, dans la pratique, réduisit considérablement la surface sociale de l'assimilation. Les organismes officiels juifs et leurs dirigeants concentrèrent leurs efforts pour empêcher que cet ostracisme à peine dissimulé ne devienne ouvert, autrement dit que le mot «Juif» ne soit pas prononcé dans les textes officiels. Mais la première loi antijuive mit fin à cette illusion.

Le caractère mensonger et profondément malhonnête des conditions de l'assimilation en Hongrie est éclairé d'une lumière crue et grotesque par l'un des derniers actes de la tragédie juive : lors du recensement de 1941, alors qu'en Hongrie, les Juifs étaient exposés non seulement à des mesures discriminatoires et à diverses humiliations, mais, surtout dans les territoires rattachés à la Hongrie, à des persécutions proprement dites, voire à des dangers mortels, le gouvernement incita les Juifs de la région subcarpatique[1], dont la majorité possédait une conscience juive et parlait yiddish, à se déclarer magyarophone et de nationalité hongroise, cela pour augmenter la proportion des Hongrois dans cette région. Trois ans plus tard, le pouvoir exécutif hongrois, à peine différent des gouvernements précédents, livra sans résistance ces mêmes Juifs, bons Hongrois lors du recensement, à l'appareil hitlérien de l'extermination massive.

4. La situation aujourd'hui

Après avoir cherché à donner une vue d'ensemble des rapports de type communautaire entre les Juifs et la société environnante, et, notamment, des facteurs et des composantes de l'hostilité envers les Juifs, le moment est venu de considérer la situation créée en Hongrois après la Libération.

---

1. *Subcarpatique*, v. note 1 p. 214.

Il faut d'abord commencer par examiner les réactions provoquées par la persécution chez les persécutés et ensuite la façon dont les rescapés cherchèrent à se réintégrer dans la société hongroise.

*Assimilation juive, conscience juive
et crise d'identité juive après 1944*

Aujourd'hui, la grande majorité des Juifs garde à propos de la société et de la nation hongroise des souvenirs d'une importance déterminante pour leurs rapports avec cette communauté. En dehors de leur situation sociale et de leur degré d'assimilation présents et passés, ce qui est décisif pour leur situation au sein de la communauté, ce sont les expériences qu'ils ont pu avoir à l'époque des persécutions, expériences qui, naturellement, éclipsent toutes les autres. Ont-ils été, durant ces années noires, complètement abandonnés ou ont-ils pu avoir le sentiment d'une appartenance quelconque ?

Une grande partie des Juifs et des Hongrois d'origine juive sauront sans trop de difficultés continuer à vivre au sein de cette communauté, soit parce qu'ils sont parfaitement assimilés, soit parce qu'ils ont activement participé à la résistance, soit parce qu'ils ont traversé les persécutions sans trop de dommages physiques et psychiques, soit parce que, malgré ou quelquefois à cause des souffrances endurées, ils ont acquis une grande sérénité. Il faut mentionner tout particulièrement ceux qui ont passé les années de la persécution loin du pays, mais sans s'en désintéresser ; plus tôt ils sont partis, moins leur assimilation est problématique par rapport à ceux qui sont restés et ont dû traverser les épreuves physiques et sentimentales les plus diverses. Mais parmi ces derniers, nombreux sont ceux dont le rapport à la communauté est redevenu normal ; ils ont pu abandonner, à la fin des persécutions, leur attitude de défense et se sont dégagés d'une communauté d'intérêt qui leur avait été imposée. Il faut compter en outre, parmi ces éléments, les anciens militants du mouvement ouvrier et, parmi les nouveaux adhérents, ceux qui, dans le mouvement ouvrier — le seul, parmi les facteurs d'assimilation qui soit resté réellement efficace et opérant — et sous sa direction, travaillent avec passion à l'édification d'une nouvelle société. Ces éléments, dont l'assimilation est restée intacte, ou s'est renforcée, sont plus nombreux qu'on n'aurait pu le penser à l'époque des persécutions, mais tout semble indiquer qu'ils ne constituent pas la majorité.

Pour une autre partie des Juifs qui, tout semble l'indiquer, constituent la majorité, l'état d'abandon dans lequel ils ont dû vivre pendant les persécutions et les déportations, les souffrances et les pertes subies font qu'ils doutent ou nient que ce pays puisse être leur patrie. Dans les cas les plus graves, ce sentiment les conduit à une aliénation totale par rapport au pays et à la majorité de ses habitants. Cependant, il n'en est pas résulté un renforcement de la conscience juive tel que l'avaient espéré les sionistes et d'autres, on a assisté plutôt à une aggravation de la tension dans les différentes situations communautaires. Par ailleurs, une grande partie de ces Juifs, au lieu d'adopter le point de vue dicté par la conscience juive, rejettent avec irritation les rappels dans ce sens émanant des sionistes, et plus encore s'ils sont le fait de non-Juifs ; d'une façon générale, ils refusent le qualificatif de « Juif » et, lorsqu'il est inévitable de nommer la catégorie à laquelle ils appartiennent, ils emploient des termes comme « déporté », « membre du service du travail obligatoire », « ex-persécuté racial », etc. Mais contrairement au passé, l'important aujourd'hui n'est pas que ces personnes évitent de se faire qualifier de Juif, puisque, aussi bien, grâce aux recherches généalogiques entreprises sur une grande échelle sous l'hitlérisme, nombreux sont ceux qui, entre eux, se qualifient de Juifs ou d'ascendance juive, alors qu'autrefois, ils n'en faisaient rien ; de même le fait d'éviter de prononcer le mot « Juif » n'a rien à voir non plus avec l'optimisme de la Belle Epoque en matière d'assimilation, car ces Juifs refusent avec le même geste d'irritation le rappel de leur appartenance à la nation hongroise et les conséquences qui en découlent, surtout si ces exhortations leur sont adressées dans le même esprit qu'autrefois. Bref, il ne s'agit pas de constater que ceux qui refusent de faire partie d'une minorité juive spécifique ne veulent pas pour autant être considérés comme Hongrois, et inversement, mais du fait que des milliers de personnes n'aiment pas entendre insister sur leur appartenance à la nation hongroise, parce que leurs expériences leur ont surtout appris que ce pays les a persécutés ou les a livrés à leurs persécuteurs. Ils refusent leur appartenance à la nation juive, car telle a été précisément l'accusation formulée à leur égard, accusation qui a servi de prétexte aux persécutions et aux supplices. Ils se souviennent que la seule apparition du mot « Juif » débouche sur la discrimination et la persécution.

Ces personnes ne sont donc pas dans un état intermédiaire et de transition entre assimilation et conscience juive, mais traversent une crise d'identité communautaire. Pour eux, l'ancien rapport apolitique à l'environnement et aux pays est devenu impossible, et tout problème communautaire revêt une importance particulière : il s'agit pour eux de se demander, dans chaque cas particulier, dans quelle mesure le problème communautaire évoqué rappelle les slogans, les faits, les événements et les actions relatifs aux persécutions récentes. En d'autres termes, cette attitude politise l'assimilation tout en la mettant en question : elle adhérera au système politique qui offrira des garanties sérieuses pour éviter le retour des persécutions. A cet égard, deux systèmes politiques exercent sur eux un attrait particulier. Le premier est le mouvement ouvrier de gauche, parce qu'il combat toute discrimination raciale et tout isolement national, l'autre, d'une moindre étendue, est le libéralisme bourgeois conservateur, parce qu'il garantit la fortune privée. Mais les deux amènent leurs adhérents à dépasser la question juive : le mouvement ouvrier ne combat pas seulement l'antisémitisme, mais aussi le capitalisme et se montre indifférent à l'égard des dangers qui menacent la fortune des Juifs ; quant au libéralisme conservateur, défenseur de la fortune privée, il les met, qu'ils le veuillent ou non, en rapport avec des forces contre-révolutionnaires qui sont en même temps passablement antisémites.

Tous ceux dont nous venons de parler, même s'ils ne sont pas parvenus à se réconcilier parfaitement avec le pays, cherchent au moins la solution à leurs problèmes individuels et collectifs à l'intérieur de la communauté hongroise. Face à ces éléments, nous trouvons ceux qui, tout en n'ayant pas été autrefois membres conscients de la communauté juive, ont fini, sous l'effet des persécutions, par se sentir complètement étrangers à la communauté hongroise. Mais ce renoncement à l'assimilation, cette « *dissimilation* », peut conduire vers diverses directions. Une partie de ces éléments a rejoint *le sionisme* ou a vu ses sentiments sionistes se renforcer et, à cet égard, l'émigration vers la Palestine a pris une grande ampleur depuis 1945, surtout parmi les jeunes, mais même ceux qui n'envisagent pas l'émigration possèdent une conscience nationale ou minoritaire juive et voient avec netteté leur situation envers le pays. D'autres ont également *l'intention d'émigrer*, non en Palestine mais (éventuellement, pour faciliter les choses, en y passant) dans un pays plus paisible ; autrement dit, rejetant les deux possibilités qui s'offrent à eux, ils choisissent une troisième nation à laquelle ils veulent s'assimiler. Ils ne veulent pas rester, disent-ils, dans un pays où tout leur rappelle les horreurs qu'ils ont dû subir. On peut supposer que ce « tout » ne désigne pas tant les immeubles, les pièces, les caves, voire les routes et les briqueteries [1], mais, bien plus les attitudes humaines impossibles à oublier et l'hostilité, qui, tout semble l'indiquer, est encore dans l'air. Plus récemment, les restrictions imposées à l'expansion capitaliste ont donné une nouvelle impulsion à l'émigration, mais je suis persuadé que les « petites gens », qui constituent la majorité des candidats à l'émigration, n'auraient jamais eu cette idée — malgré les difficultés d'adaptation que leur imposent ces nouvelles mesures — sans le souvenir des persécutions antijuives et sans cette hostilité de l'environnement.

Jusqu'à présent, la vie publique et la pensée politique hongroises ne se sont pas trop efforcées de clarifier le caractère complexe et critique de l'intégration à la communauté, après les persécutions. Certes, de nombreux propos ont été tenus à ce sujet, et une grande partie d'entre eux étaient péremptoires et prétendaient mettre fin au débat,

---

[1]. Désireuses d'éviter à la population le spectacle de la déportation des Juifs, les autorités hongroises firent rassembler ces derniers dans des bâtiments situés en dehors ou à la périphérie des villes. C'est ainsi que les Juifs de Budapest furent d'abord dirigés sur une briqueterie du quartier périphérique d'Obuda.

mais ils insistaient tous sur un seul type de solution et une seule voie à suivre pour y parvenir.

Selon le point de vue officiel, les victimes de la persécution des Juifs n'ont de réserves à formuler et de problèmes d'identité à résoudre que par rapport à l'ancienne Hongrie, réactionnaire et fasciste, complètement différente de la Hongrie actuelle ; au compte de l'ancienne Hongrie figurent non seulement les persécutions antijuives, mais aussi tous les crimes commis contre le peuple hongrois. Ainsi, une fois les torts réparés, il n'est pas judicieux de trop s'occuper de cette question, en tant que cause juive, d'autant que l'élan actuel de l'évolution politico-sociale créera ou recréera toutes les conditions de l'assimilation. Mais ce point de vue officiel n'est en conformité qu'avec l'état d'esprit des assimilés ou de ceux dont l'assimilation se poursuit à un rythme accéléré ; or, les expériences amères d'une grande partie des intéressés — même de ceux qui ne possèdent pas forcément une conscience juive — sont trop lourdes et trop personnelles pour qu'on puisse les mettre purement et simplement sur le compte de la réaction et du fascisme, désormais dépassés. Il est certain qu'à longue échéance, la transformation sociale, par le truchement, avant tout, de l'école, saura développer une force assimilatrice supérieure à celle qu'elle peut opposer à l'heure actuelle à la force du souvenir des souffrances et des pertes subies. Mais le fait de prévoir une évolution à long terme et d'y travailler ne nous autorise pas à la considérer *comme* accomplie et à ne pas tenir compte des effets de différentes crises aiguës.

Selon le point de vue sioniste, la meilleure et la seule véritable solution consisterait à assumer ouvertement *une conscience nationale ou minoritaire juive*. Le point de vue officiel, qui ne reconnaît que l'assimilation à la Hongrie démocratique, a toujours refusé jusqu'à la possibilité d'une telle solution. Il a condamné, dès le lendemain de la Libération, certaines déclarations, nullement agressives, insistant sur la conscience nationale et minoritaire juive, et a critiqué la manifestation des écoliers juifs qui parcouraient les rues de la capitale en chantant des chansons en hébreu. En dehors de la condamnation de principe de la conscience juive, cette attitude était sans doute motivée par un trop grand respect d'une disposition générale des esprits que l'on supposait hostile aux Juifs en fonction de laquelle toute organisation nationale ou minoritaire des Juifs risquait d'être fort mal reçue, habituée qu'elle était à voir les Juifs se considérer comme Hongrois, à tous les égards. A la suite de ces prises de position, le sionisme et la conscience minoritaire juive ont dû se retrancher derrière les organisations ecclésiastiques. Mais, en réalité, malgré de nombreuses influences contraires, le sionisme et la conscience minoritaire juive demeurent des facteurs de cohésion communautaire plus forts que ne l'est le facteur religieux, et dont le développement et l'organisation, loin d'affaiblir les chances de l'assimilation, en modifient l'image idéalisée en montrant le processus réel. Cependant, la conscience juive n'est pas une panacée : non seulement les assimilés et les Juifs en voie d'assimilation voudront poursuivre leur propre chemin, mais même les « dissimilés » et ceux qui traversent une crise d'identité n'adopteront pas forcément, sous l'effet des persécutions subies, la solution de la communauté juive — certains parmi eux seront, au contraire, tentés de suivre l'autre voie.

D'autres, naturellement, choisiront l'émigration. Or, nous ne pouvons pas affirmer en toute objectivité que celle-ci apportera une *solution* à leurs problèmes, et ceci pour deux raisons : une raison *objective* et une raison *morale*. La raison objective, c'est que, pratiquement, la possibilité d'émigrer ne sera pas offerte à tout le monde, loin de là. Certains, le moment venu, s'apercevront que leur désir d'émigrer était bien moins vif qu'ils ne l'avaient cru. La raison morale, c'est que nous n'avons pas le droit de conseiller l'émigration à tous ceux qui se sentent étrangers à la nation. Ce serait une mauvaise plaisanterie de notre part — alors que nous avons toutes les raisons de faire notre sérieux examen de conscience à propos de l'extermination, dans des conditions horribles, d'un demi-million de Juifs hongrois — que de déclarer, à propos des rescapés, qu'étant donné leur état d'esprit actuel, consécutif à ces horreurs, la seule « solution » à leur problème, ce serait de quitter le pays. La tâche que l'Histoire nous avait imposée consistait à créer dans ce pays, et en coopération avec trois quarts de million de Juifs, une terre de justice et d'humanité. Nous avons échoué : il serait impudent de déclarer qu'avec les deux cent mille Juifs qui nous restent, nous sommes incapables de réaliser ce que nous aurions dû et pu faire avec trois quarts de million d'entre eux.

Il nous faut donc comprendre que le problème ne consiste pas à « choisir », sur la base d'une réflexion théorique de principe, entre le point de vue de l'assimilation, celui de la conscience juive et celui qui refuse tous les deux. Il n'est pas bon de poser les problèmes sociaux en termes de stratégie militaire, car la recherche de la « solution » risque alors de dégénérer en guerres et en batailles. L'espèce d'homme elle-même responsable de l'aggravation des problèmes qu'il convient de résoudre a apporté suffisamment de misères à l'humanité en voulant les « résoudre » par l'établissement bon gré, mal gré, de conditions telles que le problème cesse d'en être un. Il existe des questions vis-à-vis desquelles il importe plus de créer des conditions claires et nettes et une atmosphère saine en vue de leur solution, que de chercher la « clé » de la solution elle-même. En prenant conscience du caractère critique de la communauté des Juifs hongrois, il est possible qu'au lieu de travailler avec plus d'ardeur encore à la « solution » de la crise, nous nous abstenions de les persuader, d'insister auprès d'eux, de les exhorter, de leur donner des leçons ou d'obtenir leur adhésion à telle ou telle organisation ; que par exemple, nous proférions moins de phrases creuses sur le patriotisme inébranlable des Juifs hongrois, nous leur récitions moins souvent le vers « ici, tu dois vivre et mourir [1] » à l'intention de ceux qui s'apprêtent à émigrer, nous leur adressions moins de manifestes sur la réconciliation, sur le pardon et sur l'intégration et nous leur répétions moins que la transformation démocratique a mis fin aux souffrances et vexations imposées par la Hongrie réactionnaire et fasciste et qu'il est malséant de les rappeler sans cesse. En revanche, nous déploierons plus d'efforts pour épurer et humaniser les conditions générales — échelles de valeurs, entourages, institutions — dans lesquelles se déroule la vie individuelle et publique des Juifs et dans lesquelles se posent leurs différents problèmes et s'esquissent les *différentes*

---

1. « Ici, tu dois vivre et mourir », vers célèbre de « L'Appel » de Mihály Vörösmarty (1800-1855).

solutions à ces problèmes. A cet égard, ce qui est nécessaire avant tout, c'est que l'élan de l'évolution sociale et nationale continue à renforcer les processus et les facteurs réels de l'*assimilation*. Mais nous devons également tenir compte de l'effet purificateur de la *conscience juive particulière*, dont l'acceptation et l'élaboration permettront de créer une situation nette. Enfin, il n'est pas moins important de ne pas chercher à imposer l'une ou l'autre de ces solutions, ni même le choix entre les deux. La nécessité de ce choix apparaîtra de toute façon avec de plus en plus d'évidence pour tout jeune ou pour tous ceux qui amorcent leur processus d'orientation ; en revanche, pour de nombreux Juifs en proie à des crises d'identité ou se trouvant dans un état intermédiaire, plutôt que de poser la question de leur appartenance communautaire, il est beaucoup plus important de créer les conditions psychologiques et communautaires du rétablissement de la loyauté envers le pays, par une amélioration de l'ambiance communautaire générale, en l'imprégnant de l'esprit de compréhension, et en atténuant les tensions qui, actuellement, l'empoisonnent.

Mais pour qu'une telle ambiance soit possible, le point de départ est d'une importance considérable. Celui que nous avons choisi explique aussi pourquoi cette ambiance est actuellement ce qu'elle est. Il n'est pas indifférent de savoir dans quelles conditions se sont accomplies et s'accomplissent encore les demandes de comptes pour les persécutions subies, la réintégration des Juifs dans la vie de la nation, et aussi la façon dont le pays tout entier a réagi et continue à réagir.

Problèmes soulevés par la quête de réparations à la suite des persécutions : le pays n'a pas assumé sa responsabilité collective. Absence de mesures et de limites

Les demandes de comptes et les réparations après la persécution des Juifs en Hongrie se sont déroulées dès le premier instant dans des conditions mal éclaircies et dépourvues de sincérité. Incontestablement, la majorité des demandes de réparations et des règlements de comptes actifs, inévitables après l'écroulement de la Hongrie contre-révolutionnaire, concernait les persécutions antijuives : les procédures judiciaires intentées à l'encontre des politiciens, militaires et fonctionnaires, qui avaient livré le pays à la tyrannie hitlérienne et étaient responsables d'atrocités commises à l'égard de non-Juifs, ne constituent qu'une infime minorité par rapport à celles intentées contre les meurtriers, les tortionnaires, les pilleurs des Juifs, contre ceux qui les avaient livrés à leurs persécuteurs ou leur avaient fait subir des vexations. Mais, abstraction faite de cette différence quantitative, les souffrances, les griefs et la quête de réparations des Juifs étaient qualitativement différents et sans commune mesure avec le règlement des comptes de la nation hongroise à l'égard de leurs dirigeants et de leurs membres dévoyés. En effet, dans l'affaire des Juifs, ce qui était en cause, ce n'était pas seulement la personne des criminels, mais aussi, d'une part, un plus grand mépris de la dignité humaine et, d'autre part, *l'ensemble* de la société hongroise, avec, à sa tête, *sa classe moyenne* qui, toute victime qu'elle était du fascisme, avait abandonné, avant de le devenir, les Juifs à leur sort. Pourtant, au cours des procès, on n'isola guère la cause des Juifs, on chercha plutôt à l'amalgamer avec la cause universelle de la liquidation du fascisme, comme si les Juifs ne constituaient qu'une des catégories des victimes, par ailleurs si nombreuses, du fascisme, comme si leurs souffrances ne constituaient qu'une partie des maux infligés à leurs victimes par le fascisme, comme si elles étaient parfaitement équivalentes aux autres souffrances. Cette façon de voir correspondait au souhait des officiels qui, dans cette question, comme dans beaucoup d'autres, tenaient à ne pas isoler la cause des Juifs de celle du reste de la population : les partis de gauche de la coalition, parce qu'ils estimaient qu'une trop grande insistance sur les revendications juives à propos des réparations détournerait l'attention de la lutte contre le fascisme et contre les classes sociales qui entravent le progrès ; et la droite, parce qu'elle ne voulait pas fournir de nouvelles occasions aux Juifs de formuler des demandes de réparations. Enfin, jusqu'à un certain point, les Juifs eux-mêmes évitaient d'être l'objet d'un traitement à part, peut-être, en partie, parce qu'ils ne souhaitaient pas entendre parler d'eux-mêmes sur la place publique. Mais je ne crois pas que la majorité des Juifs auraient accepté ce silence sur les aspects spécifiquement juifs du problème (point de vue « *assimilant* » dirions-nous pour employer un terme anachronique), si le pouvoir d'Etat, soucieux de raisonner en termes politiques, ne les avait pas contraints à reconnaître que la revendication d'une réparation due expressément aux Juifs risquait de soulever des obstacles et de provoquer des réactions malveillantes ; l'adoption d'une phraséologie générale sur les comptes à régler avec le fascisme leur permettait, en revanche, de l'emporter sans se heurter à trop de résistance.

Dans ces conditions, l'examen de conscience et la recherche des responsabilités dans la persécution des Juifs n'ont pas eu lieu. Ces questions auraient dû être soulevées par les représentants de la vie politique et intellectuelle de la Hongrie et concerner le pays tout entier. Les prises de position dans cette affaire se contentèrent de rejeter la responsabilité sur *les autres,* et celles qui tentèrent d'aller plus loin n'éveillèrent aucun écho ou furent mal perçues. Rien ne s'était donc produit pour dissiper le malaise de plus en plus accentué des Juifs de voir que les horreurs dont ils avaient été les victimes n'étaient le fait de personne et que, par un accord tacite, tout un pays et toute une société s'efforçaient d'esquiver leurs responsabilités, en les rejetant sur quelques politiciens et sur quelques bourreaux. Certains — et ils sont nombreux — me trouveront sans doute bien naïf d'attribuer une telle importance à la non-acceptation des responsabilités pour la persécution des Juifs et de penser que des mots ou des déclarations puissent atténuer les tensions. Je sais parfaitement que les déclarations ne ressusciteront pas les morts, n'inciteront pas les criminels à se dénoncer, ni les pilleurs à restituer les biens volés, ni les victimes à oublier leurs griefs ou à modérer leur colère. Mais les prises de position dans les questions générales de la morale, l'adoption de principes concernant l'appréciation de tel ou tel cas concret peuvent parfaitement contribuer à faire naître chez l'individu une attitude de compréhension envers le point de vue adopté par la justice.

Tout cela peut paraître bien étrange à ceux qui estiment que depuis trois ans il ne se passe, dans ce pays, rien en dehors de la quête des Juifs en vue d'obtenir satisfaction et qui ne voient pas ce qu'on pourrait faire de plus dans ce domaine. Mais ce qu'ils trouvent *excessif*, c'est précisément ce dont nous déplorons *l'inexistence*. Car le succès et la crédibilité de toute demande de réparations et de toute recherche de responsabilités dépendent de leur capacité à respecter et faire admettre le *distinguo* entre ce qui est passible de sanctions judiciaires et ce qui ne justifie qu'une procédure simplifiée, entre ce à propos de quoi on peut demander des comptes et ce qui est justiciable d'un blâme, entre ce qui mérite le blâme public et ce qui relève simplement de la conscience individuelle de chacun. Chez nous, aucune limite n'a été fixée et on ne sait pas à partir de quel moment il convient de mettre la nation devant ses responsabilités, ni quelles sont les limites de la quête individuelle des réparations : il en est résulté d'une part une quête illimitée des réparations et d'autre part une autosatisfaction morale injustifiée.

Les griefs des Juifs et leur quête de la justice ont toujours été d'une nature particulière : aux torts objectifs subis s'ajoute la disposition de l'environnement à les humilier et à les déprécier moralement et de nombreuses plaintes sont aggravées par les associations d'idées et les expériences qui s'y rattachent. A présent, leur quête de satisfaction et de réparations dont le pays ne reconnaît pas le caractère spécifique, à nul autre pareil, obstrue littéralement l'appareil juridique et législatif, élevant au rang d'affaire nationale les procédures entamées en vue de poursuivre et de sanctionner criminels et prévenus. L'atmosphère est telle que les victimes des persécutions antijuives aggravent quelquefois les cas-limites et les cas douteux en y ajoutant le poids de leurs expériences sur l'indifférence et la malveillance de tous ceux qui, aujourd'hui, ne sont pas forcément sur le banc des accusés. De l'autre côté de la barrière, le pays n'ayant pas été mis collectivement devant ses responsabilités, les gens ont commencé à conférer au concept de responsabilité un sens beaucoup trop étroit, et, prenant ce terme à la légère, tous ceux qui s'étaient tenus à l'écart des meurtres, des tortures, des pillages et des dénonciations commencent à se considérer comme faisant partie de l'élite morale et estiment que leur reprocher leur mauvaise volonté, leur indifférence ou leur joie maligne devant les souffrances des Juifs relève de la pire injustice !

Cette confusion dans la délimitation des responsabilités a engendré une très grave tension dans la question des demandes de réparations, tension qui, jusqu'à présent, n'a pas été résolue. Cette tension n'existe pas seulement entre les parties adverses, elle a considérablement discrédité les instances chargées de se prononcer dans ces affaires, malgré leurs efforts manifestes en vue de maintenir l'équilibre entre vérité objective et exigences des plaignants, entre efficacité et quête de la justice. En effet, alors que d'un côté, les procédures visant à établir les faits dans leur objectivité sont submergées par le flot des passions des anciens suppliciés demandant réparation, de l'autre côté, les magistrats chargés de ces affaires réagissent contre cette présentation subjective des faits, et leurs réactions sont aggravées par leur hostilité, ancienne ou récente, contre les Juifs et par les mécanismes de défense de leur mauvaise conscience. Ce qui engendre une telle confusion dans les manœuvres de l'accusation et de la défense, que l'affaire la plus claire s'entoure rapidement d'un halo de mystère créé par les dénonciations sans fondement, les témoignages subjectifs, les fausses reconstitutions, les dénis, les témoins à décharge hautement suspects, les demandes de mise à mort ou la présentation des accusés en martyrs. Ainsi, au sein des instances judiciaires, comme partout ailleurs, deux tendances s'affrontent : celle des « faucons » prêts à condamner des innocents pour que la justice s'exerce dans toute sa rigueur, et celle des « colombes » prêtes à innocenter des coupables ; le verdict dépend dans chaque cas des rapports de forces entre les tenants des deux tendances. Le résultat, c'est qu'une grande partie des Juifs estiment toujours que leurs demandes de réparations sont jugées avec beaucoup trop d'indulgence et traitées, en droit privé, avec beaucoup trop de lenteur, de bureaucratie et de partialité en faveur des prévenus, que des injustices criantes sont commises aux dépens des plaignants. Quant à l'environnement non juif, il a souvent acquis la conviction que les procédures contre les criminels fascistes se transforment en chasse à l'homme et qu'aucun innocent ne peut se sentir en sécurité.

L'absence de critères de délimitation et de distinction a eu des effets encore plus pervers là où des carrières étaient en jeu. Dans certaines procédures des commissions de contrôle, chargées de se prononcer sur le comportement, pendant la guerre, de personnes exerçant une même profession, on a vu se reproduire les formes de la lutte pour les emplois et pour les carrières, que l'on avait connues lors de l'exécution des lois antijuives. Bien entendu, je n'oublie pas un seul instant la différence entre procédures tendant à interdire l'exercice de certaines professions à des personnes « mal nées », et procédures interdisant l'accès de certaines professions à des auteurs de crimes et de délits contre la nation et contre l'humanité. Mais, dans la pratique, plus la profession était loin de l'attention générale, et plus la lutte pour les places y était acharnée, plus les risques étaient grands de voir les procédures de contrôle et de réparations dégénérer.

Des conflits de type analogue ont lieu dans les règlements de comptes entre personnes privées : ceux qui avaient été chargés de gérer ou de conserver des biens juifs sont souvent en butte à la méfiance excessive des Juifs qui, au mépris des liens d'amitié et de confiance qu'ils entretenaient autrefois avec eux, n'hésitent pas à les traîner devant les tribunaux pour leur réclamer des objets de valeur et des comptes dont la conservation ou la tenue avaient été rendues impossibles par les événements de la guerre. De l'autre côté, les victimes des lois antijuives ont souvent eu l'occasion de se convaincre de la malhonnêteté ou de la légèreté des non-Juifs à qui ils avaient confié leurs objets de valeur ou la gestion de leur fortune. Bien entendu, ces expériences réciproques sont aussi réelles que partielles ; dans des milliers de cas, les objets confiés ont été retrouvés intacts ; dans d'autres cas, tout aussi nombreux, les Juifs ont accepté sans protester les raisons de leurs hommes de confiance incapables, bien malgré eux, de rendre compte des biens dont ils avaient eu la charge, mais on entend bien moins souvent parler de ces cas-là, car si l'on s'empresse de crier sur les toits les méfaits dont on a souffert, on est étrangement discret sur la correction de nos semblables.

C'est pourquoi nous assistons à une incompréhension mutuelle dans l'appréciation de concepts comme la *gratitude* ou le *mérite*. La grande majorité des Juifs estiment, à juste titre, que, *tout compte fait,* ils ne doivent aucune reconnaissance à l'environnement. Mais s'ils appliquent ce principe *général* à des personnes à qui ils doivent *individuellement* de la reconnaissance, ils procèdent à une généralisation injuste de plus (et cette fois-ci, ils en sont les auteurs) qui contribue à déshumaniser les rapports entre Juifs et non-Juifs. Du côté des non-Juifs, par contre, on a tendance à apprécier les comportements pendant la persécution des Juifs non pas en eux-mêmes, mais par rapport à la moyenne nationale, c'est-à-dire avec beaucoup trop d'indulgence. C'est ainsi que le simple fait d'avoir adressé la parole à des Juifs est présenté comme un acte secourable méritant reconnaissance, le fait de les avoir laissés en paix, comme un acte de sauvetage, le règlement normal de leurs affaires mineures, comme un risque mortel et leur non-dénonciation (après bien des hésitations) comme une preuve de courage.

Il convient de traiter à part des procédures ou tentatives de demandes de réparations qui ont eu lieu ou se poursuivent encore parmi les représentants de la vie intellectuelle hongroise. L'intelligentsia hongroise a le plus grand besoin d'un bilan crédible et précis de ses mérites et de ses insuffisances, de ses actes positifs et négatifs. Ce bilan devra nettement séparer les dévoiements moraux ou caractériels des oppositions idéologiques. Or, un tel bilan, incontestable et établi par des instances reconnues, n'existe pas. Nous disposons par contre d'une nomenclature comprenant les « intellectuels compromis à cause de leur complicité avec le fascisme » et d'une phraséologie que l'on utilise à leur sujet pour les exclure de telle association, pour les boycotter, pour les faire inculper, etc. Cette nomenclature est une preuve éclatante de la baisse du niveau intellectuel public : elle comprend aussi bien les encenseurs de l'occupant, les incitateurs à la haine raciale, les illuminés, les participants aux chasses à l'homme et les arrivistes sans scrupules, que des personnes d'un caractère et d'un comportement irréprochables, mais qui, à des occasions diverses, ne sont pas prononcées pour la non-existence du problème juif ou se sont montrées préoccupées par le proportion des Juifs dans les diverses branches d'activités. Certes, ce sont là des pièges dangereux, mais on ne peut interdire à personne de poser ces problèmes et de les traiter avec des intentions pures et sur un ton empreint de dignité, et ces actes ne méritent aucune stigmatisation morale. Or, tous ces écrivains sont régulièrement exposés à des attaques d'une virulence égale et se heurtent aux mêmes difficultés, et pour éviter qu'ils subissent tous le même traitement, des interventions politiques venant de haut lieu sont périodiquement nécessaires. Une des conséquences graves de cette confusion, c'est la constitution, dans l'autre camp, d'une protection commune de ces écrivains « persécutés et traqués par les Juifs ». Bref, les attaques indistinctes conduisent à un résultat contraire : au lieu de renforcer la lutte intellectuelle contre le fascisme, elles tendent à donner l'auréole de martyre national à des personnes qui ne le méritent pas. Ce qui est d'autant plus absurde que, dans la vie intellectuelle plus qu'ailleurs, s'applique une règle d'or : nul ne peut revendiquer à titre exclusif une position de juge, car les juges eux-mêmes sont perpétuellement jugés. Mais je trouve qu'il est parfaitement déplacé de s'indigner de la position de ceux qui perdent ainsi la mesure parce qu'ils ont souffert des persécutions et constatent avec amertume — et, dans l'ensemble, à juste titre — que l'on cherche à échapper aux responsabilités. Au lieu de critiquer le manque de modération de certains, nous ferions mieux de balayer devant notre porte, de regretter nos adhésions enthousiastes ou notre silence et notre confort moral. Dans une communauté équilibrée et disposant d'une solide échelle de valeurs, il se serait certainement constitué sinon des procédures réglementées, tout au moins un consensus concernant les limites à respecter, capable d'abord de trouver la manière d'assumer les responsabilités collectives et de fournir des occasions de créer une atmosphère favorable pour l'examen de conscience et la prise de responsabilités personnelles, ensuite d'apprécier à leur juste valeur les différentes tentatives de « blanchissage » et les attaques de toutes sortes, attribuer à chacun ce qu'il mérite selon les actes qu'il a commis et ceux qu'il a omis d'accomplir, protéger ceux qui en sont dignes, contre les sanctions indues, et formuler, selon le bon sens et l'équité, des jugements nuancés du type : X a des idées discutables, mais un caractère exemplaire, les idées de Y sont confuses, mais ses intentions sont pures, Z a indiscutablement du talent, mais sa moralité laisse à désirer, A n'aime pas les Juifs, mais les bourgeois non plus, B n'a pas eu un comportement bien glorieux, mais n'a rien fait de mal, le comportement de C est répréhensible et passible de sanctions, mais il est inutile de le condamner au silence, il faut mettre D en prison, mais ensuite le laisser écrire des poèmes, E a eu un comportement irréprochable, quoique d'une grande prudence, F a eu de beaux gestes à l'égard des Juifs persécutés, mais par ailleurs, son esprit féodal et archiconservateur l'empêche de servir d'exemple, G s'est trompé lourdement, mais dans un esprit de radicalisme social mal compris, les faits et gestes de H sont admirables en eux-mêmes, mais le personnage est quelque peu calculateur, quant à I, il faut non seulement l'emprisonner, mais aussi le réduire au silence, car la vie intellectuelle hongroise n'y perdra rien. Une communauté intellectuelle saine, après avoir formulé quelques jugements nuancés et détaillés, définit dans les grandes lignes la catégorie de personnes contre lesquelles il n'y a pas lieu d'engager une procédure judiciaire, celles qu'il convient de laisser tranquilles, après leur avoir inflité la sanction qu'elles méritent, celles qui sont dignes d'un certificat de bonnes mœurs, celles à qui il convient de laisser les possibilités de créer ou de gagner leur vie, tout en leur interdisant l'accès d'organisations autres que professionnelles et celles qui seront qualifiées une fois pour toutes d'éléments d'une moralité douteuse et nuisibles pour la vie intellectuelle.

Le manque de mesure dans ces affaires finit par dénaturer les litiges les plus insignifiants, les procès intentés pour « propos hostiles aux Juifs ». Je dirais même que c'est dans ces affaires-là que la démesure est la plus flagrante. Il convient, en effet, de séparer avec le plus de netteté possible les actes et déclarations susceptibles d'être objets de poursuites, car pouvant être qualifiés d'entreprises de propagation d'idées antisémites et fascistes, dangereuses pour la morale de la communauté, de ce qui relève de la généralisation vulgaire, de préjugés ou d'antipathies difficilement identifiables et au sujet desquels il est difficile de demander des comptes. On peut traduire en justice ceux qui approuvent ou souhaitent la persécution et l'extermination des Juifs, mais non ceux qui rappellent à un interlocuteur sa qualité de Juif, même s'ils le font sous une forme peu amène ; on peut mettre devant leurs responsabilités (pénales) ceux qui excitent à la haine contre les Juifs, mais non ceux qui, sous l'emprise de la colère, les envoient au diable ; on doit demander des comptes à celui qui prétend, en s'appuyant sur des exemples trompeurs, que la cause de tous les maux de la société réside dans la présence des Juifs, mais non celui qui se contente de faire observer le rôle des Juifs dans la vie économique ou leur bien-être ; il faut poursuivre ceux qui propagent des idées sur le rôle destructeur et sur l'immoralité des Juifs, mais non ceux qui répètent les idées reçues sur la plus grande honnêteté des Chrétiens. Que l'on me comprenne bien : je ne dis pas que tous ces discours ne soient pas, le cas échéant, inhumains et offensants, qu'ils ne cachent pas des intentions souvent malveillantes et que leurs producteurs ne méritent pas d'être blâmés. Mais il est tout aussi possible qu'ils soient dictés par des mouvements d'humeur passagers et que, pour cette raison, ils ne soient pas passibles de poursuites judiciaires. Il est naturel, il est compréhensible qu'un homme ayant beaucoup souffert des persécutions y associe toutes les expériences pénibles que ces discours éveillent en lui et, prenant le coupable en flagrant délit, le remette aussitôt à la police, mais j'estime qu'il est hautement dommageable qu'une autorité ou une institution en fasse un cas. Je crains que derrière de nombreux motifs d'internement qui indiquent, d'une façon fort laconique, que l'inculpé « a proféré des slogans fascistes », on ne trouve que des cas bénins de cette sorte.

En considérant toutes ces notes discordantes, nous regrettons presque que les procédures réglementées de demandes de comptes n'aient pas été précédées par une explosion chaotique de demandes de réparations. Une telle explosion aurait permis d'une part à notre société et aux intéressés eux-mêmes de mieux percevoir l'utilité des procédures judiciaires et aussi d'en fixer les limites, et d'autre part, elle aurait servi d'exutoire à des sentiments violents qui, à défaut d'une extériorisation spontanée, ne connaissent d'autres voies de sortie que la fréquentation des salles d'audience des tribunaux populaires.

C'est ainsi que la participation *officielle* des Juifs aux procédures de réparations est devenue un problème très grave. Leur nombre, parmi les juges et dans les diverses phases de l'instruction et du procès, est tellement élevé qu'il semble justifier par l'expérience l'affirmation très répandue selon laquelle l'essentiel de ces procédures est une mesure de rétorsion : autrefois, c'étaient les Hongrois qui jugeaient les Juifs, à présent, ce sont les Juifs qui jugent les Hongrois. Nombreux furent ceux qui reconnurent de bonne heure le caractère périlleux d'une telle présentation des choses ; il a été déclaré, officiellement ou non, que les procédures de contrôle individuel[1] et l'activité des tribunaux populaires n'ont pas pour objet de fournir aux Juifs l'occasion de se comporter en justiciers à l'égard des non-Juifs, mais de chercher à réparer les injustices dues à la bassesse et à la malignité, à offrir une compensation quelconque pour le mépris de la dignité et les pertes de vies humaines dont elles sont responsables. Les milieux gouvernementaux ne tardèrent pas à s'apercevoir que, pour faire appliquer ce principe, il valait mieux recourir à des exécutants non-Juifs. Mais nul n'eut le courage de déclarer ouvertement que, du moment que subsiste le moindre danger de faire accréditer l'idée selon laquelle les procédures judiciaires visant à réparer les conséquences des persécutions antijuives constituent une *juridiction juive*, le principe à suivre ne consiste pas à faire participer le moins de Juifs possible à ces procédures, mais à les exclure purement et simplement de la juridiction exceptionnelle instituée à cet effet et cela, dans toutes les phases de la procédure. A quoi on pourra répondre naturellement que faire une telle discrimination entre Hongrois, c'est déjà du fascisme et qu'il n'y a pas de Juifs, seulement des Hongrois d'origines et de confessions diverses, tous également qualifiés pour occuper tous les postes et exercer toutes les fonctions. Mais prétendre que, dans le cas d'un ancien déporté astreint

---

1. « Procédure de contrôle individuel ». Après la Libération, des commissions de contrôle furent constituées pour examiner le comportement de chaque citoyen durant les années du fascisme.

au service du travail obligatoire, d'origine bourgeoise ou petite-bourgeoise qui, à son retour, apprend l'extermination de toute sa famille, après quoi il entre dans l'appareil judiciaire chargé de juger les demandes de réparations, pour procéder à des interrogatoires, pour enquêter ou pour juger, que dans son cas sa qualité de Juif humilié et éprouvé est indifférente et qu'il est simplement un des nombreux Hongrois démocrates qui participent à la lutte contre le fascisme selon leurs capacités relève, dans le meilleur des cas, de la fiction. Certes, j'ai vu personnellement plus d'un exemple de sublimation de ses sentiments personnels, et constaté avec une profonde émotion le grand nombre de persécutés (ils étaient bien plus nombreux que je ne l'aurais cru) qui, dans les affaires de réparation ont voulu et su préserver leur objectivité, mais, à ma connaisance, cette attitude est loin d'être générale. De toute façon, dans cette affaire, il ne s'agit pas d'interdire l'accès à certaines carrières, comme c'était le cas autrefois, dans la législation antijuive, il s'agit d'une action ponctuelle dont le but est de permettre à la nation hongroise de rétablir son honneur — dans la mesure où on peut le faire à coups de sanctions judiciaires —, de punir et de stigmatiser ceux qui l'ont souillé ; il est donc de la plus haute importance que la validité morale des verdicts prononcés dans le cadre de cette procédure ne puisse être battue en brèche ou infirmée de quelque façon que ce soit. D'ailleurs, une bonne vieille règle dit qu'on ne peut être « juge et partie à la fois » or, dans cette affaire, les Juifs hongrois jouent incontestablement le rôle de plaignants et d'accusateurs. En conclusion, dans le procès qui oppose de Juifs à leurs persécuteurs — et, si les Juifs n'exigent pas le recours à la juridiction internationale, mais tiennent à manifester qu'ils sont partie de la nation hongroise — il appartient à la meilleure partie des Hongrois non-Juifs d'apaiser les esprits en prononçant des verdicts justes et crédibles.

Certes, il aurait mieux valu dire tout cela avec calme, il y a trois ans. Nombreux sont ceux qui pensent que c'était aux Juifs « animés de bons sentiments » de le faire. Mais j'estime pour ma part que nous n'avons guère le droit de formuler de telles exigences morales envers les Juifs ou envers certains d'entre eux, et de nous épargner ainsi l'inconfort d'une telle prise de position : malgré l'irritation, les mésinterprétations et les accusations qu'elle n'aurait pas manqué de provoquer chez les Juifs particulièrement susceptibles à cet égard, cette tâche revenait aux non-Juifs dont le comportement avait été *relativement* honnête à l'époque des persécutions et qui, de ce fait, avaient acquis un certain droit moral de prendre la parole dans cette affaire. Par lâcheté, par amour du confort, nous nous sommes abstenus de le faire ; nous avons préféré nous plaindre entre nous des revendications « excessives » des Juifs, alors que dans cette question, comme dans beaucoup d'autres, c'est la faiblesse de la communauté nationale, et notre faiblesse à nous, qui a joué un rôle décisif. Bien entendu, il est plus facile, encore maintenant, d'exiger une telle attitude que de prendre effectivement position, étant donné qu'une partie de la société hongroise, avec, à sa tête, la classe moyenne, s'était gravement compromise dans cette affaire par manque de clairvoyance politique. Car on a constaté et déclaré ouvertement et à plusieurs reprises, lors de la constitution des appareils judiciaires chargés d'instruire les procès en demandes de réparations, que la qualité de persécuté racial ne confère pas automatiquement la qualité de démocrate, pratiquement tout responsable était obligé de conclure que chez les Juifs et chez ceux qui tombaient sous le coup des lois antijuives, on risquait moins de recruter un ancien militant du parti des Croix fléchées ayant dissimulé son passé politique. Donc, dans ce domaine également, les Juifs ont été identifiés aux démocrates. Avec une plus grande vigilance démocratique, on aurait pu éviter la naissance d'un esprit néo-antisémite à propos du problème des réparations. Mais le néo-antisémitisme ne concerne pas seulement le domaine des demandes de réparations, dont le processus touche maintenant à sa fin, il s'étend à l'ensemble de la vie publique de la Hongrie nouvelle et mérite un chapitre à part.

Renaissance de l'antisémitisme après 1944 :
Proto-antisémites et néo-antisémites

Au moment de la Libération, l'antisémitisme était à son degré zéro. Ceux qui n'aimaient pas les Juifs continuaient à ne pas les aimer, mais impressionnés par les horreurs des persécutions, ils n'exprimaient pas leurs sentiments et leurs récriminations habituelles qui auraient paru dérisoires à côté des souffrances subies par les Juifs. Au cours des années qui ont suivi, cette inhibition a complètement disparu. Il existe de nouveau un antisémitisme authentique qui puise ses références et trouve sa nourriture presque exclusivement dans les événements qui se sont déroulés après 1945. Depuis que les premiers symptômes de ce néo-antisémitisme sont apparus, la discussion se poursuit sur ses causes : certains estiment qu'il s'agit simplement d'une recrudescence du fascisme, d'autres que l'irritation des déclassés à la suite de la réforme agraire, des licenciements ou d'autres transformations se tourne avant tout contre les Juifs ; d'autres encore, que c'est un phénomène de compensation : les ex-persécuteurs et dans une moindre mesure le pays tout entier ont mauvaise conscience et essaient de la masquer en formulant des accusations contre les Juifs. Par ailleurs, de temps en temps, des allusions plus ou moins amicales sont faites à certains excès dans les demandes de réparations, au bien-être des profiteurs de l'inflation[1], à des abus de pouvoir, allusions qui sont ensuite démenties et rejetées avec vigueur. Certains appellent cette renaissance de l'antisémitisme néo-antisémitisme, d'autres contestent le bien-fondé de cette désignation et soutiennent que c'est le vieil antisémitisme, bien connu par les assassinats de masse dont il est responsable : les vieux antisémites reprennent « du poil de la bête ».

Il est incontestable que les anciens antisémites jouent un grand rôle dans le nouvel antisémitisme. D'abord ceux qui ont sur la conscience des crimes ou des délits passibles de sanctions judiciaires ou qui en ont déjà fait l'objet ; ensuite

---

1. L'inflation atteignit des chiffres astronomiques en 1945 et en 1946, entraînant avec elle son cortège de spéculateurs, de profiteurs et de trafiquants de devises.

ceux dont le cas ne relève pas des tribunaux, mais qui se sentent responsables de certains méfaits, de certains traitements inhumains infligés aux Juifs ou de refus d'assistance : entendre souvent parler de responsabilités dans les persécutions antijuives les met mal à l'aise et pour compenser leur malaise, ils partagent avec enthousiasme les opinions antisémites. Il y a ceux qui, à l'époque des persécutions, plaignaient sincèrement les Juifs pour les supplices qu'ils n'avaient pas mérités, mais qui, en même temps, fidèles à l'esprit de la vieille hiérarchie sociale, n'étaient pas mécontents de les voir « remis à leur place », c'est-à-dire limités dans leurs possibilités, modestes et humbles, et qui aujourd'hui parlent des « excès » des Juifs en constatant que ceux-ci ne portent pas sur leur visage la peur de la mort, comme au moment où ils sollicitaient leur aide. On retrouve, au fond, le même état d'esprit chez ceux qui plaignaient et, éventuellement, versaient des larmes à la vue des Juifs emmenés aux camps de la mort, mais qui considéraient ces procédés comme une solution, certes, horrible, de toute la question juive en Hongrie et, en particulier, de ses propres problèmes avec les Juifs. Ceux-là s'irritent maintenant de plus en plus de voir une partie des Juifs revenir chez eux et surtout de constater que la plupart des Juifs les plus en vue, ceux de la capitale, sont restés en vie, même si les autres ont péri. C'est ainsi que nous rencontrons des personnes qui pensent minimiser l'importance de l'extermination d'un demi-million de Juifs en rappelant que dans la rue où ils habitent, tous les boutiquiers juifs sont revenus et en plus deux autres se sont établis ! C'est à ce propos que nous entendons des « plaisanteries » impardonnables et inadmissibles pour tout homme ayant un sens moral intact, qui présentent les camps de la mort et les exterminations massives comme des opérations inoffensives, empreintes d'une certaine bonhomie.

Mais ce serait une très grave illusion — et de la part des Juifs une tentative en vue de se boucher les yeux — de ne voir dans le néo-antisémitisme qu'une recrudescence des anciens antisémites. Certes, il est évident qu'en ce qui concerne son essence et ses structures de base, l'antisémitisme d'aujourd'hui ne peut différer de celui d'hier. Mais cela ne veut pas dire qu'il soit toujours professé et pratiqué par ceux qui, depuis le début des années 40, l'ont professé et pratiqué avec des résultats de plus en plus macabres ; cela veut dire que, comme tout antisémitisme, il se nourrit de préjugés, de conflits sociaux. Et comme depuis 1944, une multitude d'individus se sont confrontés aux Juifs dans une nouvelle situation, nous pouvons être sûrs que, chez de nombreuses personnes, l'antisémitisme est de fraîche date. Bref, *il n'y a pas de néo-antisémitisme, mais il y a des néo-antisémites.* Ceci est particulièrement manifeste à deux égards. D'une part, il existe un grand nombre de Hongrois qui, tout en n'ayant pas été expressément antisémites avant la Libération, le sont devenus et le proclament ouvertement, et, d'autre part, si la paysannerie hongroise, dans son ensemble, n'est pas antisémite, il existe beaucoup plus qu'avant un antisémitisme paysan. Je tiens à souligner que par paysan j'entends uniquement les paysans moyens et pauvres qui travaillent de leurs mains, car nous savons que parmi les grands propriétaires, les riches paysans devenus « gentilshommes », l'antisémitisme n'a pas été inconnu, les atrocités commises en 1919 dans la Grande Plaine hongroise[1] le montrent avec suffisamment d'éloquence.

L'analyse des trois explosions antijuives locales qui ont eu lieu depuis 1944 montre également qu'il ne s'agit pas ici de vieux antisémites qui relèvent la tête. En ce qui concerne la première, le rôle de la classe moyenne nationaliste répétant partout que la nation est opprimée par les Juifs est clair. La seconde, en revanche, était une affaire purement anticapitaliste et affaire de prolétaires ; ce qui l'avait transformée en pogrom et lui avait donné un caractère antisémite, ce n'était pas le fait que les deux capitalistes visés par la colère populaire étaient Juifs, mais que le troisième, parce qu'il ne l'était pas, s'en était tiré à bon compte. Enfin, la troisième explosion est celle qui mérite le moins le qualificatif de « pogrom », car tous les bourgeois ayant provoqué la colère populaire ont vu leurs vitres cassées, sans considération de

---

1. Après l'échec de la Commune hongroise, la « Terreur blanche » contre-révolutionnaire s'est déchaînée. De nombreuses atrocités ont été commises, notamment dans les campagnes, contre les communistes, les sociaux-démocrates et les Juifs.

leur appartenance religieuse ; ici, la foule révoltée était composée de paysans radicalement révolutionnaires, qui n'avaient pas subi l'influence pernicieuse des bourgeois ou des ex-aristocrates.

Si nous nous demandons maintenant sous quelles influences et à la suite de quelles situations ces hommes et ces femmes étaient devenus antisémites, nous devons mentionner en premier lieu les *perdants de la grande transformation sociale* qui se poursuit depuis 1945, les ex-grands propriétaires, les individus et les couches de la population qui ont été déchus de leur rang social avec leur fortune ou avec leurs fonctions, et qui, autrefois, protégés par leur situation privilégiée, pouvaient se permettre de ne pas s'irriter de l'expansion juive, jugée inoffensive pour eux, mais pour qui actuellement, démocratie, communisme et judaïté apparaissent dans un même amalgame.

Cependant, peuvent en outre devenir antisémites, sous le choc des transformations sociales, des personnes qui ne sont nullement lésées par ces dernières ou qui en ont même tiré des avantages. A propos de la relève, on a vu se confirmer la vieille règle, selon laquelle des personnes imprégnées d'esprit féodal ou servile supportent beaucoup mieux les actes arbitraires et les abus de pouvoir commis par les membres des classes « historiques » et possédant, de ce fait, un prestige incontestable, que de la part de ceux qui sont parvenus récemment au pouvoir, même si ces derniers sont issus de leurs rangs, et à plus forte raison, s'ils sont différents d'eux.

D'autres sont devenus antisémites à la suite des frictions provoquées par les procédures de *demandes de comptes*. S'il est vrai que seuls ceux qui ont mauvaise conscience ont des *raisons* de craindre les dénonciations, les règlements de comptes, les commissions de contrôle, ou l'épuration, il n'en est pas moins vrai que la peur du danger d'être *objet* d'une dénonciation, d'une demande de réparations, d'une convocation devant la commission de contrôle, d'une épuration ou d'un traitement préjudiciable s'est étendue à tout le pays. Or, à considérer l'état d'esprit des Juifs après les persécutions, leur méfiance à l'égard de tous, nous pouvons être sûrs que de telles situations ont fait naître de nouveaux antisémites. Dans ce groupe, les cas les plus frappants sont ceux des anciens protecteurs des persécutés, qui, à présent, s'opposent résolument à eux. Certes, une phrase comme « je regrette d'avoir aidé des Juifs » me semble impardonnable et témoigne d'un niveau moral insuffisant, quelle qu'ait été la déception qui l'a provoquée. D'ailleurs, d'après mon expérience, ce genre de propos est surtout tenu par des ulcérés qui, après coup, ajoutent à leurs plaintes l'aide insignifiante qu'à l'époque ils ont donnée aux Juifs ou qu'ils croient leur avoir donnée. D'ailleurs, le nombre exact de ces cas importe peu, de même d'ailleurs que leur crédibilité, et il est peu vraisemblable qu'ils aient joué un rôle décisif dans l'antisémitisme. Ce dont il faut tenir compte, c'est qu'il s'agit là de facteurs non négligeables des fondements *moraux* et du renforcement de l'antisémitisme, de quelque origine qu'il soit.

Nous pourrions chercher et trouver d'autres situations sociales et individuelles, sources de frictions susceptibles de renforcer l'antisémitisme. Elles ont toutes un dénominateur commun : le changement manifeste survenu dans la situation des Juifs par rapport au pouvoir.

Problèmes liés au rapport des Juifs au pouvoir
Non-existence d'un pouvoir juif après 1944

L'écroulement du régime contre-révolutionnaire en Hongrie a provoqué une relève généralisée aux postes de commande, et des modifications sensibles dans la répartition des biens et des fortunes. Avantages et privilèges — qui, à de nombreux égards, ont remplacé l'aisance due à la fortune — ont également changé de mains et ceux qui sont chargés d'apprécier et de sélectionner leurs concitoyens, autrement dit, d'attribuer emplois et fonctions, sont également des nouveaux venus dans les allées du pouvoir. Antisémites et Juifs susceptibles publient périodiquement des chiffres impressionnants, mais souvent fantaisistes montrant que cette relève s'est surtout effectuée au bénéfice des Juifs ou des personnes tombant sous le coup des anciennes lois antijuives. Il serait inutile d'éluder cette question, car Juifs et non-Juifs ont perdu, et pour longtemps, leur objectivité dans cette affaire. Les chiffres portant sur la proportion de certaines catégories de la population dans les diverses carrières et professions évoquent, certes, de fort mauvais souvenirs, mais cela n'empêche pas les fonctionnaires de l'administration publique de les calculer à titre officieux. Mais nous n'avons nul besoin de vérifier si ces statistiques sauvages correspondent à la réalité, car elles ne sont pas indispensables pour analyser la nature et le contenu de cette relève. Au lendemain de la Libération, nous avons assisté au crépuscule des grands propriétaires, des hauts fonctionnaires du régime contre-révolutionnaire et des dirigeants droitiers de la vie économique, en même temps qu'à l'accession au pouvoir politique et administratif de l'ex-opposition de gauche et des partis du mouvement ouvrier, à la nomination aux postes de commande de la partie étatisée de la vie économique, de dirigeants qui ne s'étaient pas compromis avec la droite, au rétablissement provisoire du grand capital, à l'abrogation des dispositions législatives et effectives visant à restreindre le rôle des Juifs dans la vie économique et politique et à la réparation partielle des pertes subies. A quoi s'est ajouté le phénomène transitoire, la prospérité éphémère des spéculateurs, des profiteurs de l'inflation, des chevaliers du marché noir, ou, tout simplement, des bénéfices de gains facilement obtenus. Plus tard, la nationalisation de l'industrie a considérablement réduit l'importance du grand capital et accru celle des dirigeants de l'industrie nationalisée. Connaissant plus ou moins les statistiques officieuses portant sur la proportion des Juifs et des non-Juifs dans ces différents secteurs de la vie publique et économique, on peut affirmer avec certitude que la relève ou le rétablissement de l'ancienne situation se sont opérés largement en faveur des Juifs et des personnes tombant sous le coup des lois antijuives. Mais il serait difficile de parler à ce propos de tendances ou d'intentions, car, de l'autre côté, on assiste à un renforcement de la politique dirigée contre les capitalistes, en partie juifs ; la récente vague d'émigration provoquée par ce tournant permet de douter sérieusement de l'efficacité du « pouvoir juif » postulé par les antisémites et la proportion des Juifs parmi les dirigeants économiques récemment nommés ne peut rétablir l'équilibre. La relève : ce sont des situations de fortune ou des positions issues de structures économico-sociales anciennes ou rétablies dans leur ancienne forme, c'est la redistribution socialiste des privilèges et des avantages et c'est aussi une conjoncture tout à fait transitoire : elle se trouve dans un état d'ébullition permanente. Tout ce que les Juifs ont à voir là-dedans, c'est que ces processus partiels se sont engagés *après* la cessation des persécutions antijuives et la disparition, de la vie publique, des persécuteurs de Juifs.

Mais l'essentiel du problème ne réside pas dans la proportion des Juifs et des non-Juifs dans les postes importants, dans la permanence ou dans la variabilité de ces chiffres, même si, selon toute apparence, cette question préoccupe une partie de la population. Soyons certains que tant que l'ensemble du peuple hongrois n'est pas assuré de pouvoir bénéficier de tous les avantages offerts par la scolarisation, tant qu'il n'a pas la possibilité de choisir n'importe quelle carrière et de s'élever ainsi dans la hiérarchie sociale, aucune « redistribution » des possibilités économique, sociales et politiques, aussi radicale soit-elle, ne pourra aboutir à autre chose qu'à une modification de la participation respective des aristocrates, des classes moyennes chrétiennes, des Hongrois d'origine allemande et des Hongrois d'origine juive à la vie économique, sociale et politique. C'est à ces quatre groupes que les voies de la réussite sociale étaient ouvertes en Hongrie, et ce ne sont certainement pas les modifications survenues dans les proportions d'occupation des postes clés qui amélioreront l'organisation de la société hongroise, qui rendront son évolution harmonieuse et qui apaiseront les esprits.

En revanche, il n'est pas sans intérêt de montrer le rapport entre certains critères d'appréciation et de sélection mal définis d'une part et la modification dans la proportion des Juifs et des non-Juifs occupant les postes de commande, de l'autre. Non pas *parce que* ces critères ont provoqué des changements dans les proportions et pas davantage *pour* « améliorer » les proportions en question, mais parce que ces critères ont fourni de faux étalons pour apprécier les mérites et les capacités de chacun d'utiliser les possibilités offertes par la vie sociale et politique. Une juste attribution des postes ne peut résulter que de l'élucidation de ces critères. A cet égard, deux connexions sont importantes : celle entre judaïté et antifascisme et celle entre judaïté et communisme. Identifier ou mettre en rapport judaïté et démocratisme a toujours été un danger permanent dans les pays où l'évolution démocratique avait des défaillances, où il fallait combattre des traditions féodales aristocratiques et serviles très fortes et très étendues, et briser des attaches sociales et sentimentales très puissantes pour faire triompher les conceptions sociales fondées sur l'égalité. Dans un tel environnement, les Juifs émancipés qui n'avaient pas eu à surmonter des inhibitions féodales et qui avaient, dans leur majorité, rompu les liens qui les attachaient à leur ancienne communauté, prenaient fait et cause pour la démocratie, plus simplement et plus naturellement que les autres citoyens. Attribuer à cette attitude une valeur exemplaire et s'en servir à des fins de propagande a toujours été une erreur, en raison, précisément, de la divergence des antécédents historiques des Juifs et de leur environnement et aussi du relatif isolement de la communauté juive. Bien au contraire, la connexion établie entre judaïté et démocratisme ne tarda pas à animer des courants antidémocratiques. Les difficultés résultant de cette situation se manifestèrent dans toute l'Europe centrale et particulièrement, en Hongrie, à partir de la fin du XIXe siècle : la débâcle qui suivit la première guerre mondiale, après la Révolution d'octobre, la désintégration de la Hongrie historique et la République des Conseils, l'identification de la judaïté et de la démocratie devinrent désormais des composantes de l'idéologie officielle de la contre-révolution.

A cet égard, la montée du fascisme devait apporter un changement de taille : de simple conception erronée, la mise en rapport de la judaïté et de la démocratie devint un principe fondamental de sélection redoutable dans la pratique politique. Partout en Europe, le fascisme provoqua la désagrégation complète des institutions et des réflexes de la discipline communautaire qui étaient destinés à réfréner les ambitions brutales, les excès dans l'exercice du pouvoir, la cruauté humaine et l'égoïsme insensible aux principes, aux idées et aux idéologies. Partout en Europe, il sélectionna un type d'homme animé de sentiments et d'une morale fascistes, prêt à rejeter avec joie le contrôle gênant d'un ordre social guidé par des objectifs précis. En raison des forces sociales, des sentiments collectifs et des impasses auxiliaires du fascisme, en raison aussi de la situation des Juifs dans ces pays, la Hongrie, comme toute l'Europe centrale, était prédestinée à subir la variante antisémite du fascisme; d'autre part, le voisinage d'une Allemagne puissante contribua à susciter une haine antijuive plus exacerbée que celle qu'un fascisme purement hongrois aurait spontanément produite. Ce qui signifiait que la pierre d'achoppement de toute sélection fasciste était essentiellement le rapport aux Juifs et aux personnes d'origine juive que les persécutions isolaient du reste de la population comme elles ne l'avaient jamais fait auparavant. Ainsi, c'est exclusivement au sein de la société hongroise non-juive que le fascisme opéra sa sélection politique et morale, sélection d'une ampleur sans précédent depuis des siècles, y compris la guerre de libération de 1848-49. Pendant la période assez longue séparant la première loi antijuive de la chute sanglante du régime contre-révolutionnaire, tous ceux qui n'étaient pas concernés par les lois antijuives ont eu toutes les tentations et toutes les occasions possibles de céder au vertige du pouvoir, de se montrer sous un jour inhumain et cruel, ingrat et ignoble, de réussir par la violence et par l'immoralité, d'obtenir pouvoir et bien-être et d'en jouir d'une façon irresponsable. Ces possibilités ont permis non seulement de sélectionner tous les individus de moralité douteuse, mais aussi de donner libre cours à la méchanceté dissimulée au fond des âmes des personnes d'une honnêteté moyenne.

D'où les perturbations survenues dans le choix des dirigeants de la démocratie hongroise : en effet, le fascisme n'a pas opéré la même sélection parmi les Juifs et les personnes tombant sous le coup des lois antijuives et parmi lesquelles on aurait trouvé naturellement des esprits ayant des affinités avec le fascisme, en aussi grand nombre qu'ailleurs. Ainsi, au moment de la chute du fascisme, non-Juifs et Juifs se trouvèrent dans deux situations diamétralement opposées : les premiers sélectionnés et abondamment compromis par le fascisme et les seconds en possession des droits que leur conféraient les souffrances incommensurables dont ils avaient été les victimes innocentes et, en outre, nullement compromis par leur comportement durant le fascisme. En vain a-t-on déclaré en haut lieu et ouvertement que le fait d'avoir été concerné par les lois antijuives ne suffisait pas pour revendiquer la qualité de démocrate, dans la pratique, faute de disposer de suffisamment de démocrates, on était obligé d'admettre que les Juifs avaient au moins une qualité négative : celle de ne pas avoir été compromis par le fascisme. Malheureusement, aucune personnalité compétente et crédible n'a élevé la voix pour faire la distinction entre les Juifs de gauche, les militants actifs de longue date et les antifascistes d'une part et ceux que les persécutions avaient dressés contre le fascisme d'autre part — et cela non pour désavantager ces derniers en quelque façon que ce soit, mais pour réserver aux premiers le droit de servir d'exemple et de participer à l'éducation démocratique. L'absence de cette distinction et la non-compromission générale des Juifs ont eu deux conséquences graves : d'une part leur volonté de donner des leçons de démocratie et d'autre part le fait que des hommes de mentalité fondamentalement fasciste ont pu parler au nom de la démocratie. La tendance à donner des leçons se révéla particulièrement dangereuse dans une situation précise : certains Juifs, prétendant avoir toujours bien perçu les véritables intérêts du peuple hongrois et reconnu le caractère illusoire et dangereux de la politique chauvine visant au rétablissement de la Hongrie historique, ont cru bon de traiter de chauvins et de stigmatiser tous ceux qui prennent trop à cœur les humiliations subies à la suite de la défaite militaire et le sort des Hongrois au-delà des frontières [1], en parlent trop fort et exigent dans certaines situations la défense de l'amour-propre et des intérêts nationaux. Or, le droit d'apprécier le cas de ces personnes revient à ceux dont l'opposition aux différentes variantes du fascisme et aux illusions nationalistes date d'avant les persécutions antijuives.

1. Les traités de paix conclus à l'issue de la Seconde Guerre mondiale ont eu des conséquences redoutables pour les minorités hongroises des Etats voisins.

Les agissements au nom de la démocratie de personnes à mentalité fasciste sont devenus particulièrement dangereux dans les cas de *violence révolutionnaire*. Il est très important de savoir faire la distinction entre esprit révolutionnaire et violence fasciste. Certains esprits conservateurs sont particulièrement enclins à les confondre : pour eux, l'un comme l'autre signifient l'ignorance des droits acquis, des procédures formelles et des méthodes douces. Or, toute détermination, toute rigueur et toute volonté de puissance ne relèvent pas forcément du fascisme et ne peuvent lui être apparentées ; il en est ainsi de la détermination, de la rigueur et de la volonté de puissance qui, tout en posant de graves problèmes, sont dictées par des principes justes. Entre mentalité révolutionnaire et mentalité fasciste, il y aura toujours une ligne de démarcation très nette et théoriquement facile à tracer : la mentalité révolutionnaire est prête, pour faire triompher un *principe* dont elle subit le contrôle rigoureux, à oublier momentanément tous les ménagements et tout égard à des sensibilités, alors que la mentalité fasciste est prête à servir n'importe quel objectif pour pouvoir donner libre cours à ses tendances sadiques, acquérir et servir n'importe quelle idéologie ou pseudo-idéologie dont elle transgressera cependant les principes pour suivre les lois dictées par sa propre *sauvagerie*. Comme, de nos jours, l'esprit révolutionnaire s'identifie pratiquement au communisme, le moment est venu d'aborder le problème de l'identification de la judaïté et du communisme.

L'identification du communisme avec l'ambition juive du pouvoir est un vieux slogan commun à de nombreux courants du conservatisme européen, comme de tout fascisme. En Hongrie, ce fut surtout après la première République des Conseils qu'elle devint lieu commun de la vie publique contre-révolutionnaire à telle enseigne que dans les milieux appartenant à la classe moyenne hongroise, on croyait dur comme fer que la ligne du communisme consistait tout simplement à représenter les intérêts, à faciliter la réalisation des objectifs des Juifs, et que, par conséquent, il suffisait de soigner ses relations avec les Juifs pour se concilier les bonnes grâces des communistes. Cette confusion est bien illustrée par la phrase suivante, entendue récemment : « Pourquoi les *communistes* ont-ils donc maille à partir avec X. qui a toujours été *libéral !* » Cette déclaration, qui paraît parfaitement dénuée de sens, ne peut être comprise que lorsqu'on sait que dans le vocabulaire de la classe moyenne hongroise « libéral » signifie « *ami des Juifs* » et communiste « représentant du *pouvoir juif* ». La nationalisation de la grande industrie, qui frappa durement le capital juif, fut peut-être le premier événement propre à ébranler sérieusement cette profonde conviction. A une échelle plus grande, on peut considérer la situation des Juifs en Russie dont l'évolution montre clairement que la politique communiste qui n'a pas été « philosémite » au début, ni « antisémite » plus tard, est mue par d'autres ressorts que le rapport envers les Juifs.

En revanche, il est exact que l'intelligentsia et l'artisanat juifs réagirent rapidement et favorablement au communisme, ce qui s'explique assez bien par le rapport des Juifs à la féodalité et au capitalisme, rapport différent de celui observé par l'environnement, et aussi par leur grande disposition à la critique sociale. En effet, l'adhésion au socialisme et surtout au socialisme marxiste est préparée par une réflexion approfondie sur la logique interne du capitalisme, ce qui rend difficile la simple compréhension du marxisme à des individus imprégnés d'esprit aristocratique ou servile. Tel est donc le lien entre le capitalisme juif et le socialisme juif, mais il n'est pas question de solidarité secrète entre capitalistes et socialistes juifs. D'ailleurs, ce lien ne concerne pas les masses, seulement une élite au sein de la société bourgeoise et démocratique juive, élite qui finit par adhérer au mouvement ouvrier et se retrouve dans le grand creuset assimilateur du mouvement ouvrier révolutionnaire. Au fur et à mesure que l'ensemble de la société évolue, et étant donné l'orientation que prend cette évolution, les conditions seront réunies pour que la composition des militants du socialisme soit mieux équilibrée.

En Hongrie, après 1944, ceux qui posent problème à cet égard, ce ne sont pas les vieux militants ou les nouveaux adeptes qui adhèrent au mouvement ouvrier à la suite d'une sérieuse sélection, mais la *masse* des néophytes que les persécutions antijuives récentes ont poussés dans les bras des socialistes et des communistes. Leur adhésion massive s'explique — en dehors des persécutions — par les circonstances particulières qui règnent en Hongrie. En Europe, deux forces avaient combattu efficacement la persécution des Juifs : la gauche militante et, avant tout, le communisme, et les différents dépositaires de la tradition européenne : la bureaucratie et les classes moyennes conservatrices. Incontestablement, dans tous les pays d'Europe, la première force fut plus dynamique, mais la seconde n'a pas été pour autant négligeable, non pas tant dans le domaine de la lutte idéologique que dans la protection physique, le sauvetage des Juifs. On a vu qu'en Hongrie, les forces du conservatisme européen avaient, *dans l'ensemble* et malgré quelques efforts occasionnels, échoué, surtout parce que leurs relations avec la contre-révolution déjà contaminée par le fascisme les avaient fait reculer au moment décisif. Aussi, les Juifs apolitiques qui, jusque-là, avaient suivi assez passivement une direction libéralo-capitaliste essentiellement conservatrice, ne voyaient en dehors du Parti communiste aucune force capable de les protéger contre les persécutions. Ce qui ne signifie pas que cette partie importante des Juifs soit devenue communiste et encore moins qu'elle ait suivi le Parti après ses diverses actions anticapitalistes : mais ils ont retenu qu'en Hongrie, le régime qui rétablirait le capitalisme engagerait en même temps des actions contre-révolutionnaires et antisémites. Nul n'a le droit de leur reprocher cette prise de position, qui, partagée par une masse importante, pose certains problèmes.

Problèmes dont certains aspects préoccupent le mouvement ouvrier lui-même, car une partie considérable de ces néophytes pratique des modes de vie, et possède des mentalités et des réflexes essentiellement bourgeois. Je n'ai pas besoin d'insister sur cet aspect du problème, puisque la rigueur et l'énergie avec laquelle le Parti combat ces tendances bourgeoises en son propre sein, allant, le cas échéant, jusqu'à l'exclusion de certains de ses membres, et, d'une façon générale, la limitation des possibilités d'expansion des capitalistes et des commerçants qu'il préconise, paraissent, pour l'observateur extérieur, plutôt excessives qu'insuffisantes.

Un autre groupe d'adhérents de fraîche date n'est pas aussi facile à identifier, malgré la clarté et l'évidence du problème qu'ils posent. Il s'agit de personnes d'un dévouement à toute épreuve dont l'adhésion a été motivée par l'expérience : elles avaient, en effet, constaté que les communistes sont les plus conséquents et les plus énergiques dans l'attaque et la prise de sanctions contre leurs adversaires et, avant tout, contre le fascisme, et qu'ils attribuent à leurs fidèles des positions clés fortes et efficaces. Ceux qui ont cet état d'esprit sacrifient volontiers, si besoin est, leurs tendances et réflexes bourgeois. Leur état d'esprit a deux composantes essentielles dont chacune est justiciable d'un jugement moral différent : la première et la moins fréquente est la quête incessante des réparations pour les torts subis, l'autre, bien plus répandue, est l'amour des excès de pouvoir, de la violence et de la domination pour eux-mêmes, ce que nous avons nommé plus haut « mentalité fasciste ». Il n'est pas facile d'opérer un tri parmi ces personnes, car en mettant l'accent sur la lutte contre des méthodes dures, on risque de mettre en danger l'esprit révolutionnaire et en écartant les Juifs, de renforcer les éléments fascistes, au lieu de les affaiblir.

De cette situation découlent un certain nombre d'inconvénients qui contribuent à dévoyer certaines actions du Parti ou à nuire à sa popularité. Pouvons-nous affirmer après cette analyse que l'évolution des structures de pouvoir du communisme hongrois favorise dans son ensemble le pouvoir des Juifs ?

N'en déplaise à certains ; étant donné la réalité actuelle et les perspectives de l'évolution future du pays, jamais, en Hongrie, les Juifs ont eu aussi peu de pouvoir depuis le début de l'ère moderne. Actuellement, l'évolution sociale et politique de la Hongrie est telle que tout problème concernant la participation des Juifs et leur proportion par rapport aux non-Juifs dans la vie active deviendra caduc dans un bref délai.

Qu'est-ce que le *pouvoir juif* ? Il faut cerner avec une grande rigueur le contenu d'une telle expression, si nous voulons éviter l'usage imprécis et trompeur que l'on en fait généralement. L'ensemble des positions occupées par un certain nombre d'individus, et les possibilités qu'ils ont individuellement d'exercer un pouvoir quelconque, ne mérite le nom de pouvoir collectif que si ces positions et ces possibilités constituent un réseau cohérent et durable à l'intérieur des structures sociales et si ceux qui coopèrent dans ce réseau possèdent une ou plusieurs caractéristiques communes — en l'occurrence, leur qualité de Juif —, caractéristiques qui jouent dans leur coopération un rôle prépondérant et décisif. Or, il faut voir très clairement qu'à cet égard, du fait de la différence et de la dispersion de leurs positions sociales, de leurs conceptions et de leur appartenance nationale ou communautaire, les Juifs en général et les Juifs hongrois en particulier ne constituent aucun pouvoir juif. Nous ne pouvons pas dire non plus que les organisations religieuses et autres des Juifs hongrois occupent une position quelconque à l'intérieur du pouvoir. Pour parler de pouvoir juif, il faut chercher, dans la société, des organes de pouvoir dont le fonctionnement et l'impact sont déterminés et réglés par des Juifs qui y occupent des positions importantes et qui sont solidaires entre eux et envers leurs coreligionnaires. Dans ce sens, les capitalistes juifs en Hongrie ont réellement exercé un pouvoir juif : leur organisation s'étendait au pays tout entier et constituait un réseau d'entreprises et d'intérêts communs, de services mutuellement rendus, notamment dans le domaine de l'embauche et des carrières. Ce réseau, au moment voulu, pouvait se mettre en mouvement pour défendre les intérêts et manifester son soutien, contribuer à surmonter les difficultés ou à satisfaire les revendications de certains Juifs, *en tant que* Juifs. C'était une organisation qui, dans les limites assez floues de ses intérêts, n'hésitait pas à mettre ses forces dans la balance pour appuyer ce genre d'actions et qui, dans la fixation de ses objectifs et de sa stratégie, tenait compte de point de vue de certains Juifs en particulier ou du point de vue juif en général. Dans une moindre mesure, il en était de même en ce qui concerne les possibilités offertes aux Juifs par la presse et par les organes de diffusion de la culture, ainsi que par certaines organisations de gauche. Vues de près, toutes ces organisations étaient loin de fonctionner comme le suggéraient certains récits terrifiants répandus par les antisémites ; si d'aventure un Juif, conscient de sa qualité de Juif, ajoutant foi à ces légendes, s'adressait à une de ces puissances, il avait l'amère déception de constater que la « solidarité juive » était en panne ou obéissait à d'autres considérations. Cependant, si la demande était modeste, le solliciteur pouvait constater que, même si elles ne disposaient d'aucun plan cohérent pour assurer l'accroissement de l'influence juive, et n'étaient pas pénétrées d'une conscience juive particulièrement forte, ces organisations étaient néanmoins susceptibles de rendre des services aux Juifs.

Dans ce sens-là, il n'existe *aujourd'hui* en Hongrie aucun pouvoir juif solide et bien établi. Sans même parler de la nationalisation du grand capital, les Juifs n'ont pas « récupéré » tout ce qu'ils avaient perdu à l'époque des persécutions, ne sont pas rentrés en possession de tous leurs biens dispersés et n'ont pas pu occuper dans la vie économique la place qui avait été la leur. A présent, avec l'amorce de la transformation socialiste, leurs chances à cet égard vont encore diminuer. En ce qui concerne les grandes organisations qui ont un rôle déterminant dans les existences individuelles, celles qui avaient pu, par le passé, exercer ou abriter un pouvoir juif, le capitalisme tout autant que les organisations politiques de gauche, se sont désintégrées et leur désintégration concerne aussi bien les Juifs que les non-Juifs ; ou bien elles se sont intégrées dans d'autres organisations ou encore elles se trouvent dans une situation entièrement dépendante.

On sait que, parallèlement à cette évolution, les effectifs se sont considérablement accrus dans le service public, dans la vie économique nationalisée et dans les appareils du Parti, mais il est plus que douteux que les carrières ainsi constituées forment un réseau cohérent et puissant comme c'était le cas de l'ex-« capital juif ». Peu importe le fait que des positions importantes soient occupées par des personnes d'origine juive si, le cas échéant, ces positions ne servent aucun intérêt juif, ne se prêtent pas à la manifestation d'une solidarité juive quelconque ou à la réparation de préjudices subis par les Juifs. De nombreux Juifs, de nombreux anciens persécutés, de nombreuses organisations juives ont eu l'occasion de constater non sans amertume que les détenteurs juifs de ces positions ne sont nullement prêts à considérer comme des « affaires juives » leurs revendications petites ou grandes, naturelles et justifiées, lorsque celles-ci ne concernent pas les objectifs et la ligne politique du pouvoir d'Etat, même si elles ne s'y opposent pas.

C'est pourquoi, alors que les masses chrétiennes de la classe moyenne et de la petite bourgeoisie sont fermement convaincues que jamais en Hongrie les Juifs n'ont connu un bien-être semblable et n'ont été en possession d'un pouvoir aussi étendu, tout Juif qui raisonne en tant que Juif perçoit inévitablement les faiblesses, la fragilité et l'instabilité des positions qu'ils occupent. Vue de l'extérieur, l'instabilité ne se manifeste que par les attaques des forces sociales qui comptent sur la victoire de la contre-révolution et de la restauration ; c'est pourquoi, même pour les Juifs non communistes cette instabilité est liée à la menace d'une restauration contre-révolutionnaire et à la peur qu'inspire cette menace. Il est vrai que l'explosion d'actions antisémites non contrôlées ne peut représenter une menace que dans un régime contre-révolutionnaire restauré. Mais la fragilité des positions juives existe même en dehors de cette éventualité. En effet, au cours des dernières décennies, à la suite de l'hostilité du régime contre-révolutionnaire, de la consolidation politique et de la relative sécurité des Juifs, puis des lois et des persécutions antijuives, et enfin des mouvements de masse de sens souvent contradictoires qui ont suivi la Libération, la situation des Juifs s'est considérablement modifiée : elle a donné lieu à des identifications très puissantes et la « cause juive » en tant que telle a fini par perdre toute signification pour ces citoyens. De cette façon, une restauration même parfaitement réussie du capital juif et de la grande bourgeoisie juive ne pourrait être qu'une dépendance assez modeste des puissances conservatrices sociales et politiques ; quant au démocratisme et au radicalisme juifs qui, au cours de l'histoire, s'étaient identifiés à différentes organisations et avaient connu les mêmes impasses qu'elles, ils se sont trouvés pratiquement en situation de dépendance complète à l'égard d'une force qui ne s'identifiera jamais vraiment à eux, et qui est le Parti révolutionnaire du mouvement ouvrier. Car cette organisation politique ne pourra jamais être utilisée en vue d'objectifs étrangers à sa discipline, à ses lois internes et à ses buts. Certes, certaines positions de moindre importance dans le Parti sont occupées par des personnes en qui la conscience juive, la solidarité juive et le souvenir des souffrances endurées par les Juifs sont encore vivaces, et qui peuvent influencer le jugement porté sur des hommes, la façon d'expédier les affaires ou de concevoir certains problèmes, mais ce qui en résulte ne peut avoir qu'un effet transitoire et, en fin de compte, négligeable. Seules les organisations sociales dont le réseau s'étend à l'ensemble de la société sont capables de servir de support à une solidarité particulière ; or, la discipline et la structure interne du Parti communiste sont bâties sur les liens très étroits et solides, d'une part, avec les dirigeants suprêmes du Parti et d'autre part avec les masses : en conséquence, les différentes positions à l'intérieur du Parti ne valent pas pour elles-mêmes, mais sont fonction de force d' « en haut » et d' « en bas », des prises de position de celles-ci et des courants qui les traversent. Il n'existe donc aucune possibilité pour quiconque de mettre le Parti, durablement et sans menacer sa propre position, au service d'un réseau d'intérêts étrangers au Parti et traversant l'ensemble de la société. Alors qu'autrefois, pour déloger les Juifs de leurs positions économiques, le pouvoir d'Etat contre-révolutionnaire avait eu besoin d'une législation spéciale, perturbatrice de l'équilibre intérieur et provoquant la condamnation dans de nombreux pays étrangers, aujourd'hui, si le Parti, pour son évolution ultérieure, estime nécessaire de confier un certain nombre de fonctions à des non-Juifs, il peut le faire sans recourir à aucune législation et sans même prononcer le mot « juif ».

Naturellement, ceux qui identifient pouvoir juif et pouvoir communiste, préjudices subis venant des Juifs et préjudices subis venant des communistes, ne voient pas ce qui pourrait inciter les communistes à s'occuper des conséquences néfastes de cet amalgame. Ils constatent l'existence de ces conséquences néfastes et pensent que, si les communistes ne font rien pour les combattre, c'est parce que cette situation leur convient et qu'ils n'envisagent nullement de la modifier. Or, pour le Parti communiste, l'actualité d'un problème ne dépend pas de l'état d'esprit des divers groupes de la société, groupes dont certains sont ses adversaires, mais de ses propres actions et des lois de son évolution interne. A cet égard, pour que le Parti communiste soit amené à se pencher sur ce problème, deux conditions doivent être remplies : il faut, d'une part, que l'évolution interne, le succès ou l'insuccès des actions du Parti indiquent que le moment est venu de tenir compte de l'identification entre communistes et Juifs ; et d'autre part que le Parti puisse connaître un élargissement de la base sociale de ses réserves, élargissement qui est en cours depuis la Libération et qui ne manquera pas de modifier les proportions (de fraîche date ou de date ancienne) qui se manifestent dans la composition des membres du Parti. Bien entendu, cette modification ne sera nullement conforme à l'idée que s'en font certains Hongrois de la classe moyenne qui s'imaginent qu'il existe au sein du Parti une lutte entre une « aile juive » et une « aile non-juive », que cette dernière sympathise en quelque sorte avec les anticommunistes nationalistes et s'apprête à leur rendre le communisme plus « agréable ». L'élargissement de la base sociale des réserves et la formation des nouveaux dirigeants ainsi promus se font avec la coopération massive et passionnée des dirigeants du Parti communiste, qu'ils soient d'origine juive ou non, et tout semble indiquer que la nouvelle couche de dirigeants n'aura pas plus d'égards que n'avait l'ancienne envers ceux qui espèrent la gagner à la cause du nationalisme ou de l'antisémitisme. Cependant, on peut concevoir que chez certains dirigeants de rang inférieur ou certains éléments de la base, le processus ainsi engagé puisse susciter des phénomènes discordants, frôlant l'antisémitisme. Mais ni dans ce domaine ni dans aucun autre, le Parti ne pourra être utilisé à des fins étrangères aux siennes.

Les voies de la solution

Que nous montre ce tableau d'ensemble de la persécution des Juifs et de leur situation actuelle ? Que nous sommes en face d'un magma de rapports inhumains et déshumanisés, de préjugés, de peurs, de frictions intercommunautaires, de persécutions et d'agressions extrêmement graves qui ont profondément imprégné les affects, les pensées et les gestes, à tel point que même après une période d'atténuation, il suffit de très peu pour que des situations inhumaines se récréent.

Nous avons déjà eu l'occasion de dire qu'il serait vain de chercher une solution unique, une sorte de panacée ou de formule magique. Ce qu'il convient de faire, c'est d'essayer de ralentir ce processus de retour à ces situations inhumaines en modifiant les conditions qui l'engendrent et en humanisant l'atmosphère qui l'entoure. Le plus important, en Hongrie, c'est de créer et de renforcer un état d'esprit tel que *les responsabilités de la persécution des Juifs* soient assumées, que les conditions et les limites de la demande de réparations soient nettement fixées, que la possibilité soit *reconnue* à la fois de *l'assimilation* et de *la conscience juive,* que des conditions favorables soient créées pour les deux prises de position, que l'environnement soit rendu bienveillant à leur égard et que le problème de l'appartenance communautaire soit débarrassé de tout esprit de revendication, de généralisation et de contrainte. Il faut enfin une grande vigilance envers la résurgence de *l'antisémitisme* et surtout à l'égard des conceptions qui, amalgamant *démocratisme* et *judaïté,* s'efforcent de susciter la haine de l'un en l'associant à l'autre. Cette vigilance implique également le rejet des critères erronés de sélection et d'appréciation qui ont permis cet amalgame. Pour cela, chacun doit combattre dans son milieu ceux qui — Juifs ou antisémites — partagent cette conception erronée et agissent en conséquence, et ceci quel que soit l'inconfort de cette position. Ce qui ne peut en aucun cas signifier la revendication d'une politique axée sur la question juive et sur l'antisémitisme, qui s'efforce de « corriger les proportions ». La tâche ne peut s'accomplir qu'au nom d'une politique qui dépasse tous les phénomènes pathologiques de la sélection sociale hongroise, pathologie dont les recherches sur la « proportion des Juifs dans les activités publiques » ne constitue qu'un symptôme parmi d'autres. Le problème le plus concret que pose cette politique — qui coïncide avec l'aspiration à la réalisation d'une société sans classes — est la transformation de notre système d'éducation, en même temps que l'amélioration de la condition de la paysannerie pauvre, cette partie de la société hongroise particulièrement bloquée dans son ascension sociale et dont la situation marginale est la cause principale du caractère unilatéral de la sélection sociale.

Pour récapituler nos tâches et en dépassant les problèmes actuels de la situation en Hongrie, pour accéder à une conception globale, disons que ce qui est indispensable, c'est d'une part la lutte, au-delà de la question juive, *contre les préjugés* fondés sur la discrimination qualitative et fatale des hommes *pour* la création d'*un ordre social* fondé sur l'égalité qualitative entre les hommes, c'est-à-dire pour un nouvel ordre et un nouvel équilibre de l'environnement des Juifs et, d'autre part, en ce qui concerne plus précisément le rapport entre Juifs et non-Juifs, l'humanisation et l'amélioration de la qualité des rapports humains. Cette *humanisation* ne signifie nullement l'emploi de formules *générales* pour éviter de nommer un chat un chat et un problème un problème, mais la mise en valeur du *contenu* humain des rapports entre Juifs et non-Juifs, si lourdement grevés de préjugés et de vues schématiques et rigides.

Conclusion

Ces développements feront sans doute — et c'est normal — l'objet de nombreuses critiques et objections. Je voudrais cependant répondre dès maintenant à un certain nombre d'objections que je prévois.

La première concernera une certaine prépondérance, dans cet essai, de considérations morales et psychologiques, d'analyses de comportements individuels à propos d'un problème social dont l'essentiel se réduit à une simple thèse : l'exacerbation de la question juive est liée aux troubles et aux difficultés de l'évolution sociale et s'éteindra avec le redressement de cette évolution et avec les premiers pas accomplis sur le chemin de la société sans classes. J'ai pris position à plusieurs reprises en faveur de cette thèse à laquelle j'attribue une importance primordiale. Mais il ne faut pas ignorer pour autant les nombreux problèmes moraux et psychologiques, posés par l'existence d'hystéries communautaires, du fascisme et de l'antisémitisme, problèmes dont il convient de tenir compte pour expliquer intégralement l'exacerbation des conflits et pour prévenir les mauvaises surprises.

Une autre objection nous reprochera une trop forte tendance à l'objectivité, source d'injustices, car la mise en parallèle des griefs et des expériences des Juifs d'une part et de l'environnement de l'autre crée, malgré l'insistance sur la non-équivalence des deux, un climat susceptible de suggérer l'équivalence. Il serait particulièrement dangereux, nous dira-t-on, de laisser entendre que, par ce souci constant d'objectivité, les Juifs puissent être partiellement responsables de l'antisémitisme, et par l'analyse des différentes manifestations psychologiques de l'antisémitisme et la répétition par trop fréquente des thèses antisémites, de supposer que de telles opinions puissent obtenir droit de cité. Mais ce traitement parallèle du problème juif et du problème antisémite ainsi que le rappel des points de vue hostiles aux Juifs ne proviennent nullement du souci de donner raison aux deux parties en présence et de proposer une sorte de troisième voie. Ce traitement parallèle est nécessaire, car rien ne peut barrer l'accès à la connaissance des vérités sociales et de leurs ressorts psycho-sociaux. C'est précisément un discours destiné à influencer les prises de position morales qui, après avoir *tout* dit et tout bien pesé, peut amener les adversaires à sortir du cocon qu'ils se sont tissé autour d'eux, cocon fait de souffrances, de griefs, de mauvaise conscience, d'expériences trompeuses et de méconnaissance de la réalité.

Enfin une troisième objection consistera à dire que, loin de mettre sur le même plan les griefs des Juifs et ceux des antisémites, l'auteur traite ces deux questions, malgré tout complémentaires et parallèles, avec une grande partialité : en condamnant sévèrement l'attitude des non-Juifs, en insistant sur leurs responsabilités dans la persécution des Juifs, il alimente les demandes de réparations de ces derniers, tout en ne disant rien sur la démesure juive et en prenant mille précautions pour examiner l'effet du comportement des

Juifs sur l'environnement. Mais ce n'est pas par hasard que j'ai agi de la sorte. Celui qui veut aborder la question juive dans sa réalité, tout en espérant se faire entendre par les Juifs eux-mêmes, devra être au clair avec lui-même et, notamment, dans deux domaines : il aura, d'une part, à liquider les ressentiments et l'hostilité qu'il a jamais pu éprouver à leur égard et d'autre part, à rompre avec toute tendance à porter des jugements moraux, voire à tirer des conclusions d'ordre moral concernant les Juifs. Une expérience millénaire a montré aux Juifs le lien existant entre les manifestations d'irritation de l'environnement et les exactions les plus graves et les plus injustes que l'on puisse commettre à leur égard ; elle leur a aussi montré le lien qui rattache la moindre leçon de morale donnée à leur intention à une dépréciation et à une marginalisation totales. Mais, indépendamment de cette vérité, il n'est pas efficace de porter des jugements moraux sévères, si l'on ne fait pas preuve de la même sévérité envers soi. Il convient donc de laisser le soin de tirer les conclusions morales qui s'imposent à ceux qui peuvent parler *aux Juifs au nom* des Juifs. En ce qui concerne les jugements que j'ai pu porter sur mes concitoyens non-Juifs, je n'ai pas eu de telles réserves à observer, car pour ce qui est des préjugés, des irritations, du sentiment de supériorité, de la morgue, des actes et des manquements que j'ai si sévèrement condamnés, je m'en sens d'une façon ou d'une autre co-responsable pour les avoir moi-même éprouvés ou accomplis d'une façon ou d'une autre. Voilà pourquoi je demande au lecteur de ne pas retenir uniquement les passages qui lui auront plus parce qu'ils parlent des autres ou s'adressent aux autres, mais de s'arrêter plutôt à ce qui le concerne directement. Je souhaiterais enfin que ceux qui ne parviennent pas à adopter les thèses de l'auteur acceptent au moins *sa bonne volonté* comme point de départ de la discussion.

1948.

LA DÉFORMATION
DU CARACTÈRE HONGROIS
ET LES IMPASSES
DE L'HISTOIRE DE LA HONGRIE

Depuis la fin du siècle dernier, et surtout au cours des deux dernières décennies, on s'est beaucoup interrogé sur le caractère du peuple hongrois. Cette interrogation n'aurait rien d'extraordinaire, si elle visait uniquement à dégager les traits caractéristiques des Hongrois, fût-ce de façon impressionniste, voire artistique, ou à conserver les traditions populaires ou encore à servir l'idée de l'indépendance du peuple hongrois. Mais nous avons tout lieu de croire que cette interrogation n'est pas toujours féconde et qu'il serait téméraire d'attendre des recherches sur l'ethnie hongroise, le renouveau de la culture hongroise, voire la confirmation du bien-fondé de certaines revendications politiques. Précisons toutefois que nous n'avons pas affaire à un phénomène particulier à la Hongrie, nous le rencontrons à des degrés divers, chez toutes les nations, et surtout chez celles qui habitent de ce côté du Rhin. Ce qui est remarquable, c'est la tonalité tragique que ces recherches ont prise en Hongrie depuis quelques décennies : la crise, voire la détérioration du « caractère » hongrois, serait responsable des catastrophes nationales des cent dernières années, des heurts de l'évolution politique du pays, de certains phénomènes malsains et récurrents du système de valeurs et de l'évolution intellectuelle de la société hongroise. L'écrivain László Németh pose la question en ces termes : « Ce qu'il faut chercher, c'est à quel moment les Hongrois ont cessé d'être hongrois ? »

Poser la question de cette façon, c'est admettre que les Hongrois ont pris, à un moment donné, un chemin et subi des effets contraires aux particularités profondes de leur caractère. Autrement dit, le Hongrois a cessé de l'être sous l'effet d'un facteur étranger. Ce facteur étranger a pu agir par l'intermédiaire de trois canaux différents : le règne de l'étranger, l'assimilation des étrangers et l'influence de l'étranger. Que la cause première de tous ces effets indésirables soit la domination étrangère qui, pendant quatre cents ans, a pesé sur le pays — tout le monde s'accorde à le constater après un examen même superficiel des faits. Mais en général on ne s'arrête pas là et on ne peut pas s'y arrêter, car, depuis 1918, nous ne subissons plus la domination de l'étranger et dès 1867, cette domination s'est manifestée de façon indirecte, alors que c'est précisément vers le milieu du XIXe siècle que la détérioration du caractère de la communauté s'est aggravée, et c'est après 1918 qu'elle est devenue funeste. Ainsi, le problème du caractère hongrois nous conduit inévitablement à celui de l'assimilation et des influences étrangères. László Németh estime, par exemple, que pour dater la rupture de la continuité de l'évolution communautaire et de l'esprit hongrois, il convient d'établir le bilan de l'assimilation des Allemands et des Juifs au cours du XIXe siècle, de ses succès et de ses échecs. En abordant la question de cette façon, il s'enlise définitivement, et malgré la justesse de son diagnostic, dans le marécage des débats passionnels sur l'assimilation. Une autre variante de la problématique nous est fournie par Sándor Karácsony qui l'examine surtout à la lumière des rapports entre Allemands et Hongrois : partant de la domination étrangère et coloniale, il aboutit à la conclusion que la mentalité allemande, et d'une façon générale, la mentalité occidentale, différente de la mentalité hongroise, finit par la déformer. Ses exemples sont très convaincants, mais son lecteur ne peut pas s'empêcher d'évoquer le cas des exploiteurs et colonisateurs hongrois dont la « mentalité » ne différait nullement de celle des exploités tout aussi hongrois. Karácsony et Németh n'ignorent pas la complexité du concept de mentalité, l'impossibilité de le réduire à un mécanisme simple. Que dire alors des analystes moins talentueux du caractère hongrois qui ont chacun leurs thèses et leur opinion sur l' « énigme » de la destinée hongroise, et qui ne sont d'accord entre eux que sur un point : l'état actuel du caractère hongrois est tragiquement corrompu, mais le véritable, l'authentique caractère hongrois est quelque chose de précieux, ou, tout au moins, d'intéressant et d'original.

Si nous ne voulons pas nous dévoyer à notre tour sans pour autant fermer les yeux devant un problème réel, nous devons avant tout préciser nos sentiments. Sur la base de quelles expériences peut-on affirmer que quelqu'un cesse d'être ce qu'il était ? Nous savons bien que la plupart des jeunes de ce pays exécutent des danses internationales sur une musique internationale, que la langue hongroise, écrite ou parlée, a perdu sa saveur, que nous utilisons beaucoup plus de propositions subordonnées que ne le faisaient nos ancêtres et que les formes communautaires de la société hongroise sont profondément perturbées. Mais il s'agit là de phénomènes répandus dans le monde entier, et qui n'ont rien de spécifiquement hongrois, même si, dans notre pays, ils prennent une ampleur inquiétante. Ce qui est, en revanche, « spécifiquement hongrois », c'est l'incapacité de la nation à percevoir la réalité de sa propre situation et de ses propres tâches dans des moments historiques critiques, surtout à partir de la fin du XIXe siècle et tout particulièrement entre 1914 et 1920 et entre 1938 et 1944. Il ne s'agit pas seulement d'avoir été du « mauvais côté » pendant les deux guerres — d'autres nations ont partagé cette erreur —, mais surtout de ne pas avoir trouvé ou porté au pouvoir des dirigeants capables d'exprimer les besoins, les intérêts de la nation et d'indiquer la voie qui mène à leur satisfaction ou à leur sauvegarde. Dans les moments décisifs, dirigeants et simples citoyens firent preuve d'un aveuglement stupéfiant à l'égard des véritables intérêts de la communauté, comme si leur instinct de conservation — qui n'est pas un sentiment collectif quelque peu mystique, mais la somme des jugements sains des individus constituant la communauté — avait tout à coup cessé de fonctionner, alors que d'autres peuples ont eu, dans la même situation, un comportement plus « normal », plus conforme aux intérêts de la communauté. Ce n'est pas que, contrairement aux Hongrois, déchirés par des querelles fratricides, ces peuples-là vivent dans une entente parfaite. Ce qui est remarquable, c'est que, au sein de la communauté nationale hongroise, les problèmes décisifs, intéressant l'ensemble de la communauté, se posent de façon à entraîner cette communauté dans des combats stériles et sans issue, la rendant ainsi aveugle à ses vrais problèmes et à ses vraies tâches. C'est à cet égard que les troubles survenus dans le caractère hongrois sont déconcertants. Notre nation qui, à tort ou à raison, se croyait chevaleresque, courageuse, prompte à s'enflammer, mais persévérante dans la résistance passive, etc., a manifesté, il y a quelques années, sous nos yeux et sous les yeux du monde entier, des tendances exactement contraires.

Ces phénomènes se manifestant dans des situations historiques, nous sommes fondés à chercher dans l'histoire les causes de la crise du caractère hongrois. Nous nous proposons donc de donner un bref aperçu des circonstances et événements qui, au cours de l'histoire, ont déterminé les prises de position de l'opinion publique hongroise.

C'est sans doute au début du XVIe siècle que remontent les premiers troubles de l'évolution politique et sociale de la Hongrie. Après l'écrasement de la révolte de Dózsa[1], les rapports de forces entre les diverses couches de la société s'équilibrent et cet équilibre trouve son expression durable dans l'œuvre de Werböczy[2] : la petite noblesse et la noblesse moyenne se démarquent de la paysannerie et s'allient au moment décisif à la haute noblesse, tout en lui étant foncièrement hostiles. C'est l'apparition du phénomène le plus néfaste de l'évolution sociale hongroise des temps modernes : celle du petit noble, à peine différent du paysan, mais imbu de sa supériorité et avide de privilèges sociaux.

Après le défaite de Mohács[3], quelques années seulement après l'écrasement de la révolte de Dózsa, le pouvoir royal, ennemi potentiel de la haute noblesse et de l'aristocratie

---

1. György Dózsa était le chef d'une jacquerie. Capturé en 1514, il fut condamné à périr sur un trône incandescent.
2. István Werböczy (1458-1541), juriste, palatin de Hongrie de 1525 à 1526, est l'auteur d'un ouvrage juridique intitulé *Tripartitum* qui est généralement considéré comme le code du régime féodal des castes hongroises.
3. Après avoir résisté pendant plus d'un siècle à la conquête ottomane, les armées hongroises furent battues en 1526 près de la ville de Mohács. Cette bataille perdue inaugura l'occupation d'une grande partie de la Hongrie par les Ottomans qui y demeurèrent jusqu'à la fin du XVIIe siècle.

hongroises, est écarté de la vie politique du pays. A partir de ce moment-là, la structure sociale de la Hongrie prend définitivement une allure est-européenne, fondée sur l'oppression des serfs et la rigidité féodale des castes. En même temps, elle voit son unité politique se désagréger et le centre politique du pays se déplacer à l'étranger, à Vienne. Malgré ces événements désastreux, au cours des deux siècles suivants, le pays fait preuve d'une grande mobilité d'esprit et s'enorgueillit de quelques brillantes performances intellectuelles, rejoignant avec vigueur les grands courants intellectuels européens. Ainsi, les efforts d'intégration de l'intelligentsia hongroise du Moyen Age auraient permis, aux XVIe et XVIIe siècles, de faire de la Hongrie une unité politico-culturelle indépendante de la communauté européenne.

Aux XVIe et XVIIe siècles, la politique hongroise a de plus en plus de difficulté à maintenir son indépendance. Sur le plan social, l'arrêt ou l'insuffisance de l'évolution vers une société bourgeoise empêche les grands courants intellectuels d'agir sur l'immobilisme du système des castes, mais vers la fin de cette période, des éléments révolutionnaires font leur apparition au cours de la guerre d'Indépendance de Rákóczi[1] et dans les efforts déployés par le pays pour conquérir cette indépendance. Avec la chute de la révolution rákóczienne, il ne peut être question d'une politique hongroise indépendante, le pays se résigne à n'être qu'une province de l'Empire des Habsbourg; il mène, en conséquence, une existence provinciale, aussi bien sur le plan politique que culturel et social, tout en cherchant à réparer les pertes subies au cours de la guerre. Dans la deuxième moitié du XVIIe siècle, de nombreux signes indiquent que la Hongrie est prête à s'intégrer dans un Empire dynastique supranational, multilingue, mais placé sous direction allemande. Si nous l'avons oublié, c'est que les documents relatifs à cette période et à cette volonté d'intégration, n'ayant pas eu de suite, sont tombés eux-mêmes dans l'oubli, aussi bien en Hongrie que dans l'univers austro-allemand.

1. François II Rákóczi (1676-1735), chef de la guerre d'Indépendance dirigée contre la maison des Habsbourg entre 1703 et 1711, appuyé par Louis XIV et Pierre le Grand. Vaincu, il émigre d'abord en France, ensuite en Turquie, où il meurt.

Certes, la tendance à rétablir l'indépendance politique de la Hongrie survit, mais elle ne concerne que les castes, alors que les forces du progrès social et intellectuel se situent ailleurs. Cela apparaît tout particulièrement sous le règne de Joseph II qui, avec un certain retard, s'efforce de transformer l'empire des Habsbourg en un royaume unilingue, centralisé, anti-caste, soumettant le clergé à l'Etat, mais favorable à la bourgeoisie et au développement industriel, comme l'était la France après des siècles d'absolutisme royal. Ce qui fit échouer cette politique des Habsbourg, ce ne fut ni la résistance des castes ni la mort de Joseph II, mais, quelques années plus tard, les répercussions de la Révolution française qui avait ôté à la dynastie toute envie d'introduire des réformes. Ces répercussions donnèrent ensuite lieu à la politique conservatrice de la Sainte-Alliance, une politique réactionnaire qui cherchait à s'entendre avec les castes.

C'est à l'époque de la Sainte-Alliance, au moment où, à la suite de la Révolution française, le problème de la formation de communautés politiques démocratiques se pose partout en Europe, que la cause de l'indépendance politique et sociale devient une affaire communautaire dans notre pays. Les efforts *dynastiques* déployés par les Habsbourg pour constituer une communauté nationale étaient beaucoup trop récents et beaucoup trop dépourvus de traditions pour que les nouvelles tendances *démocratiques* visant le même objectif (la constitution d'une communauté nationale) aient pu adopter les cadres ainsi proposés. Au contraire, les efforts démocratiques préféraient prendre appui sur les cadres nationaux déjà constitués sur ces territoires, cadres avant tout linguistiques — et mobiliser à cet effet la vie sociale, politique et intellectuelle. C'est au nom de cet objectif — la constitution d'une communauté démocratique — que la cause de l'indépendance nationale s'amalgama avec celle du progrès politique et social, en Hongrie, comme ailleurs. Toutes les énergies accumulées en Hongrie au cours du XVIIIe siècle ayant rejoint les grands mouvements européens, on a pu assister, au début du XIXe siècle, à une série de réalisations politiques et intellectuelles sans précédent durant la période que l'on appelle « l'ère des réformes » et dont les résultats n'ont jamais été dépassés par la suite. La cause de l'indépendance politique et celle du progrès social se renforçant mutuellement, la première recrutant des partisans pour la seconde et vice versa, le programme de l'indépendance nationale l'emporte sur la résistance du nationalisme des castes à l'égard des réformes sociales et l'élan des réformateurs attire des sympathies d'autres communautés. C'est alors que se forme et se renforce le radicalisme hongrois qui, dépassant les objectifs timorés des dirigeants politiques de l'époque, s'efforce d'assouplir la hiérarchie sociale figée de la Hongrie et d'intégrer le progrès social du pays dans le grand courant européen de l'évolution démocratique et révolutionnaire. Aujourd'hui, ce radicalisme est représenté avant tout par l'œuvre de Petöfi dont l'action éclipse celle de tous les autres, mais qui, déjà à son époque, ne constituait pas un phénomène isolé ou mal intégré ; si nous n'avons pas gardé le souvenir des autres manifestations et personnages représentatifs du radicalisme, c'est parce qu'ils n'ont pas eu de descendance : ils n'auraient donné leur mesure que *si* la guerre d'Indépendance avait été *victorieuse*.

Il est incontestable que le courant social, politique et intellectuel qui devait aboutir à la guerre d'Indépendance de 1848-49 présentait, à y regarder de près, plus d'un aspect négatif. Il n'a pas su séparer nettement les points de vue et les revendications du nationalisme démocratique de ceux du nationalisme des castes, qui ne pensaient qu'à dominer les autres. Cette confusion eut des conséquences tragiques pour le traitement du problème des nationalités. Quant à la petite noblesse qui jouait dans ce mouvement un rôle décisif, et pour qui l'ère des réformes constituait la période la plus féconde et la plus efficace de son histoire, elle était, malgré tout, pénétrée de l'esprit des « castes », c'est-à-dire d'une conception hiérarchique de la société et assumait mal le rôle « bourgeois » que lui destinait l'ère des réformes avant la guerre d'Indépendance. Malgré ses débuts encourageants et malgré ses efforts, le progrès de l'évolution bourgeoise et de celle de l'intelligentsia n'était que trop superficiel : la bourgeoisie et l'intelligentsia n'avaient pas de traditions dans le pays. Artisans et paysans se tenaient à l'écart du mouvement. L'entreprise manquait donc de bases solides et se nourrissait surtout d'exaltations et d'actions décidées sur des « coups de tête ». Ce même manque de coordination est dénoncé par László Németh à propos du mouvement des réformateurs de la langue [1], lequel, en tant que programme et en tant que méthode, aurait eu, selon Németh, des effets plutôt dommageables sur la vie intellectuelle hongroise (cf. son livre *En minorité*, pp. 8-11), et sur l'évolution de l' « ère des réformes ». Son analyse des productions littéraires de l'époque l'amène à constater une certaine « dilution » de l'essence hongroise, processus qui, à l'entendre, s'aggrava considérablement dans la seconde moitié du siècle. A notre avis, Németh a tort de mettre dans le même panier l'ère des réformes et l'époque qui lui succéda. Malgré certains signes de désagrégation, le processus inauguré par l'ère des réformes appartient, jusqu'en 1849, à ces amalgames (ou, pour employer l'expression de Németh, à ces « dilutions ») extrêmement fécondants qui caractérisent les communautés engagées dans de nouvelles entreprises politiques, sociales ou intellectuelles et qui, en cas de succès, aboutissent à leur enrichissement : leur personnalité sort renforcée de ce « creuset ». Certes, l'optimisme et le rationalisme d'un Petöfi tranchent avec le caractère hongrois tel que nous l'a révélé l'histoire de la Hongrie. Mais optimisme et rationalisme sont des éléments constitutifs décisifs de l'évolution politique européenne, et toute nation qui entend y participer doit s'efforcer d'intégrer ces qualités dans son caractère national. Donc, dans l'ensemble, Petöfi est symptôme de bonne santé et non de crise de l'évolution hongroise. Il l'est par la pureté de son attitude politique et sociale, mais aussi — s'il nous est permis de nous aventurer sur le terrain de la littérature — par sa prose limpide et moderne qui contraste avec les écrits illisibles de l'époque précédente, celle de la réforme de la langue.

Telles étaient donc les forces dont disposait la nation

1. Puissant mouvement littéraire et linguistique de la fin du XVIIIe siècle et du début du XXe siècle. Son but initial était de doter la langue hongroise de moyens d'expression capables de traduire la réalité moderne. Il aboutit à un bouleversement non seulement du vocabulaire et, en partie, de la syntaxe hongrois, mais aussi de la sensibilité littéraire et artistique, voire de la conception politique du public hongrois et inaugura « l'ère des réformes » qui conduisit à la guerre d'Indépendance de 1848-1849.

hongroise au moment où (en 1848-49) elle entreprit de faire éclater l'Empire des Habsbourg devenu un obstacle pour toutes les nations engagées dans la constitution d'une communauté démocratique. Les Hongrois, qui furent les premiers à s'attaquer à cette tâche, ne tardèrent pas à constater que celle-ci dépassait leurs forces, d'une part parce que les éléments conservateurs ayant intérêt au maintien du statu quo européen disposaient de forces supérieures et d'autre part parce que, au cours de la guerre d'Indépendance, les Hongrois ne réussirent pas à s'assurer le concours des mouvements nationalistes des différentes minorités installées sur le territoire de la Hongrie historique. Ainsi, l'alliance de la réaction européenne et la résistance des nationalités établies sur le territoire de la Hongrie firent échouer le mouvement pour l'indépendance et permirent à l'absolutisme autrichien de s'installer sur ses ruines.

Au pouvoir entre 1849 et 1860, cet absolutisme fut la dernière tentative de la dynastie en vue d'unifier son Empire hétérogène. De nombreux historiens se sont efforcés de montrer le caractère « anti-caste » de ce régime, favorable au peuple et à la modernité, et ont affirmé du même coup qu'il était plus progressiste que celui prôné par les nationalistes hongrois, insuffisamment débarrassés de l'héritage des castes. En réalité, tout en étant foncièrement radicale par sa volonté de mettre fin à la séparation historique des différents constituants de la monarchie, cette tentative était profondément anachronique. Paralysé par la crainte du peuple, ce régime avançait d'un pas mal assuré car, chaque réforme destinée à ébranler l'édifice des castes servait, bon gré, mal gré, la cause des peuples. Cet absolutisme hésitant n'était donc, en dernière analyse, qu'une variante pâle, bureaucratique et cléricale de l'absolutisme éclairé de Joseph II, anti-caste et réformateur. Il affranchit les *serfs*, sans envisager de faire un pas de plus sur la voie de la libération *sociale*; il modernisa le gouvernement de *l'Etat* en le débarrassant de certains vestiges hérités du régime des castes, mais sans la moindre velléité de toucher à la hiérarchie *sociale*, fondée sur la hiérarchie féodale; il mit fin aux conflits qui opposaient les différentes *nationalités* de l'Empire entre elles, sans reconnaître le droit des *peuples* à se séparer de ce dernier.

Au bout de dix ans, la vanité de cette tentative apparut au grand jour. Il était impossible de gouverner un pays relativement avancé comme l'Empire des Habsbourg, sans une base constitutionnelle. Aussi l'Empereur promulgua-t-il le diplôme d'octobre 1860 qui mit un point final à l'absolutisme « révolutionnaire » et introduisit avec beaucoup de prudence le principe constitutionnel, tout en maintenant la prépondérance de la dynastie. Ce principe constitutionnel rétablit les cadres des pays « *historiques* » — c'est-à-dire ayant une *aristocratie* — et leurs institutions, s'appuie sur les forces conservatrices de la société, instaure dans chaque pays des assemblées où siègent les représentants des castes, ou qui disposent d'un droit électoral restreint, et qui sont coiffées par un Conseil d'Empire siégeant à Vienne. Ainsi, tout en dotant ses peuples d'une Constitution, la dynastie s'efforce de se concilier les bonnes grâces des forces sociales féodales ou imprégnées de l'esprit de la féodalité ; autrement dit, tout en faisant un pas en avant, elle en fait aussi un en arrière et réédite, en somme, sous une forme modernisée, la politique de François Ier et de Metternich. Cette conception reposant sur la volonté d'aboutir à un compromis qui tienne compte des droits historiques des différents pays de la monarchie, la maison des Habsbourg entreprend des négociations au sujet des revendications des nations historiques et avant tout, de la nation hongroise. Mais ici se dresse un obstacle : la constitution des « castes » hongroises s'était légalement transformée, en 1848, en une constitution parlementaire moderne, constitution d'un Etat indépendant, de sucroît. Il est donc difficile aux Habsbourg de présenter comme un avantage ou comme une concession une proposition qui reste au-dessous de ce qui a été obtenu en 1848. Aussi la Hongrie refuse-t-elle d'envoyer des députés au Conseil d'Empire et Ferenc Deák[1] pose comme condition préalable de tout compromis la reconnaissance des lois de 1848. Or, ce que la dynastie veut éviter, c'est précisément la continuation ou la reprise du

---

1. Ferenc Deák (1803-1878), artisan du compromis de 1867 entre l'Autriche et la Hongrie. Ses partisans le surnommèrent « l'homme sage de la patrie. »

processus engagé en 1848. Ainsi, la première tentative du compromis échoue. Après un intervalle de quelques années pendant lesquelles règne un gouvernement conservateur, les négociations reprennent dans un climat plus favorable, car la dynastie, vaincue dans une guerre extérieure, se montre plus conciliante.

Que s'est-il passé en Hongrie pendant ce temps? Sous l'absolutisme, la situation politique de la nation était claire. Elle était soumise à un régime tyrannique, à une administration tatillonne et germanophone, à laquelle elle opposait une résistance passive. Mais à la fin de cette période décennale, l'évolution de la société hongroise est arrêtée par le blocage de l'intelligentsia nationale et de la petite noblesse progressiste.

C'est à partir de cette époque qu'il convient de consacrer une attention particulière aux symptômes des troubles survenus dans l'évolution hongroise. A l'époque féodale, comme sous l'absolutisme, la situation réelle du pays était claire : l'appartenance aux Habsbourg, la rigidité de la structure féodale, l'esprit provincial des institutions et de la vie intellectuelle pesaient d'un poids extrêmement lourd, mais c'étaient des obstacles institutionnels, reconnaissables et nommables par tous et qui se désignaient ouvertement par leur nom, parties constituantes d'une *réalité* déterminante de la situation politique, sociale et intellectuelle du pays. La confusion ne se produit que dans les années 1860, plus précisément à l'époque où László Németh situe la crise de l'esprit hongrois. Si nous sommes d'accord avec lui sur ce point, nous doutons, par contre, que les documents cités par Németh pour illustrer cette brisure, à savoir les revues littéraires, leurs impasses et leurs difficultés, soient aptes à faire comprendre en quoi consistait cette catastrophe invisible de l'esprit hongrois (*En minorité*, pp. 38-42.) Non, ce mal a des racines plus profondes qu'il convient sans doute de chercher dans la modification des conditions de vie de toute la communauté et dans les changements survenus dans son orientation et dans ses options.

Du grand traumatisme de l'échec de la révolution de 1848-49 les couches dirigeantes hongroises avaient surtout retenu deux enseignements qui, disons-le tout de suite, étaient faux.

Le premier, c'est que l'Empire des Habsbourg était une nécessité européenne à laquelle il serait vain de vouloir se soustraire, qu'il serait inutile de briser : l'Europe tout entière s'emploierait aussitôt à en recoller les morceaux. C'était déjà faux à l'époque et ce n'est surtout pas une vérité éternelle. L'autre enseignement, tout aussi erroné, consistait à croire qu'au cas où l'on réussirait à faire éclater l'Empire des Habsbourg, la Hongrie se désagrégerait à son tour, puisque les événements de 1848-49 avaient nettement montré la volonté séparatiste de ses populations allogènes. L'erreur, ici, consistait à croire que le maintien de l'Empire aurait préservé la Hongrie historique. Quoi qu'il en fût, sous l'effet de ces deux « enseignements » décourageants, l'intelligentsia hongroise avait perdu son allant et ne pensait qu'à sauver ce qui pouvait l'être, au lieu de travailler à la formation d'une élite courageuse, capable de susciter une nouvelle révolution. Du coup, le Hongrois moyen, lié sur plusieurs points à l'intelligentsia nationale, n'envisageait plus de se battre pour le progrès. Ajoutons qu'entre-temps, la petite noblesse avait compris que la libération des serfs l'avait ruinée, mais qu'elle avait servi les grands propriétaires terriens, ennemis farouches des réformes. Ayant perdu ou étant sur le point de perdre ses terres et son prestige social, la petite noblesse se rabattit alors sur la fonction publique, chercha à reconquérir son influence politique dans l'administration départementale et nationale et, en même temps, à se renflouer économiquement en monnayant cette influence, comme cela se pratiquait dans toute la bureaucratie moderne dont elle avait appris à connaître les rouages. C'est dire que le compromis avec l'Etat autrichien devint pour elle une nécessité urgente et, après l'échec d'une tentative lors de la Diète de 1860-61, l'attente lui paraissait à peine supportable. C'est ce qui explique qu'en 1867, Deák se montra bien plus conciliant qu'en 1861.

Ainsi, la situation de la dynastie et celle de Deák poussaient les deux parties intéressées à conclure un compromis. Comme le dit si justement László Németh (*En minorité*, pp. 42-44), celui-ci était l'œuvre de deux forces politiques sur la défensive et paralysées par la peur. Les Habsbourg y tenaient parce qu'ils pensaient que les Hongrois constituaient le peuple le plus énergique et le plus redoutable, le plus épris d'indépendance de la monarchie ; ils ne voyaient pas que l'élan de la nation était brisé. Les Hongrois y étaient favorables, parce qu'ils considéraient l'Empire des Habsbourg comme une nécessité inéluctable du système politique européen sans oser se rendre compte que les deux guerres perdues par la monarchie avaient justifié après coup la guerre d'Indépendance et Kossuth : la monarchie, en effet, n'était pas invulnérable. Ainsi, chacune des deux parties surestimait l'autre, ce qui était une erreur ; mais s'il en était ainsi, c'était parce que chacune pensait ne pas pouvoir conserver sa position par ses propres forces, ce qui n'était pas faux. Elles conclurent donc un compromis pour sauvegarder ce que chacune d'elles jugeait essentiel : les Habsbourg leur Empire et les Hongrois leur Etat. Mais l'Empire des Habsbourg et l'Etat des Hongrois continuèrent à s'opposer l'un à l'autre et leurs antagonismes s'aggravèrent encore au XIXe siècle, époque de la constitution de nombreuses communautés démocratiques. En ce qui concerne la dynastie, sa politique inaugurée avec le « Diplôme d'octobre » était une variante modernisée de celle de Metternich : mais l'ambition que toutes les nations, tous les pays, toutes les provinces historiques de la monarchie, bénéficiaires à la fois d'un statut d'autonomie et de la protection de l'Empire, soient « unis dans la fidélité envers la dynastie » n'a jamais pu être réalisée. Quant à la politique préconisée, mais jamais traduite en actes par Deák et son groupe, elle se fondait sur l'indépendance de la Hongrie et sur une constitution libérale, la Hongrie concluant, dans le meilleur des cas, des unions personnelles avec les autres pays de la monarchie. Si les deux partenaires réussirent néanmoins à trouver une formule acceptable pour chacun d'eux, c'était parce que la situation après 1866 semblait reproduire celle de 1848 sous une forme moins pâle, virulente et inoffensive pour tous : en Autriche, après la défaite de Sadowa, les conservateurs cessèrent de jouer un rôle de premier plan ; un gouvernement éphémère, composé de libéraux, partisans de la Grande Allemagne, espérait reconquérir les positions de l'Autriche en Allemagne et se résignait à l'autonomie de la Hongrie, située en dehors de la sphère allemande. Ainsi, le compromis semblait consacrer le triomphe des libéraux chez les deux parties contractantes. En réalité, le règne des libéraux ne fut qu'un bref intermède de la politique autrichienne, il ne tarda pas à faire place définitivement à un groupement conservateur ; quant aux libéraux hongrois, la peur que leur inspirait le peuple les préservait de toute velléité réformatrice. Ainsi, le compromis fut une œuvre essentiellement conservatrice et c'est à son caractère conservateur qu'il dut sa durée, malgré les nombreuses contradictions internes qu'il comportait : ce qui avait rapproché les parties contractantes, ce n'était pas une communauté de projets et d'objectifs, mais la communauté de peurs et d'angoisses. Les libéraux n'avaient fait que trouver la formule ; quant aux structures ainsi engendrées, elles furent gérées et exploitées sur une base conservatrice, pendant un laps de temps limité, il est vrai.

L'artifice qui permit de surmonter les oppositions fut la « solution » ingénieuse des « affaires communes ». Celles-ci — Affaires étrangères, Défense nationale, Finances — devaient être expédiées par des commissions spéciales du Conseil d'Empire et du Parlement hongrois. Ces commissions — appelées « Délégations » — étaient organisées d'une telle façon que nul ne pouvait les confondre avec un Parlement commun. Mais le fait que les Délégations se bornaient à voter, sans discussions, ne signifiait nullement que les problèmes relevant des Affaires étrangères et de la Défense fussent de la compétence des Parlements autrichiens et hongrois : elles étaient, comme par le passé, « chasse gardée » de la dynastie, qui ne se laissait guère perturber par l'ébauche de Parlement qu'étaient les Délégations. D'ailleurs, les textes réglementant la gestion des « affaires communes » différaient d'un pays à l'autre. La loi autrichienne n'est qu'une modification du Diplôme d'octobre 1860, avec exemption, pour les pays relevant de la Sainte-Couronne hongroise, de l'obligation de se faire représenter au Conseil d'Empire. Il s'agit donc bien du maintien de l'Empire, mais celui-ci comprend une partie située « en deçà de la rivière Leitha » et comportant « les pays et royaumes représentés au sein du Conseil d'Empire », et une partie « au-delà de la rivière Leitha », qui est constituée par les pays de la Sainte-Couronne hongroise. De son côté, le texte du compromis, tel qu'il a été adopté par la Hongrie, parle d'un Etat hongrois autonome et indépendant de l'Empire, qui gère certaines affaires en commun avec un autre Etat, nommé Autriche. D'ailleurs, depuis la signature du compromis, la monarchie porte les noms des deux pays ; on parle d'Autriche-Hongrie. Mais, en Autriche, les pays situés en deçà de la rivière Leitha n'ont jamais porté le nom d'*Autriche*, on les désignait par l'expression « pays et royaume représentés au Conseil d'Empire » ou, en abrégé, Cisleithanie, alors que le nom d'Autriche était appliqué, conformément à l'interprétation autrichienne du compromis, à *l'ensemble* de la monarchie. Ce qui donnait aux Autrichiens l'illusion d'avoir gardé intact un Empire, alors que son existence même était devenue douteuse et la nation hongroise vivait dans l'illusion que l'Autriche n'était qu'un voisin, parmi d'autres, alors que le mot Autriche désignait *en réalité* le pouvoir militaire et international de la dynastie, pouvoir qui s'étendait bel et bien sur la Hongrie. Ainsi, le compromis favorisait la Hongrie de droit et l'Autriche de fait, mais, en tout état de cause, c'était un échafaudage *mensonger*.

Il mentait à la dynastie, en lui faisant croire qu'elle avait conservé son Empire et disposait à son gré, sans restriction aucune, de son armée et conduisait sa politique étrangère à sa guise. En réalité, pour qu'une monarchie soit un véritable Etat, il lui faut bien plus que la liberté de mener sa politique étrangère et de disposer de son armée. Relations internationales et moyens militaires ne servent au souverain qu'à « entretenir » son Etat ; pour « assurer le salut de son peuple », il a besoin d'autres ressources. Or, en ce qui concerne la Hongrie, les moyens prévus à cet effet se trouvaient entre les mains de l'Etat hongrois, unité politique au cœur même de l'Empire, et pour laquelle la loyauté envers la dynastie n'était plus un facteur constitutif de la communauté nationale. Cet état de choses ne manqua pas d'agir sur l'autre moitié de la monarchie, celle que l'on ne savait pas nommer. Pour les Austro-Allemands, le compromis signifiait avant tout qu'ils n'exerçaient plus *l'hégémonie* sur les autres peuples de la monarchie. Un peu plus tard, en 1871, ils perdirent tout espoir de voir l'Autriche reconquérir en Allemagne son ancienne position dominante. Quant aux autres peuples et avant tout les Tchèques, ils se demandaient à juste titre pourquoi le privilège de l'autonomie au sein de la monarchie était réservé aux Hongrois et pourquoi ne pourraient-ils pas en bénéficier à leur tour ? Cette tension se manifesta avec une acuité particulière en 1871, lorsque la dynastie, désireuse de poursuivre sa politique inaugurée par le « Diplôme d'octobre », se proposa de s'entendre avec la Bohême : elle en fut empêchée par le veto de Gyula Andrássy, Premier ministre du gouvernement hongrois qui, au nom de l'autonomie de l'Etat hongrois, protesta contre la reconnaissance de la Bohême par le droit public de la monarchie. Pour apprécier à sa juste valeur la démarche d'Andrássy, il faut avoir présent à l'esprit la structure raffinée et parfaitement mensongère du « dualisme austro-hongrois » : en effet, tant que, au sein de la monarchie, le seul droit public hongrois était reconnu à côté du droit public autrichien, on pouvait encore croire à la fiction de l'égalité entre Vienne et Budapest mais la reconnaissance du droit public tchèque, suivie de celle des autres peuples de la monarchie, aurait montré que la situation de Budapest ressemblait plus à celle de Prague qu'à celle de Vienne. Or, l'échec du compromis avec les Tchèques signifiait qu'après avoir perdu la confiance des Austro-Allemands, favorables à l'Allemagne, la dynastie devait affronter l'hostilité de la majorité des populations slaves de la monarchie. Et cet échec n'était pas moins dangereux pour la nation hongroise, *isolée* désormais — à cause de son souci de préserver son prestige — au sein d'une monarchie vouée à la disparition.

De l'autre côté, le compromis entretenait, aux yeux de la nation hongroise, l'illusion de son indépendance, sauf en matière de diplomatie et de défense nationale, domaines pourtant décisifs à cet égard dans les moments critiques. Dans sa réponse à Kossuth, Deák (tout comme un demi-siècle plus tard, Gyula Szekfü) s'efforça de démontrer à coups d'arguments spécieux que 1867 était conforme à l'esprit de 1848, et que le compromis n'était rien d'autre que la solution apportée à certaines questions restées en suspens après la promulgation des lois de 1848. Cette argumentation constitue la base même du mensonge inhérent au compromis et nous verrons pourquoi il était opportun de la reprendre en

1920. Pourquoi la législation de 1848 avait-elle laissé « en suspens » la question des Affaires étrangères et pourquoi avait-elle parlé clairement et sans ambages d'une Défense nationale *hongroise*? C'est parce qu'elle visait l'union personnelle, en attendant d'acquérir l'indépendance complète. Que signifie la phrase des défenseurs du compromis selon laquelle celui-ci a « résolu » ces questions restées en suspens (ce qui n'est que partiellement vrai) en se prononçant pour une union étroite avec l'Autriche? Peut-être qu'entre 1848 et 1867, soit pendant 18 ans, ce problème n'étant pas « résolu », on ignorait qui avait la haute main sur les Affaires étrangères et militaires de la Hongrie? Bien sûr que non : cette question avait été « réglée » par la défaite militaire et la résignation des patriotes. C'était donc se mentir à soi-même que de débattre (en 1867 et plus tard) du droit public hongrois comme si 1867 avait continué le libéralisme de 1848, comme si la période comprise entre ces deux dates *n'avait pas existé*. En réalité, le compromis continua le régime provisoire de l'absolutisme autrichien, qui avait poursuivi la politique de Metternich, en l'assortissant dans le Diplôme d'octobre 1860 de certains amendements inspirés par les leçons de l'intermède révolutionnaire et absolutiste. Ainsi, le véritable sens du compromis fut d'accorder à la nation hongroise (par le biais de textes subtilement équivoques sur la gestion des Affaires communes) des concessions en échange desquelles elle puisse accepter... *le Diplôme d'octobre*. Bien entendu, le droit public *hongrois* ne mentionne nulle par le Diplôme d'octobre, la prudente constitutionnalité qu'il instaura sur la base de la compromission entre la dynastie et les castes hongroises, alors que la constitutionnalité hongroise, telle qu'elle était définie par le compromis de 1867, s'inspirait bien plus de ce document que des lois de 1848 qui s'étaient entre-temps vidées de leur contenu. Ce qui ne signifiait pas uniquement que les Hongrois n'étaient pas maîtres de leur diplomatie et de leur armée, c'était aussi la mise en question du régime parlementaire, l'acquis le plus important de 1848. Certes, aux termes de l'accord, la Hongrie avait un gouvernement responsable, élu par son Parlement, mais ce Parlement devait disposer en tout temps d'une majorité favorable au compromis de 1867. Et si cette majorité n'existait pas, la force militaire de la dynastie était là pour remettre la machine en marche, comme le montrèrent clairement les événements de 1905.

Comme des esprits aussi éminents que Ferenc Deák, Zsigmond Kemény[1] ou József Eötvös[2] ont pu non seulement accepter, mais aussi exalter le compromis et le proposer au peuple hongrois comme un modèle, comme le document qui représente l'accomplissement de ses vœux les plus chers ? Dire qu'ils étaient à la solde de la réaction ou qu'ils l'avaient ralliée ne nous mènerait pas bien loin. Certes, ces affirmations contiennent une part de vérité, mais le « ralliement » de ces hommes, loin d'être la cause, était plutôt la conséquence de la profonde régression qui avait atteint les larges couches de la population hongroise et que nous avons évoquée plus haut. Comment des penseurs aussi clairvoyants ont-ils pu rester aveugles devant les contradictions du compromis, qui étaient aussi patentes en 1867 qu'elles le sont de nos jours ? Pour comprendre leur incompréhension, il faut savoir en quels termes le problème se posait à eux.

La première question à laquelle ils avaient à répondre, en 1867 comme en 1848, était la suivante : « Voulez-vous une Hongrie indépendante, dotée d'une Constitution et d'un gouvernement autonome ? » La réponse ne pouvait être qu'un « oui » franc et massif. La seconde question était ainsi formulée : « Etes-vous pour la république ou pour la monarchie constitutionnelle ? » Or, ils étaient tous partisans de la monarchie constitutionnelle. Même s'ils éprouvaient peu d'enthousiasme pour les Habsbourg, la monarchie constitutionnelle convenait parfaitement à leur conception politique et sociale ; nous savons que Kossuth lui-même n'était pas un républicain inconditionnel. Enfin, la troisième question s'énonçait ainsi : « Voulez-vous le maintien de l'intégrité territoriale de la Hongrie historique ? » Ils y répondaient par l'affirmative. Or, les deux derniers « oui », conformes à la conception politique généralement admise dans une Europe en période de reflux révolutionnaire, étaient, dans le cas de la

---

1. Romancier et historien (1814-1875), il prêchait la résignation après la défaite de 1849.
2. Romancier et politologue (1813-1871), il fut nommé, après le compromis, ministre de l'Education nationale.

Hongrie, incompatibles avec le premier. En ce qui concerne d'abord la monarchie : au XIXe siècle, aucune monarchie constitutionnelle ne pouvait fonctionner sans s'identifier à *une* nation, à *une* communauté. Or, aux yeux des Hongrois, la monarchie s'incarnait dans l'Empire des Habsbourg qui comprenait *cinq* nations historiques et, en outre, *six* peuples aspirant à l'indépendance, et qu'il était impossible de transformer en une monarchie nationale et constitutionnelle. Ainsi, la revendication d'une Hongrie indépendante et constitutionnelle impliquait l'éclatement de la monarchie, mais Deák, Eötvös et Kemény qui, avec toute la nation, subissaient encore les contrecoups de l'échec de la lutte révolutionnaire et se désolaient de l'inutilité de tout ce sang versé, reculèrent devant cette conséquence inéluctable de l'indépendance. Seul Kossuth accepta cette conséquence qui, dans l'émigration, s'identifia pour toute sa vie à la cause de la révolution hongroise étouffée dans le sang. En ce qui concerne la cause de la Hongrie historique, les dirigeants de la nation auraient dû s'apercevoir que la liberté démocratique comporte entre autres le droit des peuples à l'autodétermination, ce qui aurait nécessairement entraîné une mutilation plus ou moins grave de la Hongrie historique, ou tout au moins, le risque d'une telle mutilation, encore une conséquence qui fit reculer tous les hommes politiques, sauf Kossuth qui, dans l'émigration, conçut un projet de confédération danubienne. Mais ce projet suscita un écho tellement défavorable que Kossuth, sans le renier, n'y revint plus. La majorité des dirigeants hongrois n'a pas su ni osé regarder les choses en face, en admettant que les trois principes — celui de l'indépendance de la Hongrie, celui de la monarchie constitutionnelle et celui de l'intégrité territoriale de la Hongrie historique — étaient inconciliables ; ils craignaient trop le pouvoir des Habsbourg et le séparatisme des nationalités. C'étaient de telles appréhensions qui faisaient admettre que la structure politique issue du compromis était conforme à la Constitution (alors qu'elle ne l'était pas), que le compromis garantissait l'indépendance et les frontières historiques de la Hongrie, alors qu'en réalité, il n'en était rien. Nous avons là un exemple classique du triomphe, en matière politique, de la peur sur la raison.

Nous ne pouvons donc pas nous contenter d'affirmer simplement que le compromis de 1867 est une œuvre réactionnaire, car nous avons vu comment cette œuvre réactionnaire avait pu mobiliser en sa faveur des forces non réactionnaires. Le compromis signifiait que les énergies qui, en 1848-49 chez nous et, plus généralement, dans les pays à évolution saine, étaient au service du progrès, tournaient maintenant à vide pendant un demi-siècle, corrompues qu'elles étaient par les chimères politiques, les formules mensongères et les contraintes imaginaires. L'impasse du compromis de 1867 étant aussi celle de l'organisation politique et du droit hongrois, il n'a pas été inutile d'examiner point par point l'édifice *politique* et *juridique* qui en est responsable. Certes, le domaine de la politique n'est pas suffisamment concret pour que les mensonges y provoquent à brève échéance des dysfonctionnements catastrophiques (comme c'est le cas, par exemple, des réalisations ou de la production techniques), mais il est suffisamment central pour que ces mensonges entraînent, à longue échéance, des conséquences néfastes. Contrairement à une idée répandue, nous affirmons qu'il est impossible de mentir en politique. Plus exactement : on peut proférer des mensonges, mais il est impossible de fonder des programmes politiques sur des bases mensongères. Le destin du compromis austro-hongrois montre avec éclat que le mensonge en politique ne paie pas.

Conclu en 1867, le compromis entre la dynastie des Habsbourg et la Hongrie était fondé sur la tromperie ou plus exactement sur des illusions réciproques et il conduisit l'évolution des deux pays dans une impasse avant tout *politique*. Pendant cinquante ans, des deux côtés de la rivière Leitha, tous les spécialistes de droit public avaient pour mission d'interpréter en faveur de leurs pays respectifs un document commun dont c'est le caractère mensonger et contradictoire qui aurait dû faire l'objet d'investigations. Pendant cinquante ans, la nation hongroise a consacré d'énormes énergies à consolider et à développer les acquis du compromis, alors que celui-ci, profondément conservateur et inutilement tortueux, ne s'y prêtait absolument pas ; on pouvait à la rigueur en respecter la lettre, ou au contraire l'abolir, mais il était impossible de le faire évoluer. Pendant cinquante ans, en Autriche et en Hongrie, la « sagesse politique » consistait à inventer des mesures politiques susceptibles à la fois de passer aux yeux de l'Autriche et de la dynastie comme de strictes applications des principes du compromis, et aux yeux de la Hongrie comme des conquêtes nationales dépassant de loin les dispositions prévues par ce document. Cette situation conduisit à l'abêtissement de la classe politique; quant à celui du peuple, la corruption électorale, qui prenait à l'époque de plus en plus d'extension, s'en chargea. En effet, l'acceptation du compromis et de ses conséquences impliquait entre autres la corruption des élections et des électeurs hongrois et ceci pour trois raisons : l'esprit du compromis *interdisait* à la fois aux partisans de l'indépendance totale, à ceux de la révolution sociale et à ceux de l'autodétermination des peuples de conquérir la majorité. Ainsi les institutions constitutionnelles qui, dans l'esprit de 1848, auraient dû servir l'éducation politique du peuple, devinrent les instruments de son abrutissement.

L'arrêt du progrès *social* accompagnait nécessairement l'impasse de la politique et du droit public. Nous avons vu comment certains troubles de cette évolution avaient contribué à la conclusion du compromis; inversement, la rigidité de ce texte fut, à son tour, un facteur de l'arrêt de l'évolution sociale. De même que, sur le plan politique, le compromis était la continuation de 1847 et non de 1848, de même, sur le plan social, tout en adoptant formellement les conquêtes de 1848, il n'avait pas l'élan de ce grand mouvement et par là même, perpétua l'immobilisme séculaire de la société hongroise. La mobilité et la fluidité des rapports sociaux qui, avant 1848, avaient montré que la partie progressiste de la petite noblesse, était capable de s'allier à la bourgeoisie pour former une classe bourgeoise de type européen, opposée à la féodalité, et que, d'un autre côté, l'intelligentsia, issue de la petite noblesse, pouvait, avec les intellectuels d'origine roturière, se transformer en une intelligentsia libre et moderne, susceptible de servir la cause d'une réforme — cette mobilité et cette fluidité sociales n'existaient plus. Il y eut, certes, des processus de fusion, mais en sens contraire : une intelligentsia terrorisée et une bourgeoisie coupée des masses hongroises, d'origine essentiellement allemande, cherchaient à s'assimiler à la petite noblesse qui, de son côté, s'était retranchée derrière les positions sociales qu'elle occupait de longue date. C'est ainsi que naquit le type d'*úr*, le gentilhomme hongrois, revendicatif vis-à-vis des classes supérieures et jaloux de ses prérogatives à l'égard des classes inférieures, qui ne ressemblait pas au bourgeois ouest-européen et encore moins à l'intellectuel hongrois favorable à une politique de réformes, mais tenait plutôt du noble moyen de l'époque de Werbőczy. Obstacle à l'évolution bourgeoise et à la mobilité sociale, héritière de la noblesse de l'époque de Werbőczy, cette souche sociale constituait un corps fermé et figé, situé entre les féodaux qui dirigeaient le pays et les masses petites-bourgeoises prolétariennes et paysannes, désireuses de s'élever dans la hiérarchie sociale.

Le blocage était surtout manifeste dans le domaine de la politique à l'égard des *minorités et de l'assimilation des populations allogènes*, domaine particulièrement propre à inspirer cette peur paralysante qui devait conduire à l'impasse. Les dirigeants historiques et les intellectuels hongrois, qui s'étaient ingéniés à démontrer que l'indépendance de la Hongrie était une exigence morale et idéologique de la démocratie, refusaient l'indépendance aux nationalités établies dans ce pays sous le prétexte fallacieux que l'Etat hongrois possédait les institutions historiques dont ces nationalités étaient dépourvues. En vertu de ce principe, les nationalités ne pouvaient jouir du droit à l'autodétermination, elles n'avaient que des droits individuels et culturels — selon les termes de la loi, édictée par Ferenc Deák, des citoyens allophones de la nation hongroise. Si avant 1848, la fiction d'une nation hongroise multilingue, mais unie dans son sentiment national, était encore crédible, les événements de 1848-49 avaient révélé aux yeux de tous que pour maintenir l'intégrité du territoire historique de la Hongrie, il aurait fallu qu'elle fût habitée par une population monolingue. Ainsi, la même peur qui avait conduit la couche dirigeante du pays à accepter le compromis et à se figer ensuite dans l'immobilisme l'incita par la suite à profiter de cette consolidation provisoire et trompeuse pour chercher, au mépris de la loi sur les nationalités, à créer une Hongrie monolingue et à assimiler les minorités nationales. C'est là que commencent les mensonges de l'assimilation. En 1867, la société hongroise était de structure essentiellement féodale ; même si ses institutions juridiques ne l'étaient pas, c'était une société de castes, figée, immuable. Or, une société de castes n'assimile personne ou, plus exactement, l'assimilation s'y fait à telle ou telle caste et non à la communauté tout entière. L'assimilation à toute la communauté ne commence qu'avec la société bourgeoise et ne peut s'accomplir que dans une société sans classes. Je ne veux pas dire par là que l'assimilation soit une question purement sociale et que la solution des problèmes sociaux entraînera automatiquement celle de l'assimilation. Mais il est certain que la première question à poser à ce sujet est la suivante : quelle est la société assimilatrice ? La société hongroise de la deuxième moitié du siècle dernier avait à peine dépassé le stade de la féodalité et, arrêtée dans son évolution, elle n'avait que de faibles capacités d'assimilation. Par ailleurs, l'assimilation ne s'est réalisée que dans certains rares milieux de la bourgeoisie allemande et juive des villes. Leur assimilation fut rapide et efficace mais, son succès contribua à alimenter les chimères politiques de la Hongrie de l'époque ; l'assimilation de ces populations disposées, et ne représentant par conséquent aucune menace pour le statut territorial de la Hongrie historique, engendra l'illusion que celle des autres nationalités se ferait avec la même facilité. En réalité, ces dernières refusèrent l'assimilation : pour les intégrer, il aurait fallu amorcer une évolution bourgeoise démocratique et progressiste mue par un élan vigoureux, pour qui la révolution n'était point un épouvantail et qui, pour assurer son avenir, aurait inauguré hardiment une véritable course au progrès. Or, une telle évolution pouvait favoriser le séparatisme tout autant que l'assimilation, et la couche dirigeante, paralysée par la peur, ne pouvait accepter un tel risque. Les partisans de l'évolution démocratique de la société, qui craignaient en même temps la désagrégation de la Hongrie historique, entendaient alors réserver à la seule population hongroise les bienfaits de la démocratie, de l'ascension sociale et de la prospérité économique, et en excluaient les nationalités. Quant aux forces sociales qui avaient intérêt au maintien de la structure sociale des castes, elles n'avaient qu'à attendre, sans bouger, que les aspirations des démocrates échouent en raison de leur caractère contradictoire. Dans cette situation, les détenteurs du pouvoir n'avaient d'autres choix que de manifester leur nationalisme et leur zèle assimilateur par des mesures policières et politico-culturelles, dirigées contre les nationalités allogènes. Quant à la démocratisation de la société hongroise, quand les couches dirigeantes ne s'y opposaient pas par préjugés de classe, elles redoutaient ses effets sur les nationalités. C'est ainsi que, paradoxalement, la mémoire collective hongroise garde de cette période d'un demi-siècle le souvenir d'une impuissance : rien n'a été fait pour renforcer la position des Hongrois, ce que la démocratie et le respect de la liberté des nationalités n'aurait pourtant nullement empêché, alors que les minorités nationales considèrent que tout a été mis en œuvre durant cette période pour empêcher leur élévation politique et culturelle. Les deux parties ont raison. Le résultat, c'était que les Hongrois continuaient à vivre dans des conditions essentiellement féodales, que les grandes masses des minorités nationales réduites, elles aussi, à l'immobilisme féodal des paysans, ne se sont pas assimilées, que les frontières linguistiques sont restées inchangées à l'intérieur de la Hongrie historique, alors que l'hostilité des nationalités à l'égard de l'Etat hongrois ne cessait de s'accroître.

Les contradictions internes du compromis apparurent avec une acuité particulière lors de la grande crise constitutionnelle de 1905. L'opposition unie, qui venait de remporter les élections grâce à sa prise de position en faveur de l'indépendance totale de l'Etat hongrois, ne put finalement accéder au pouvoir et constituer le gouvernement qu'après avoir accepté le compromis et après s'être soumise à la volonté du souverain. Celui-ci, en nommant un gouvernement à sa dévotion (celui des « trabans » ainsi nommé parce que son chef était un ancien capitaine de trabans), montra qu'il avait toujours le dernier mot dans les questions touchant le pouvoir. Le gouvernement de coalition qui succéda à celui des trabans n'eut que la maigre satisfaction de pouvoir stigmatiser et écarter les personnalités et les fonctionnaires ayant servi le gouvernement précédent, mettant ainsi en lumière la faiblesse de la position de la dynastie. Pour porter la confusion à son comble, la classe ouvrière manifesta *contre* « les partis de l'indépendance » et pour le suffrage universel, préconisé par le gouvernement des trabans. En ce qui concerne le problème des nationalités, la coalition hongroise commença par amorcer un rapprochement avec la coalition serbo-croate, qui ne faisait guère de mystère de son séparatisme, mais plus tard, elle provoqua un véritable tollé des Croates en promulguant un décret sur l'usage de la langue hongroise dans les avis des chemins de fer. Pour contrebalancer son inefficacité en Hongrie, la coalition monta ce décret en épingle et le présenta comme une grande victoire de la nation hongroise. C'est dans le même esprit qu'elle fit voter la loi du comte Apponyi sur l'école du peuple, loi qui consomma la rupture avec les nationalités. C'est après de telles « victoires » nationalistes et qui, en réalité, étaient autant de défaites, que la coalition, définitivement compromise, céda la place aux gouvernements d'István Tisza, gardiens sévères de l'esprit de 1867.

Cinquante ans après sa conclusion, le compromis présentait un triste bilan : incapables de le dépasser, les gouvernements successifs avaient ruiné son crédit politique et moral. Quand éclata la guerre mondiale, le mot « compromis » était, des deux côtés de la Leitha, synonyme de haine et de dégoût. Les fondements de l'édifice étaient sapés. Au sujet de l'avenir de l'Empire — et indépendamment de l'issue de la première guerre mondiale —, deux projets s'affrontaient : celui du prince héritier François-Ferdinand qui voulait instaurer l'égalité des peuples à l'intérieur de la monarchie, et celui des indépendantistes opposés au règne des Habsbourg, sous toutes ses formes. Cet antagonisme juridique était loin de coïncider avec l'antagonisme social et politique qui opposait réactionnaires et radicaux : certains indépendantistes étaient réactionnaires et certains partisans de l'Empire coquetaient avec la démocratie. A la fin du siècle, les écrivains et les journalistes acquis au radicalisme politique ne savaient pas encore si le processus de démocratisation qu'ils appelaient de leurs vœux devait avoir pour théâtre l'Empire, l'Autriche-Hongrie, le territoire de la Hongrie historique ou un cadre inédit, à déterminer par les peuples intéressés. Toutefois, en posant ces questions sur le plan social et économique, sur celui du mouvement des masses et non sur celui du droit public, de l'interprétation des textes et de l'histoire, ils contribuèrent à éclaircir les positions. A la veille de la première guerre mondiale, il était clair que la Hongrie aurait à envisager la modification de ses frontières historiques, à la suite, soit de l'accession au trône de François-Ferdinand, soit de la disparition de la monarchie. L'assassinat du prince héritier et la première guerre mondiale éliminèrent un des termes de l'alternative : l'opposition entre la dynastie et la Hongrie. Les conséquences en furent graves : après le partage de la Hongrie historique, on a dû assister à la renaissance du mythe de la dynastie, de la monarchie et du compromis.

En 1918, la Hongrie obtint son indépendance et une révolution démocratique éclata dans le pays. Il semblait que la révolution victorieuse parviendrait à résoudre les questions en suspens et à déchirer le tissu de mensonges qui y paralysait la vie communautaire. Les vingt-cinq années suivantes nous ont appris à relativiser l'importance de cette révolution. Néanmoins, si aujourd'hui nous comparons ses manifestations avec celles des pseudo-révolutions fascistes qui eurent lieu dans l'intervalle, nous sommes frappés par la somme d'énergies spontanées qu'elle a libérée après un demi-siècle de tromperies. Or, deux mois plus tard, ces forces furent totalement paralysées par le traumatisme de la désagrégation de la Hongrie historique. En effet, pendant un demi-siècle, la politique des couches dirigeantes hongroises avait refusé d'envisager cette éventualité : le réveil fut donc d'autant plus brutal. Sous l'effet du choc, les chefs de la révolution d'Octobre de 1918, qui ne voulaient pas signer le traité de paix alors en préparation, remirent le pouvoir entre les mains du socialisme prolétarien qui tenta de résister par les armes. Pour la gentry hongroise, comme pour l'intelligentsia et la bourgeoisie qui s'étaient fondues en elle, ce fut la révélation de leur impréparation sociale, une découverte tout aussi traumatisante qu'avait été, quelques mois plus tôt, celle de leur impréparation politique. De cette façon, en été

1919, après la chute de la République des Conseils, provoquée par l'intervention des puissances de l'Entente, toutes les conditions étaient réunies pour que la Hongrie — à l'exception de quelques rares militants ayant misé leur vie sur la démocratie et le socialisme — rejetât non seulement la démocratie et le socialisme, mais aussi l'idée de l'indépendance. Profondément désorientées, mais se drapant dans une attitude de supériorité digne de la gentry, l'intelligentsia et la bourgeoisie ne voulaient pas en entendre parler. Leur argumentation était claire et simple, irréfutable presque : le droit des peuples à l'autodétermination, qui avait brisé la Hongrie historique, était inacceptable, un véritable bluff, au nom duquel trois millions de Hongrois furent rattachés à des pays étrangers. Quant à la révolution démocratique, elle avait conduit en droite ligne à la révolution prolétarienne qui se préparait à exterminer bourgeois et intellectuels et, par ailleurs, c'était une vaste escroquerie, puisque, après avoir promis la liberté, elle abdiqua en faveur de la dictature. Il était difficile d'expliquer à ceux qui avaient vécu cette période qu'il s'agissait là de « bavures » ou de phénomènes transitoires qui ne remettent pas en question la validité des grands principes et des tendances principales de l'évolution générale.

Or, interpréter de cette façon les événements de 1918-19, c'était faire l'apologie de ce type d'hommes qui, après avoir réalisé le compromis de 1867, ont su louvoyer au milieu des mensonges et des illusions que cet accord avait permis d'entretenir. Il n'y avait plus de dynastie, l'Empire des Habsbourg avait disparu, 1867 avait échoué, mais, comme le montre si brillamment László Németh, ces hommes réussirent à créer un climat dans lequel l'édifice politique et idéologique du compromis était plus apprécié que jamais. Voilà pourquoi Gyula Szekfü a pu tenter de justifier le compromis en 1920, à un moment où les événements historiques venaient de démontrer son inutilité, voire sa nocivité, et que venait de s'accomplir la prophétie de Lajos Kossuth : les peuples tchèque, polonais, roumain, serbe et croate s'étaient levés pour liquider l'Empire des Habsbourg, mais le peuple hongrois, paralysé par le compromis, était absent de cet acte historique. Ainsi, d'une part, les événements ont justifié cette prophétie, mais, d'autre part, aux yeux de la gentry et de la bourgeoisie hongroises, les « expériences » ont justifié la *crainte* qui avait poussé les couches dirigeantes, et même certains démocrates, à accepter le compromis de 1867 : *en effet,* la désagrégation de la monarchie austro-hongroise entraîna bel et bien le partage de la Hongrie historique. Ainsi naquit la thèse selon laquelle la responsabilité du démembrement de la Hongrie incombait aux deux révolutions qui avaient contribué à faire éclater la monarchie ou accepté sa disparition. Inspirée par la logique de la peur, cette démonstration paraissait tellement rigoureuse qu'elle pouvait se permettre de faire fi des faits et notamment du fait que le comte Mihály Károlyi, véritable bouc émissaire aux yeux des partisans de la monarchie et tenu responsable du traité de paix de Trianon, avait remis le pouvoir entre les mains de la République des Conseils, pour ne pas avoir à signer ce traité et pour que la République des Conseils essayât de l'amender par la voie des armes, que si ladite République des Conseils échoua, c'était précisément parce qu'elle avait tenté de le faire et, d'un autre côté, si les puissances de l'Entente installèrent Horthy et sa clique au pouvoir, c'était pour qu'ils acceptent et signent le traité de paix. Pour faire oublier son vice congénital, le régime contre-révolutionnaire pratiqua par la suite une politique irrédentiste à outrance, politique qui cadrait par ailleurs parfaitement avec l'illusion née du compromis de 1867.

Sur le plan social, la gentry annexa de nouveaux éléments bourgeois qui, comme elle, redoutaient la révolution prolétarienne ; ainsi se constitua ce que le régime appelait la « classe moyenne chrétienne », désignation qui avait une connotation plus « bourgeoise » que celle de *úr*[1] mais, en réalité, cette « classe moyenne chrétienne » perpétua avec une vigueur sans précédent la conception hiérarchique, l'immobilisme de la petite noblesse d'autrefois. Une fois devenu insupportable, l'immobilisme social fut contrebalancé par le radicalisme des forces antiprogressistes, le fascisme, véritable quadrature du cercle. Passé inaperçu aux yeux de très nombreuses personnes, cet immobilisme du régime contre-révolutionnaire

---

1. Qui signifie aussi « seigneur » (N.d.T.).

fut la source d'innombrables malentendus et la cause de l'échec de nombreux projets bien intentionnés. Réactionnaires, fascistes, voire quelques rares esprits européens, engagés aux côtés de la *contre*-révolution, étaient tous partisans de l'immobilisme, mais alors que les uns l'acceptaient et le défendaient jusqu'au bout, les autres l'assortissaient de pseudo-réformes et de pseudo-révolutions. Quoi qu'il en fût, la plate-forme politique de la contre-révolution ne se prêtait à aucune *amélioration,* car tout comme le compromis de 1867, elle s'opposait de par sa nature même à toute évolution.

Cet immobilisme congénital explique aussi le fait que la couche dirigeante de la société hongroise a sauvegardé intacte la conception du compromis de 1867 sur les *nationalités :* pendant vingt ans, elle ne cessa de réclamer la révision du traité de Trianon. Aussi, lorsque la situation internationale lui offrit la possibilité de récupérer certains territoires perdus, elle s'empressa d'en profiter sans se demander — en bonne championne de la justice qu'elle prétendait être — si les conditions dans lesquelles s'opérait cette récupération et si les forces politiques qui l'avaient rendue possible étaient compatibles avec l'idéal de la justice. Pour la deuxième fois au cours de l'histoire, elle accepta sans hésiter de rattacher n'importe quel territoire de la Hongrie historique, y compris le Muraköz (l'ancienne Croatie), sans se préoccuper de la haine et de l'hostilité qu'elle allait susciter auprès de la population de ces territoires et dans les pays voisins. Enfin, à l'égard des nationalités ainsi annexées, qui, entre-temps, avaient eu l'occasion de goûter aux avantages de l'indépendance, elle réédita, sous une forme encore plus brutale, les contradictions et les maladresses de l'ancienne politique hongroise envers les minorités, d'une part au nom de « l'idéal de saint Etienne » qui s'était déjà révélé insuffisant lorsqu'il s'incarna dans la loi de Ferenc Deák sur les nationalités, et d'autre part par des tentatives de magyarisation violente, accompagnées d'atrocités, en contradiction flagrante avec l'idéal de saint Etienne et de Ferenc Deák et dont il était impossible d'éviter l'effet de boomerang. Grâce à la survivance de l'esprit de domination d'une petite noblesse, consciente des prérogatives que lui accordait la loi de Werböczy, cette politique disposait d'un grand nombre de

« mamelouks » imbus du sentiment de leur supériorité, pour exécuter les mesures les plus insensées.

Pendant que la politique contre-révolutionnaire continuait à poursuivre la chimère de la Grande Hongrie et de la magyarisation des paysanneries allogènes qui y habitaient, au sein de la société hongroise, la cause de l'assimilation connaissait une crise profonde. L'antisémitisme contre-révolutionnaire, consécutif aux révolutions de 1918 et de 1919, donna lieu à un racisme généralisé qui n'épargnait pas les Allemands assimilés et qui attribuait les maux dont souffrait la nation à la modification, en faveur des assimilés, de la composition des couches dirigeantes politiques, sociales et intellectuelles. Cette « disproportion », si elle est réelle, n'a rien d'étonnant, si l'on tient compte de l'évolution de la société hongroise. Celle-ci, et surtout sa majorité paysanne, continuait à vivre dans les cadres d'un régime féodal de castes. Au contraire, la société essentiellement bourgeoise des Allemands et des Juifs de Hongrie ignorait les contraintes féodales. De cette façon, la paysannerie d'origine allemande et les Juifs de Hongrie qui vivaient dans des communautés fermées et qui, naturellement, ne s'étaient pas plus assimilées que les autres nationalités, entretenaient avec les « assimilés » des couches supérieures citadines des relations relativement libres et faciles, semblables à celles qui sont de mise dans les sociétés bourgeoises et en tout cas, beaucoup plus libres et plus faciles que dans les sociétés féodales. En d'autres termes, ces masses non assimilées n'avaient, en dehors de leur situation matérielle — handicap surmontable avec du talent, de la volonté et au prix de quelques années de misère —, aucune difficulté psychologique à intégrer les couches supérieures des assimilés. Il n'en était pas de même dans la société hongroise de caractère féodal où l'ascension sociale, le désir de s'instruire ou l'esprit d'entreprise étaient paralysés, entravés par toutes sortes d'obstacles et d'inhibitions psychologiques et sociaux indépendants des difficultés matérielles, mais auxquels celles-ci venaient se surajouter. Ainsi, ce qu'on a appelé « *l'expansion* » souabe et juive dans le domaine économique, dans les allées du pouvoir et dans l'administration, s'explique par cette différence très simple entre la société hongroise de type féodal et les sociétés allemande [1] et juive de type bourgeois. Connaissant cet arrière-plan social, il serait tout à fait erroné et fatal d'attribuer une importance particulière à l'énergie, ou à la solidarité des « expansionnistes », et encore moins aux différences entre les « caractères », les « traits particuliers et spécifiques » des différentes ethnies. Ces qualités n'interviennent guère dans cette évolution. On peut admettre à la rigueur — et même en tenant compte de l'influence de la situation sociale sur le « caractère » — que le « caractère » d'un *úr* hongrois issu de la petite noblesse est plus proche de celui du paysan hongrois que de celui d'un fonctionnaire souabe ou d'un commerçant juif. Mais cela ne change strictement rien au fait que si le paysan hongrois était « administré » par un grand nombre de fonctionnaires d'origine allemande et si son blé était acheté par des commerçants juifs, c'était parce que les *úr* hongrois et la société qu'ils avaient créée étaient ce qu'ils étaient. Certes, ceux qui déploraient la faible participation des citoyens de race hongroise à la gestion des affaires publiques, sans aller jusqu'au bout de leur raisonnement, c'est-à-dire sans réfléchir aux causes sociales d'une telle situation, accueillaient avec satisfaction toute mesure législative visant à les favoriser aux dépens des citoyens d'origine allemande ou juive. Mais dans la société hongroise bloquée, les bénéficiaires de ces mesures n'étaient pas les masses hongroises, mais avant tout les *úr* d'origine hongroise. Oublions un instant le racisme contre-révolutionnaire des laquais des Allemands et bornons-nous à considérer cet autre racisme, plus conséquent et plus sincère, qui voulait préserver le pays de l'influence croissante des éléments allemands et juifs et favoriser les éléments hongrois. A y regarder de plus près, à examiner de plus près ses composantes sociologiques et ses réactions vis-à-vis des diverses communautés nationales, on ne tarde pas à découvrir, derrière le culte romantique du mode de vie rural, d'ailleurs souvent absent dans cette

---

1. Les Allemands de Hongrie étaient dans leur grande majorité des Souabes (N.d.T.).
  N.B. Nous traduisons par « caste » le terme hongrois « rend » qui, littéralement, signifie « ordre » ou « état ». Quant à l'adjectif dérivé du même mot, « rendi », nous l'avons rendu par « féodal ».

idéologie, une variante raciste de l'idéologie de la gentry, dépositaire des prétentions à la suprématie de la petite noblesse du temps de Werböczy.

Cette nouvelle impasse de la conception politique sociale et nationale de la contre-révolution acheva de brouiller le bon sens politique et le sens moral de nos dirigeants. Les ultimes conséquences de cet état des choses se manifestèrent en 1944, mais les documents relatifs à l'époque précédente, désormais accessibles, montrent que dès les années 30, la possibilité de modification des frontières ayant surgi à l'horizon, les dirigeants du pays, qui passaient pourtant pour des hommes intelligents, rusés et énergiques, prenaient leurs décisions les plus graves avec une légèreté et un aveuglement stupéfiants. Ainsi, l'édifice contre-révolutionnaire finit par provoquer le danger dont la crainte avait été à l'origine de sa naissance. Pour préserver ses territoires récemment récupérés et pour maintenir la société dans son immobilisme, la Hongrie se laissa entraîner dans une guerre dont le résultat fut la perte des territoires récupérés et l'effondrement de la hiérarchie sociale séculaire.

Depuis l'échec de sa révolution et de sa guerre d'Indépendance jusqu'au dégrisement qui suivit la seconde guerre mondiale, c'est-à-dire jusqu'à l'écroulement de son édifice étatique reposant sur des fictions, des conjectures, des revendications et des vœux pieux, la nation hongroise connut toute une série d'impasses politiques et sociales. Pendant cette période de près de cent ans, ces échafaudages politiques et sociaux lui interdisaient d'appeler les choses par leur nom ; les faits étaient interprétés non pas selon les exigences d'une chaîne de causalité, mais en fonction d'hypothèses et d'attentes ; les meilleures énergies étaient consacrées à traiter des maux imaginaires, alors que les maux réels étaient traités par la magie ; l'on pouvait et devait agir sans tenir compte des tâches réelles qui attendaient les acteurs, et pour apprécier la justesse des actes, on appliquait, au lieu d'un étalon objectif, un système fondé sur la peur et les griefs. Toutes les déformations qui, durant cette période, se sont manifestées dans les différents domaines de la vie communautaire hongroise, sont dues, en dernière analyse, au caractère mensonger de cette construction politico-sociale.

Comment est-il possible, pourrait-on demander, que l'aspect de toute une communauté soit modifié uniquement parce que en 1867 le roi et la nation ont conclu un compromis ? La réponse à cette question est très simple : comme l'a montré László Németh, dans son étude consacrée à cette même question, lorsqu'un échafaudage idéologique foncièrement mensonger est adopté par une communauté qui l'intègre dans ses structures politiques, sociales, économiques ou juridiques, il provoque une sélection à rebours. A l'époque du compromis et, plus tard, de la contre-révolution, aucun secrétaire de mairie, aucun ministre, aucun directeur de banque, aucun président de chambre de commerce ou d'académie ne pouvait s'abstenir à un moment critique (promulgation d'un décret, décision d'une commission disciplinaire, toast, etc.) de faire l'éloge du tissu de mensonges sur lequel s'édifiait la politique intérieure du pays. Pour adopter une telle attitude, il suffisait peut-être d'une toute petite compromission, mais celle-ci suffisait pour déclencher le processus de la sélection à rebours. En effet, les meilleurs esprits, les hommes les plus intègres et les plus clairvoyants refusaient, eux, d'accréditer ce mensonge. A longue échéance, cette sélection à rebours aboutissait au remplacement de tous les dirigeants et à la dégradation morale et intellectuelle de toute notre couche dirigeante. Pour assumer un rôle dirigeant au sein d'une communauté, comme pour n'importe quelle œuvre créatrice, deux choses sont nécessaires : un réalisme pratique qui interdit d'entreprendre des tâches qui dépassent nos forces *et* la capacité de distinguer l'essentiel de ce qui ne l'est pas, une connaissance parfaite de la nature de la tâche entreprise. Quand, par la faute d'une conception mensongère, une communauté se trouve acculée à une impasse, elle ne trouve pas de dirigeants réalistes *et* perspicaces, seulement une foule d'arrivistes et de faux « réalistes », prêts à prendre pour des réalités les constructions idéologiques en vigueur, échafaudées à coups de mensonges. Ainsi, leur « réalisme » consiste à consolider un édifice fondé sur le mensonge, à louvoyer et à temporiser.

Dans le même temps, les « essentialistes », ceux qui vont à l'essentiel, cherchent à s'exprimer par différents canaux non officiels, constituent des groupuscules, s'isolent de plus en plus ; « boudent », se marginalisent ou jouent les prophètes de malheur ; mais c'est à ces marginaux et à ces prophètes qu'échoit la tâche de dire la vérité, d'attirer l'attention sur l'essentiel. Il n'est pas sans intérêt d'étudier de ce point de vue le comportement des dirigeants hongrois et des écrivains et journalistes chargés de formuler les problèmes de la Hongrie et, parmi eux, celui des partisans et des adversaires du compromis et de la contre-révolution. D'un côté, nous trouvons les tenants du compromis, la descendance spirituelle de Ferenc Deák : Ferenc Salomon, les deux Andrássy, Albert Apponyi, István Tisza, Sándor Pethö, Gyula Szekfü, pour ne mentionner que les meilleurs ; il s'agit de personnalités éminentes, d'une largeur d'esprit remarquable, capables de tenir compte des réalités et possédant le sens des mesures — mais dont les thèses, les affirmations sur les problèmes actuels de la communauté hongroise ont été, par la suite, *démenties par les faits*. Leurs belles phrases sur la dynastie, sur l'Autriche, sur le compromis, sur les nationalités, sur la magyarisation, sur la révision, sur l'idéal de saint Etienne, sur la démocratie ou sur la réforme agraire semblent aujourd'hui relever de l'utopie. Non qu'ils aient été conservateurs ou que leurs thèses soient dépassées — les conservatismes passent, mais leur façon d'aborder les problèmes, leurs « approches » quand elles sont vraiment *pertinentes*, restent. Or, les thèses et les affirmations de ces hommes d'Etat, de ces éditorialistes et de ces écrivains reposaient sur leur croyance que les constructions politiques mensongères et immuables de leur époque, et qui pendant assez longtemps ont *effectivement* prévalu dans la vie publique, correspondaient à la *réalité* politique et sociale. Avec l'effondrement de l'édifice, l'inanité de leurs propos apparut avec évidence. Dans l'autre camp, on trouve les partisans de Kossuth, l'émigré, ou ses fidèles qui, après le compromis, ont choisi « l'exil intérieur » : Mihály Táncsics, János Vajda, Lajos Tolnai ; Endre Ady, Dezsö Szabó, personnalités marquantes, dont les écrits, animés d'une passion désespérée, défient le temps, qui savaient dénoncer le caractère mensonger des constructions en vigueur, mais que l'on voit mal dans le rôle de dirigeants, de politiciens ou d'administrateurs chargés d'expédier les affaires courantes. Et nous n'avons nommé que les meilleurs de chaque camp, sans mentionner tous les opportunistes, carriéristes, amateurs de phrases creuses, fauteurs de troubles, faux patriotes, fabricants de rideaux de fumée, desperados, obsessionnels, sectaires et conspirateurs ! Cette double sélection à rebours, qui préside au choix des dirigeants et des intellectuels chargés de formuler les problèmes de la communauté, produit et projette, sur la scène politique, une foule d'incapables et d'illuminés, incarnations d'un caractère *communautaire* perturbé et déformé. Les épithètes « *profond* » et « *superficiel* », par lesquelles László Németh cherchait à caractériser les deux catégories de personnages qui ont joué un rôle éminent dans l'histoire et dans la culture hongroises, sont peut-être discutables, mais elles sont précises ; elles désignent des réalités tangibles, nullement nébuleuses : et si l'on peut *formuler des réserves* à l'égard de la thèse de Németh, c'est parce que les « essentialistes » passionnés, et avant tout le plus grand d'entre eux, Endre Ady, ne présentent pas forcément, comme il l'affirme, les traits d'un caractère authentiquement, « profondément » hongrois. Ce n'est pas parce qu'ils ont eu raison qu'ils sont porteurs du « vrai caractère » des Hongrois. Parmi les très nombreuses variantes de ce qu'on peut appeler la « complexion » hongroise, ils ne représentent certainement pas le prototype achevé, le Hongrois modèle, mais plutôt *une* des déformations, un des écarts possibles par rapport à cette norme, écart, certes, sympathique, parce qu'il s'agit de personnalités profondes et authentiques. Ainsi, dans l'évincement progressif de ces hommes et de leurs compagnons de la direction des affaires, ce qui est essentiel, ce n'est pas, comme le prétend Németh, *la mise en minorité* des « *vrais Hongrois* », après le compromis de 1867 mais, d'une façon plus générale, l'élimination du bon sens, du discernement, des considérations éthiques et du sentiment communautaire par le faux réalisme des carriéristes et des personnalités en vue. Cette évolution n'a rien à voir avec l'assimilation et le prétendu « expansionnisme » des assimilés, qui, en arrivant sur la scène politique, y trouvaient les fausses idéologies élaborées par des Hongrois de pure souche. Par ailleurs, ces constructions idéologiques étaient éminemment aptes à perturber le processus d'assimilation, dont l'évolution sans heurts dépend de l'intégrité des formes de la communauté d'accueil ; or, en Hongrie, après 1867 et surtout après 1919, on a assisté soit à un *dépérissement des formes,* à l'échelle nationale aussi bien qu'à l'intérieur des diverses castes (songeons aux formes de salutations et au rituel de la vie publique), soit à la *naissance de pseudo-formes,* comme les orgies au son de la musique tzigane ou le compromis de 1867, soit encore à une *prolifération de formes* comme dans les costumes folkloriques de Mezökövesd ou la réception du Dominus Emericana. Ainsi, l'impasse dans laquelle se trouve la société assimilatrice est la principale responsable des discordances du processus d'assimilation.

Dans ces situations historiques à impasses, qui déforment les caractères des dirigeants, dénaturent les formes communautaires et perturbent l'échelle des valeurs, il est extrêmement difficile de voir la réalité en face, de diagnostiquer les maux et les dangers qui nous menacent, de conserver la pureté des jugements moraux et de continuer à agir avec une conviction inaltérée. Indépendantistes, radicaux, socialistes, communistes, explorateurs des villages, résistants essayèrent tour à tour de débloquer l'évolution hongroise, et cela dans des conditions bien plus difficiles et avec des perspectives bien moins favorables que dans d'autres pays, à évolution rectiligne. Toutes ces tentatives étaient guettées par deux dangers opposés, d'une part, par celui du dogmatisme rationaliste froid, une insistance trop brutale sur la nécessité de prendre en compte les réalités, argument qui n'a pas toujours cours dans un climat passionnel, dominé par la peur et par les fictions, et qui risque souvent d'irriter, de porter les passions à leur paroxysme au lieu de les apaiser, et d'autre part, par celui de l'empathie, une trop forte identification aux craintes, aux vœux et au langage de ceux que l'on cherche à convaincre et qui risque d'émousser la force de l'argumentation. Ces personnalités ont rendu un service énorme à la pensée politique hongroise, mais la contribution décisive était celle de l'Histoire, l'effondrement sans gloire du régime contre-révolutionnaire, la fin sanglante des illusions sur l'agrandissement territorial qui ont montré au pays que leurs maîtres n'étaient pas maîtres de la situation et leurs idées n'étaient pas dignes d'être prises en considération.

Avec la Libération, la Hongrie a définitivement abandonné les fausses constructions idéologiques qui avaient jusque-là présidé à ses destinées. Cette libération écarta deux obstacles qui, depuis cent ans, se dressaient sur la voie du progrès : la survivance de la féodalité et l'illusion du maintien ou du rétablissement de la Hongrie historique. L'effondrement des structures politiques, économiques et psychologiques de la féodalité représente un immense soulagement pour des millions de Hongrois, sentiment qui s'inscrit en filigrane jusque dans l'expression du mécontentement, comme dans tout ce qui s'accomplit en Hongrie depuis la Libération, dans l'optimisme qui communique l'élan nécessaire à l'œuvre de la reconstruction. Mais il n'est pas certain qu'une communauté aussi pathologique que la nôtre puisse tirer des conclusions positives des grands traumatismes que lui a valu la confrontation avec les réalités. Il n'est donc pas inutile de se demander si ces traumatismes récents ne risquent pas de conduire à de nouvelles impasses.

Ces traumatismes sont de deux sortes, aussi lourdes de menaces l'une que l'autre. D'une part, l'effondrement du régime contre-révolutionnaire et féodal est survenu à la suite d'une guerre perdue et de l'occupation du pays, devenu théâtre d'opérations militaires. Le traumatisme qui s'est ensuivi a frappé non seulement les classes moyennes et l'intelligentsia, mais tous ceux qui, au moment de la Libération, ne se situaient pas à gauche. Il a favorisé la réactivation du vieux croquemitaine des classes moyennes : l'épouvantail judéo-soviéto-communiste. L'abandon de la coalition par la droite et l'exil de ses dirigeants ont plutôt renforcé cette crainte, même si, à la surface, elle se manifeste moins souvent. L'idéologie contre-révolutionnaire de 1867 a relevé la tête : c'est visible dans l'émigration, cela l'est moins en Hongrie. Cette nouvelle émigration extérieure et intérieure rappelle l'idéologie de 1867, par ses signes extérieurs, son démocratisme formel, son immobilisme politico-social, assorti, comme il se doit, de quelques velléités de restauration des Habsbourg ; mais dans la réalité, ce sont surtout les traits contre-révolutionnaires et non seulement nationaux-chrétiens, mais aussi fascistes que la pratique fait ressortir ; enfin, pour compléter le tableau, l'absence de pouvoir et l'état de l'émigration intérieure et extérieure confèrent à cette idéologie contre-révolutionnaire de 1867 une tonalité tragico-mélancolique, à la Dezsö Szabó, alors que celui-ci, paradoxalement, haïssait profondément le climat créé par le compromis.

Remarquons en passant que l'ancien régime peut se perpétuer non seulement parce qu'il a des partisans conscients, mais aussi par certains réflexes pathologiques qu'il a inculqués. Je pense ici avant tout à la conception hiérarchique de la société, à l'amour des titres ronflants, et, dans l'exercice du pouvoir, à l'esprit de domination qui l'emporte sur la volonté de servir, aux prérogatives attachées aux diverses fonctions qui, pour trop de fonctionnaires, importent plus que les devoirs qu'elles impliquent. Notre société est tellement pénétrée de cet esprit que ni les changements politiques ni les épurations successives ne peuvent rien contre lui : il continue à entraver et, à beaucoup d'égards, à compromettre la grande transformation de la société actuellement en cours.

L'autre traumatisme est celui de la gauche hongroise, qui, en 1944, a été obligée de constater que la passivité, l'absence d'esprit communautaire, le manque d'envergure, l'esprit réactionnaire et droitier atteignaient dans ce pays des proportions insoupçonnées. Nous avons vu les antécédents capables de fournir une explication à tant de veulerie, même s'il n'est pas question de nous pardonner ce comportement et d'atténuer la noirceur du tableau qu'offre la nation hongroise en Hongrie, comme à l'étranger. Mais quoi qu'il en soit, cette leçon inquiétante a profondément marqué tout homme de gauche, d'autant plus qu'elle a été confirmée ensuite par les manifestations sporadiques du fascisme et de la réaction après 1945 et il est à craindre qu'à gauche, l'opinion publique considère désormais, sans le dire ouvertement, que la majorité de ce pays est composée de droitiers conscients et résolus. Nous avons connu une situation analogue, en sens inverse, après la chute de la République des Conseils et pendant les vingt-cinq années du régime contre-révolutionnaire : tout *úr* hongrois était persuadé au fond de lui-même que la majorité du pays était communiste, comme après la guerre d'Indépendance de 1848-49, la dynastie pensait que la majorité du pays soutenait les radicaux de Kossuth. Or, dans ces deux cas, il s'agissait d'illusions d'optique dues à des expériences sans doute traumatisantes et réelles, mais qui, séparées de leur contexte, risquent d'induire en erreur. Aujourd'hui encore, on aurait tort de se fier aux apparences ; il n'est pas vrai que la majorité du pays souhaite le retour du règne de la grande propriété, du grand capital et de la Grande Administration, sauf, évidemment, si on parvient à lui faire admettre que, pour se débarrasser de ses craintes, il lui faut se soumettre à la domination de ces forces rétrogrades. Or, un tel danger ne serait réel que si sous le coup des événements de 1944, la crainte de la gauche hongroise de recourir à une large mobilisation des forces vives du pays se prolongeait. En effet, une telle mobilisation est la condition sine qua non de l'achèvement du processus de libération amorcé en 1945 sur le plan politique, autogestionnaire, économique et culturel. A cet égard, à côté de nombreux succès et résultats, on note aussi des signes inquiétants. L'autogestion un peu anarchique, mais extrêmement dynamique des années 1945-46 fait place à l'heure actuelle à une autogestion modérée et dirigée d'en haut ; dans sa recherche d'un renforcement du pouvoir central, l'équipe dirigeante, si elle veut éviter de s'appuyer sur les forces sociales spontanées, ne dispose que du seul modèle historique d'une centralisation bureaucratique à la Keresztes-Fischer. En ce qui concerne notre vie économique, si, à la suite de la réforme agraire, les organismes centraux de vente et de crédit se sont constitués ou reconstitués, ceux, issus spontanément d'efforts locaux, sont très peu nombreux, aussi les organismes centraux rappellent-ils de façon inquiétante ceux d'avant-guerre, la Fourmi, la Futura, le Metesz, etc., qui avaient réalisé une synthèse admirable de la lourdeur bureaucratique indifférente au peuple et de l'esprit d'exploitation du commerce de gros, tout aussi méprisante de ses intérêts. Enfin, en ce qui concerne la libération culturelle, nous disposons du réseau de plus en plus étendu des Collèges populaires, ce qui est un signe encourageant, mais il faut dire que ce réseau apparaît aujourd'hui non pas tant comme la base sociale d'un système scolaire élargi, mais comme une organisation militante destinée à former une avant-garde.

Ces insuffisances sont connues et tout est fait pour y remédier. Mais chaque fois que nous demandons pourquoi on hésite à recourir à une mobilisation plus large et plus audacieuse des forces spontanées de la nation, on nous répond — sous le choc sans doute des sombres expériences de l'année 1944 — que nous manquons d'hommes sûrs et que les forces spontanées, une fois libérées, peuvent se retourner contre le régime. C'est un fait que les masses ne font pas toujours preuve d'un élan spontané lorsqu'il s'agit de se mobiliser en vue de luttes politiques. Mais la mobilisation de la vie autogestionnaire, économique et culturelle fait toujours avancer les choses, même si la conscience politique et idéologique des masses qui y participent est vacillante. C'est là le seul moyen de parachever le processus de libération commencé en 1945 ; promouvoir l'autogestion, c'est donner aux masses l'occasion d'apprendre par l'expérience — et non seulement en lisant les éditoriaux des journaux — que la cause publique est leur cause. Il faut parachever l'œuvre de libération économique en faisant en sorte que la terre obtenue par la paysannerie à la suite de la réforme agraire, que l'usine devenue propriété de la communauté soient directement le moyen de subsistance d'une paysannerie et d'une classe ouvrière conscientes des lois de la vie économique et refusant de se laisser exploiter non seulement par les grands propriétaires protégés par les gendarmes, mais aussi par les bureaucrates et leurs agents. Il faut enfin parachever la libération sociale et culturelle du pays en instaurant un système d'éducation qui ne tienne aucun compte des prérogatives sociales et des privilèges de naissance, et qui offre à tous les citoyens entre 6 et 30-35 ans la possibilité de choisir librement sa carrière, de développer toutes ses capacités virtuelles.

Nous connaissons maintenant suffisamment l'évolution historique de la Hongrie et la déformation du caractère hongrois pour nous interroger sur le rapport qui peut exister entre, d'une part, le caractère national et d'autre part les données et les événements historiques. Mais avant de nous attaquer à ce problème, cherchons à éclaircir le rapport, les convergences et les différences entre caractère *individuel* et caractère *communautaire*.

Les concepts *psychologiques* que nous avons utilisés jusqu'à présent étaient applicables aussi bien à l'individu qu'à la communauté. Mais pour éviter de tomber dans une sorte de mysticisme communautaire, il est important de connaître jusqu'où va ce parallélisme. Ses limites sont simples à fixer. L'âme, la conscience, la peur, l'action sont le propre de l'individu. La conscience, la peur, la réaction, le caractère de la communauté ne sont que la somme des données individuelles, étant entendu que celles-ci peuvent soit se juxtaposer simplement, soit constituer une unité supérieure. Les processus communautaires ainsi observés montrent quelquefois d'étonnantes analogies avec les processus psychologiques individuels. L'homme qui, effarouché, recule devant la tâche à entreprendre, mais qui fanfaronne et devient agressif pour détourner l'attention de sa propre peur, est le modèle de certains comportements communautaires. Mais cela ne signifie pas que la communauté a une âme comme l'individu et que les deux types de comportements, celui des communautés et celui des individus, obéissent aux mêmes règles. Le processus communautaire additionne et structure les réactions individuelles ; ce qui implique un plus grand nombre de combinaisons possibles et aussi un rôle plus important de la conscience, de l'intention, des conventions et objectifs communautaires. Ainsi, les mêmes conditions psychologiques peuvent déterminer des processus communautaires différents des processus individuels : par exemple, un même traumatisme frappant une communauté ou sa majeure partie ne donne pas forcément lieu à une interprétation susceptible de modifier son idéologie, et la peur ainsi engendrée se dissipe peu de temps après, sans laisser de traces. C'est pourquoi il nous a paru important de recenser les différentes constructions politiques et idéologiques dans le cadre desquelles les différents chocs, situations et exigences historiques d'une communauté ont trouvé leur expression et leur interprétation. Faute de se demander si les différents processus individuels donnent lieu ou non à des processus communautaires (et si oui, de quelle façon ?) nous risquons d'appliquer aveuglément les modèles individuels à la communauté d'aboutir à un mysticisme communautaire. Mais il ne faut pas non plus écarter toute considération psychologique dans l'analyse des phénomènes communautaires, car la communauté n'est pas foncièrement différente de l'individu. Le prétendre, ce serait encore faire du mysticisme communautaire. Certes, la communauté n'est pas l'individu, mais elle se compose d'individus auxquels elle ne s'identifie pas complètement mais dont elle n'est pas non plus entièrement différente.

Parlant de « caractère » ou de « complexion », on pense généralement à la somme des qualités délimitables, définissables, désignables d'un individu, qualités elles-mêmes *déterminées* par des données psycho-physiologiques, par le tempérament et le talent ou par leur combinaison, qualités reconnues par les uns, méconnues par les autres. Mais, en réalité, la « complexion » est à la fois plus et moins que cela. Moins parce qu'elle n'est pas aussi clairement délimitée que pourrait le laisser croire cette définition et plus, parce qu'elle la déborde par sa richesse et sa variété. Les traits psychophysiologiques, le tempérament et le talent qui sont les données fondamentales de tout individu et de toute communauté déterminent non leur essence, mais plutôt leurs potentialités. La réalisation de ces potentialités dépend non des données existantes, mais de l'environnement social, de l'éducation, de l'évolution individuelle, des expériences, des travaux et du « rendement » de chacun. C'est ainsi que se forme et se délimite l'ensemble des caractéristiques dans lesquelles le monde extérieur *reconnaît la complexion* d'un individu ou d'une communauté. Ainsi, dans le cas d'individus et de communautés sains, la complexion n'est pas figée mais en perpétuelle évolution, en perpétuel mouvement. Il s'ensuit qu'elle ne doit pas consister en la sauvegarde et la conservation de certaines données ; sa « santé » se mesure à sa capacité de réagir. Lorsqu'un individu ou une communauté est en crise et « ne sait plus où il en est », cela ne signifie pas qu'il a perdu la boussole, le « petit livre » dans lequel sont consignées les règles de son comportement mais que, à la suite d'un choc ou d'un accès de pusillanimité, il ne peut plus réagir sainement, ni percevoir la réalité, telle qu'elle est, ni entrevoir les tâches qu'il doit entreprendre aussitôt. Dans le cas de la « complexion hongroise », tous les symptômes indiquent une telle perturbation de la capacité de réagir. Pour définir des principes d'action juste, point n'est besoin d'analyser les qualités « éternelles » de notre complexion ; au contraire, c'est au cours du fonctionnement actif et créateur de la capacité de réagir que se forge la complexion. Ce n'est pas parce qu'elle est violente et spectaculaire qu'une réaction sera saine ; sa « santé » se manifeste dans le fait qu'après avoir perçu la réalité telle qu'elle est, nous nous fixons et assumons des tâches. « Il faut regarder la chose en elle-même, après quoi, nous nous attaquerons avec nos dix ongles aux tâches qui nous attendent », disaient si simplement Bocskai ou Zrínyi.

Tout cela vaut pour les communautés plus encore que pour les individus. Ce qui fait la communauté, ce n'est pas je ne sais quel signe distinctif, inscrit sur le front de ses membres, c'est la participation à des entreprises communes. Au lieu d'insister sur les caractéristiques, sur les particularités nationales, on ferait mieux de montrer ce qu'une communauté est capable d'accomplir si elle accepte de regarder la réalité en face, si elle abandonne les comportements inspirés par la peur, l'impuissance et le mensonge, si elle s'attelle à des tâches communes pour obtenir des résultats communs. Il est inutile, il est lamentable de répéter, comme on le fait si souvent, que les forces créatrices du peuple hongrois ne peuvent donner leur mesure parce qu'elles se heurtent à des obstacles insurmontables. « Quel dommage ! s'écrie-t-on, pour une nation aussi talentueuse, aussi originale, aussi géniale ! » Osons enfin le dire : de telles affirmations sont des *contre-vérités*. Talent, originalité, génie ne se manifestent que dans les œuvres réalisées ; se lamenter sur les possibilités avortées tient de la conjecture. Rien n'est plus stérile que cette attitude de « Belle-au-bois-dormant », cette apologie de l'impuissance, cette survivance du sentiment de supériorité de la vieille Hongrie des seigneurs. Certes, quand on se berce de pareilles illusions, il est toujours choquant de découvrir que, vu à une certaine distance, être hongrois n'est pas plus « intéressant » que d'être letton ou albanais. Mais cela n'a rien de tragique en soi car Lettons, Albanais et Hongrois n'ont qu'une chose à faire : regarder la réalité en face et accomplir les tâches qui les attendent. Si nous nous montrons « talentueux » dans notre travail, tant mieux, notre véritable « complexion » pourra alors se révéler au grand jour.

Mais si les choses sont ainsi, toute *influence* et toute *assimilation* ne peuvent jouer qu'un rôle secondaire dans les perturbations de cette fameuse « complexion ». Celle-ci est elle-même assimilatrice par les réactions, les actions et les créations qu'elle permet de promouvoir. Si en Hongrie le problème de l'assimilation est si chargé d'affects et d'éléments irrationnels, si l'on y parle tant des étrangers qui se prennent d'amitié pour ce peuple et *éprouvent* tant *d'affections* pour cette nation intéressante, merveilleuse, sympathique, charmante, bref, parée de toutes les vertus, c'est parce que, comme nous l'avons dit, l'assimilation s'y est accomplie surtout à un moment où les formes communautaires étaient en pleine désagrégation. Pour assimiler les populations allogènes, la nation hongroise avait mis dans la balance toutes ses qualités accessoires, sans pouvoir recourir à l'essentiel, l'exemple exaltant de sa vie communautaire. Or, l'assimilation peut être un processus pénible, voire douloureux, mais elle n'a rien de mystérieux et d'irrationnel, comme on se plaît à le répéter chez nous. Les communautés aux contours fixes n'assimilent pas les allogènes en jouant sur leurs cordes sensibles, en cherchant à les attendrir jusqu'à ce qu'ils s'abandonnent, séduits par je ne sais quelle voix de sirène. Elles ont des idées précises et des coutumes bien définies concernant la prononciation des mots, les formules de salutation, la manière de faire la cour, d'obtenir satisfaction, de conduire une réunion ou d'organiser un concours, etc. Ces traditions et ces coutumes peuvent charmer ou choquer l'étranger, mais il les adoptera bon gré, mal gré, dans sa vie quotidienne.

Le faible rôle de l'originalité nationale et de la recherche du caractère national dans le processus d'assimilation est illustré par l'exemple des deux nations européennes possédant les traits nationaux les plus marquants, je veux parler des nations anglaise et française. Elles ont élaboré chacune leurs traits caractéristiques en s'engageant, à un moment historique, dans de grandes entreprises communautaires qui les obligeaient, dans une certaine mesure, à rompre avec leur orientation précédente. Chez les Anglais, ce tournant historique était représenté par la Réforme et par la naissance du puritanisme anglais qui s'ensuivit; chez les Français, par la Révolution et par le nationalisme né antérieurement, mais se développant parallèlement à celle-ci. Ces deux entreprises exigèrent l'abandon presque complet ou tout au moins la modification des vieilles caractéristiques nationales bien connues : l'Angleterre post-réformiste et la France post-révolutionnaire étaient, aux yeux des contemporains, moins « originales », moins « pittoresques » qu'auparavant. Ce sont pourtant ces entreprises-là qui firent de ces nations ce qu'elles sont aujourd'hui, en leur offrant des possibilités qui étaient inexistantes au Moyen Age, à une époque où ces nations paraissaient peut-être plus « originales », plus « hautes en couleur », mais où elles étaient certainement moins cohérentes qu'aujourd'hui. Une récente et gigantesque entreprise communautaire, celle de la Russie après 1917, entraîna également la disparition de nombreux traits de l' « âme russe », traits que l'on croyait pourtant lui être inhérents.

En considérant ces exemples de l'évolution individuelle ou communautaire, nous pouvons quelquefois avoir l'impression qu'en dehors des changements énormes survenus dans leur caractère à la suite de l'acceptation et de l'accomplissement de nouvelles tâches, il se manifeste chez ces nations ou chez ces individus une constance profonde, une identité communautaire capable de réagir avec une force redoutable envers ceux qui ne s'y conforment pas, ne les comprennent pas ou n'ont pas appris les formes de comportement et les exigences qui en découlent. C'est devant de tels exemples que nous sommes enclins à penser que la complexion n'est pas simplement la personnalité résultant de l'addition de données premières, de possibilités exploitées ou de pourcentages statistiques, qu'elle est aussi une *régularité* qui synthétise et ordonnance tout cela. Nous avons vraisemblablement une connaissance intuitive de cette constance, mais il vaut mieux se garder de la formuler en termes précis. Nous nous comportons à leur égard comme le savant naturaliste à l'égard de Dieu auquel il peut croire, il peut même fonder sa foi sur une conception scientifique, mais il ne lui est pas permis d'intégrer Dieu dans ses hypothèses de travail, de se servir de Dieu dans son argumentation et dans ses démonstrations, de l'invoquer à titre de principe d'explication. De la même façon, tout appel aux « régularités » de la complexion individuelle ou communautaire est toujours suspect, lorsqu'il sert à justifier une action ou l'absence d'une action. Ainsi, il est absurde de s'entendre répondre, à défaut d'arguments, que tel ou tel système politique, telle ou telle solution est inapplicable « parce qu'il ou elle est incompatible avec l'âme hongroise ». L'excellence ou l'inutilité de tel système ou de telle solution doivent être démontrées sans faire intervenir les qualités « intrinsèques » de l'âme hongroise. Nous ne pouvons jamais savoir si ce que nous avons reconnu comme étant « profondément caractéristique » ne sera demain un obstacle à écarter pour accéder à des possibilités encore plus grandioses, plus riches, plus prometteuses. Il est vrai, par ailleurs, que la perte du sentiment de stabilité qui admet tous les changements sur fond de rationalité et de dogmatisme est tout aussi dangereuse. Mais si une telle attitude est à rejeter, ce n'est pas parce qu'elle s'oppose à je ne sais quelle « caractéristique ancestrale » de la nation, mais parce qu'elle perturbe la perception de la réalité. Le « sens des réalités », la capacité à réagir sainement trouveront toujours le dosage adéquat de l'archaïque et du nouveau, de la constance et de l'innovation, du respect des traditions et de l'esprit révolutionnaire, sans ériger des dogmes sur la « complexion nationale ».

Force nous est donc de constater qu'il n'y a pas de relations de cause à effet évidentes entre l'effort visant à *connaître* le caractère hongrois et celui visant à la *rénovation* de la communauté hongroise. Nous pouvons mettre à jour de nombreux traits caractéristiques des Hongrois sans que la conservation, voire le culte de ces particularités, entraîne la rénovation et le renforcement de la communauté hongroise. Pour mettre en évidence les facteurs du renouveau de cette communauté, il faut employer d'autres méthodes et il faut que les phénomènes recensés anciens et nouveaux, au cours de cette investigation, soient appréciés non en tant qu'éléments constitutifs du caractère ethnique, mais à la lumière de considérations sociales et politiques. Si la « complexion » se manifeste avant tout dans la juste perception de la réalité, dans l'acceptation et l'accomplissement de diverses tâches, il s'ensuit qu'en ce qui concerne la vie communautaire, ce principe signifie que la qualité, la santé et la capacité de régénération de la complexion se manifestent avant tout dans le domaine *politique*. Bien entendu, par politique, je n'entends pas ici l'activité des politiciens, mais le processus qui tend à résoudre les problèmes et à mener à bien les tâches qui se posent à la communauté.

A ceux qui en tireront la conclusion qu'à l'heure actuelle la réforme agraire ou le réseau des Collèges populaires constituent de meilleurs remèdes à la crise de l'âme hongroise que n'importe quelle spéculation sur nos qualités intrinsèques, nous ne pourrons que donner raison. Mais le fait, rassurant en soi, que nous avons désormais rompu avec les idéologies erronées du passé, ne nous dispense pas de surveiller avec la plus grande vigilance les symptômes de nouveaux traumatismes et de nouvelles régressions que nous avons évoquées plus haut.

1948.

TABLE DES MATIÈRES

Les raisons et l'histoire de l'hystérie allemande 7

1. Le noyau du problème allemand 9
2. L'impasse du Saint Empire romain germanique 27
3. L'impasse de la Confédération germanique 46
4. Troisième impasse : l'Empire allemand 58
5. Quatrième impasse : les républiques allemandes 76
6. Cinquième impasse : le Troisième Reich d'Hitler. ... 106
7. Récapitulation 124

Misère des petits Etats d'Europe de l'Est 127

1. La formation des nations européennes et du nationalisme moderne. 129
2. La rupture du statut territorial en Europe centrale et orientale, et la formation du nationalisme linguistique 133
3. L'effondrement des trois Etats historiques d'Europe orientale 140
4. Déformation de la culture politique en Europe centrale et orientale 153
5. Misère des litiges territoriaux 167
6. La solution des conflits territoriaux et la consolidation de l'Europe orientale 176
7. La bonne manière de conclure la paix 192

La question juive en Hongrie après 1944 203

1. Notre responsabilité dans ce qui s'est passé 207
2. Juifs et antisémites 248
3. Assimilation juive et conscience juive. 304
4. La situation aujourd'hui 335
Conclusion 376

La déformation du caractère hongrois et les impasses de l'histoire de la Hongrie 379

*La composition de cet ouvrage
a été réalisée par l'Imprimerie BUSSIÈRE,
l'impression et le brochage ont été effectués
sur presse CAMERON dans les ateliers de B.C.A.,
à Saint-Amand-Montrond (Cher),
pour le compte des Éditions Albin Michel.*

*Achevé d'imprimer en mars 1993.
N° d'édition : 12888. N° d'impression : 637-93/133.
Dépôt légal : avril 1993.*